普通高等院校"新工科"创新教育精品课程系列教材
教育部高等学校机械类专业教学指导委员会推荐教材

机械系统动力学

李　鹤　马　辉　李朝峰　刘　杨　主编

华中科技大学出版社
中国·武汉

内容简介

本书是高等学校工科相关专业研究生机械系统动力学课程教材，全书包括绪论、单自由度系统与多自由度系统的振动理论、齿轮传动系统动力学、轴承-转子系统动力学和旋转叶片(梁)动力学等部分。本书既强调机械系统动力学的基本概念、基本理论与方法，又注重机械系统动力学的理论与方法在工程中的应用。

本书可作为机械工程、能源与动力工程、航空航天工程、交通运输工程、土木工程等专业研究生的教材和参考书，也可供从事机械设计等相关工作的科学工作者与工程技术人员阅读、参考。

图书在版编目(CIP)数据

机械系统动力学/李鹤等主编. —武汉：华中科技大学出版社，2021.8
ISBN 978-7-5680-7353-0

Ⅰ. ①机… Ⅱ. ①李… Ⅲ. ①机械动力学-研究生-教材 Ⅳ. ①TH113

中国版本图书馆 CIP 数据核字(2021)第 158755 号

机械系统动力学 李 鹤 马 辉 李朝峰 刘 杨 主编
Jixie Xitong Donglixue

策划编辑：张少奇
责任编辑：罗 雪
封面设计：杨玉凡 廖亚萍
责任监印：周治超
出版发行：华中科技大学出版社(中国·武汉) 电话：(027)81321913
武汉市东湖新技术开发区华工科技园 邮编：430223
录 排：武汉市洪山区佳年华文印部
印 刷：武汉开心印印刷有限公司
开 本：787mm×1092mm 1/16
印 张：13.25
字 数：342 千字
版 次：2021 年 8 月第 1 版第 1 次印刷
定 价：39.80 元

序

制造和使用工具是人类进化史上最重要的里程碑之一。机械——作为工具不断发展和进化的载体，是现代人类社会发展的重要支柱。人类社会的发展，常常需要提高机械的运行速度，以提升生产效率。公元 1 世纪，人类开始使用风车、水车，其运行速度为每分钟几转到几十转；18 世纪末，随着蒸汽机问世，机械的运行速度提高到每分钟几百转，大大提高了劳动生产率，直接带来了第一次工业革命。19 世纪末，内燃机的转速达到每分钟几千转，极大地促进了机械制造业的发展。19 世纪末至 20 世纪初，燃气轮机、喷气式发动机的发明，使机械的运行速度达到每分钟几万转到十几万转。因此，人类活动的领域更加开阔，航天事业得以开拓，进一步带动和促进了其他科学和工业部门的发展。

随着机械运行速度的不断提高，机械系统的动力学问题日益突出。例如，被誉为现代工业"皇冠"的航空发动机，在设计、生产、使用和维修等各个环节都要考虑动力学问题，如果动力学性能设计不当，将会使航空发动机振动过大，不仅会影响发动机本身，而且会影响其附件及仪表的工作稳定性，甚至会使发动机结构受到巨大的振动应力，最终影响发动机工作的可靠性。据统计，发动机 90％的结构强度故障都由振动所导致或与振动有关。机床是装备制造业和国防工业的基础。机床切削时的振动和变形不仅会直接影响机床的动态精度和工件的加工质量，而且会导致生产效率下降、刀具磨损加剧，甚至直接导致机床故障和缩短机床使用寿命。因此，在机床的设计、制造、使用等环节必须考虑机床的动力学问题。从以上分析可以看出，机械系统的动力学问题是影响机械产品质量的关键问题之一。

本书是我课题组李鹤、马辉、李朝峰、刘杨等 4 位教授编写的高等院校工科相关专业研究生机械系统动力学课程教材，讲述了单自由度系统与多自由度系统的振动理论、齿轮传动系统动力学、轴承-转子系统动力学和旋转叶片(梁)动力学等内容。全书既强调机械系统动力学的基本概念、基本理论与方法，又注重机械系统动力学的理论与方法在工程中的应用。本书可以作为高等院校机械系统动力学课程的教学用书，供教师和研究生、高年级本科生在课程学习中使用，同时对广大从事机械系统动力学理论和应用研究的工程技术人员及科学工作者也有重要参考价值。

研究机械系统动力学问题，往往要综合应用机械原理、弹性理论、疲劳强度、非线性振动乃至控制工程的理论与方法，在分析手段上除了理论分析之外，还涉及测试技术与数值分析等。希望本书能够帮助青年才俊们掌握机械系统动力学分析的一般方法与手段。

今年是中国共产党成立 100 周年，全面建设社会主义现代化国家新征程已经开启，从智能汽车、精密机床，到芯片制造、天宫空间站、第五代隐形战机等，各领域都有着大量的动力学问题，希望青年才俊们坚定理想信念，树立远大志向，牢记初心使命，扛起历史责任，不断学习，不断实践，努力解决机械系统动力学问题，提升我国机械产品的品质。

中国科学院院士

东北大学教授

闻邦椿

2021 年 7 月 20 日

前　言

早在18世纪末19世纪初，机器的发明及应用就已经成为工业革命时代开始的标志。机器的速度越来越快，动力学问题日益突出，迫使工程师们开始利用牛顿力学解释、分析机器运行中出现的问题，尤其是振动过大的问题。机械系统动力学因此形成并逐渐发展。

航空航天、航海工程以及能源动力机械的发展对动力学提出了更高要求，也使得机械系统动力学得到了迅速的发展，从定性分析到定量计算，从简单模型到大规模计算机仿真模型，从确定性理论到随机理论，从模型试验到物理样机试验，机械系统动力学分析已经成为高端重大机械装备设计、分析和运行保障不可或缺的手段与工具。

为了最大限度地抑制机械系统的有害振动，首要的任务是弄清振动的机理，揭示和了解振动的内在规律及其外部影响因素。因此，对振动的机理进行研究是一项十分迫切的任务。在此基础上，还要进一步采取有效措施，对振动与波进行有效的控制及利用，以便减轻或避免它对人类生活和生产所造成的有害影响，或者使有用的振动与波更好地为人类服务。

本书主要讲解机械系统动力学的一般理论及其在工程中的应用，主要内容包括：系统的建模及其求解方法、系统的特性研究、典型系统的动力学分析与动力学性质。

本书力图从以下几个方面彰显编写特点。

（1）突出实践性：讲解问题是从工程实际情况出发的。

（2）考虑普遍性：为使读者较全面地掌握振动系统特点及其建模和求解方法，本书系统地对单自由度、多自由度振动系统等的各类振动问题进行了介绍，还研究了工程中振动系统的一些动态特性。

（3）重视实用性：列举了工程中振动系统及其动态特性的具体应用实例。

本书由李鹤、马辉、李朝峰和刘杨负责编写，其中第1～3章由李鹤编写，第4章由马辉编写，第5章由刘杨编写，第6、7章由李朝峰编写。全书由李鹤负责统稿。特别感谢编者们的导师闻邦椿院士在百忙之中对全书进行了仔细审阅，提出了宝贵的意见和建议，并为本书作序。在编写过程中，编者还得到所在课题组同事们的支持和帮助，在此一并向他们致以衷心的感谢。

本书得到了东北大学"一流大学研究生拔尖创新人才培养项目"的资助，特此致谢。

限于编者水平，书中欠缺和不妥之处在所难免，恳请读者不吝指正。

编者

2020年10月于沈阳南湖

目　　录

第1章 绪 论

1.1 机械系统动力学的产生与发展

第一次工业革命完成了从工场手工业向机器大工业过渡的阶段，以机器取代人力，是一场生产与科技革命。机器的发明及运用成为了工业革命时代开始的标志，因此历史学家称这个时代为“机器时代”(the age of machines)。18世纪末19世纪初，瓦特改良蒸汽机之后，机器的速度越来越快，动力学问题日益突出，迫使工程师们开始利用牛顿力学解释、分析机器运行中出现的问题，其中最突出的就是振动过大的问题。机械系统动力学因此形成并逐渐发展。

1873年，瑞利基于动能和势能的分析，提出了瑞利法，给出了确定系统基频(又称最小固有频率)的近似方法，这是一种关于多自由度系统基频的上限估算法。1894年，邓克利在研究旋转轴的临界转速时提出了邓克利法，该方法给出了计算振动系统基频下界的一个经验公式。1909年，里兹发展了瑞利法，基于最小势能原理建立了瑞利-里兹法，该方法本质上是一种缩减系统自由度的近似方法，反复使用可以求解一个多自由度系统的多个低阶固有频率，从而把瑞利法推广为求解几个低阶固有频率的近似方法。1915年，伽辽金基于加权余量法对里兹提出的方法作了进一步的推广，通过方程所对应泛函的变分，将微分方程的求解问题简化为线性方程组的求解问题，该方法成为求解振动微分方程边界问题的一种重要方法。1904年，斯托德拉在研究轴系的主频率时，提出了振型迭代法。1902年，法莫在计算船舶主轴扭振时提出离散化的思想，随后霍尔茨等将该思想推广形成了一种确定轴系和梁频率的有效方法。1950年，汤姆孙将霍尔茨等提出的方法发展为传递矩阵法。

现在工程上普遍应用的有限单元法的起源可追溯到20世纪40年代。1943年，柯朗特在研究圣维南扭转问题时，将三角形区域上定义的分片连续函数和最小能原理相结合，运用“单元”法则把微分方程转换成了一组代数方程。1956年，波音公司的特纳和克拉夫等人分析飞机结构时，将钢架位移法推广应用于弹性力学平面问题，把结构分割成三角形和矩形单元，成功求解了平面应力问题。1960年，克拉夫在关于弹性力学平面问题研究的论文中，首次使用“有限元法”这个名称。1965年，冯康发表的论文“基于变分原理的差分格式”是国际学术界承认我国独立发展有限元方法的主要依据。20世纪60年代以后，随着计算机和软件的发展，有限元法迅速取代其他近似方法成为复杂工程振动问题近似计算的主要方法，至今有限元理论和分析手段已发展得非常成熟。

19世纪后期，庞加莱和李雅普诺夫等人开创了非线性振动理论，使人们对动力学的机制有了新的认识。人类对非线性振动现象的观察可以追溯到1673年，惠更斯研究单摆时发现了单摆大幅摆动时对等时性的偏离以及两只频率接近时钟的同步化等两类非线性现象。1881—1886年，庞加莱研究了二阶系统奇点的分类，引入了极限环概念并建立了极限环的存在判据，定义了奇点和极限环的指数；1885年，他还研究了分岔问题。1892年，李雅普诺夫给出了两种稳定性的定义，并提出了处理稳定性问题的两种方法，这是振动系统定性理论的一个重要方面，为非线性振动定性分析提供了基础。

关于定量求解非线性振动的近似解析方法的研究，可归纳如下。1830 年，泊松研究单摆振动时提出摄动法的基本思想，但长期项的存在会使该方法失效。1883 年，林滋泰德把振动频率按小参数展开，解决了摄动法中长期项导致的问题。1918 年，达芬在研究硬弹簧受迫振动时，采用了谐波平衡和逐次迭代的方法。1920 年，范德波尔在研究电子管非线性振荡时提出了慢变系数法的基本思想。1934 年，克雷洛夫和包戈留包夫将慢变系数法发展为适用于弱非线性系统的平均法。1955 年，米特罗波尔斯基经总结整理，将平均法推广应用到非定常系统，最终形成渐进法。1957 年，斯特罗克在研究电等离子体非线性效应时，用多个不同尺度描述系统的解，提出了多尺度法。

非线性振动系统除自由振动和受迫振动以外，还广泛存在另一类振动，即自激振动。1945 年，卡特莱特和李特伍德对受迫范德波尔振子的研究表明，两个不同稳态运动可能具有任意长时间的相同暂态过程，这表明运动具有不可预测性。为解释卡特莱特和李特伍德的结论，斯梅尔提出了马蹄映射的概念，构造了形状类似于马蹄的结构稳定的离散动力系统，为高维结构稳定系统的特征研究提供了一个具体模型，并说明了高维结构稳定系统具有复杂的拓扑结构和动力行为。马蹄映射是具有无穷多个周期点的结构稳定的混沌动力学研究中第一个经典例子。1963 年，洛伦兹在研究地球大气运动中发现了混沌现象“对初始条件的极端敏感性”，提出了著名的蝴蝶效应。1971 年，科学家在耗散系统中正式引入了埃依、洛伦兹等奇异吸引子的概念。1973 年，上田和林千博在研究达芬方程时得到一种混乱、貌似随机且对初始条件极度敏感的数值解，提出了混沌的科学概念。

进入 20 世纪以来，航空和航天工程的发展对动力学提出了更高要求，诸如大气湍流引起的飞机颤振、喷气噪声导致飞行器表面结构的声疲劳、火箭运载工具有效负载的可靠性等工程问题包含了大量的随机因素，前述确定性的力学模型已经无法满足这些工程的精确分析和设计要求。工程发展的需要促使人们用概率与统计方法研究承受随机载荷作用的机械与结构系统的稳定性、响应、识别及可靠性，从而形成了随机振动学科。

1.2　基本概念

机械系统动力学主要表现为机械系统的振动。振动的描述性定义是物体或系统在平衡位置(或平衡状态)的往复运动。不考虑随机因素，这个定义实际上有如下隐含意义：①系统的空间轨迹是封闭的；②系统的运动状态(位移和速度)每隔一段时间就会重复出现。以上分析说明，振动是周期运动，因此将周期运动作为振动的定量定义，可以更方便分析振动问题。

振动是周期运动，如果 x 是系统的状态，如位移、速度、加速度、应力、应变等，那么 x 满足

$$x(t)=x(t+T) \tag{1-1}$$

式中：T 是振动周期。在振动分析中，若不加特别说明，则 T 指最小的振动周期。

周期函数可以展开为傅里叶级数：

$$x(t)=\frac{a_0}{2}+\sum_{n=1}^{\infty}a_n\cos n\omega_0 t+b_n\sin n\omega_0 t \tag{1-2}$$

式中：$\omega_0=\dfrac{2\pi}{T}$，称为基频；$a_0=\dfrac{2}{T}\int_0^T x(t)\mathrm{d}t$ 是直流分量；$a_n=\dfrac{2}{T}\int_0^T x(t)\cos n\omega_0 t\mathrm{d}t$，$b_n=$

$\frac{2}{T}\int_0^T x(t)\sin n\omega_0 t\mathrm{d}t$。

从式(1-2)可以看出，如果忽略非波动的常数项$\frac{a_0}{2}$，则正余弦函数的线性组合是振动运动的基本数学形式。$n=1$ 时的振动是最简单的振动，可表示为

$$x(t)=a\cos\omega t+b\sin\omega t=A\sin(\omega t+\varphi)=A\cos(\omega t-\phi) \tag{1-3}$$

式中：$A=\sqrt{a^2+b^2}$，$\tan\varphi=\frac{a}{b}$，$\tan\phi=\frac{b}{a}$。

振动是周期运动，周期 T 是振动的根本特征。振动的频率 f 和圆频率 ω 可表示为

$$f=\frac{1}{T},\quad \omega=\frac{2\pi}{T} \tag{1-4}$$

频率与周期互为倒数。使用频率的概念，在数学上能更方便地描述振动；而且，在振动试验测试中也更容易得到振动频率。因此在振动分析与测试中，常常用频率来代替周期。

分析振动问题时，首要(也是最重要)的就是弄清楚频率。对于振动运动，需要弄清楚振动运动的频率；对于振动系统，需要弄清楚系统的固有频率。

在振动分析中，经常用到待定系数法或试解法(凑解法)，就是将式(1-4)代入系统的振动方程，根据相关条件确定振幅、振动频率和相位，就可以得到振动方程的解了。

根据三角函数的知识，正弦函数、余弦函数是由逆时针旋转的向量向 y 轴投影得到的，如图 1-1 所示。

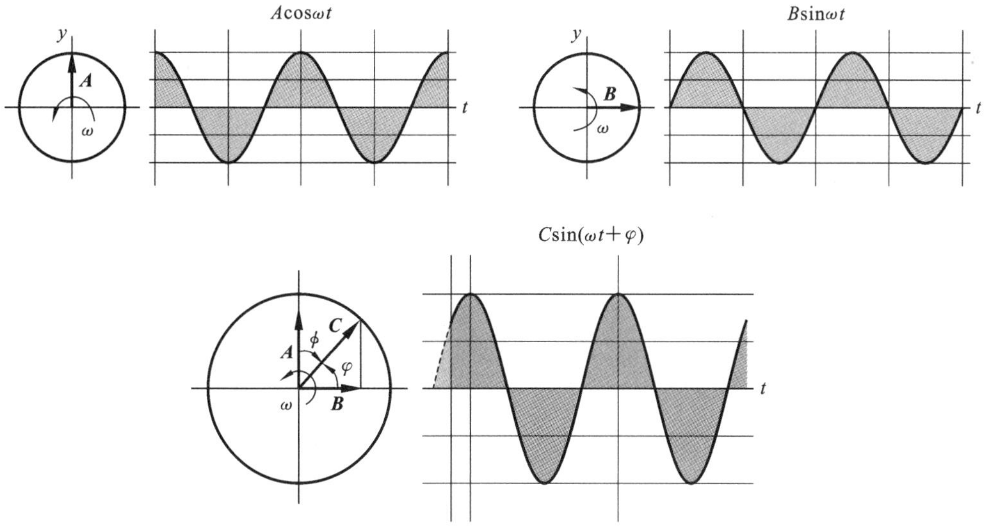

图 1-1　旋转向量与振动

因此，可以用旋转向量 $\boldsymbol{A}$、$\boldsymbol{B}$ 和 $\boldsymbol{C}$ 等表示振动。

根据欧拉公式，可以利用复指数函数表示三角函数。本书约定用复指数函数的虚数部分表示三角函数，如

$$\sin\omega t=\mathrm{Im}[\mathrm{e}^{\mathrm{i}\omega t}] \tag{1-5}$$

$$\cos\omega t=\mathrm{Im}[\mathrm{e}^{\mathrm{i}(\omega t+\frac{\pi}{2})}] \tag{1-6}$$

三角函数的复指数形式，具有简洁、清晰的特点，并能简化计算。

如果把旋转向量所在平面看作复平面，水平轴是实轴，竖直轴是虚轴，旋转向量 $\boldsymbol{C}$ 可以用

复数 $\boldsymbol{C}\mathrm{e}^{\mathrm{i}(\omega t+\varphi)}$ 表示，振动是该复数的虚数部分：

$$C\sin(\omega t+\varphi)=\mathrm{Im}[C\mathrm{e}^{\mathrm{i}(\omega t+\varphi)}] \tag{1-7}$$

下面是关于复数的几个性质。

(1) 若 c 为实数，$A(t)$ 为复函数，则有

$$\mathrm{Im}[cA(t)]=c\mathrm{Im}[A(t)]$$

(2) 若 $A(t)$ 和 $B(t)$ 是实变量 t 的复函数，则有

$$\mathrm{Im}[A(t)+B(t)]=\mathrm{Im}[A(t)]+\mathrm{Im}[B(t)]$$

(3) 若 $A=A_0\mathrm{e}^{\mathrm{i}\omega t}$ 为一复数，A_0 为常数，则有

$$\frac{\mathrm{d}}{\mathrm{d}t}\mathrm{Im}[A_0\mathrm{e}^{\mathrm{i}\omega t}]=\mathrm{Im}\left[\frac{\mathrm{d}}{\mathrm{d}t}(A_0\mathrm{e}^{\mathrm{i}\omega t})\right]=\mathrm{Im}[\mathrm{i}\omega A_0\mathrm{e}^{\mathrm{i}\omega t}]$$

$$\frac{\mathrm{d}^n}{\mathrm{d}t^n}\mathrm{Im}[A_0\mathrm{e}^{\mathrm{i}\omega t}]=\mathrm{Im}[\frac{\mathrm{d}^n}{\mathrm{d}t^n}(A_0\mathrm{e}^{\mathrm{i}\omega t})]=\mathrm{Im}[(\mathrm{i}\omega)^nA_0\mathrm{e}^{\mathrm{i}\omega t}]$$

(4) 若 A 和 B 都是复数，且 $\mathrm{Im}[A\mathrm{e}^{\mathrm{i}\omega t}]=\mathrm{Im}[B\mathrm{e}^{\mathrm{i}\omega t}]$，则有

$$A=B$$

对于方程

$$m\ddot{x}+c\dot{x}+kx=f\sin\omega t \tag{1-8}$$

如果有一复数 χ，使得

$$x=\mathrm{Im}[\chi]$$

且

$$f\sin\omega t=\mathrm{Im}[f\mathrm{e}^{\mathrm{i}\omega t}]$$

根据性质(3)，有

$$\ddot{x}=\frac{\mathrm{d}^2}{\mathrm{d}t^2}\mathrm{Im}[\chi]=\mathrm{Im}\left[\frac{\mathrm{d}^2}{\mathrm{d}t^2}\chi\right] \tag{1-9}$$

$$\dot{x}=\frac{\mathrm{d}}{\mathrm{d}t}\mathrm{Im}[\chi]=\mathrm{Im}[\frac{\mathrm{d}}{\mathrm{d}t}\chi] \tag{1-10}$$

将式(1-9)、式(1-10)代入方程(1-8)，得到

$$m\mathrm{Im}\left[\frac{\mathrm{d}^2}{\mathrm{d}t^2}\chi\right]+c\mathrm{Im}[\frac{\mathrm{d}}{\mathrm{d}t}\chi]+k\mathrm{Im}[\chi]=\mathrm{Im}[f\mathrm{e}^{\mathrm{i}\omega t}] \tag{1-11}$$

根据性质(1)和(2)，式(1-11)变为

$$\mathrm{Im}\left[m\frac{\mathrm{d}^2}{\mathrm{d}t^2}\chi+c\frac{\mathrm{d}}{\mathrm{d}t}\chi+k\chi\right]=\mathrm{Im}[f\mathrm{e}^{\mathrm{i}\omega t}] \tag{1-12}$$

设 $\chi=X\mathrm{e}^{\mathrm{i}\omega t}$，$X$ 是复数，代入式(1-12)得

$$\mathrm{Im}\left[m\frac{\mathrm{d}^2}{\mathrm{d}t^2}X\mathrm{e}^{\mathrm{i}\omega t}+c\frac{\mathrm{d}}{\mathrm{d}t}X\mathrm{e}^{\mathrm{i}\omega t}+kX\mathrm{e}^{\mathrm{i}\omega t}\right]=\mathrm{Im}[f\mathrm{e}^{\mathrm{i}\omega t}] \tag{1-13}$$

根据定理(3)和(4)，简化得

$$\mathrm{Im}[((\mathrm{i}\omega)^2mX+\mathrm{i}\omega cX+kX)\mathrm{e}^{\mathrm{i}\omega t}]=\mathrm{Im}[f\mathrm{e}^{\mathrm{i}\omega t}]$$

再根据性质(4)，有

$$(\mathrm{i}\omega)^2mX+\mathrm{i}\omega cX+kX=f$$

解得 X 后，有

$$x=\mathrm{Im}[X\mathrm{e}^{\mathrm{i}\omega t}]$$

在实际应用中，可以直接应用式(1-12)和式(1-13)将方程(1-8)中的 x 换成复数 $X\mathrm{e}^{\mathrm{i}\omega t}$，

$f\sin\omega t$ 换成 $fe^{i\omega t}$，略去算子 Im，写成

$$m\frac{d^2}{dt^2}(Xe^{i\omega t})+c\frac{d}{dt}(Xe^{i\omega t})+k(Xe^{i\omega t})=fe^{i\omega t} \tag{1-14}$$

解得 X 后，有

$$x=\mathrm{Im}[Xe^{i\omega t}] \tag{1-15}$$

这里没有考虑 $Xe^{i\omega t}$ 的实部，实际上也不需要 $Xe^{i\omega t}$ 的实部。

1.3　系统的简化与模型

1.3.1　建立系统模型

如图 1-2 所示，分析动力学问题时，首先要建立系统的模型。系统的建模步骤一般为：① 对问题进行合理的简化、假设，建立系统的力学模型；② 通过力学定律或原理，建立力学模型的数学方程(也称为数学模型)。

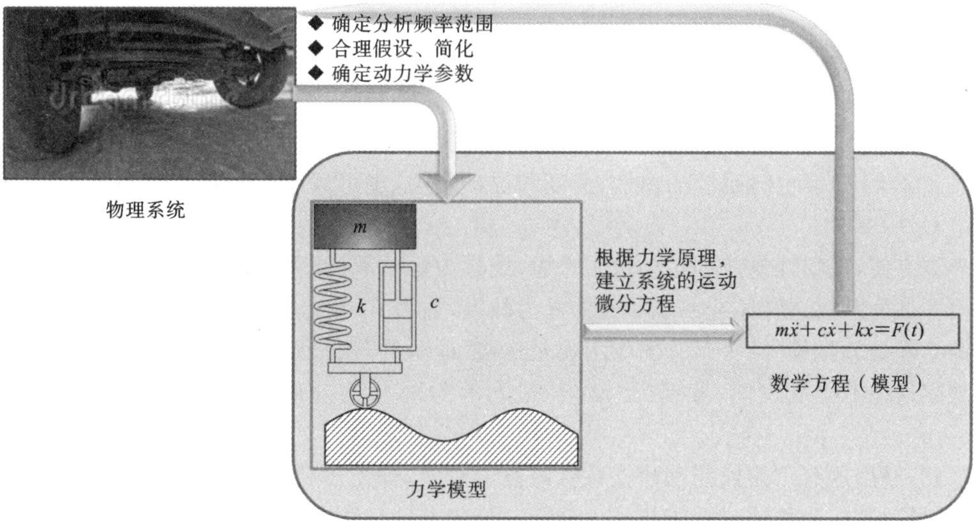

图 1-2　系统建模流程

从工程问题到力学模型，首先需要确定研究问题的频率范围，然后可以通过实验测试、有限元分析等多种方法建立力学模型。这一过程，通常要具体问题具体分析，没有一定之规。大家需要多阅读相关文献，通过解决振动问题来积累经验，才能较好地抓住问题的主要矛盾，做出合理简化和假设，建立力学模型。

下面，主要介绍如何从力学模型建立数学模型。

从力学模型到数学模型，依据的力学定律或原理如下。

对于简单振动系统，经常使用牛顿第二定律或者定轴运动定理，将其表示为

$$ma=\sum_{i=1}^{n}F_i \quad 或 \quad m\ddot{x}=\sum_{i=1}^{n}F_i$$

$$J\ddot{\varphi}=\sum_{i=1}^{n}M_i$$

对于复杂振动系统，可以使用刚体系统运动定理，将其表示为

$$m\boldsymbol{a}_{\mathrm{c}}=\sum_{i=1}^{n}\boldsymbol{F}_i \quad 或 \quad m\ddot{\boldsymbol{r}}_{\mathrm{c}}=\sum_{i=1}^{n}\boldsymbol{F}_i$$

$$\frac{\mathrm{d}\boldsymbol{L}_{\mathrm{c}}}{\mathrm{d}t}=\sum_{i=1}^{n}\boldsymbol{M}_i$$

其中：$\boldsymbol{L}_{\mathrm{c}}=\sum_{i=1}^{n}(\boldsymbol{\rho}_i\times m_i\boldsymbol{v}_i)$ 是各个质点对质心的动量矩。

此外，还可以使用拉格朗日方程来表示：

$$\frac{\mathrm{d}}{\mathrm{d}t}\left(\frac{\partial L}{\partial\dot{q}_i}\right)-\frac{\partial L}{\partial q_i}=Q_i$$

其中：$L=T-U$ 是系统动能 T 与势能 U 的差，称为拉格朗日函数；Q_i 是广义力。

对于弹性体或系统，可以使用哈密顿原理，将其表示为

$$\delta\int_{t_1}^{t_2}L\mathrm{d}t+\int_{t_1}^{t_2}\delta W\mathrm{d}t=0$$

其中：L 是拉格朗日函数。需要注意的是，哈密顿原理对刚体或刚体系统也适用。

如何利用这些定律或原理建立系统的数学模型呢？首先，分析这些定律或原理本身的构成，这些定律或原理是由 4 部分构成的。

第 1 部分是描述物体或系统惯性的量，如质量 m、转动惯量 J 等。由于我们限于面对低速宏观的机械系统，因此惯性量可以看作常数。

第 2 部分是描述物体或系统运动的量，如加速度 $\ddot{x}$、角加速度 $\ddot{\varphi}$ 等。动量 $m\boldsymbol{v}$、动量矩 $\boldsymbol{L}_{\mathrm{c}}$、动能 T 和势能 U 等也与系统的惯性、速度和位移相关，也可以看作描述物体或系统运动的广义量。

为了方便，把惯性量放到运动量中考虑，统称为运动量。

第 3 部分是描述物体或系统受到的外力的量，如力 F_i 和力矩 M_i 等。

第 4 部分就是等号“＝”，它的作用就是连接“运动量”和“力量”。

观察这些定律或原理，发现“运动量”只在等号“＝”的左侧，而“力量”只在等号“＝”的右侧。

因此，利用这些定律或原理建立系统的数学模型，首先需要对物体或系统作运动分析，写出“运动量”；其次对物体或系统作受力分析，写出“力量”；最后，使用等号“＝”按照所用定律或原理的形式将“运动量”和“力量”连接起来。

实际上，不仅动力学问题是如此分析，其他力学问题，如材料力学、理论力学、弹性力学等问题，其分析也都是分别从运动（或变形）分析和受力分析两条路线出发，最后通过等号将物体的运动和受力相连接的。力学就是分析物体（或系统运动）与受力关系的学科。

大家比较熟悉物体或系统的受力分析，这里不再赘述。

对于简单问题，系统的运动分析可以一眼看出来，“似乎”不需要进行分析。对于复杂问题，首先需要确定描述物体或系统运动的（未知）独立变量，然后按照理论力学运动学原理、材料力学物体变形基本假设或弹性力学应变分析等理论知识，分析物体或系统的运动或变形。独立变量的个数称为系统的自由度。

对刚体或系统的振动问题的运动分析，首先需要确定物体做哪种类型的运动，是平动、定轴转动、平面运动、定点运动、刚体的空间运动，还是相对运动、牵连运动或绝对运动；然后，再确定描述运动的独立变量。选择不同的描述物体运动的独立变量，会影响振动系统运动微分

方程的形式(复杂还是简洁)。

1.3.2 线性系统分析的基本原理和基本原则

线性系统是指惯性力、阻尼力和恢复力分别与加速度、速度和位移成线性关系的系统。

线性振动系统分析的基本原理包括叠加原理和频率不变性原理。叠加原理在材料力学中已经广泛使用,不再赘述。频率不变性原理是指线性系统输出的频率总是等于输入的频率。对于振动系统来说,振动系统响应的频率与激励的频率相同。

在振动的工程分析与设计中,大家要深入现场,善于观察振动现象,勤于思考振动问题,逐步总结振动规律,积累解决振动问题的经验。要逐渐学会从"工程"角度思考工程问题,以"工程"的思维解决工程问题,而不是只从数学或力学等基本原理出发解决工程问题。这里给出工程思维的一些原则:

(1) 误差是客观存在的。所有工程问题都是有误差的。我们要做的是在一定的成本范围内尽量减小误差。

(2) 假设与简化。实际的工程问题非常复杂,涉及的因素多,我们对其中的机理可能不是很清楚,需要根据表现进行假设;为了突出问题的本质,解决主要矛盾,必须对问题进行必要的简化。

(3) 凑解与待定系数。很多问题可以根据经验或先验知识知道解的形式,只需确定其中的系数,以提高工作效率。

(4) 数值求解。多数问题根本无法得到解析解,需要利用数值分析的方法求得数值解。

(5) 实践是检验真理的唯一标准。理论解、解析解或数值解都不一定可靠,必须通过实验或实践检验。

(6) 理论联系实际。学以致用,学会利用基本原理指导解决问题的思路。

(7) 实用至上。解决工程问题切记不要追求数学的"严谨"和"完美",应以实用为主,要"不择手段"地以可行的方法解决问题。

本书首先介绍了振动理论的基本知识和概念,第2章主要讲述了单自由度系统的自由振动和强迫振动的基本性质,第3章讲述了多自由度系统数学模型的基本建立方法和系统的基本性质。第4、5、6、7章,分别介绍了齿轮传动系统、轴承-转子系统和旋转叶片(梁)的动力学建模和分析方法。

第 2 章　单自由度系统的振动

振动系统在外界的作用下到达位置 x_0 并获得速度 $\dot{x}_0$ 后，在不受外界作用的情况下围绕平衡位置振动，称为自由振动。x_0、$\dot{x}_0$ 分别称为初始位移、初始速度，统称为初始条件。

在自由振动过程中，由于没有外界的作用，振动的频率、幅值只与系统本身和初始条件有关。因此，自由振动含有系统的固有特征；研究自由振动的首要目的，就是得到系统的固有特征。

固有频率是单自由度系统的固有特征；多自由度系统除了固有频率还有固有振型。固有频率和固有振型都不随坐标系的改变而变化，在数学上表示为矩阵的特征值和特征向量。

系统做自由振动时，没有外界能量的输入。而系统中不可避免地存在阻尼，阻尼会不断耗散系统的机械能，使自由振动不断衰减直至停止。研究自由振动的另一个目的，就是得到振动衰减的规律，并利用规律控制自由振动。

如果外部持续为系统输入能量，补偿阻尼所消耗的能量，使系统得以持续振动，则这种振动称为强迫振动。

本章主要讨论单自由度系统的自由振动和强迫振动，系统的力学模型是质量-弹簧-阻尼模型，如图 2-1、图 2-2 所示。

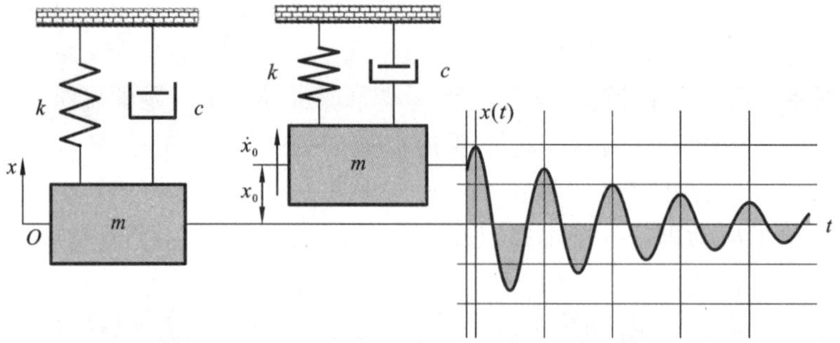

图 2-1　单自由度系统自由振动模型

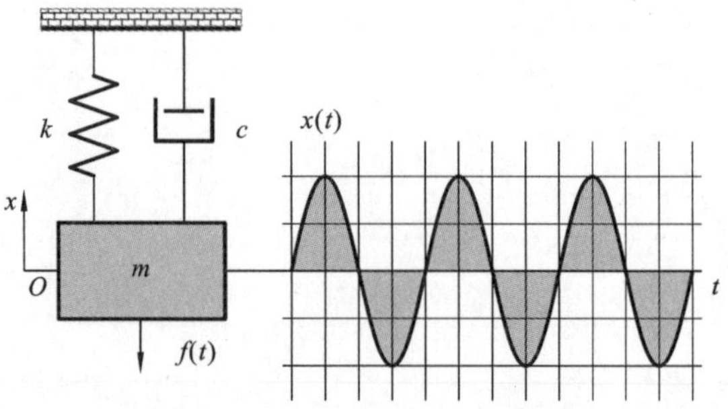

图 2-2　单自由度系统强迫振动模型

系统自由振动微分方程为

$$m\ddot{x}+c\dot{x}+kx=0 \tag{2-1}$$

在 $t=0$ 时刻，系统的初始位移、初始速度分别为

$$x(0)=x_0,\quad \dot{x}(0)=\dot{x}_0$$

如果单自由度系统受到激振力 $f(t)$ 的作用，如图 2-2 所示，则系统强迫振动微分方程为

$$m\ddot{x}+c\dot{x}+kx=f(t) \tag{2-2}$$

可以看出单自由度系统的振动数学模型都是二阶常系数线性微分方程，自由振动是齐次微分方程，强迫振动是非齐次微分方程。

自由振动的频率是只与质量、刚度和阻尼等系统参数有关，与初始条件等外界因素无关的不变量，是系统固有的属性；自由振动的幅值取决于初始条件、固有频率和阻尼比的大小。强迫振动的频率和幅值不仅与系统参数有关，还与外界激励力的幅值大小和频率有关系，尤其要注意激励力频率对强迫振动的影响。

多数振动问题的阻尼比 $\zeta<0.1$，振动分析中常常忽略阻尼，得到的分析结果可以作为有阻尼系统的近似，其相对误差在工程中是可以接受的。比如固有频率随着阻尼的增大而降低，但是当阻尼比 $\zeta\leqslant 0.4$ 时，固有频率随阻尼的增大而降低的幅度很小；忽略阻尼得到的固有频率作为有阻尼固有频率的近似值，相对误差不会超过 10%。在本章及以后的章节中，总是先忽略阻尼，研究无阻尼系统，再考虑阻尼，研究有阻尼系统。

阻尼会使自由振动的振幅呈几何级数衰减，即使很小的阻尼也可以使得系统在很短的时间内就静止下来。

振动过大经常是由系统共振引起的。提高系统的固有频率，避免与工作频率相近或相等，是解决共振问题的基本思路。从数学上看，增大系统刚度或者减小系统质量都会提高系统的固有频率。在工程中，减小质量往往意味着要减小零部件的截面积，增加了零部件被破坏的危险；因此，提高固有频率的有效措施是增大系统的刚度，同时不增大或少增大系统质量。

按照阻尼比小于 1、等于 1、大于 1，将单自由度系统分为小阻尼系统、临界阻尼系统和大阻尼系统。小阻尼系统的自由振动响应是绕平衡位置的往复运动，临界阻尼系统和大阻尼系统的自由振动响应都是非往复的。

本章先讨论单自由度系统的自由振动，重点分析阻尼对自由振动的影响。针对实际系统中的分散质量、分散刚度等问题，介绍了能量法、瑞利法的等效原则和简化系统基本方法；介绍了直接求解固有频率的方法以及使用自由振动法测量固有频率和阻尼比。然后，研究系统在简谐力、周期力、任意力作用下的响应问题，重点讨论了影响振动幅值大小的因素。最后，介绍振动问题的数值仿真。

2.1　无阻尼系统的固有频率与自由振动响应

为了简化问题，我们将无阻尼系统作为有阻尼系统的近似。令方程(2-1)中的阻尼 $c=0$，得到无阻尼系统的自由振动微分方程

$$m\ddot{x}+kx=0 \tag{2-3}$$

在 $t=0$ 时刻，系统的初始位移、初始速度分别为

$$x(0)=x_0,\quad \dot{x}(0)=\dot{x}_0$$

引入参数

$$\omega_{\mathrm{n}}=\sqrt{\frac{k}{m}} \tag{2-4}$$

方程(2-3) 改写为

$$\ddot{x}+\omega_{\mathrm{n}}^{2}x=0 \tag{2-5}$$

下面使用图解法并结合叠加原理求解方程(2-5)。

令 $t=0$ 时刻的初始速度 $\dot{x}(0)=0$，只有初始位移 $x(0)=x_0$，弹簧受压；振动开始后，质量块在弹性恢复力的作用下向下加速运动；到达平衡位置后，质量块由于惯性继续向下运动；越过平衡位置后，弹簧受拉，质量块开始减速向下运动；由于没有机械能耗散，$-x_0$ 位置是向下运动的极限位置，这时质量块的速度为 0，并开始加速向上运动；越过平衡位置后，弹簧受压，质量块开始减速向上运动直至到达 x_0，速度又变为 0。这样，质量块将在区间 $[-x_0, x_0]$ 进行往复运动。在没有阻尼的理想条件下，运动一旦开始，就会无限期地持续进行，永不停止，如图 2-3 所示。

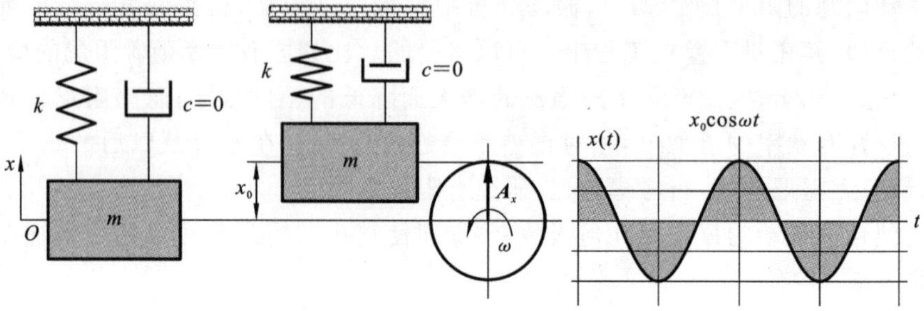

图 2-3　只有初始位移的自由振动

振动的数学形式是三角函数，从图 2-3 可以看出来自由振动响应是余弦函数，幅值为 x_0，相角为 0。假设振动响应

$$x=x_0\cos\omega t \tag{2-6}$$

式中：振动频率 ω 为待定参数。

代入方程(2-5)可得

$$-\omega^2 x_0\cos\omega t+\omega_{\mathrm{n}}^2 x_0\cos\omega t=0$$

由此可得

$$\omega=\omega_{\mathrm{n}}$$

代回式(2-6)，得到系统自由振动响应：

$$x=x_0\cos\omega_{\mathrm{n}} t \tag{2-7}$$

式(2-7)也可以用图 2-3 中的旋转矢量 $\boldsymbol{A}_x$ 表示。

再令初始位移 $x(0)=0$，系统只有初始速度 $\dot{x}(0)=\dot{x}_0$，如图 2-4 所示。振动开始后，由于惯性质量块向上运动，弹簧受到压缩，使得速度逐渐减小至 0，质量块到达 $|x|$ 位置；在此之后的运动，相当于只有初始位移 $|x|$ 的自由振动，前面已经分析过，不再赘述。

同样，从图 2-4 可以看出来自由振动响应是正弦函数，初始相角为 0。因此，假设振动响应为

$$x=|x|\sin\omega t \tag{2-8}$$

式中：幅值 $|x|$ 和频率 ω 是待定系数。

以平衡位置作为势能零点，在 $t=0$ 时刻，系统势能为零，只有动能 $T=\frac{1}{2}m\dot{x}_0^2$；系统到达 $|x|$ 位置时，速度为 0，系统只有势能 $U=\frac{1}{2}k|x|^2$。由于振动过程中没有能量耗散，机械能守

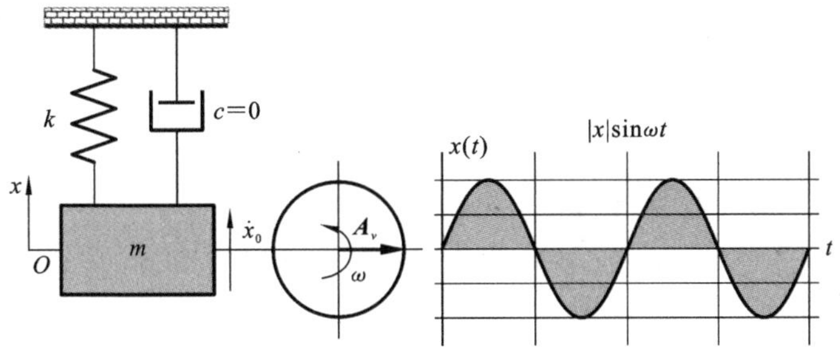

图 2-4　只有初始速度的自由振动

恒,因此系统在 $t=0$ 时刻和到达 $|x|$ 位置时的机械能相等,有

$$\frac{1}{2}m\dot{x}_0^2+0=0+\frac{1}{2}k|x|^2$$

由此可得

$$|x|=\frac{\dot{x}_0}{\omega_n} \tag{2-9}$$

将式(2-8)代入方程(2-5)可得

$$-\omega^2|x|\sin\omega t+\omega_n^2|x|\sin\omega t=0$$

由此可得

$$\omega=\omega_n$$

将 ω 及式(2-9)代回式(2-8),得到系统自由振动响应:

$$x=\frac{\dot{x}_0}{\omega_n}\sin\omega_n t \tag{2-10}$$

式(2-10)也可以用图 2-4 中的旋转矢量 $\boldsymbol{A}_v$ 表示。

根据叠加原理,如果在 $t=0$ 时刻,系统既有初始位移又有初始速度,即

$$x(0)=x_0,\quad \dot{x}(0)=\dot{x}_0$$

那么系统在 t 时刻的振动响应是只有初始位移 x_0 和只有初始速度 $\dot{x}_0$ 两种情况的叠加。系统振动响应是式(2-7)与式(2-10)之和,即

$$x=x_0\cos\omega_n t+\frac{\dot{x}_0}{\omega_n}\sin\omega_n t \tag{2-11a}$$

或者

$$x=A\cos(\omega_n t-\phi) \tag{2-11b}$$

或者

$$x=A\sin(\omega_n t+\varphi) \tag{2-11c}$$

式中:

$$A=\sqrt{x_0^2+\left(\frac{\dot{x}_0}{\omega_n}\right)^2} \tag{2-12}$$

$$\tan\phi=\frac{\dot{x}_0}{\omega_n x_0} \tag{2-13}$$

$$\tan\varphi=\frac{\omega_n x_0}{\dot{x}_0} \tag{2-14}$$

从式(2-7)、式(2-10)和式(2-11)可以看出,不管初始条件是什么样子的,系统自由振动

频率都是 $\omega_n=\sqrt{\frac{k}{m}}$，是只与系统本身参数 k、m 有关的不变量，因此 ω_n 称为系统的固有频率。固有频率是系统"与生俱来"的，是振动系统固有的本质特征之一。

从式(2-12)可知，自由振动幅值 A 是与初始位移、初始速度和固有频率都有关系的，不随时间变化的常量，说明无阻尼系统的自由振动是等幅振动。

初始条件为 $x(0)=x_0$，$\dot{x}(0)=\dot{x}_0$ 的自由振动的时域波形如图 2-5 所示。

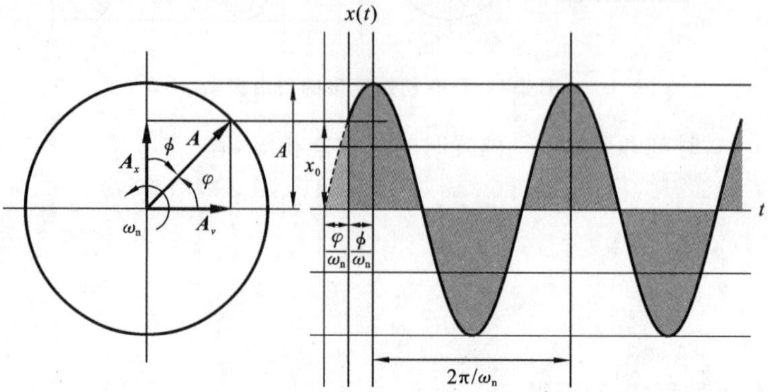

图 2-5　自由振动的时域波形

系统的振动周期

$$T_n=\frac{2\pi}{\omega_n}$$

在单位时间内的自由振动次数

$$f_n=\frac{1}{T_n}=\frac{\omega_n}{2\pi}=\frac{1}{2\pi}\sqrt{\frac{k}{m}} \tag{2-15}$$

式中：f_n 的单位为次/秒，称为赫兹(Hz)。使用中，经常不加区分，统称 ω_n 和 f_n 为系统的固有频率。

对式(2-11c)求一次导数和二次导数，可以得到系统自由振动的速度响应和加速度响应：

$$\dot{x}=\omega_n A\cos(\omega_n t+\varphi)=\omega_n A\sin\left(\omega_n t+\varphi+\frac{\pi}{2}\right) \tag{2-16}$$

$$\ddot{x}=-\omega_n^2 A\sin(\omega_n t+\varphi)=\omega_n^2 A\sin(\omega_n t+\varphi+\pi) \tag{2-17}$$

式(2-16)和式(2-17)表明，速度响应超前位移响应 $\frac{\pi}{2}$ 相位角，加速度响应超前位移响应 π 相位角，如图 2-6 所示。

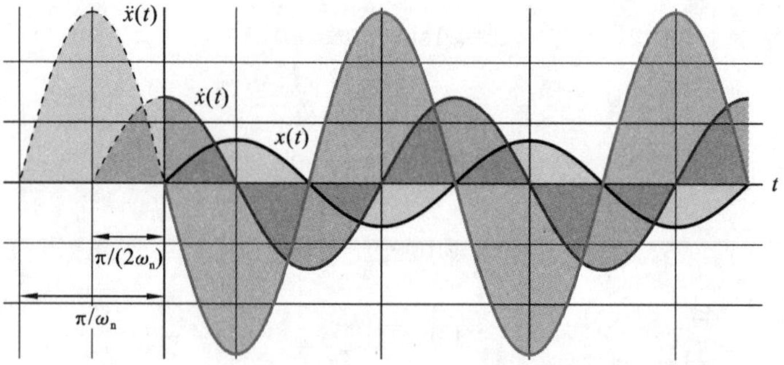

图 2-6　位移响应、速度响应和加速度响应的相位关系

振动引起的弹性恢复力最大值出现在振动最大处：

$$f_{k\max}=kA=\sqrt{(kx_0)^2+km\dot{x}_0^2} \tag{2-18}$$

从式(2-18)可知，要减小自由振动时的最大弹性恢复力，需要适当降低弹簧刚度。

没有外界的作用，质量块受到的惯性力 $f_m=-m\ddot{x}$、弹性恢复力 $f_k=-kx$ 的功为 0，即

$$f_m\dot{x}\,\mathrm{d}t+f_k\dot{x}\,\mathrm{d}t=0 \tag{2-19}$$

系统的动能 $T=\dfrac{1}{2}m\dot{x}^2$，对时间 t 求导数得

$$\frac{\mathrm{d}T}{\mathrm{d}t}=m\ddot{x}\dot{x}=-f_m\dot{x} \tag{2-20}$$

式(2-20)说明惯性力做负功，系统动能增加；惯性力做正功，系统动能减小。反之，系统动能减小，惯性力做正功；系统动能增加，惯性力做负功。

系统的势能 $U=\dfrac{1}{2}kx^2$，对时间 t 求导数得

$$\frac{\mathrm{d}U}{\mathrm{d}t}=kx\dot{x}=-f_k\dot{x} \tag{2-21}$$

同理，弹性恢复力做负功，系统势能增加；弹性恢复力做正功，系统势能减小。反之亦然。

将式(2-20)和式(2-21)代入式(2-19)，得到

$$\frac{\mathrm{d}}{\mathrm{d}t}(T+U)=0 \tag{2-22a}$$

或

$$T+U=\mathrm{const} \tag{2-22b}$$

这说明无阻尼单自由度系统机械能不随时间变化，机械能守恒。

根据三角函数的正交性，有

$$\int_0^{T_\mathrm{n}}\mathrm{d}T=-\int_0^{T_\mathrm{n}}f_\mathrm{m}\dot{x}\mathrm{d}t=\int_0^{T_\mathrm{n}}m\ddot{x}\dot{x}\,\mathrm{d}t=0$$

$$\int_0^{T_\mathrm{n}}\mathrm{d}U=-\int_0^{T_\mathrm{n}}f_k\dot{x}\,\mathrm{d}t=\int_0^{T_\mathrm{n}}kx\dot{x}\,\mathrm{d}t=0$$

以上两式说明，无阻尼系统的动能、势能在一个振动周期内的变化量都是 0；惯性力、弹性恢复力在一个振动周期内做的功也分别为 0。

2.2　有阻尼系统的固有频率与自由振动响应

2.1 节的分析中忽略了系统的阻尼，可以看作有阻尼系统的近似。本节研究黏性阻尼单自由度系统的自由振动，振动微分方程为

$$m\ddot{x}+c\dot{x}+kx=0 \tag{2-23}$$

在 $t=0$ 时刻，初始条件为

$$x(0)=x_0,\quad \dot{x}(0)=\dot{x}_0$$

下面求系统在 t 时刻的振动响应。

将方程(2-23)写为标准形式：

$$\ddot{x}+2\omega_\mathrm{n}\zeta\dot{x}+\omega_\mathrm{n}^2x=0 \tag{2-24}$$

式中：$2\omega_\mathrm{n}\zeta=\dfrac{c}{m}$，$\zeta$ 称为阻尼比。

根据微分方程理论，设方程(2-24)的特征解为

$$x=e^{st} \tag{2-25}$$

代入方程(2-24)中，得到特征方程

$$s^2+2\omega_n\zeta s+\omega_n^2=0$$

求得特征根

$$s=-\omega_n\zeta\pm\omega_n\sqrt{\zeta^2-1}$$

如果 $\zeta\geqslant1$，s 为实数，则 $x=e^{st}$ 为实指数函数。第1章已经指出，振动的数学形式是三角函数，所以 $\zeta\geqslant1$ 时系统不做振动运动，本节的最后部分对此作简单介绍。

$\zeta=1$ 时的阻尼系数，称为临界阻尼系数，记为

$$c_c=2\omega_n m=2\sqrt{km} \tag{2-26}$$

只有阻尼比 $\zeta<1$ 时，系统才能做振动运动。工程中大多数振动问题的阻尼比 $\zeta<0.1$。当阻尼比 $\zeta<1$ 时，特征根是

$$s=-\omega_n\zeta\pm i\omega_d \tag{2-27}$$

式中：

$$\omega_d=\omega_n\sqrt{1-\zeta^2} \tag{2-28}$$

将式(2-27)代入式(2-25)后，根据欧拉公式 $e^{\pm i\omega_d t}=\cos\omega_d t\pm i\sin\omega_d t$ 展开，式(2-25)可以写为

$$x_1=e^{-\omega_n\zeta t}(\cos\omega_d t+i\sin\omega_d t)$$

$$x_2=e^{-\omega_n\zeta t}(\cos\omega_d t-i\sin\omega_d t)$$

方程(2-24)的解是以上两个特征解的线性组合：

$$x=C_1x_1+C_2x_2 \tag{2-29}$$

式中：C_1、C_2 是常数。

将初始条件 $x(0)=x_0$，$\dot{x}(0)=\dot{x}_0$ 代入式(2-29)及其导数中，得到

$$C_1+C_2=x_0$$

$$C_1(-\zeta\omega_n+i\omega_d)+C_2(-\zeta\omega_n-i\omega_d)=\dot{x}_0$$

解得

$$C_1=\frac{x_0}{2}-i\frac{(\dot{x}_0+x_0\zeta\omega_n)}{2\omega_d}$$

$$C_2=\frac{x_0}{2}+i\frac{(\dot{x}_0+x_0\zeta\omega_n)}{2\omega_d}$$

将 C_1、C_2 代回到式(2-29)，整理后得到系统的自由振动响应：

$$x=e^{-\omega_n\zeta t}\left(x_0\cos\omega_d t+\frac{\dot{x}_0+\omega_n\zeta x_0}{\omega_d}\sin\omega_d t\right) \tag{2-30a}$$

或者

$$x=e^{-\omega_n\zeta t}A_\zeta\cos(\omega_d t-\phi) \tag{2-30b}$$

或者

$$x=e^{-\omega_n\zeta t}A_\zeta\sin(\omega_d t+\varphi) \tag{2-30c}$$

式中：

$$A_\zeta=\sqrt{x_0^2+\left(\frac{\dot{x}_0+\omega_n\zeta x_0}{\omega_d}\right)^2} \tag{2-31}$$

$$\tan\phi=\frac{\dot{x}_0+\omega_n\zeta x_0}{\omega_d x_0} \tag{2-32}$$

$$\tan\varphi=\frac{\omega_d x_0}{\dot{x}_0+\omega_n\zeta x_0} \tag{2-33}$$

从式(2-30)可知，有阻尼系统是以频率 $\omega_d=\omega_n\sqrt{1-\zeta^2}$ 做自由振动的，ω_d 是只与系统本身参数 m、k、c 有关，而与初始条件无关的系统不变量，称为有阻尼系统的固有频率。

从式(2-30)还能看出，有阻尼自由振动响应被限制在曲线 $\pm e^{-\omega_n\zeta t}A_\zeta$ 内并不断衰减。因此，小阻尼系统的自由振动也称为衰减振动。图 2-7 所示为这种衰减振动的响应曲线。

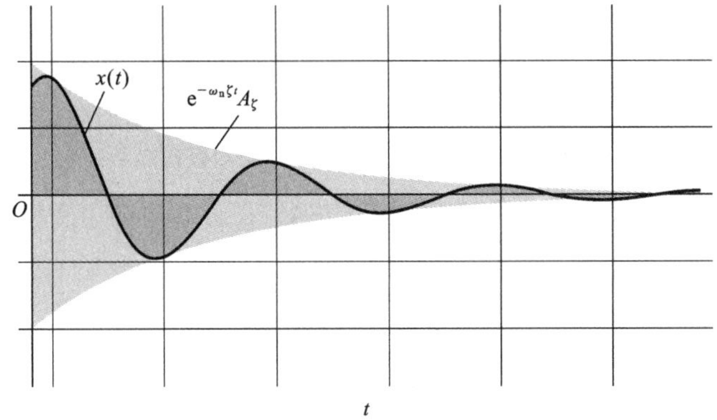

图 2-7　有阻尼系统衰减振动的响应曲线

对式(2-30c)求一次导数和二次导数，可以得到有阻尼系统自由振动的速度响应和加速度响应：

$$\dot{x}=e^{-\omega_n\zeta t}\omega_n A_\zeta\cos(\omega_d t+\varphi+\varphi_v)=e^{-\omega_n\zeta t}\omega_n A\sin\left(\omega_d t+\varphi+\frac{\pi}{2}+\varphi_v\right) \tag{2-34}$$

$$\ddot{x}=-e^{-\omega_n\zeta t}\omega_n^2 A_\zeta\sin(\omega_d t+\varphi+\varphi_a)=e^{-\omega_n\zeta t}\omega_n^2 A\sin(\omega_d t+\varphi+\pi+\varphi_a) \tag{2-35}$$

式中：$\varphi_v=\arctan\left(\frac{\zeta}{\sqrt{1-\zeta^2}}\right)$，$\varphi_a=\arctan\left(\frac{2\zeta\sqrt{1-\zeta^2}}{1-2\zeta^2}\right)$，均是由阻尼产生的附加相位角。

与无阻尼自由振动的速度、加速度响应(见式(2-16)、式(2-17))不同，有阻尼自由振动的速度响应超前位移响应 $\frac{\pi}{2}+\varphi_v$ 相位角，加速度响应超前位移响应 $\pi+\varphi_a$ 相位角。超前的相位角都与阻尼比有关，如图 2-8 所示。

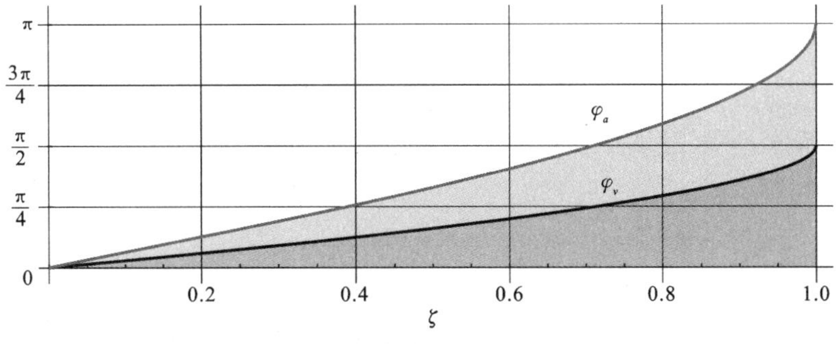

图 2-8　阻尼产生的附加相位角

当 $\zeta=1$ 时，有阻尼系统称为临界阻尼系统，系统的特征方程有二重特征根：

$$s_{1,2}=-\omega_n$$

方程(2-25)的解为

$$x=e^{-\omega_n t}(x_0+(\dot{x}_0+\omega_n x_0)t) \tag{2-36}$$

不同初始条件下临界阻尼系统的自由振动响应如图 2-9 所示。

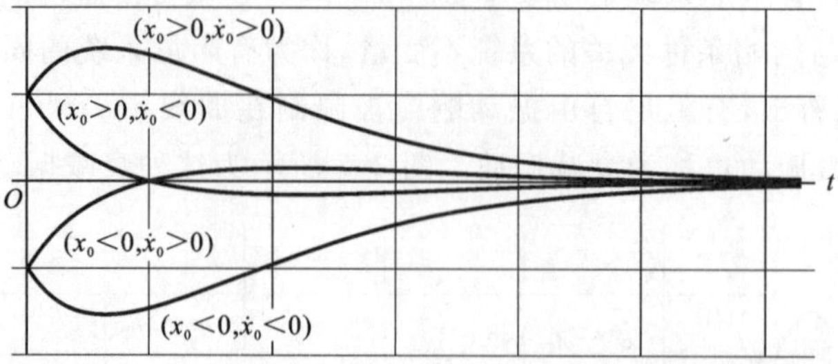

图 2-9　不同初始条件下临界阻尼系统的自由振动响应

当 $\zeta>1$ 时,有阻尼系统称为大阻尼系统,系统的特征方程有两个实特征根:

$$s=-\omega_n\zeta\pm\omega_n\sqrt{\zeta^2-1}$$

方程(2-25)的解为

$$x=e^{-\zeta\omega_n t}\left(x_0\cosh\omega_d t+\frac{\dot{x}_0+\zeta\omega_n x_0}{\omega_d}\sinh\omega_d t\right) \tag{2-37}$$

式中:$\omega_d=\omega_n\sqrt{\zeta^2-1}$。不同初始条件下大阻尼系统的自由振动响应如图 2-10 所示。

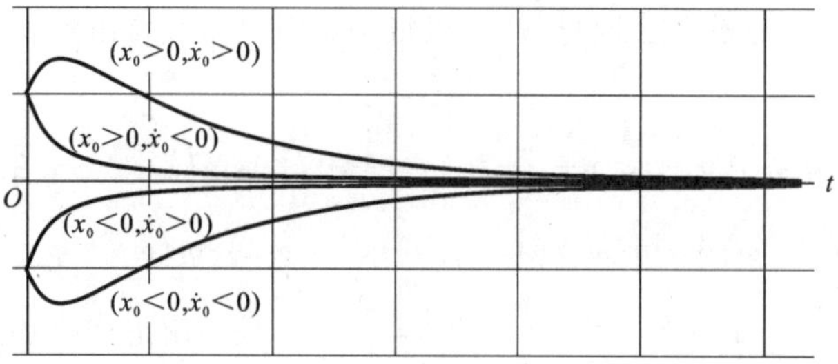

图 2-10　不同初始条件下大阻尼系统的自由振动响应

单自由度系统中质量块受到的惯性力、弹性恢复力和阻尼力分别是 $f_m=-m\ddot{x}$,$f_k=-kx$ 和 $f_c=-c\dot{x}=-c\dot{x}^2$;它们的功率分别是 $f_m\dot{x}$、$f_k\dot{x}$ 和 $f_c\dot{x}$,根据式(2-23)有

$$f_m\dot{x}+f_c\dot{x}+f_k\dot{x}=0 \tag{2-38}$$

根据式(2-20)和式(2-21),式(2-38)可改写为

$$\frac{d}{dt}(T+U)=f_k\dot{x}=-c\dot{x}^2 \tag{2-39}$$

如果阻尼系数 $c>0$,阻尼力总是做负功,系统的机械能总是减小的。阻尼力在一个周期内所做的功可表示为

$$\Delta W=\int_t^{t+T_d}f_c\dot{x}\,dt=-c\int_t^{t+T_d}\dot{x}^2\,dt$$

2.3　阻尼对自由振动的影响

阻尼是振动系统的重要参数之一。与系统的质量和刚度相比,阻尼也是最难获得的系统

参数。在振动分析中，对待阻尼的策略是尽量掌握阻尼对振动的影响规律，以便在分析振动问题时，"能忽略阻尼就忽略阻尼"和"恰到好处利用阻尼"。本节主要讨论阻尼对自由振动的影响规律。以后还将讨论阻尼对强迫振动的影响规律。

阻尼对自由振动的影响主要体现为对固有频率的降低作用和对振幅的几何级数衰减作用。

不考虑阻尼的振动系统固有频率为

$$\omega_n = \sqrt{\frac{k}{m}} \tag{2-40}$$

当考虑阻尼后，振动系统的固有频率变为

$$\omega_d = \omega_n \sqrt{1-\zeta^2} \tag{2-41}$$

可以看出，增加阻尼比会降低固有频率，如图 2-11 所示。

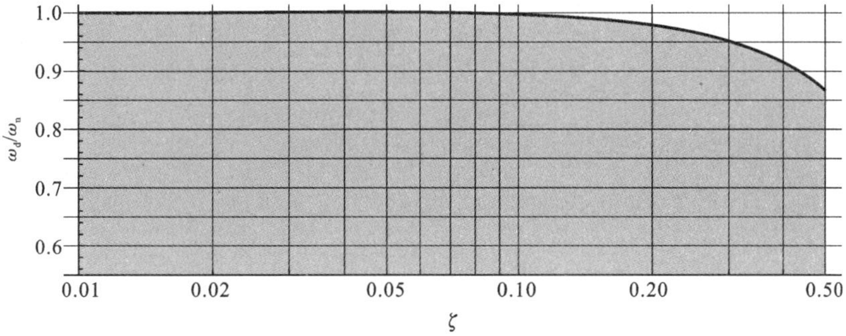

图 2-11　阻尼对固有频率的影响

当阻尼比 ζ 较小时，将式(2-41)进行一阶泰勒级数展开：

$$\omega_d \approx \omega_n \left(1-\frac{\zeta^2}{2}\right)$$

上式表明，较小的阻尼比 ζ 是以二阶小量的形式影响固有频率的。如果能够用无阻尼固有频率 ω_n 作为 ω_d 的近似值，由于 ω_n 只与系统的质量和刚度有关，与阻尼无关，因此比求 ω_d 方便得多。

ω_n 作为 ω_d 的近似值，其相对误差

$$\lambda = \left|\frac{\omega_n - \omega_d}{\omega_d}\right| \times 100\% = \left|\frac{1}{\sqrt{1-\zeta^2}} - 1\right| \times 100\%$$

如图 2-12 所示。

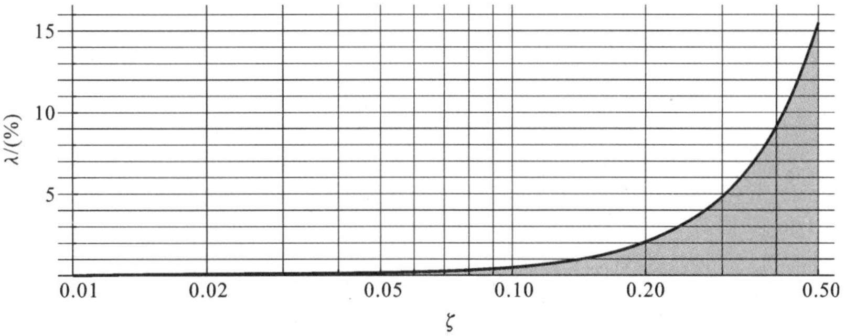

图 2-12　ω_n 作为 ω_d 近似值的相对误差

表 2-1 中列出了部分阻尼比 ζ 及其对应的相对误差 λ 值。

表 2-1　ω_n 作为 ω_d 近似值的相对误差 λ(部分)

阻尼比 ζ	相对误差 λ/(%)
0	0
0.01	0.005
0.02	0.020
0.05	0.125
0.10	0.504
0.20	2.062
0.40	9.109

对于多数振动问题，阻尼比 $\zeta<0.1$，从以上分析可知，ω_n 作为 ω_d 近似值，相对误差不会超过 0.504%。即使阻尼比 ζ 达到 0.4，ω_n 作为 ω_d 近似值的相对误差也不会超过 10%。

因此当系统的阻尼比 $\zeta\leqslant0.4$ 时，都可以用 ω_n 作为 ω_d 近似值，表示为

$$\omega_d\approx\omega_n,\quad \zeta\leqslant0.4 \tag{2-42}$$

此时相对误差不会超过 10%，可以满足一般工程问题的要求。

需要注意的是，从图 2-11 可以看到，ω_n 作为有阻尼系统固有频率的近似值，会略高于其真实值 ω_d。

根据式(2-30)，在 t 时刻有阻尼自由振动幅值为

$$x(t)=e^{-\omega_n\zeta t}A_\zeta\sin(\omega_d t+\varphi)$$

经过一个振动周期后，在 $t+T_d$ 时刻的振动幅值为

$$x(t+T_d)=e^{-\omega_n\zeta(t+T_d)}A_\zeta\sin(\omega_d t+\varphi)$$

振幅之比

$$\eta=\frac{x(t)}{x(t+T_d)}=e^{\omega_n\zeta T_d}=e^{\frac{2\pi\zeta}{\sqrt{1-\zeta^2}}} \tag{2-43}$$

称为减幅系数，只与阻尼比 ζ 有关。根据式(2-43)可知，有阻尼自由振动幅值每经过一个周期将会缩减到原来的 $1/\eta$。如果经过 n 个周期，则振动幅值

$$x(t+nT_d)=\frac{1}{\eta}x(t+(n-1)T_d)=\cdots=\frac{1}{\eta^{n-1}}x(t+(n-1)T_d)=\frac{1}{\eta^n}x(t) \tag{2-44}$$

将会缩减到原来的 $(1/\eta)^n$。振动幅值是按几何级数衰减的。

图 2-13 所示是 $1/\eta$-ζ 关系曲线。如果系统阻尼比 $\zeta=0.01$，$1/\eta=94\%$，假设自由振动频率 $f=50$ Hz，即 1 s 内振动 50 个周期，则幅值将衰减到原来的 $0.94^{50}=4.3\%$。可见即使系统

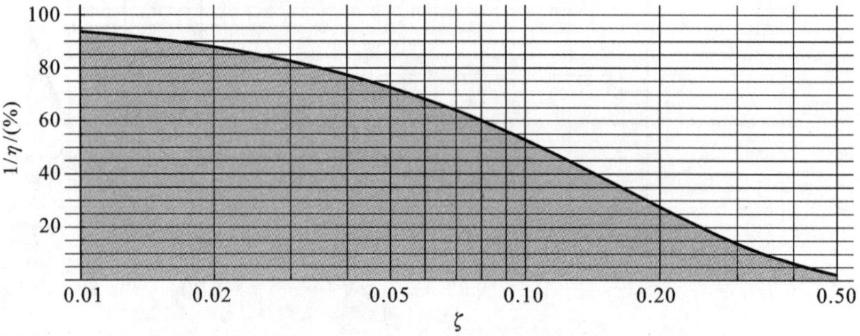

图 2-13　$1/\eta$-ζ 关系曲线

阻尼比很小，对幅值的衰减作用也是十分显著的。阻尼使得自由振动持续的时间非常短。因此，有阻尼的自由振动也称为瞬态振动。

如果要维持系统的振动，外界必须对系统有持续的作用，不断地输入能量，这种振动称为强迫振动，将在后面的章节中讨论。

2.4　固有频率的不变性

固有频率是振动系统的固有属性，不随坐标的不同而变化，是坐标的不变量。

如图 2-14 所示，单摆做自由振动运动，摆线长为 l，摆球质量为 m。选择摆角 θ 作为广义坐标，摆球绕悬挂点做定轴运动，根据定轴转动定理，有

$$ml^2\ddot{\theta}=-mgl\sin\theta$$

如果振动幅度较小，则可认为 $\sin\theta\approx\theta$，代入上式并整理，得到单摆的自由振动方程：

$$\ddot{\theta}+\frac{g}{l}\theta=0 \tag{2-45}$$

系统的固有频率

$$\omega_n=\sqrt{\frac{g}{l}}$$

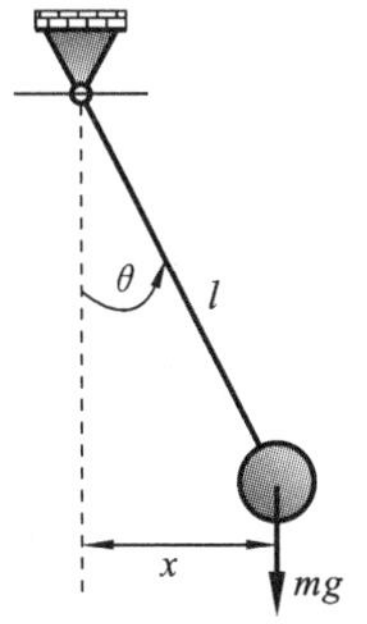

图 2-14　单摆系统

再选择摆球的水平位移 x 作为广义坐标，可以对系统重新分析，再列出振动方程；也可以考虑如下关系：

$$x=l\sin\theta\approx l\theta \rightarrow \theta=\frac{x}{l}$$

将上式代入式(2-45)，可以直接得到单摆关于水平位移 x 的自由振动方程：

$$\ddot{x}+\frac{g}{l}x=0 \tag{2-46}$$

系统的固有频率

$$\omega_n=\sqrt{\frac{g}{l}}$$

从式(2-45)、式(2-46)可知，选择不同的坐标(系)，单摆的自由振动方程不同，自由振动响应也不相同，这说明振动系统的方程是与坐标(系)相关的。但是，不同坐标(系)得到的系统固有频率都是 $\omega_n=\sqrt{\frac{g}{l}}$，这说明固有频率是坐标(系)的不变量。

对于多自由度系统，除了固有频率外，固有振型也是坐标系的不变量。

2.5　能量法、瑞利法与振动系统的简化

2.5.1　能量法

能量法又称能量原理，是力学分析中的一种重要方法，具有形式统一、方程固定等优点。本小节介绍利用能量法求解振动问题。

如果没有外界的作用，系统的惯性力、弹性恢复力和阻尼力所做的功之和为0，表示为

$$f_m\dot{x}\,\mathrm{d}t+f_k\dot{x}\,\mathrm{d}t+f_c\dot{x}\,\mathrm{d}t=0 \tag{2-47}$$

惯性力、弹性恢复力做功，将分别使得系统的动能和势能减少：

$$\mathrm{d}T=-f_m\dot{x}\,\mathrm{d}t$$

$$\mathrm{d}U=-f_k\dot{x}\,\mathrm{d}t$$

将以上两式代入式(2-47)，得到

$$\frac{\mathrm{d}}{\mathrm{d}t}(T+U)=f_c\dot{x} \tag{2-48}$$

如果阻尼力 f_c 与速度 $\dot{x}$ 方向总相反，即 $f_c\dot{x}<0$，则从式(2-48)可知，阻尼力将耗散系统的机械能。如果阻尼力比较小，忽略阻尼对机械能的耗散作用，则系统的机械能近似守恒，有

$$\frac{\mathrm{d}}{\mathrm{d}t}(T+U)\approx 0 \tag{2-49}$$

式(2-48)、式(2-49)是能量法的基本公式。在应用中，只需将振动系统的动能、势能和阻尼力的表达式代入式(2-48)或式(2-49)，化简后即可得到系统的振动微分方程。

例 2-1　求图 2-15 所示系统的振动微分方程和固有频率。图中凹槽半径为 R；小球的质量为 m，半径为 r。

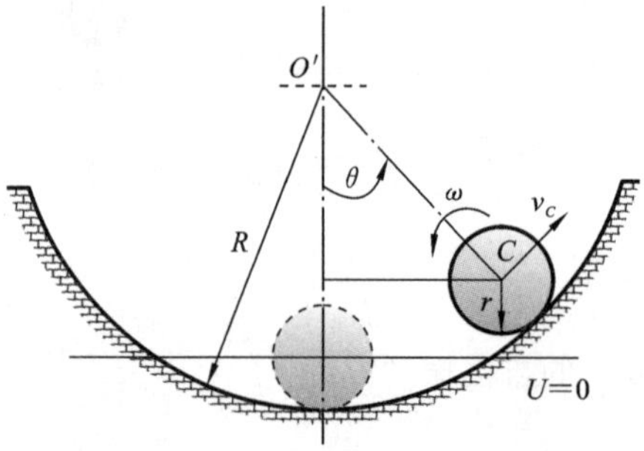

图 2-15　例 2-1 图

解　取 θ 作为广义坐标，对系统进行运动分析。一方面圆柱体质心 C 绕 O' 做定轴转动，质心 C 的速度

$$v_C=\dot{\theta}(R-r)$$

另一方面圆柱体做纯滚动，设角速度为 ω，则质心 C 的速度

$$v_C=\omega$$

比较以上两式，可以得到圆柱体的角速度：

$$\omega=\frac{R-r}{r}\dot{\theta}$$

圆柱体的动能由平动动能和绕质心 C 的转动动能两部分组成：

$$T=\frac{1}{2}m\left((R-r)\dot{\theta}\right)^2+\frac{1}{2}\left(\frac{1}{2}mr^2\right)\left(\frac{R-r}{r}\dot{\theta}\right)^2=\frac{3}{4}m(R-r)^2\dot{\theta}^2$$

取静平衡位置时圆柱体的质心位置为势能零点，则系统的势能为

$$U=(R-r)(1-\cos\theta)mg$$

根据式(2-49)，有

$$\frac{\mathrm{d}}{\mathrm{d}t}(T+U)=\frac{\mathrm{d}}{\mathrm{d}t}\left(\frac{3}{4}m(R-r)^2\dot{\theta}^2+(R-r)(1-\cos\theta)mg\right)$$

$$=\frac{3}{2}m(R-r)^2\dot{\theta}\ddot{\theta}+mg(R-r)\dot{\theta}\sin\theta=0$$

简化上式，得到

$$\frac{3}{2}(R-r)\ddot{\theta}+g\theta=0$$

系统的固有频率为

$$\omega_{\mathrm{n}}=\sqrt{\frac{2g}{3(R-r)}}$$

使用能量法还可以直接求系统的固有频率。忽略阻尼，系统机械能守恒，最大动能和最大势能相等：

$$U_{\max}=T_{\max} \tag{2-50}$$

由于系统的自由振动是简谐振动，自由振动位移 $x=A\sin\omega_n t$，自由振动速度 $\dot{x}=A\omega_n\cos\omega_n t$。取平衡位置为势能零点，$U_{\max}$只与振幅 A 有关，$T_{\max}$只与最大速度 $A\omega_n$ 有关，将 $U_{\max}$和 $T_{\max}$的具体表达式代入式(2-50)就可以直接得到系统的固有频率。

例 2-2　求图 2-15 所示系统的固有频率。

解　系统的动能为

$$T=\frac{3}{4}m(R-r)^2\dot{\theta}^2$$

系统的势能为

$$U=(R-r)(1-\cos\theta)mg\approx\frac{1}{2}(R-r)mg\theta^2$$

根据式(2-50)，有

$$\frac{3}{4}m(R-r)^2\dot{\theta}_{\max}^2=\frac{1}{2}(R-r)mg\theta_{\max}^2$$

将 $\dot{\theta}_{\max}=\theta_{\max}\omega_n$ 代入上式可以得到

$$\omega_n=\sqrt{\frac{2g}{3(R-r)}}$$

从 2.3 节可知，当阻尼比 $\zeta<0.4$ 时，用 ω_n 作为 ω_d 的近似值，相对误差小于 10%。因此，能量法的结果可以作为 ω_d 的近似值。

2.5.2　瑞利法

在前面计算系统固有频率时，总是忽略了弹性元件(弹簧)的质量，这种简化方法在很多场合是可以满足分析要求的。但是在有些问题中，弹性元件的质量因占系统总质量相当大的比例而不能忽略。根据连续体振动理论，系统有无数个固有频率 ω_{n1}，ω_{n2}，…，但在实际问题中，常常只关心系统的最低阶固有频率(也称为基频)ω_{n1}，这时可以用瑞利法对 ω_{n1}进行快速估计。

瑞利法是从能量角度出发，将弹性元件的质量以动能的形式纳入固有频率计算中。利用能量法求固有频率时，系统的动能

$$T=\frac{1}{2}m\dot{x}^2$$

只是惯性元件的动能。如果考虑弹性元件的质量，弹性元件也将具有动能 T'，瑞利法将动能 T'也计入系统的总动能：

$$T=\frac{1}{2}m\dot{x}^2+T'$$

一般需要假设弹性元件的振动模式，计算出弹性元件动能 T'；再根据式(2-50)计算出系统的固有频率。

假设弹性元件的振动模式为 $\chi(\xi)$，各点的振动位移可以表示成

$$x'=\chi(\xi)x$$

则振动速度为

$$\dot{x}'=\chi(\xi)\dot{x}$$

如果弹性元件的密度是$\rho(\xi)$，微元的动能为$\frac{1}{2}\rho(\xi)(\chi(\xi)\dot{x})^2\mathrm{d}\xi$，在弹性元件长度$l$上积分，可得弹性元件的动能为

$$T'=\int_l\frac{1}{2}\rho(\xi)(\chi(\xi)\dot{x})^2\mathrm{d}\xi=\frac{1}{2}\left(\int_l\rho(\xi)\chi^2(\xi)\mathrm{d}\xi\right)\dot{x}^2=\frac{1}{2}m'\dot{x}^2 \tag{2-51}$$

式中：

$$m'=\int_l\rho(\xi)\chi^2(\xi)\mathrm{d}\xi \tag{2-52}$$

称为弹性元件的等效质量。考虑弹性元件质量后的系统动能为

$$T=\frac{1}{2}m\dot{x}^2+\frac{1}{2}m'\dot{x}^2=\frac{1}{2}m_{\mathrm{eq}}\dot{x}^2 \tag{2-53}$$

式中：$m_{\mathrm{eq}}=m+m'$为系统的等效质量。

系统的势能仍然与忽略弹性元件质量时的势能相同，即

$$U=\frac{1}{2}kx^2$$

根据式(2-49)，可以得到考虑弹性元件质量的系统振动微分方程：

$$m_{\mathrm{eq}}\ddot{x}+kx=0$$

根据式(2-50)，并结合$\dot{x}_{\max}=\omega_{\mathrm{n}}x_{\max}$，可以直接得到系统的固有频率：

$$\omega_{\mathrm{n}}=\sqrt{\frac{k}{m_{\mathrm{eq}}}}$$

可以看出，忽略弹性元件的质量得到的固有频率是实际值的上限。

选择弹性元件的振动模式是瑞利法的关键环节。工程经验表明，取系统的静变形(或静位移)作为系统的振动模式，计算出的系统最低阶固有频率精度是足够的。

例 2-3 如图 2-16 所示为质量-弹簧系统，弹簧质量为m_0，沿长度l均匀分布，质量块的质量为m，求系统的基频。

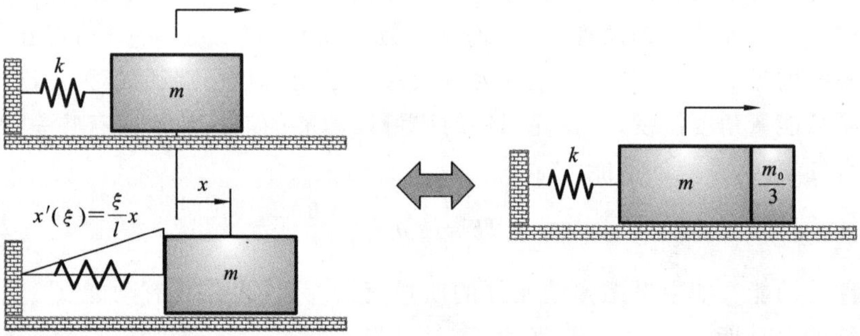

图 2-16 例 2-3 图

解 弹簧固定端位移是 0，与质量块连接端位移是x。因此，可以假设弹簧各点的位移是沿长度方向线性分布的，表示为

$$x'(\xi)=\frac{\xi}{l}x$$

系统的动能是

$$T=\frac{1}{2}m\dot{x}^2+\int_0^l\frac{1}{2}\frac{m_0}{l}(\dot{x}'(\xi))^2\mathrm{d}\xi=\frac{1}{2}m\dot{x}^2+\frac{1}{2}\frac{m_0}{l}\left(\int_0^l\left(\frac{\xi}{l}\right)^2\mathrm{d}\xi\right)\dot{x}^2=\frac{1}{2}\left(m+\frac{m_0}{3}\right)\dot{x}^2$$

系统的势能与忽略弹簧质量时的势能相同：

$$U=\frac{1}{2}kx^2$$

根据式(2-49)，得到系统的振动微分方程：

$$\left(m+\frac{m_0}{3}\right)\ddot{x}+kx=0$$

系统的固有频率为

$$\omega_{\mathrm{n}}=\sqrt{\frac{k}{m+\dfrac{m_0}{3}}}$$

上式表明，为了提高基频估计精度，应把弹簧质量的 1/3 附加到质量块上。

2.5.3　等效质量、等效刚度与系统的简化

从式(2-51)或式(2-52)可知，瑞利法通过动能等效，不仅将弹性元件的分布质量转化成等效集中质量 m'，而且还把系统的分散质量也转化成等效集中质量 m_{eq}。因此，瑞利法起到了简化系统的作用。

除了质量等效外，还可以通过势能等效，将分散刚度也转化成等效集中刚度 k_{eq}。利用等效质量和等效刚度就可以将复杂系统转化为简单系统。

如果分散质量、分散刚度的位移都是相关的，则可以通过直接计算系统的动能和势能得到等效质量、等效刚度，并根据式(2-49)得到系统振动方程：

$$m_{\mathrm{eq}}\ddot{x}+k_{\mathrm{eq}}x=0 \tag{2-54}$$

或根据式(2-50)得到系统固有频率：

$$\omega_{\mathrm{n}}=\sqrt{\frac{k_{\mathrm{eq}}}{m_{\mathrm{eq}}}} \tag{2-55}$$

这些结果都是准确的。

例 2-4　求图 2-17 所示刚度分别为 k_1、k_2 的并联弹簧的等效刚度 k_{eq}。

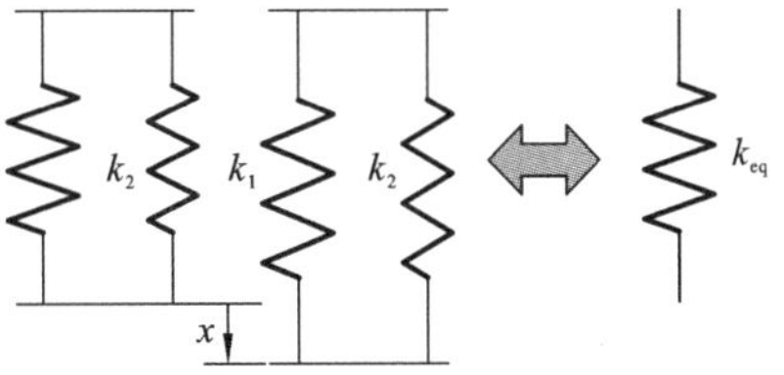

图 2-17　例 2-4 图

解　系统的总势能为

$$U=\frac{1}{2}k_1x^2+\frac{1}{2}k_2x^2=\frac{1}{2}(k_1+k_2)x^2$$

因此，并联弹簧的等效刚度为

$$k_{\mathrm{eq}}=k_1+k_2$$

例 2-5　求图 2-18 所示串联弹簧的等效刚度。

解　如图 2-18 所示，对弹簧施加力 f，弹簧的位移为

$$x_1=\frac{f}{k_1}\quad\rightarrow\quad f=k_1x_1$$

$$x_2=x_1+\frac{f}{k_2}\quad\rightarrow\quad x_1=\frac{1}{k_1\left(\dfrac{1}{k_1}+\dfrac{1}{k_2}\right)}x_2$$

系统的总势能为

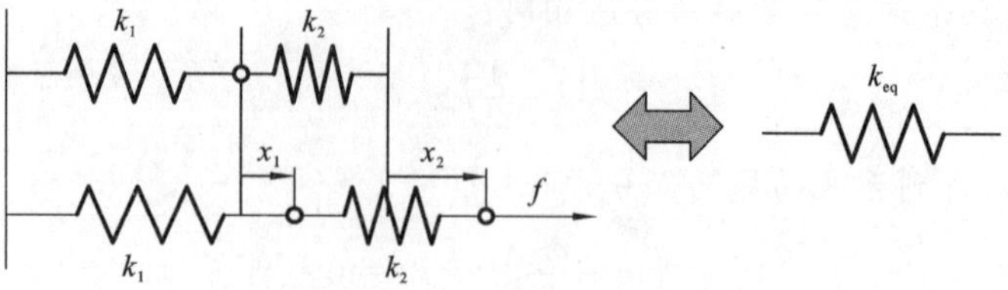

图 2-18　例 2-5 图

$$U=\frac{1}{2}k_1 x_1^2+\frac{1}{2}k_2 (x_2-x_1)^2=\frac{1}{2}\frac{1}{\frac{1}{k_1}+\frac{1}{k_2}}x^2$$

因此，串联弹簧的等效刚度为

$$k_{eq}=\frac{1}{\frac{1}{k_1}+\frac{1}{k_2}}$$

上式也可以写成

$$\frac{1}{k_{eq}}=\frac{1}{k_1}+\frac{1}{k_2}$$

例 2-6　求图 2-19 所示工程中悬臂梁类构件的等效刚度，已知构件长度为 l，弹性模量为 E，截面惯性矩为 I。

解　取悬臂梁末端位移 x 作为系统的广义坐标。为了求悬臂梁的势能，在悬臂梁末端施加力 P，根据材料力学原理，悬臂梁末端的挠度为

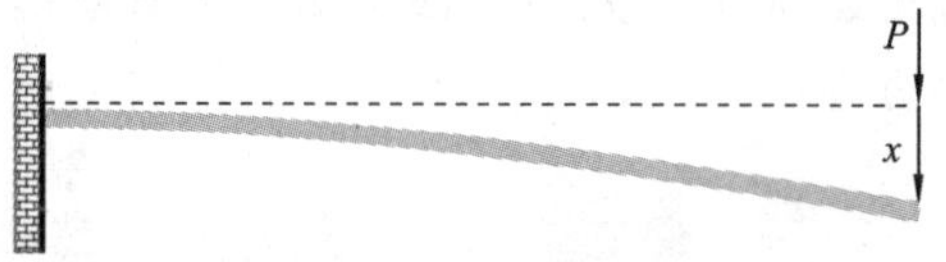

图 2-19　例 2-6 图

$$x=\frac{P}{\frac{3EI}{l^3}}$$

得

$$P=\frac{3EI}{l^3}x$$

P 所做的功等于系统势能的增量：

$$U=\frac{1}{2}Px=\frac{1}{2}\left(\frac{3EI}{l^3}\right)x^2$$

因此，悬臂梁类构件的等效刚度为

$$k_{eq}=\frac{3EI}{l^3}k$$

从上面的推导可以看出，构件所受的力 P 和与之对应位移 x 的关系可以写成

$$P=(\cdot)x$$

则(·)就是构件的等效刚度。还可以看出，同一构件约束不同、受力模式不同，变形模式就不同；力与位移的关系就会发生变化，导致构件的等效刚度不一样。

例 2-7　求图 2-20 所示系统的等效质量、等效刚度、振动微分方程和固有频率。

解　对系统进行运动分析。选取 x 作为系统的广义坐标，质量块做直线运动，速度为 $\dot{x}$；滑轮沿右侧绳索的纯滚动角速度为 $\frac{\dot{x}}{2R}$。系统的动能是

$$T=\frac{1}{2}m\dot{x}^2+\frac{1}{2}\left(\frac{1}{2}MR^2+MR^2\right)\left(\frac{\dot{x}}{2R}\right)^2=\frac{1}{2}\left(m+\frac{3}{8}M\right)\dot{x}^2$$

取静平衡位置为势能零点，滑轮轴心处的位移是 $\frac{x}{2}$。系统的势能是

$$U=\frac{1}{2}k_1\left(\frac{x}{2}\right)^2+\frac{1}{2}k_2\,x^2=\frac{1}{2}\left(\frac{k_1}{4}+k_2\right)x^2$$

系统的等效质量、等效刚度分别为

$$m_{\rm eq}=m+\frac{3}{8}M$$

$$k_{\rm eq}=\frac{k_1}{4}+k_2$$

根据式(2-54)，系统的微分方程如下：

$$\left(m+\frac{3}{8}M\right)\ddot{x}+\left(\frac{k_1}{4}+k_2\right)x=0$$

系统的固有频率为

$$\omega_{\rm n}=\sqrt{\frac{\dfrac{k_1}{4}+k_2}{m+\dfrac{3}{8}M}}$$

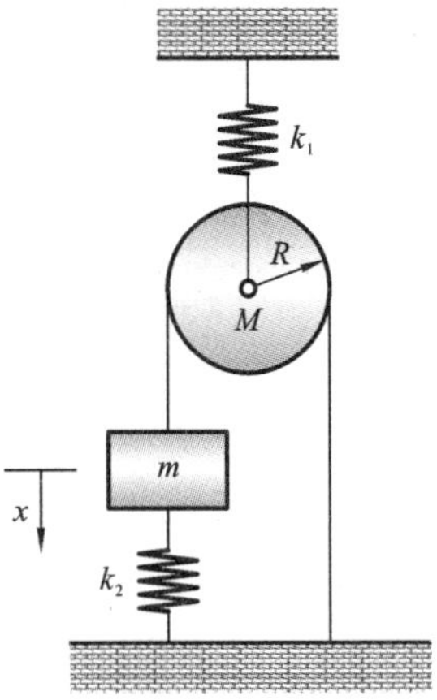

图 2-20　例 2-7 图

如果系统中有位移不相关的分散质量或分散刚度，则需要先假设不相关元件之间的振动模式，然后再通过动能等效和势能等效，得到等效质量 $m_{\rm eq}$、等效刚度 $k_{\rm eq}$。这时，根据式(2-49)得到的系统振动方程，或根据式(2-50)得到的系统固有频率都是近似的。如果用系统的静变形(或静位移)作为系统的振动模式，得到的系统振动方程在低频范围内是对原系统的较好近似，得到的系统基频精度也是足够的。

例 2-8　求图 2-21(a)所示系统的基频。系统参数如下：$m_1=2m$，$m_2=m_3=m$；$k_1=2k$，$k_2=k_3=k$。

解　图 2-21(a)中的 3 个质量块的运动不相关，需要假设系统的振动模式。由于只求系统的基频，因此假设系统按静变形模式振动。为了求系统的静变形，可以假设重力加速度 g 水平向右(见图 2-21(b))。

$$\delta_1=\frac{(2m+m+m)g}{2k}=2\,\frac{mg}{k}$$

$$\delta_2=\delta_1+\frac{(m+m)g}{k}=4\,\frac{mg}{k}$$

$$\delta_3=\delta_2+\frac{mg}{k}=5\,\frac{mg}{k}$$

因此，假设系统的振动模式如下：

$$x_1=2q(t)$$
$$x_2=4q(t)$$
$$x_3=5q(t)$$

系统的动能、势能分别为

$$T=\frac{1}{2}2m(2\dot{q})^2+\frac{1}{2}m(4\dot{q})^2+\frac{1}{2}m\,(5\dot{q})^2=\frac{1}{2}\times 49m\times\dot{q}^2$$

$$U=\frac{1}{2}2k\,(2q)^2+\frac{1}{2}k\,(4q-2q)^2+\frac{1}{2}k\,(5q-4q)^2=\frac{1}{2}\times 13k\times q^2$$

如果研究 x_1 的振动，将 $q=\frac{x_1}{2}$ 代入系统的动能、势能表达式，得

$$T=\frac{1}{2}\times\frac{49}{4}m\times\dot{x}_1^2$$

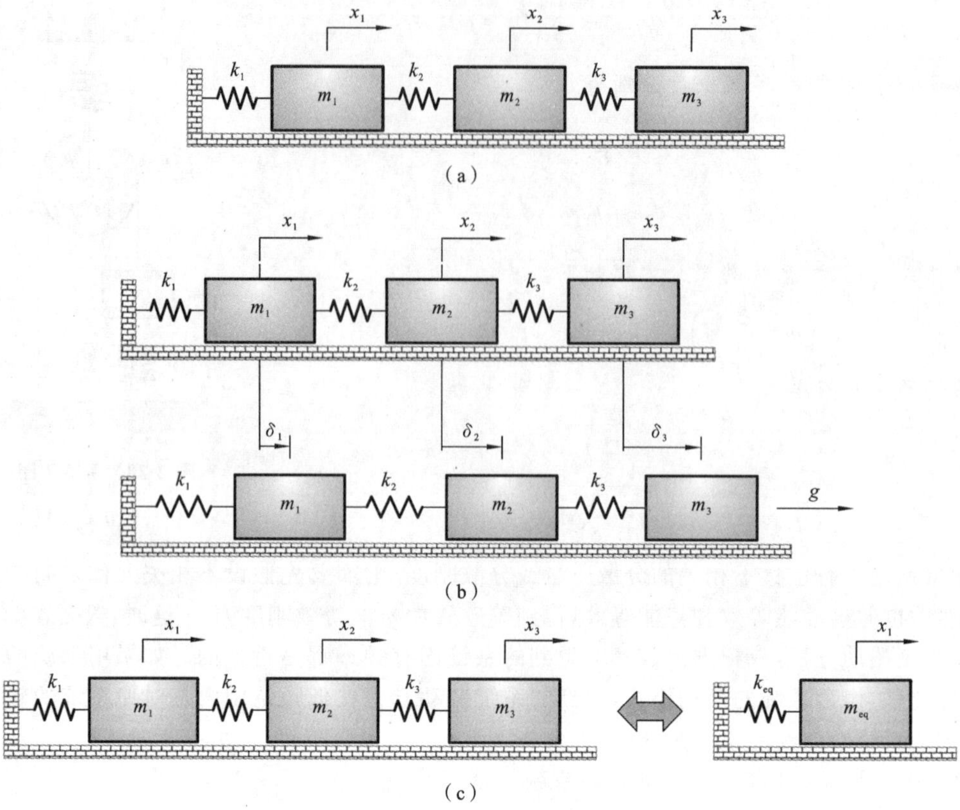

图 2-21　例 2-8 图

$$U=\frac{1}{2}\times\frac{13}{4}k\times x_1^2$$

系统的等效质量和等效刚度分别为

$$m_{\mathrm{eq}}=\frac{49}{4}m$$

$$k_{\mathrm{eq}}=\frac{13}{4}k$$

根据式(2-54)，系统的振动微分方程如下：

$$\frac{49}{4}m\ddot{x}_1+\frac{13}{4}kx_1=0$$

从以上推导可以看出，等效质量、等效刚度和系统的振动微分方程都随坐标的变换而改变。

还可以先研究坐标 q 的振动，然后再根据振动模式，得到其他坐标的振动。关于坐标 q 的等效质量和等效刚度分别为

$$m_{\mathrm{eq}}=49m$$
$$k_{\mathrm{eq}}=13k$$

系统的振动微分方程如下：

$$49m\ddot{q}+13kq=0$$

不管选择哪个坐标，系统的固有频率都是

$$\omega_{\mathrm{n}}=\sqrt{\frac{13k}{49m}}=0.515\sqrt{\frac{k}{m}}$$

本例也说明了固有频率是不变量，不随坐标(系)的变换而改变。

例 2-8 所示振动系统的第一阶固有频率真值是 $0.505\sqrt{\dfrac{k}{m}}$，可见瑞利法求得的固有频率是相当准确的。由于例 2-8 假设振动模式是系统的静变形，因此得到的微分方程只能在较低的频率范围$(0,\omega_n+)$内使用。

例 2-8 实际上是将一个三自由度的系统简化为一个单自由度系统，可见瑞利法还能缩减系统的自由度，将多自由度问题变成了单自由度问题。

在工程中，实际振动问题都需要先进行简化，再建立系统的模型。本例还说明了系统简化的一个重要原则，即简化后系统的固有频率要与原系统的固有频率相差不大。原系统的固有频率可以通过实验测试获得，用来验证模型的正确性。

2.6　固有频率和阻尼比的测量

2.6.1　静变形法

静变形法又称静位移法，是一种常用的求固有频率的工程方法，适用于结构复杂而刚度难以计算的情况。静变形法无须求弹性元件的刚度，只需测量出静变形，就可以得到固有频率。

如图 2-22 所示的弹簧-质量系统，在重力的作用下，弹簧的静变形为

$$\delta_{st}=\frac{mg}{k}$$

两端同时除以重力加速度 g，并开方，得到系统的固有频率：

$$\omega_n=\sqrt{\frac{g}{\delta_{st}}} \quad 或 \quad f_n=\frac{1}{2\pi}\sqrt{\frac{g}{\delta_{st}}} \tag{2-56}$$

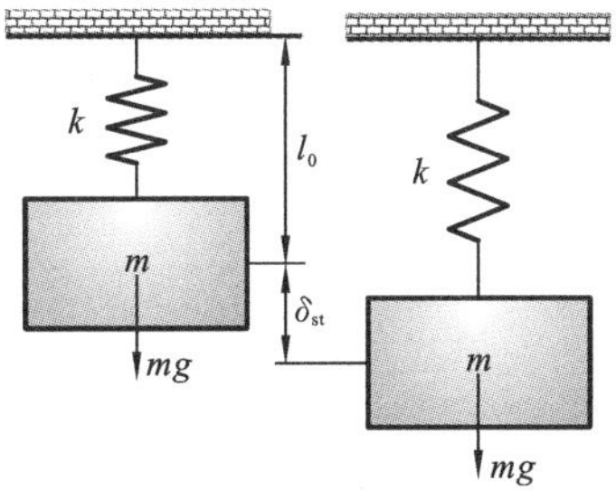

图 2-22　重力产生的静变形

由式(2-56)可知，只需要计算或测量得到系统的静变形 δ_{st}，就可以得到系统的固有频率 ω_n 或 f_n。固有频率 f_n 随 δ_{st} 的变化曲线如图 2-23 所示。

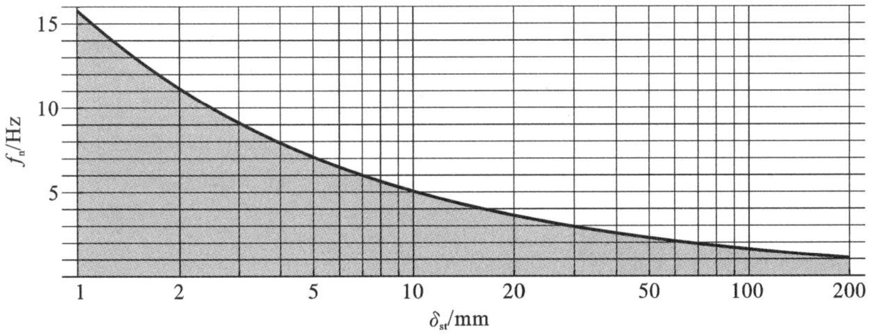

图 2-23　静变形对应的固有频率

从图 2-23 可以看出，当静变形是 1 mm 时，固有频率约为 16 Hz；当静变形是 200 mm 时，固有频率约为 1 Hz。

例 2-9　如图 2-24 所示，不计自身质量的悬臂梁自由端有一集中质量 m，求系统的固有

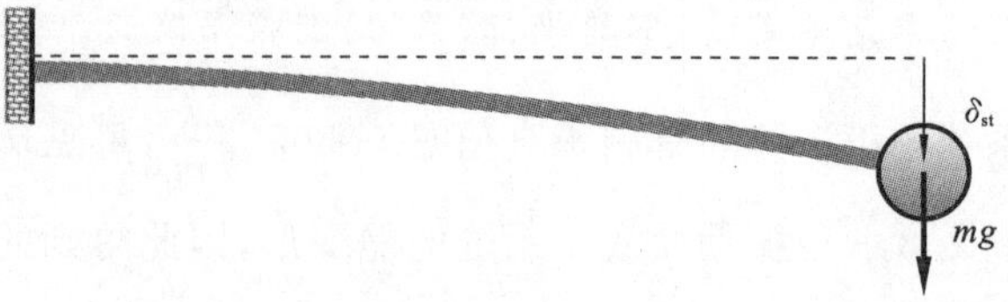

图 2-24 例 2-9 图

频率。

解 根据材料力学,悬臂梁自由端的静挠度为

$$\delta_{st}=\frac{l^3}{3EI}mg$$

系统的固有频率为

$$\omega_n=\sqrt{\frac{3EI}{ml^3}}$$

2.6.2 测量固有频率和阻尼比

固有频率和阻尼比是系统的重要参数,经常需要通过实验测量。实验测量的结果不仅可以用于系统建模,还可以验证理论分析结果。本小节介绍自由振动法测量固有频率和阻尼比,后续还将介绍其他测量固有频率和阻尼比的实验方法。

自由振动法得到的一般是系统的最低阶固有频率及其对应的阻尼比。自由振动法的优点是简单,易于操作;缺点是振动波形衰减快,测量精度差。自由振动法可分为初始位移法、敲击法等。

如图 2-25 所示,初始位移法是指通过重物等使得系统离开平衡位置,到达 x_0 位置后保持静止;突然撤掉重物后,系统将做只有初始位移的自由振动。根据式(2-30),系统的自由振动响应为

$$x=e^{-\omega_n\zeta t}\left(x_0\cos\omega_d t+\frac{\omega_n\zeta x_0}{\omega_d}\sin\omega_d t\right)$$

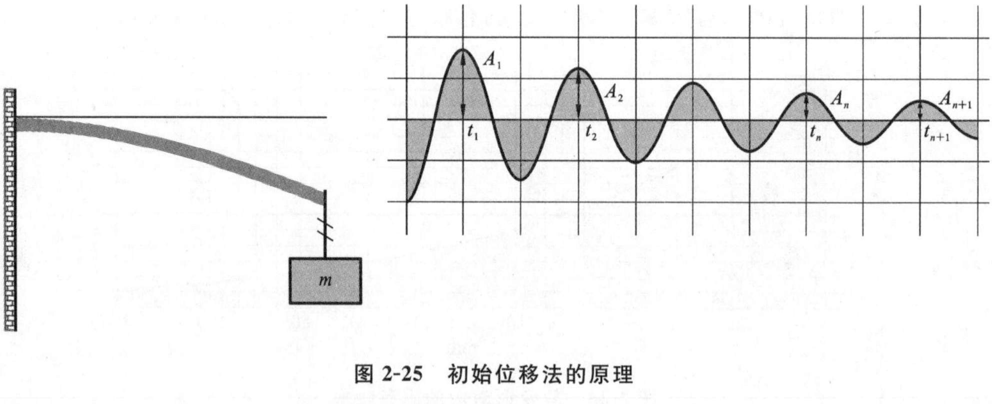

图 2-25 初始位移法的原理

如图 2-26 所示,敲击法是指通过锤子敲击振动系统,相当于对系统施加冲量 $f\Delta\tau$ 作用;如果系统在 $t=\tau^-$ 时刻是静止的,系统在 $t=\tau$ 时刻的速度为 $v_\tau=\frac{f\Delta\tau}{m}$。根据式(2-30),系统的自由振动响应为

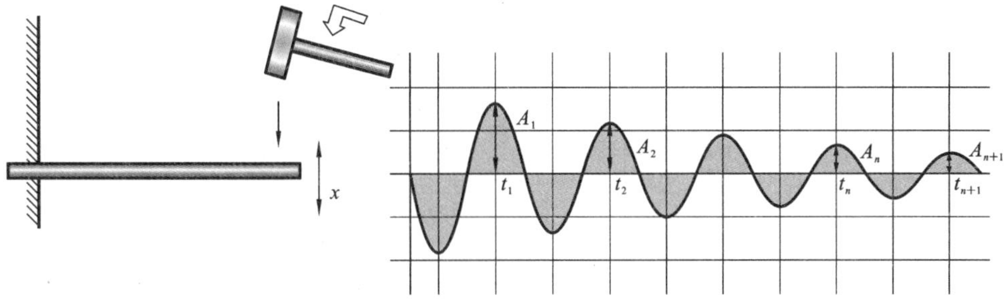

图 2-26　敲击法的原理

$$x=\frac{1}{\omega_d}\frac{f\Delta\tau}{m}e^{-\omega_n\zeta(t-\tau)}\sin(t-\tau)$$

因此，这两种方法都可以使得系统做自由振动。通过测量图 2-25 或图 2-26 中的自由振动曲线的相邻波峰（或波谷）的时间 t_1、t_2，可以得到振动周期：

$$T_d=t_2-t_1$$

则系统的固有频率为

$$f_d=\frac{1}{T_d}\quad 或\quad \omega_d=\frac{2\pi}{T_d} \tag{2-57}$$

测量振动幅值 A_1、A_2，可以计算减幅系数：

$$\eta=\frac{A_1}{A_2}$$

将其代回式(2-43)，就可以得到阻尼比：

$$\zeta=\frac{\ln\eta}{\sqrt{4\pi^2+(\ln\eta)^2}}$$

令 $\delta=\ln\eta$，称为对数减幅。上式可以改写为

$$\zeta=\frac{\delta}{\sqrt{4\pi^2+\delta^2}} \tag{2-58a}$$

工程上，还常用

$$\zeta\approx\zeta'=\frac{\delta}{2\pi} \tag{2-58b}$$

作为阻尼比的近似值。

当对数减幅 $\delta\leqslant 2.89$ 或阻尼比 $\zeta\leqslant 0.4$ 时，ζ' 作为阻尼比 ζ 近似值的相对误差不大于 10%，如图 2-27 所示。

为了提高固有频率和阻尼比的测量精度，可以测量连续 n 个波峰时间点 $t_1,t_2,\cdots,t_{n+1}$ 和对应的幅值 $A_1,A_2,\cdots,A_{n+1}$，如图 2-25 或图 2-26 所示，相邻波峰的振动周期和对数减幅分别为

$$T_{d1}=t_2-t_1,T_{d2}=t_3-t_2,\cdots,T_{dn}=t_{n+1}-t_n$$

$$\delta_1=\ln\frac{A_1}{A_2},\delta_2=\ln\frac{A_2}{A_3},\cdots,\delta_n=\ln\frac{A_n}{A_{n+1}}$$

振动周期和对数减幅的平均值分别是

$$\overline{T_d}=\frac{1}{n}\sum_{i=1}^{n}T_{di}=\frac{1}{n}((t_2-t_1)+(t_3-t_2)+\cdots+(t_{n+1}-t_n))=\frac{1}{n}(t_{n+1}-t_1) \tag{2-59}$$

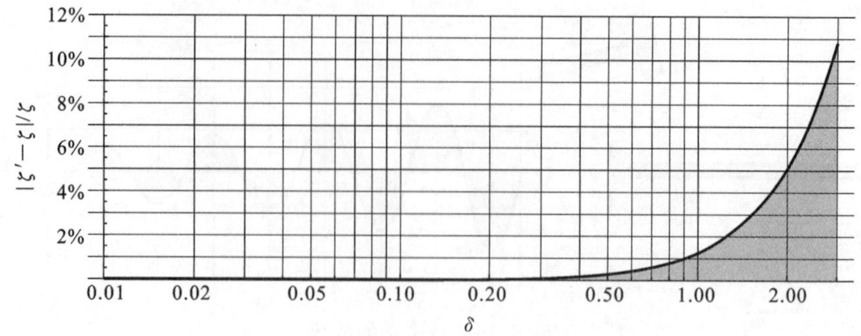

图 2-27 ζ′作为阻尼比 ζ 近似值的相对误差

$$\begin{aligned}\bar{\delta} &= \frac{1}{n}\sum_{i=1}^{n}\delta_i = \frac{1}{n}\left(\ln\frac{A_1}{A_2}+\ln\frac{A_2}{A_3}+\cdots+\ln\frac{A_n}{A_{n+1}}\right)\\ &= \frac{1}{n}\ln\left(\frac{A_1}{A_2}\frac{A_2}{A_3}\cdots\frac{A_n}{A_{n+1}}\right)=\frac{1}{n}\ln\frac{A_1}{A_{n+1}}\end{aligned} \tag{2-60}$$

然后，根据式(2-57)、式(2-58)或式(2-59)就可以得到固有频率和阻尼比。从式(2-59)、式(2-60)可知，只需要测量 t_1、A_1 和 t_{n+1}、A_{n+1} 的值，就可以得到经过 n 次平均的 $\overline{T_d}$ 和 $\bar{\delta}$，测量的工作量并没有增加。

需要说明的是，图 2-25 和图 2-26 所示的自由振动曲线可以是位移、速度或者加速度曲线。

2.7 简谐激励的强迫振动

前面主要讨论振动系统的固有特性，以及在外部初始干扰下依靠系统本身的弹性恢复力维持的自由振动。本节及以后将主要讨论振动系统在外部持续激励作用下所产生的振动，这种振动称为强迫振动。强迫振动中，系统从外界不断地获得能量来补偿阻尼所消耗的能量，以持续振动。

外部激励所引起的系统的振动状态称为响应。系统对外部激励的响应取决于激励的类型，依照从简单到复杂的次序，外部激励分为：简谐激励，周期激励，非周期激励。

叠加原理是线性振动系统分析的基础，即对于线性系统，可以先分别求出对所给定的各种激励的响应，然后组合得出总响应。

系统受到简谐激振力，其运动微分方程为

$$m\ddot{x}+c\dot{x}+kx=f\sin\omega t$$

从数学角度来看，该运动微分方程是非齐次二阶常系数微分方程。其解包括两部分，一部分是齐次方程

$$m\ddot{x}+c\dot{x}+kx=0 \tag{2-61}$$

的通解；另一部分是非齐次方程

$$m\ddot{x}+c\dot{x}+kx=f\sin\omega t$$

的特解。

通过系统自由振动的分析，可知齐次方程(2-61)的通解在振动上就是振动系统的自由振动响应，由于阻尼的存在，很快衰减为零；在分析振动系统的长期运动行为时，可以忽略阻尼。这部分解也称为振动系统的瞬态解。

非齐次方程的特解，由于有外部持续的激励，可以长期维持，这正是我们关心的。因此，振动系统的强迫振动响应，特指非齐次方程的特解。这部分解称为振动系统的稳态解。

2.7.1　强迫振动

系统受到简谐激振力时的振动方程为

$$m\ddot{x}+c\dot{x}+kx=f\sin\omega t \tag{2-62}$$

该方程是微分方程，通常需要用高等数学的知识求解。但是对于工程问题来说，常常可以通过观察、测试等手段或者依赖经验，获知解的形式或解的一部分，进而“猜”或“凑”出全部解。下面我们通过从特殊到一般的思路，求方程(2-62)的解。

考虑极端情况：

$$m\to 0,\quad c\to 0$$

即系统的质量和阻尼非常小，这时相当于

$$\omega_{\mathrm{n}}=\sqrt{\frac{k}{m}}\to\infty$$

即系统的固有频率非常大，方程(2-62)变为

$$kx=f\sin\omega t$$

这时振动问题退化为静力学问题，其解显而易见：

$$x=\frac{f}{k}\sin\omega t \tag{2-63}$$

下面以式(2-63)为基础进行修正，从而得到方程(2-62)的解。

由于三角函数包含幅值、频率和相位三个要素，而对于线性系统来说，输出的频率与输入的频率相同，因此只能对式(2-63)的幅值和相位进行如下修正：

$$x=\beta\frac{f}{k}\sin(\omega t-\psi) \tag{2-64}$$

式中：β、ψ 是待定参数。将式(2-64)代入方程(2-62)，得到

$$(k-m\omega^2)\beta\frac{f}{k}\sin(\omega t-\psi)+\omega c\beta\frac{f}{k}\cos(\omega t-\psi)=f\sin\omega t$$

同频三角函数合成为

$$\beta\frac{f}{k}\sqrt{(k-m\omega^2)^2+(\omega c)^2}\sin(\omega t-\psi+\varphi)=f\sin\omega t$$

式中：

$$\tan\varphi=\frac{\omega c}{k-m\omega^2}$$

比较上式左右两侧，可以得到

$$\beta\frac{f}{k}\sqrt{(k-m\omega^2)^2+(\omega c)^2}=f$$

$$\psi=\varphi$$

引入参数

$$\lambda=\frac{\omega}{\omega_{\mathrm{n}}}$$

称为频率比，并考虑到$\frac{k}{m}=\omega_n^2$，$\frac{c}{m}=2\omega_n\zeta$，可以得到

$$\beta=\frac{k}{\sqrt{(k-m\omega^2)^2+(\omega c)^2}} \tag{2-65a}$$

$$\tan\psi=\frac{\omega c}{k-m\omega^2} \tag{2-65b}$$

或

$$\beta=\frac{1}{\sqrt{(1-\lambda^2)^2+(2\zeta\lambda)^2}} \tag{2-66a}$$

$$\tan\psi=\frac{2\zeta\lambda}{1-\lambda^2} \tag{2-66b}$$

以上分析说明，式(2-64)确实是单自由度系统强迫振动方程的解，重新整理如下：

$$x=\beta\frac{f}{k}\sin(\omega t-\psi)$$

式中：

$$\beta=\frac{1}{\sqrt{(1-\lambda^2)^2+(2\zeta\lambda)^2}},\quad \tan\psi=\frac{2\zeta\lambda}{1-\lambda^2}$$

从以上分析可以看出静力学是动力学的特殊情况，代数方程是微分方程的特殊情况。

比较振动问题的解即式(2-64)与静力学问题的解即式(2-63)可以发现，振动问题的解相对于静力学问题的解，在幅值上要乘以β，在相位上要减去ψ。下面重点讨论β和ψ的变化规律。

$$\frac{d\beta}{d\zeta}=-\frac{4\lambda^2\zeta}{\left(\sqrt{(1-\lambda^2)^2+(2\zeta\lambda)^2}\right)^3}\leqslant 0$$

上式说明β是ζ的减函数(只有当λ或ζ为0时，上式才取等号)，β在阻尼比较小时较大；或者说在函数图像上，具有较小阻尼比的β总是覆盖具有较大阻尼比的β，如图2-28所示。

$$\frac{d\beta}{d\lambda}=-\frac{2\lambda(\lambda^2+2\zeta^2-1)}{\left(\sqrt{(1-\lambda^2)^2+4\lambda^2\zeta^2}\right)^3}$$

令上式等于零可以得到，当$\zeta<\frac{\sqrt{2}}{2}=0.707$时，$\beta$在$\lambda=\sqrt{1-2\zeta^2}$处有最大值：

$$\beta=\frac{1}{2\zeta\sqrt{1-\zeta^2}}$$

由于实际的振动系统阻尼比常常小于0.1，因此可以近似认为，β在$\lambda=1$，即$\omega=\omega_n$，外激振频率与系统的固有频率相等时有最大值：

$$\beta=\frac{1}{2\zeta}$$

这就是通常所说的共振。

当$\zeta\geqslant\frac{\sqrt{2}}{2}$时，$\beta$在$\lambda=0$处有最大值：

$$\beta=1$$

这时，β是随ζ单调递减的，系统没有共振(频率)。

β随λ的变化规律称为系统的幅频特性，如图2-28所示。

工程问题的重要特点是必须考虑误差。下面以10%的误差来分析图2-28。

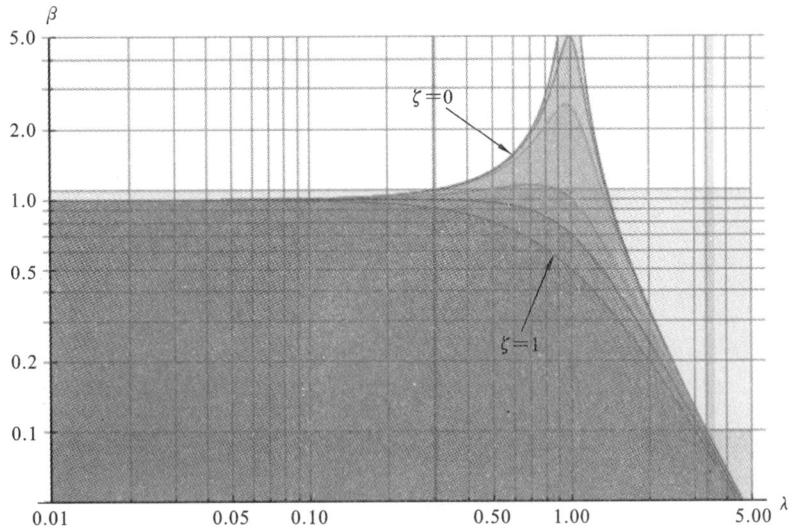

图 2-28　幅频特性曲线

(1) 由于 $\beta\left(\lambda=\frac{3}{10},\zeta=0\right)=1.099$，区间 $\lambda\leqslant\frac{3}{10}$ 或 $\omega\leqslant\frac{3}{10}\omega_n$ 称为低频区。在低频区内：

$$\beta\simeq 1$$

上式说明，当外部激振力的频率在低频区内时，系统的响应幅值为

$$|x|=\beta\frac{f}{k}\simeq\frac{f}{k}$$

它与式(2-64)的解是一样的。

(2) 由于 $\beta\left(\lambda=\frac{10}{3},\zeta=0\right)=0.099$，区间 $\lambda>\frac{10}{3}$ 或 $\omega>\frac{10}{3}\omega_n$ 称为高频区。在高频区内：

$$\beta\simeq 0$$

上式说明，当外部激振力的频率在高频区内时，系统的响应幅值为

$$|x|=\beta\frac{f}{k}\simeq 0$$

这说明当外部激振力的频率太高、反复换向时，质量单元会因跟不上外部激振力的变化而“不动”。

(3) 在低频区或者高频区内，阻尼比对幅值的影响不大。因此，如果振动问题发生在低频区或者高频区，则可以忽略阻尼的影响。

(4) 区间 $0.8\leqslant\lambda\leqslant 1.2$，称为共振区。若外部激振力频率在共振区内，则系统将发生较大的振动，系统的响应幅值为

$$|x|=\beta\frac{f}{k}\simeq\frac{1}{2\zeta}\frac{f}{k}$$

这说明当系统发生共振时，增加阻尼是唯一能够抑制共振的手段。

以上分析提供了解决振动过大问题的基本思路。

2.7.2　系统的传递特性和滤波特性

下面从系统的角度来分析振动响应与激励之间的关系。

振动系统的输入和输出分别是

$$F(t)=f\sin\omega t,\quad x=\beta\frac{f}{k}\sin(\omega t-\psi)$$

写成复数形式：

$$F(t)=f\mathrm{e}^{\mathrm{i}\omega t},\quad x(t)=\beta\frac{1}{k}f\mathrm{e}^{\mathrm{i}(\omega t-\psi)}$$

进一步整理得

$$x(t)=f\mathrm{e}^{\mathrm{i}\omega t}\times\beta\frac{1}{k}\mathrm{e}^{-\mathrm{i}\psi}=F(t)\times\beta\frac{1}{k}\mathrm{e}^{-\mathrm{i}\psi}$$

或

$$x(t)=\left(f\times\beta\frac{1}{k}\right)(\mathrm{e}^{\mathrm{i}\omega t}\mathrm{e}^{-\mathrm{i}\psi})\tag{2-67}$$

从式(2-67)可以看出，系统的响应包括两部分：第一部分是 $f\mathrm{e}^{\mathrm{i}\omega t}$，就是激振力，是振动系统的输入；第二部分是 $\beta\frac{1}{k}\mathrm{e}^{-\mathrm{i}\psi}$，代表了系统输入的作用。

式(2-67)说明响应是系统对激励进行如下作用而形成的：对激振力的幅值 f，放大了 $\beta\frac{1}{k}$ 倍，变成 $f\times\beta\frac{1}{k}$；相位 ωt 延后了 ψ，变成了 $\omega t-\psi$；由于是线性系统，不会改变输入的频率。

第二部分 $\beta\frac{1}{k}\mathrm{e}^{-\mathrm{i}\psi}$ 由振动系统本身决定，代表了系统的性质。从输出-输入的观点来看，这种性质描述了系统对输入的传递特性或者滤波特性。

传递特性表示，输入(激振力) $f\mathrm{e}^{\mathrm{i}\omega t}$ 通过系统传递后输出(响应)，输出是输入的幅值乘以 $\beta\frac{1}{k}$，相位延后 ψ。

滤波特性表示系统对输入频率的选择作用，放大了固有频率附近的输入，抑制了远离固有频率的输入(即滤波)。

再次强调，传递特性和滤波特性是由系统本身确定的。

2.7.3　系统的动刚度

振动的大小或幅值是振动分析的重点。根据前面的分析，系统的响应幅值为

$$|x(t)|=\beta\frac{f}{k}$$

或

$$|x(t)|=\frac{f}{\frac{k}{\beta}}$$

仿照静力学刚度的概念，定义

$$k_{\mathrm{d}}=\frac{k}{\beta}\tag{2-68}$$

为系统的动刚度。则系统的响应幅值表示为

$$|x(t)|=\frac{f}{k_{\mathrm{d}}}\tag{2-69}$$

式(2-69)表示，系统振动的幅值是激振力幅值与动刚度的比值。

如图 2-29 所示，受简谐激振力的单自由度系统的动刚度 k_d 是随频率比 λ 的变化而变化的。

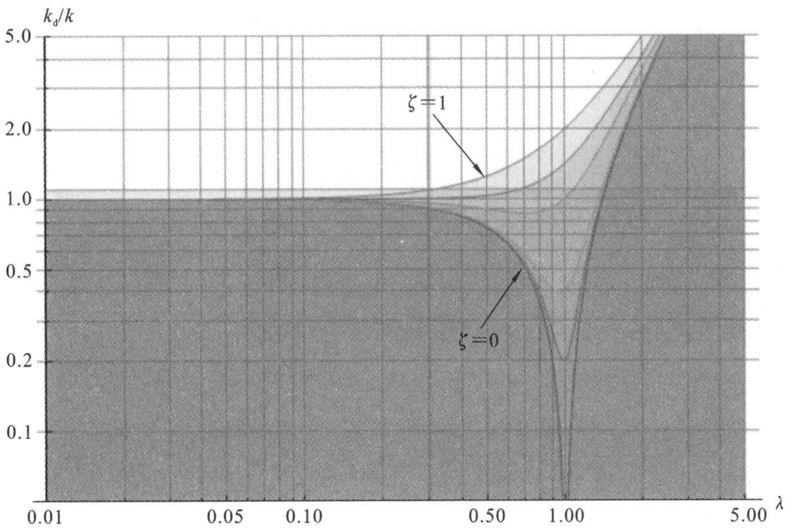

图 2-29　动刚度曲线

按频率比可以分区。

(1) $\lambda<0.3$ 的区域为低频区，在低频区内：

$$k_d \simeq k$$

上式说明，当外部激振力的频率在低频区内时，系统的响应幅值为

$$|x|=\frac{f}{k}$$

(2) $\lambda>3.3$ 的区域为高频区，在高频区内：

$$k_d>10k$$

系统的响应幅值为

$$|x|=\frac{f}{k_d}\simeq 0$$

(3) 在低频区或者高频区内，阻尼比对幅值的影响不大。因此，如果振动问题发生在低频区或者高频区，则可以忽略阻尼的影响。

(4) $0.8\leqslant\lambda\leqslant 1.2$ 的区域为共振区，在共振区内：

$$k_d \simeq 2\zeta$$

系统的响应幅值为

$$|x|=\frac{f}{k_d}\simeq\frac{1}{2\zeta}\frac{f}{k}$$

这说明当系统发生共振时，增加阻尼是唯一能够抑制共振的手段。

2.8　离心力激励的强迫振动

回转运动是人类最容易获得的机械运动，做回转运动的机器如电动机、发电机、内燃机、汽

轮机、压缩机等是工程中最常见的机器。回转机械及其振动模型如图 2-30 所示。

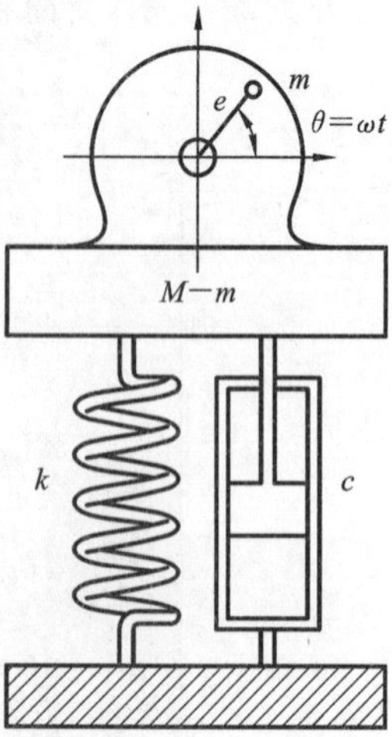

图 2-30　回转机械及其振动模型

由于制造误差、材料不均匀、装配误差等因素，这些机器回转部件的质心与回转中心不重合，产生质量偏心。当机器工作时，质量偏心就会产生离心力，引起机器的振动。

离心激振系统的运动微分方程为

$$M\ddot{x}+c\dot{x}+kx=me\omega^2\sin\omega t \tag{2-70}$$

式中：M 是包括回转部件在内的系统总质量；me 称为偏心质量矩；ω 是回转角速度。

将式(2-70)写成指数形式：

$$M\ddot{x}+c\dot{x}+kx=me\omega^2 e^{i\omega t}$$

根据系统的传递特性，系统的响应可以写为

$$x=me\omega^2 e^{i\omega t}\times\beta\frac{1}{k}e^{-i\psi}=\beta\omega^2 me\frac{1}{k}e^{i(\omega t-\psi)}$$

式中：

$$\beta=\frac{1}{\sqrt{(1-\lambda^2)^2+(2\zeta\lambda)^2}},\quad \tan\psi=\frac{2\zeta\lambda}{1-\lambda^2}$$

将 $k=\omega_n^2 M$ 代入上式，并引入频率比 $\lambda=\dfrac{\omega}{\omega_n}$，上式可以写为

$$x=\beta\frac{\omega^2}{\omega_n^2}\frac{me}{M}e^{i(\omega t-\psi)}=\beta\lambda^2\frac{me}{M}e^{i(\omega t-\psi)}$$

或者

$$x=\beta\lambda^2\frac{me}{M}\sin(\omega t-\psi) \tag{2-71}$$

系统的响应幅值为

$$|x|=\beta\lambda^2\frac{me}{M} \tag{2-72}$$

式中：$\beta\lambda^2$、me 和 M 分别表示系统特性、偏心质量矩和系统总质量。

(1) 减小偏心质量距 me：对回转机器做静平衡或动平衡处理可以减小偏心质量距 me，进而减小系统的振动幅值。

(2) 增加系统总质量 M：增加系统的总质量可以加大系统的惯性，减小系统的振动幅值。

如将精密机床安装在较大的混凝土基础上，就是为了增加系统的参振质量，从而减小机床的振动。

(3) 合理利用系统特性 $\beta\lambda^2$ 以减小振动。

对于离心激振系统，$\beta\lambda^2$ 称为系统的幅频特性，如图 2-31 所示。

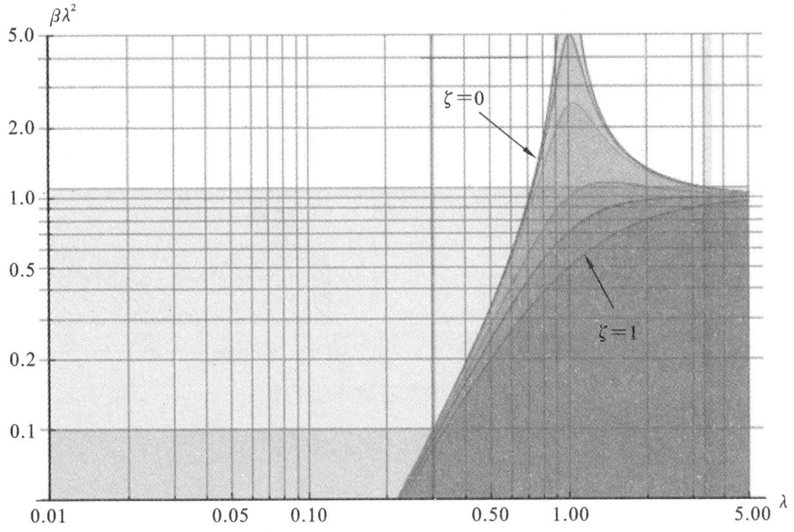

图 2-31　离心激振系统幅频特性曲线

同样可以按 λ 的值分区。

(1) $\lambda<0.3$ 的区域为低频区，$\beta\lambda^2\to 0$，这与我们的经验相符，机器转速较低、小于系统固有频率时，振动较小。

(2) $0.8<\lambda<1.2$ 的区域为共振区，$\beta\lambda^2\to\dfrac{1}{2\zeta}$，说明阻尼比 ζ 是抑制系统共振的重要因素。

(3) $\lambda<3.3$ 的区域为高频区，$\beta\lambda^2\to 1$，说明当机器转速较高、高于系统固有频率时，系统的振动大小只与$\dfrac{me}{M}$有关。

在低频区和高频区，阻尼比 ζ 对振动的大小几乎没有影响。

根据以上分析，利用系统特性 $\beta\lambda^2$ 减小振动，需要提高系统的固有频率，尽量使工作转速远小于固有频率，使系统工作在低频区内。

2.9　支撑激励的强迫振动

支撑激振振动系统也是工程中常见的典型振动系统之一。汽车在地面行驶，根据运动相对性原理，如果将汽车看作静止的，地面就向汽车行驶的反方向运动，车轮随着地面的凸凹不平上下运动，并沿着悬架系统激励汽车振动，如图 2-32 所示。因此，行驶中的汽车就可以看作支撑激振振动系统。楼房、桥梁在大地脉动激励下振动，也都是支撑激振振动系统。在机械加工车间，机床的振动传入基础，引起地基的振动，安装在地基上的其他设备也会振动，这也是支撑激振振动系统。

当汽车在道路上行驶时，道路的起伏会引起汽车的振动。这种振动形式可以归为支撑激振振动系统的强迫响应，运动微分方程为

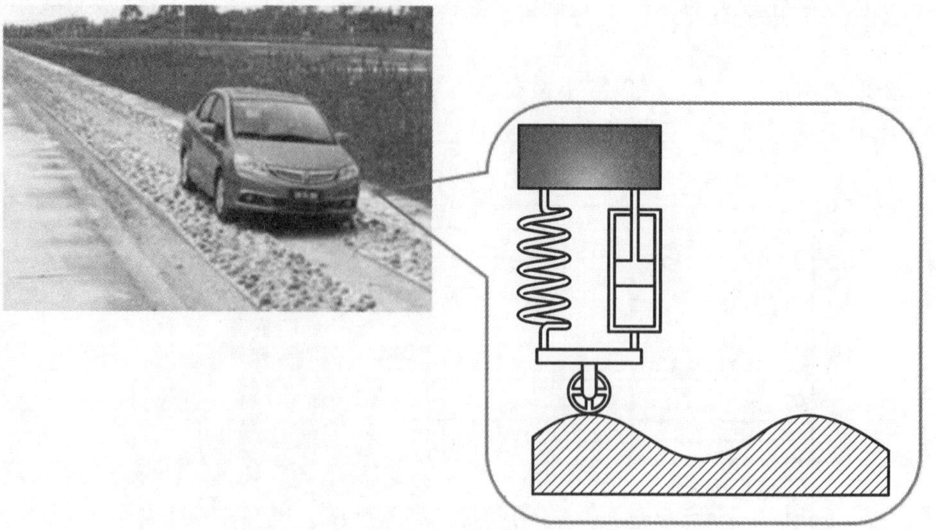

图 2-32 汽车在道路上行驶

$$m\ddot{x}+c\dot{x}+kx=c\dot{y}+ky \tag{2-73}$$

如果支撑做简谐运动，有

$$y(t)=Y\sin\omega t$$

则方程(2-73)可以写为

$$m\ddot{x}+c\dot{x}+kx=c\omega Y\cos\omega t+kY\sin\omega t \tag{2-74}$$

写成复数形式：

$$m\ddot{x}+c\dot{x}+kx=c\omega Y\mathrm{e}^{\mathrm{i}\left(\omega t+\frac{\pi}{2}\right)}+kY\mathrm{e}^{\mathrm{i}\omega t}$$

根据系统的传递性质，系统在 $c\omega Y\mathrm{e}^{\mathrm{i}(\omega t+\frac{\pi}{2})}$ 激励下的响应为

$$x=\beta\frac{1}{k}\mathrm{e}^{-\mathrm{i}\varphi}\times c\omega Y\mathrm{e}^{\mathrm{i}\left(\omega t+\frac{\pi}{2}\right)}=\beta\frac{1}{k}c\omega Y\mathrm{e}^{\mathrm{i}\left(\omega t+\frac{\pi}{2}-\psi\right)}$$

将 $k=\omega_{\mathrm{n}}^2 m$ 代入上式，并整理得

$$x=\beta\frac{1}{\omega_{\mathrm{n}}^2}\frac{c}{m}\omega Y\mathrm{e}^{\mathrm{i}\left(\omega t+\frac{\pi}{2}-\psi\right)}=\beta\frac{1}{\omega_{\mathrm{n}}^2}2\omega_{\mathrm{n}}\zeta\omega Y\mathrm{e}^{\mathrm{i}\left(\omega t+\frac{\pi}{2}-\psi\right)}=2\lambda\zeta\beta Y\mathrm{e}^{\mathrm{i}\left(\omega t+\frac{\pi}{2}-\psi\right)} \tag{2-75}$$

同样，系统在 $kY\mathrm{e}^{\mathrm{i}\omega t}$ 激励下的响应为

$$x=\beta\frac{1}{k}\mathrm{e}^{-\mathrm{i}\varphi}\times kY\mathrm{e}^{\mathrm{i}\omega t}=\beta\frac{1}{k}kY\mathrm{e}^{\mathrm{i}(\omega t-\psi)}=\beta Y\mathrm{e}^{\mathrm{i}(\omega t-\psi)} \tag{2-76}$$

根据叠加原理，支撑激振振动系统的响应为

$$\begin{aligned}x&=2\lambda\zeta\beta Y\mathrm{e}^{\mathrm{i}\left(\omega t+\frac{\pi}{2}-\psi\right)}+\beta Y\mathrm{e}^{\mathrm{i}(\omega t-\psi)}=\beta Y\left(2\lambda\zeta\mathrm{e}^{\mathrm{i}\left(\omega t+\frac{\pi}{2}-\psi\right)}+\mathrm{e}^{\mathrm{i}(\omega t-\psi)}\right)\\&=\beta Y\sqrt{1+(2\zeta\lambda)^2}\,\mathrm{e}^{\mathrm{i}(\omega t-\psi+\varphi)}\end{aligned}$$

或

$$x=\beta Y\sqrt{1+(2\zeta\lambda)^2}\sin(\omega t-\psi+\varphi) \tag{2-77}$$

系统的响应幅值为

$$|x|=\beta Y\sqrt{1+(2\zeta\lambda)^2} \tag{2-78a}$$

对于支撑激振，常常关注响应幅值与支撑运动幅值的比值，即

$$\frac{|x|}{Y}=\beta\sqrt{1+(2\zeta\lambda)^2} \tag{2-78b}$$

一般希望$\dfrac{|x|}{Y}<1$,这样系统能够减少支撑振动对质体的影响。设

$$\beta\sqrt{1+(2\zeta\lambda)^2}=1$$

则

$$\sqrt{1+(2\zeta\lambda)^2}=\sqrt{(1-\lambda^2)^2+(2\zeta\lambda)^2}$$

整理得

$$1=(1-\lambda^2)^2$$

解得

$$\lambda=0,\quad \lambda=\sqrt{2}$$

支撑激振振动系统中,$\beta\sqrt{1+(2\zeta\lambda)^2}$称为系统的幅频特性,如图 2-33 所示。

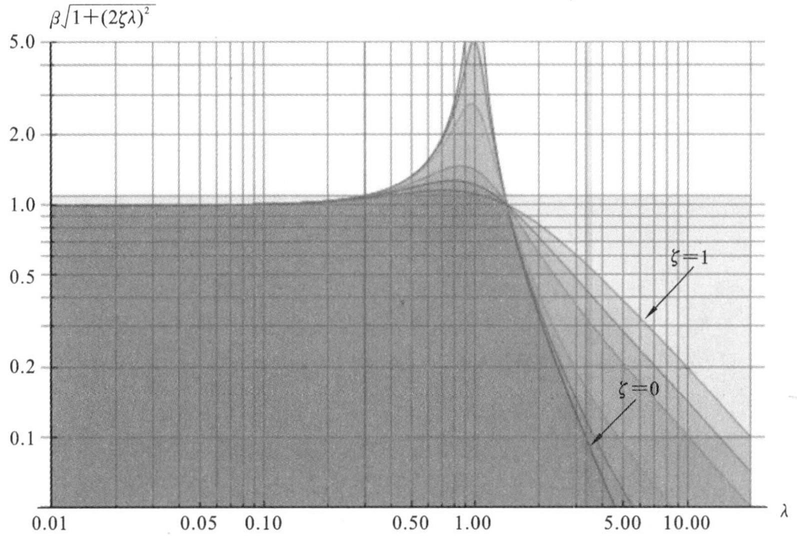

图 2-33　支撑激振振动系统的幅频特性曲线

和前面的振动分析一样,支撑激振振动系统的传递特性可以分成低频区、共振区、高频区及过渡区。

(1) $\lambda<0.3$ 的区域为低频区,$\beta\sqrt{1+(2\zeta\lambda)^2}\to 1$,这也是与我们的经验相符的,当汽车的速度较低时,路面的起伏近似 1∶1 反馈到车内,阻尼比 ζ 对振动的大小没有影响。

(2) 低频共振过渡区,系统的响应随着频率比 λ 的增加而变大,阻尼比 ζ 对振动的大小有影响。

(3) $0.8<\lambda<1.2$ 的区域为共振区,$\beta\sqrt{1+(2\zeta\lambda)^2}\to\dfrac{\sqrt{1+(2\zeta)^2}}{2\zeta}$,说明增加阻尼比 ζ 可以明显抑制共振。

(4) 共振高频过渡区,系统的响应随着频率比 λ 的增加而变小;只有当 $\lambda>\sqrt{2}$时,$\dfrac{|x|}{Y}<1$;阻尼比 ζ 对振动的大小有影响。

(5) 当阻尼比 $\zeta<0.1$ 时,$\lambda>3.3$ 的区域就可以看作高频区,$\beta\sqrt{1+(2\zeta\lambda)^2}\to 0$,说明激振频率远大于固有频率时,系统几乎不振动。

(6) 当阻尼比较大时,$\lambda\gg 3.3$ 的区域才能看作高频区,如当 $\zeta=0.1$ 时,$\lambda>20$ 的区域才能

看作高频区。

在低频区和高频区，阻尼比 ζ 对振动的大小几乎没有影响。如果想使系统的响应幅值小于支撑运动的幅值，即

$$\frac{|x|}{Y}=\beta\sqrt{1+(2\zeta\lambda)^2}<1$$

支撑激振振动系统具有隔振作用，则须使

$$\lambda>\sqrt{2}$$

需要注意的是，这时系统的响应随着阻尼比 ζ 的增加不是变小反而变大(见图 2-33)。

2.10 周期激励的强迫振动

前面已经讨论了系统受简谐力的响应，但是在许多实际问题中，系统经常受一种非简谐的周期激励作用，如往复式压缩机、内燃机等的不平衡惯性力，齿轮的啮合力等都是周期激振力。图 2-34 所示为内燃机的周期振动。对于周期激励，只要满足某些条件，任何周期函数都可以用简谐函数的级数来表示。这种由简谐函数组成的级数称为傅里叶级数，每一级数项都是简谐力的响应问题，利用叠加原理，周期激励的响应则等于各简谐分量引起响应的总和。

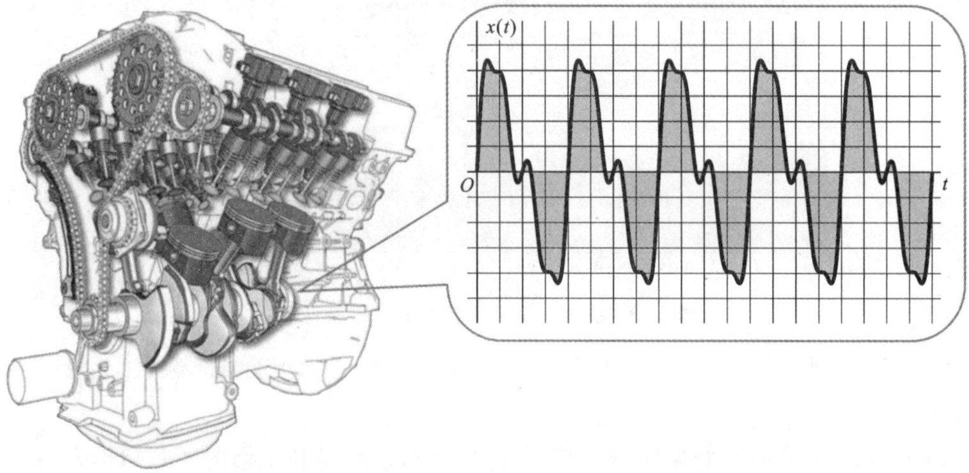

图 2-34 内燃机的周期振动

假设周期激励用 $F(t)$ 表示，最小正周期为 T，则

$$F(t)=\frac{a_0}{2}+\sum_{n=1}^{\infty}a_n\cos n\omega_0 t+b_n\sin n\omega_0 t=\frac{a_0}{2}+\sum_{n=1}^{\infty}c_n\sin(n\omega_0 t+\varphi_n) \tag{2-79}$$

式中：

$$a_n=\frac{2}{T}\int_{-\frac{T}{2}}^{\frac{T}{2}}F(t)\cos n\omega_0 t\mathrm{d}t,\quad n=0,1,2,\cdots$$

$$b_n=\frac{2}{T}\int_{-\frac{T}{2}}^{\frac{T}{2}}F(t)\sin n\omega_0 t\mathrm{d}t,\quad n=1,2,3,\cdots$$

$$c_n=\sqrt{a_n^2+b_n^2},\quad \tan\varphi_n=\frac{a_n}{b_n},\quad \omega_0=\frac{2\pi}{T}$$

根据叠加原理和线性系统的传递性质，振动系统可表示为

$$m\ddot{x}+c\dot{x}+kx=F(t)$$

其强迫振动响应为

$$x=\frac{a_0}{2k}+\frac{1}{k}\sum_{n=1}^{\infty}\beta_n c_n\sin(n\omega_0 t+\varphi_n-\psi_n) \tag{2-80}$$

式中：

$$\beta_n=\frac{1}{\sqrt{(1-\lambda_n^2)^2+(2\zeta\lambda_n)^2}},\quad \tan\psi_n=\frac{2\zeta\lambda_n}{1-\lambda_n^2},\quad \lambda_n=n\frac{\omega_0}{\omega_n}$$

2.11　任意激励的强迫振动

上节讨论了周期激励作用下系统的响应。在不考虑初始阶段的瞬态振动时，它是稳态的周期振动。但在许多实际问题中，激励并非是周期函数，而是时间的任意函数，例如，列车在启动时各车厢挂钩之间的冲击力，火炮在发射时作用于支承结构的反作用力，地震波以及强烈爆炸形成的冲击波对房屋建筑的作用，在精密仪表运输过程中包装箱速度（大小与方向）的突变，等等。在这些激励情况下，系统通常没有稳态振动，而只有瞬态振动。在激励停止作用后，振动系统将按固有频率进行自由振动。但只要激励持续，即使存在阻尼，由激励产生的响应也将会无限地持续下去，系统在任意激励作用下的振动状态，包括激励作用停止后的自由振动，称为任意激励的响应。周期激励是任意激励的一种特例。

如图 2-35 所示，任意激励对系统的作用可以看作无数个微冲量的累积作用。

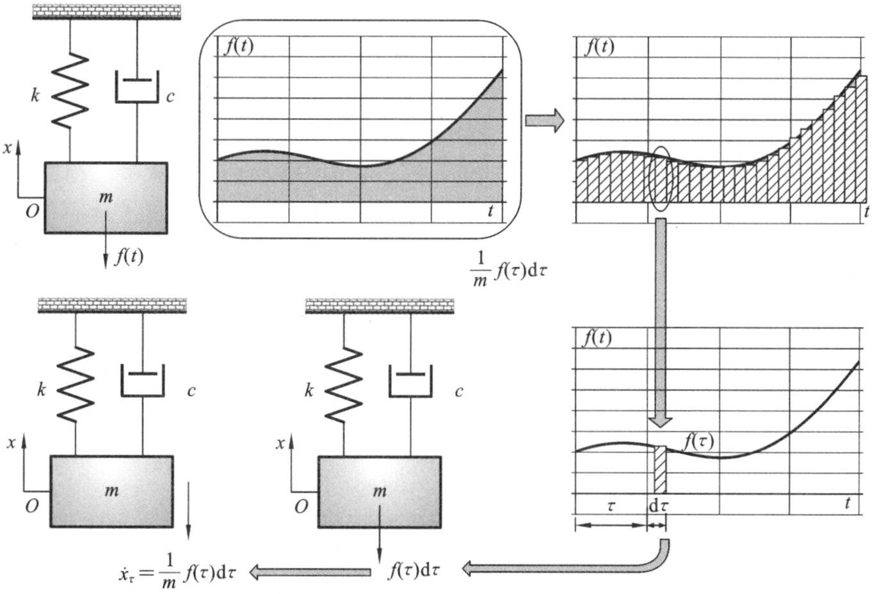

图 2-35　任意激励作用在系统上

假设系统一直处于静止状态，只在 $t=\tau$ 时刻受到微冲量 $f(\tau)\mathrm{d}\tau$ 的作用，则根据冲量定理，在 $t=\tau$ 时刻系统将获得速度

$$v(\tau)=\frac{1}{m}f(\tau)\mathrm{d}\tau$$

那么系统在 $t>\tau$ 时将做自由振动，初始条件是

$$x(\tau)=0$$

$$v(\tau)=\frac{1}{m}f(\tau)\mathrm{d}\tau$$

根据式(2-30)，系统的响应为

$$x=\mathrm{e}^{-\omega_{\mathrm{n}}\zeta(t-\tau)}\frac{1}{m\omega_{\mathrm{d}}}f(\tau)\mathrm{d}\tau\sin\omega_{\mathrm{d}}(t-\tau),\quad t>\tau \tag{2-81}$$

这样，系统受到任意激励的作用后，在 t 时刻的振动响应可以看作任意激振力从作用的初始时刻 t_0 到 t 时刻所有微冲量 $f(\tau)\mathrm{d}\tau$ 累积作用的结果，即对式(2-81)进行积分求和：

$$x=\frac{1}{m\omega_{\mathrm{d}}}\int_{t_0}^{t}\mathrm{e}^{-\omega_{\mathrm{n}}\zeta(t-\tau)}f(\tau)\sin\omega_{\mathrm{d}}(t-\tau)\mathrm{d}\tau \tag{2-82}$$

如果不考虑系统的阻尼，则系统的响应为

$$x=\frac{1}{m\omega_{\mathrm{n}}}\int_{t_0}^{t}f(\tau)\sin\omega_{\mathrm{n}}(t-\tau)\mathrm{d}\tau \tag{2-83}$$

如果在 $t=0$ 时刻，初始条件为 x_0、$\dot{x}_0$，系统的响应还要叠加上初始条件引起的响应：

$$x=\mathrm{e}^{-\omega_{\mathrm{n}}\zeta t}\left(x_0\cos\omega_{\mathrm{d}}t+\frac{\dot{x}_0+\omega_{\mathrm{n}}\zeta x_0}{\omega_{\mathrm{d}}}\sin\omega_{\mathrm{d}}t\right)+\frac{1}{m\omega_{\mathrm{d}}}\int_{0}^{t}\mathrm{e}^{-\omega_{\mathrm{n}}\zeta(t-\tau)}f(\tau)\sin\omega_{\mathrm{d}}(t-\tau)\mathrm{d}\tau \tag{2-84a}$$

如果不考虑阻尼，则系统的响应为

$$x=x_0\cos\omega_{\mathrm{n}}t+\frac{\dot{x}_0}{\omega_{\mathrm{n}}}\sin\omega_{\mathrm{n}}t+\frac{1}{m\omega_{\mathrm{n}}}\int_{0}^{t}f(\tau)\sin\omega_{\mathrm{n}}(t-\tau)\mathrm{d}\tau \tag{2-84b}$$

2.12 振动系统的数值仿真

数值仿真也是分析振动问题的重要手段之一。本节以商业软件 MATLAB 作为数值仿真平台对振动问题进行数值仿真。MATLAB 是美国 MathWorks 公司推出的高性能数值计算软件，可提供用于算法开发、数据可视化、数据分析及数值计算的高级技术计算语言和交互式环境。

振动问题的数值仿真主要包括求解固有频率、固有振型和振动响应。本节介绍求解振动响应的数值方法，在数学上是求微分方程初值问题的数值解。ode45 变步长求解器是 MATLAB 推荐的求微分方程数值解的首选方法，主要用于非刚性常微分方程。ode45 变步长求解器采用四阶-五阶 Runge-Kutta(龙格-库塔)算法，用四阶方法提供候选解，用五阶方法控制误差，可以自适应步长，其整体截断误差为 Δt^5。

为了求振动微分方程

$$\ddot{x}+2\omega_{\mathrm{n}}\zeta\dot{x}+\omega_{\mathrm{n}}^2x=0$$

的数值解，做如下变换：

$$\begin{cases}x_1=x\\x_2=\dot{x}\end{cases} \tag{2-85}$$

由(x_1,x_2)构成的平面称为相平面，点(x_1,x_2)随着时间变化形成的轨迹曲线叫作相轨线。在相轨线上任一点(x_1,x_2)处的切向量分量为

$$\begin{cases}y_1=\dot{x}_1\\y_2=\dot{x}_2\end{cases}$$

将式(2-79)、式(2-80)代入上式，整理得

$$\begin{cases} y_1 = x_2 \\ y_2 = -2\omega_n \zeta x_2 + \omega_n^2 x_1 \end{cases} \tag{2-86}$$

式(2-86)实质上是将二阶微分方程(2-79)转变成了由相轨线切向量所有分量构成的一阶微分方程组。ode45 变步长求解器需要调用切向量方程(2-85)。

ode45 的命令格式有很多，较常用的格式如下：

```
[T, X] = ode45(odefun, tspan, x0)
```

其中：odefun 函数句柄是相轨线(x_1,x_2)处的切向量(y_1,y_2)；tspan 是时间区段[t0　tf]或者一系列离散的时间点[t0, t1, …, tf]；x0 是初始条件向量；T 返回时间点列向量；X 返回对应 T 的解列向量。

例 2-10　求 $\omega_n=1$,$\zeta=0.02$ 的单自由度系统，对初始条件 $x(0)=1$,$\dot{x}(0)=1$ 的自由振动响应。

解　在 MATLAB 中创建 Resp_Fr_Vib.m 文件，仿真程序如下。

```
function Resp_Fr_Vib
Pi=4*atan(1.0);
wn=1;                          %无阻尼固有频率
z=0.02;                        %阻尼比
wd=wn*sqrt(1-z^2);             %有阻尼固有频率
Td=2*Pi/wd;                    %有阻尼振动周期
%切向量函数
function y=odefun(t,x)
y=zeros(2,1);                  % 切向量
y(1)=x(2);
y(2)=-2*wn*z*x(2)-wn*wn*x(1);
end
%
tspan=[0:Td/50:4*Td];          %时间列向量
%如果只给出时间区间
%tspan=[0,4*Td];
%则 ode45 按默认误差,自动计算时间列向量,并返回
%
x0=[1 1];                      %初始条件
%
[t,x]=ode45(@ odefun,tspan,x0);
%
plot(t,x(:,1),t,x(:,2))
grid on
%
legend('x', 'x''')
title('x'' ''+2*wn*z*x''+wn^2*x=0')
xlabel('t')
ylabel('x')
end
```

保存 Resp_Fr_Vib.m 文件后，在 MATLAB 环境命令行中输入 Resp_Fr_Vib 并按回车

键，得到计算结果如图 2-36 所示，相轨线如图 2-37 所示。

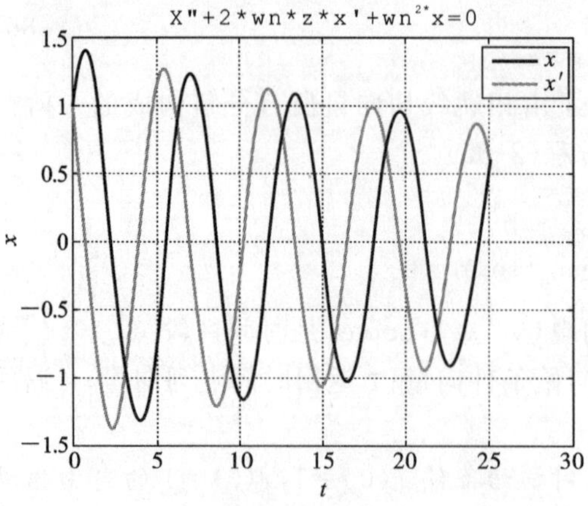

图 2-36　计算结果

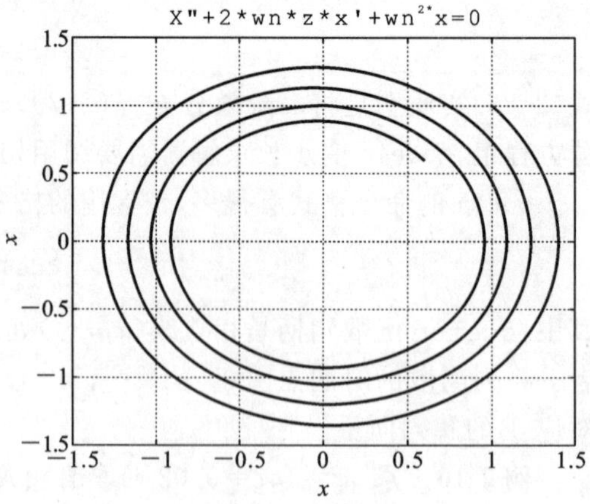

图 2-37　相轨线

第 3 章　多自由度系统的振动

第 2 章介绍了单自由度系统的基本振动理论。大多数实际系统常常由许多子系统（各个部分或部件）所组成，要完整地描述这类系统，就需要多个独立坐标。由多独立坐标描述其运动状态的系统称为多自由度系统，这些独立坐标也称为广义坐标，广义坐标的数量等于系统自由度数目。

与单自由度系统相比，多自由度系统的振动分析不仅计算量大，分析方法也要有相应的改变。单自由度系统有一个固有频率，而 n 自由度系统有 n 个固有频率。当系统以任意一个固有频率做自由振动时，系统各点的稳态响应幅值构成一特定的不随时间变化的比例关系，称为模态。

模态分析是多自由度系统振动分析的基本手段，其思想是将相互耦合的多自由度运动方程变换成多个独立的单自由度系统运动方程，然后应用单自由度系统的求解方法进行求解。模态分析首先识别系统自由振动的基本特征，然后应用这些特征对运动微分方程进行变换，得到一组独立的单自由度运动方程。

多自由度系统振动分析通常采用矩阵方法，后续将介绍系统的固有频率和模态分析对应矩阵的特征值和特征向量。

3.1　多自由度系统的数学模型

建立多自由度系统的数学模型有牛顿法、拉格朗日方法等多种方法。牛顿法主要研究系统内各部分相互关联的力、运动及其相互作用。对于较简单的系统来说，牛顿法有显著的优点。拉格朗日方法是把系统看作一个整体，从能量的观点出发，利用动能、势能之类的标量函数，用变分法建立系统的动力学方程。拉格朗日方法给出了动力学问题普遍、简单而又统一的解法。

3.1.1　广义坐标

广义坐标是一组能完全描述系统运动的独立变量，数量上等于系统的自由度数目。对于多自由度系统，用广义坐标描述其运动往往比较方便。

平面双摆系统如图 3-1 所示，该系统有两个自由度，可以用两个摆角 θ_1 和 θ_2 来完全描述其运动。显然，θ_1 和 θ_2 是相互独立的变量，可以作为该平面双摆系统的广义坐标。

当然，也可以用直角坐标 (x_1, y_1) 和 (x_2, y_2) 来描述双摆的运动。但 (x_1, y_1) 和 (x_2, y_2) 不是描述 m_1 和 m_2 运动的独立坐标，它们之间存在如下约束关系：

$$\begin{cases} x_1^2 + y_1^2 = l_1^2 \\ x_2^2 + y_2^2 = l_2^2 \end{cases} \tag{3-1}$$

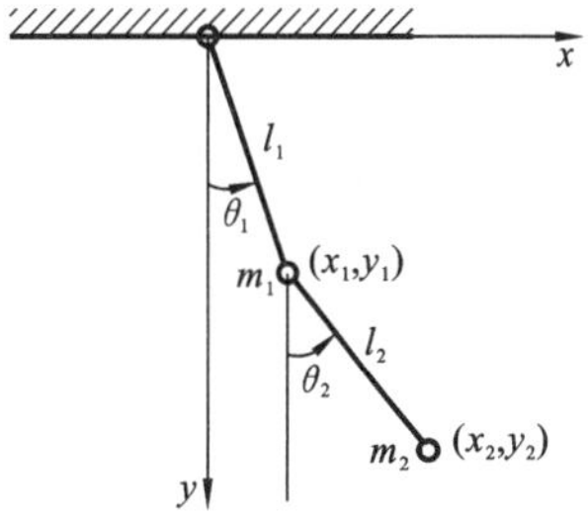

图 3-1　平面双摆系统

式(3-1)称为约束方程。利用这两个约束方程可以消去两个坐标如(y_1, y_2),剩下两个必要坐标如(x_1, x_2)。如果多余坐标能用约束方程消去,则称这种约束为完整约束。本章只讨论完整约束系统。

3.1.2 牛顿法

对于一些简单的多自由度系统,可以用牛顿法建立其动力学方程。分析过程与单自由度系统的类似。

典型的多自由度系统如图 3-2 所示。n 个质量块通过线性弹簧和黏性阻尼器相连接,受外载荷力 F 的作用。各质量块在其平衡位置附近做小幅振动。取各个质量块水平位移为广义坐标,向右为正方向。对质量块 m_i 进行受力分析,如图 3-3 所示。

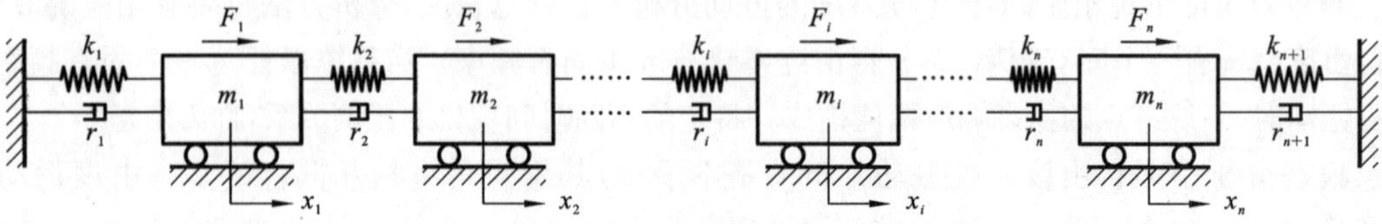

图 3-2 典型的多自由度系统

应用牛顿运动定律,可以得到质量块 m_i 的运动微分方程:

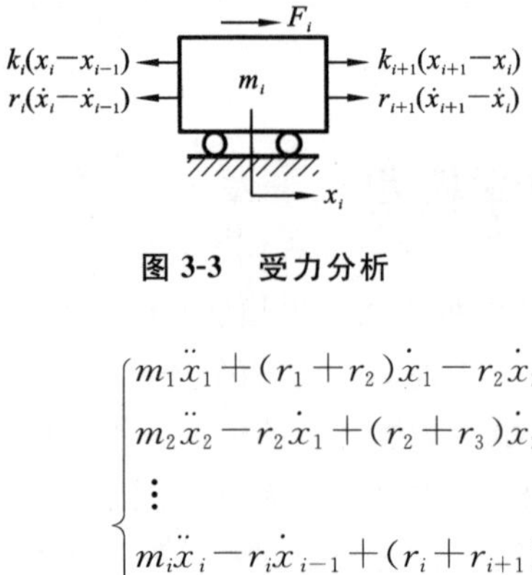

图 3-3 受力分析

$$m_i\ddot{x}_i = F_i + k_{i+1}(x_{i+1}-x_i) + r_{i+1}(\dot{x}_{i+1}-\dot{x}_i) - k_i(x_i - x_{i-1}) - r_i(\dot{x}_i - \dot{x}_{i-1})$$

整理上式可得

$$m_i\ddot{x}_i - r_i\dot{x}_{i-1} + (r_i + r_{i+1})\dot{x}_i - r_{i+1}\dot{x}_{i+1} - k_i x_{i-1} + (k_i + k_{i+1})x_i - k_{i+1}x_{i+1} = F_i \tag{3-2}$$

同理,可以得到所有质量块的运动微分方程:

$$\begin{cases} m_1\ddot{x}_1 + (r_1+r_2)\dot{x}_1 - r_2\dot{x}_2 + (k_1+k_2)x_1 - k_2x_2 = F_1 \\ m_2\ddot{x}_2 - r_2\dot{x}_1 + (r_2+r_3)\dot{x}_2 - r_3\dot{x}_3 - k_2x_1 + (k_2+k_3)x_2 - k_3x_3 = F_2 \\ \vdots \\ m_i\ddot{x}_i - r_i\dot{x}_{i-1} + (r_i+r_{i+1})\dot{x}_i - r_{i+1}\dot{x}_{i+1} - k_ix_{i-1} + (k_i+k_{i+1})x_i - k_{i+1}x_{i+1} = F_i \\ \vdots \\ m_n\ddot{x}_n - r_n\dot{x}_{n-1} + (r_n+r_{n+1})\dot{x}_n - k_nx_{n-1} + (k_n+k_{n+1})x_n = F_n \end{cases} \tag{3-3}$$

为了表示方便,将式(3-3)写成矩阵形式:

$$\boldsymbol{M}\ddot{\boldsymbol{X}} + \boldsymbol{R}\dot{\boldsymbol{X}} + \boldsymbol{K}\boldsymbol{X} = \boldsymbol{F} \tag{3-4}$$

式中:

$$\boldsymbol{M} = \begin{bmatrix} m_1 & & & & & \\ & m_2 & & & & \\ & & \ddots & & & \\ & & & m_i & & \\ & & & & \ddots & \\ & & & & & m_n \end{bmatrix}$$

$$
\boldsymbol{R}=\begin{bmatrix} r_1+r_2 & -r_2 & & & & \\ -r_2 & r_2+r_3 & -r_3 & & & \\ & & \ddots & & & \\ & & -r_i & r_i+r_{i+1} & -r_{i+1} & \\ & & & & \ddots & \\ & & & & -r_n & r_n+r_{n+1} \end{bmatrix}
$$

$$
\boldsymbol{K}=\begin{bmatrix} k_1+k_2 & -k_2 & & & & \\ -k_2 & k_2+k_3 & -k_3 & & & \\ & & \ddots & & & \\ & & -k_i & k_i+k_{i+1} & -k_{i+1} & \\ & & & & \ddots & \\ & & & & -k_n & k_n+k_{n+1} \end{bmatrix}
$$

分别称为质量矩阵、阻尼矩阵和刚度矩阵；$\boldsymbol{X}$、$\boldsymbol{F}$ 分别是位移向量和力向量。

例 3-1　用牛顿法推导图 3-4 所示三自由度系统的振动微分方程。该系统的弹簧为线性，阻尼为黏性。质量块的位移用广义坐标 x_1、x_2、x_3 表示，F_1、F_2、F_3 表示作用于质量块上的集中力。

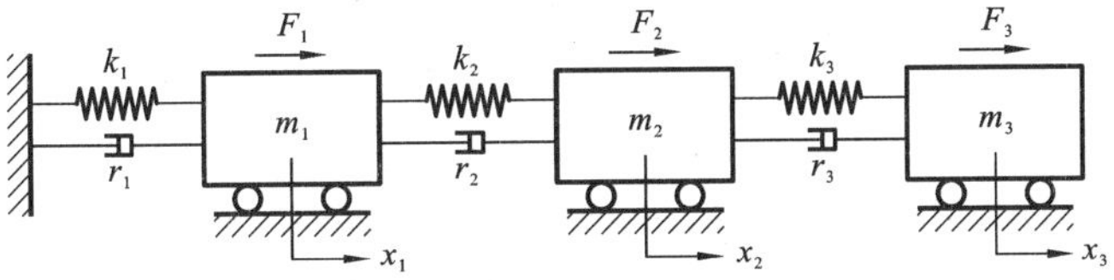

图 3-4　三自由度系统

解　应用牛顿法建立运动方程，需要先做受力分析。m_1 受到 5 个力的共同作用：弹簧 k_1、k_2 的恢复力，阻尼器 r_1、r_2 的阻尼力和外载荷 F_1，如图 3-5(a)所示；m_2 受到 5 个力的共同作用：弹簧 k_2、k_3 的恢复力，阻尼器 r_2、r_3 的阻尼力和外载荷 F_2，如图 3-5(b)所示；m_3 受到 3 个力的共同作用：弹簧 k_3 的恢复力、阻尼器 r_3 的阻尼力和外载荷 F_3，如图 3-5(c)所示。

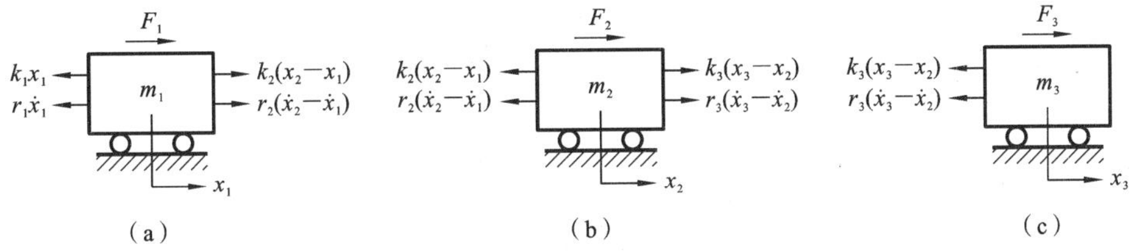

图 3-5　分离体及其受力分析

应用牛顿第二定律可以列出各质量块的运动微分方程：

$$
\begin{cases} m_1\ddot{x}_1=F_1-k_1x_1-r_1\dot{x}_1+k_2(x_2-x_1)+r_2(\dot{x}_2-\dot{x}_1) \\ m_2\ddot{x}_2=F_2-k_2(x_2-x_1)-r_2(\dot{x}_2-\dot{x}_1)+k_3(x_3-x_2)+r_3(\dot{x}_3-\dot{x}_2) \\ m_3\ddot{x}_3=F_3-k_3(x_3-x_2)-r_3(\dot{x}_3-\dot{x}_2) \end{cases}
$$

整理上式可得

$$\begin{cases} m_1\ddot{x}_1+(r_1+r_2)\dot{x}_1-r_2\dot{x}_2+(k_1+k_2)x_1-k_2x_2=F_1 \\ m_2\ddot{x}_2-r_2\dot{x}_1+(r_2+r_3)\dot{x}_2-r_3\dot{x}_3-k_2x_1+(k_2+k_3)x_2-k_3x_3=F_2 \\ m_3\ddot{x}_3-r_3\dot{x}_2+r_3\dot{x}_3-k_3x_2+k_3x_3=F_3 \end{cases}$$

将上述方程组写成矩阵形式：

$$\begin{bmatrix} m_1 & 0 & 0 \\ 0 & m_2 & 0 \\ 0 & 0 & m_3 \end{bmatrix}\begin{bmatrix} \ddot{x}_1 \\ \ddot{x}_2 \\ \ddot{x}_3 \end{bmatrix}+\begin{bmatrix} r_1+r_2 & -r_2 & 0 \\ -r_2 & r_2+r_3 & -r_3 \\ 0 & -r_3 & r_3 \end{bmatrix}\begin{bmatrix} \dot{x}_1 \\ \dot{x}_2 \\ \dot{x}_3 \end{bmatrix}+\begin{bmatrix} k_1+k_2 & -k_2 & 0 \\ -k_2 & k_2+k_3 & -k_3 \\ 0 & -k_3 & k_3 \end{bmatrix}\begin{bmatrix} x_1 \\ x_2 \\ x_3 \end{bmatrix}=\begin{bmatrix} F_1 \\ F_2 \\ F_3 \end{bmatrix}$$

或者简写成

$$\boldsymbol{M}\ddot{\boldsymbol{X}}+\boldsymbol{R}\dot{\boldsymbol{X}}+\boldsymbol{K}\boldsymbol{X}=\boldsymbol{F}$$

$$\boldsymbol{M}=\begin{bmatrix} m_1 & 0 & 0 \\ 0 & m_2 & 0 \\ 0 & 0 & m_3 \end{bmatrix},\quad \boldsymbol{R}=\begin{bmatrix} r_1+r_2 & -r_2 & 0 \\ -r_2 & r_2+r_3 & -r_3 \\ 0 & -r_3 & r_3 \end{bmatrix},\quad \boldsymbol{K}=\begin{bmatrix} k_1+k_2 & -k_2 & 0 \\ -k_2 & k_2+k_3 & -k_3 \\ 0 & -k_3 & k_3 \end{bmatrix}$$

3.1.3 拉格朗日方法

对于简单的振动系统，应用牛顿法建立系统的振动微分方程较为简便；而对于复杂的系统，应用拉格朗日方法建立系统的振动微分方程较为方便。

系统的振动微分方程可通过动能 T、势能 U、能量散失函数 D 加以表示，即

$$\frac{\mathrm{d}}{\mathrm{d}t}\frac{\partial T}{\partial \dot{q}_i}-\frac{\partial T}{\partial q_i}+\frac{\partial U}{\partial q_i}+\frac{\partial D}{\partial \dot{q}_i}=F_i(t),\quad i=1,\ 2,\ 3,\cdots \tag{3-5}$$

式中：q_i、$\dot{q}_i$ 分别为系统的广义坐标与广义速度；T、U、D 分别为系统的动能、势能与能量散失函数；$F_i(t)$为广义激振力。

拉格朗日方程 (3-5)中每一项的含义如下。

广义坐标 q_i 是指振动系统中第 i 个独立坐标，如图 3-4 所示三自由度系统有三个广义坐标，分别是质量块(也称质体)1、2 和 3 运动状态的位移 x_1、x_2 和 x_3。广义速度 $\dot{q}_i$ 是指相应坐标上质体的运动速度，对于图 3-4 所示的振动系统，广义速度即 $\dot{x}_1$、$\dot{x}_2$ 和 $\dot{x}_3$。广义坐标的数目与自由度的数目相同。n 个自由度的振动系统就有 n 个广义坐标和 n 个广义速度。

方程等号左边第一项中的$\frac{\partial T}{\partial \dot{q}_i}$是动能 T 对广义速度的偏导数，它表示振动系统在第 i 个坐标方向上所具有的动量，动量$\frac{\partial T}{\partial \dot{q}_i}$对时间 t 的导数$\frac{\mathrm{d}}{\mathrm{d}t}\frac{\partial T}{\partial \dot{q}_i}$即为第 i 个坐标方向上惯性力的负值。第二项$\frac{\partial T}{\partial q_i}$表示与广义坐标 q_i 有直接联系的惯性力或惯性力矩的负值。对于振动质量(或动能 T)与广义坐标 q_i 无关的振动系统，第二项$\frac{\partial T}{\partial q_i}$显然为零。第三项$\frac{\partial U}{\partial q_i}$一般表示振动系统中与坐标 q_i 相关的弹性力的负值或重力。很明显，振动系统中势能 U 对第 i 个坐标的偏导数就是第 i 个坐标方向上弹性力的负值或重力。第四项$\frac{\partial D}{\partial \dot{q}_i}$表示第 i 个坐标方向上阻尼力的负值，它是能量散失函数 D 对广义速度的偏导数。能量散失函数的定义是各坐标方向上速度的平方与相应的阻尼系数的乘积之和再除以 2。

方程等号右边的广义激振力 $F_i(t)$指某坐标 q_i 方向上的激振作用力。必须引起注意的

是，如果某些激振力所做的功已经表示为振动系统的动能和势能形式，或能量散失函数形式，则在等号右边不再重复考虑这些激振力。

当激振力不能以动能或势能形式表示时，只要直接求出作用于某坐标方向上的激振力即可。某些属于惯性力或弹性力形式的激振力，也可以直接计算出惯性力或弹性力的具体表达式，然后加到相应的坐标上，就不必通过动能或势能进行计算。

下面以单质体二自由度振动系统为例，来介绍利用拉格朗日方法建立振动微分方程式的过程。

单质体二自由度振动系统如图 3-6 所示，在激振力 $F_0\sin\omega t$ 的作用下，系统不但产生垂直方向的振动，还会绕其质心摆动，是二自由度的振动系统。单质体 m 由两组弹簧支承，弹簧垂直方向的刚度分别为 k_1 和 k_2，单质体质心与弹簧作用力中心线的距离分别为 l_1 和 l_2，单质体对质心的转动惯量为 I。若不考虑 x 方向的振动，仅考虑 y 方向的振动及绕质心的摆动，摆角为 θ，则此单质体的广义坐标为 y 与 θ，广义速度为 $\dot{y}$ 与 $\dot{\theta}$。当弹簧未压缩时，单质体的质心位于图 3-6 中的 O 点，由于重力的作用，单质体质心向下移动至 O' 点，并产生静转角 θ_{st}；在振动的情况下，单质体质心又移动至 O'' 点，并产生摆动角位移 θ。这时弹簧 1 和 2 所产生的静变形与动变形分别为 $y_{st}-l_1\theta_{st}$、$y-l_1\theta$、$y_{st}+l_2\theta_{st}$ 和 $y+l_2\theta$。

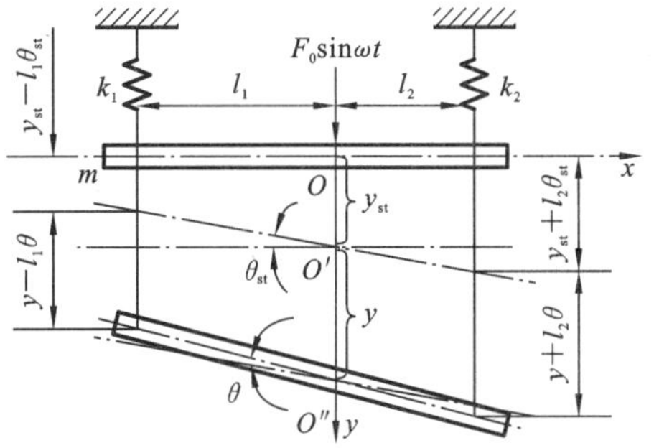

图 3-6　单质体二自由度振动系统

该系统的动能可表示为

$$T=\frac{1}{2}(m\dot{y}^2+I\dot{\theta}^2) \tag{3-6}$$

式中：$\dot{y}$、$\dot{\theta}$ 分别为单质体在 y 方向的运动速度及单质体绕质心摆动的角速度。

当考虑弹簧的静变形时，系统的势能应包括弹簧静变形产生的势能及单质体的重力势能，弹簧 1 和 2 的总变形分别为 $y_{st}-l_1\theta_{st}+y-l_1\theta$ 和 $y_{st}+l_2\theta_{st}+y+l_2\theta$，而质心的位移为 $y_{st}+y$，所以系统的势能为

$$U=\frac{1}{2}[k_1(y_{st}-l_1\theta_{st}+y-l_1\theta)^2+k(y_{st}+l_2\theta_{st}+y+l_2\theta)^2]-mg(y_{st}+y) \tag{3-7}$$

能量散失函数为

$$D=\frac{1}{2}(r_y\dot{y}^2+r_\theta\dot{\theta}^2) \tag{3-8}$$

式中：r_y、r_θ 分别为 y 方向和摆动方向的阻力系数及阻力矩系数。

广义激振力为

$$F_j(t)=F_0\sin\omega t \tag{3-9}$$

将前面求得的动能 T、势能 U 和能量散失函数 D 代入拉格朗日方程中，可以求出

$$\frac{\mathrm{d}}{\mathrm{d}t}\frac{\partial T}{\partial \dot{y}}=\frac{\mathrm{d}}{\mathrm{d}t}\frac{\partial}{\partial \dot{y}}\left(\frac{1}{2}m\dot{y}^2+\frac{1}{2}I\dot{\theta}^2\right)=\frac{\mathrm{d}}{\mathrm{d}t}(m\dot{y})=m\ddot{y}$$

$$\frac{\partial T}{\partial y}=0$$

$$\frac{\partial U}{\partial y}=k_1(y_{st}-l_1\theta_{st})+k_2(y_{st}+l_2\theta_{st})-mg+(k_1+k_2)y-(k_1l_1-k_2l_2)\theta$$

$$\frac{\partial D}{\partial \dot{y}}=\frac{\partial}{\partial \dot{y}}\left(\frac{1}{2}r_y\dot{y}^2+\frac{1}{2}r_\theta\dot{\theta}^2\right)=r_y\dot{y}$$

$$\frac{\mathrm{d}}{\mathrm{d}t}\frac{\partial T}{\partial \dot{\theta}}=\frac{\mathrm{d}}{\mathrm{d}t}\frac{\partial}{\partial \dot{\theta}}\left(\frac{1}{2}m\dot{y}^2+\frac{1}{2}I\dot{\theta}^2\right)=\frac{\mathrm{d}}{\mathrm{d}t}(I\dot{\theta})=I\ddot{\theta}$$

$$\frac{\partial T}{\partial \theta}=0$$

$$\frac{\partial U}{\partial \theta}=-k_1l_1(y_{st}-l_1\theta_{st})+k_2l_2(y_{st}+l_2\theta_{st})-(k_1l_1-k_2l_2)y+(k_1l_1^2+k_2l_2^2)\theta$$

$$\frac{\partial D}{\partial \dot{\theta}}=\frac{\partial}{\partial \dot{\theta}}\left(\frac{1}{2}r_y\dot{y}^2+\frac{1}{2}r_\theta\dot{\theta}^2\right)=r_\theta\dot{\theta}$$

所以,该系统的振动微分方程为

$$\begin{cases}m\ddot{y}+k_1(y_{st}-l_1\theta_{st})+k_2(y_{st}+l_2\theta_{st})-mg+(k_1+k_2)y-(k_1l_1+k_2l_2)\theta+r_y\dot{y}=F_0\sin\omega t\\ I\ddot{\theta}-k_1l_1(y_{st}-l_1\theta_{st})+k_2l_2(y_{st}+l_2\theta_{st})-(k_1l_1-k_2l_2)y+(k_1l_1^2+k_2l_2^2)\theta+r_\theta\dot{\theta}=0\end{cases}\tag{3-10}$$

考虑到单质体重力 mg 与弹簧 1、2 的静弹性力相等,而且两组弹簧对质心的静弹性力矩之和也必为零,所以有以下关系:

$$\begin{cases}k_1(y_{st}-l_1\theta_{st})+k_2(y_{st}+l_2\theta_{st})=mg\\ -k_1l_1(y_{st}-l_1\theta_{st})+k_2l_2(y_{st}+l_2\theta_{st})=0\end{cases}\tag{3-11}$$

将式(3-11)代入方程(3-10)中,得

$$\begin{cases}m\ddot{y}+r_y\dot{y}+(k_1+k_2)y-(k_1l_1-k_2l_2)\theta=F_0\sin\omega t\\ I\ddot{\theta}+r_\theta\dot{\theta}-(k_1l_1-k_2l_2)y+(k_1l_1^2+k_2l_2^2)\theta=0\end{cases}\tag{3-12}$$

式(3-12)是单质体垂直振动与摆动的有阻尼受迫振动微分方程。

例 3-2　在图 3-7 所示系统中,质量块 m_1 可沿光滑水平面滑动,在质量块 m_1 上作用一水平激振力 F。摆锤质量为 m_2,有一长为 l 的无质量刚杆与质量块以铰相连,并只能在图示铅垂面内微幅摆动,摆角为 θ。假设 k_1、k_2 均为线性弹簧,试用拉格朗日方法建立此系统的振动微分方程。

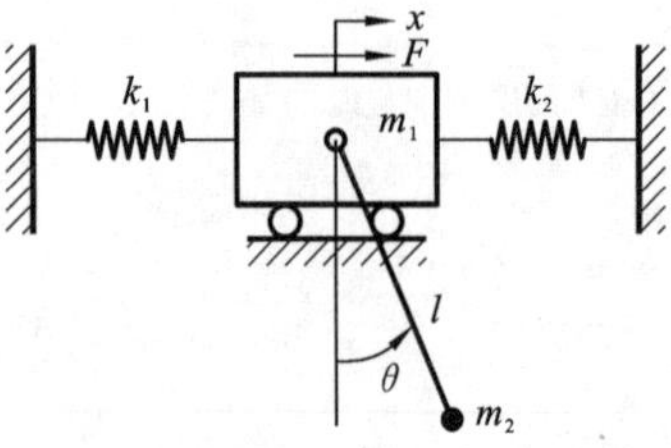

图 3-7　二自由度振动系统

解　此系统有两个自由度:m_1 的水平运动和 m_2 的摆动。以平衡时质量块 m_1 的质心为坐标原点,以 x 和 θ 作为广义坐标,则 m_2 的位移和相应的速度为

$$x_2=x+l\sin\theta,\quad y_2=l\cos\theta$$

$$\dot{x}_2=\dot{x}+l\dot{\theta}\cos\theta,\quad \dot{y}_2=-l\dot{\theta}\sin\theta$$

系统的动能为

$$T=\frac{1}{2}m_1\dot{x}^2+\frac{1}{2}m_2(\dot{x}_2^2+\dot{y}_2^2)$$

$$=\frac{1}{2}(m_1+m_2)\dot{x}^2+\frac{1}{2}m_2l^2\dot{\theta}^2+m_2l\dot{x}\dot{\theta}\cos\theta$$

系统的势能为

$$U=\frac{1}{2}(k_1+k_2)x^2+m_2gl(1-\cos\theta)$$

系统的能量散失函数为零，广义激振力为 F。

计算拉格朗日方程中的各项如下：

$$\frac{\mathrm{d}}{\mathrm{d}t}\frac{\partial T}{\partial \dot{x}}=(m_1+m_2)\ddot{x}+m_2l\ddot{\theta}\cos\theta-m_2l\dot{\theta}^2\sin\theta,\quad \frac{\partial T}{\partial x}=0$$

$$\frac{\partial U}{\partial x}=(k_1+k_2)x,\quad \frac{\partial D}{\partial \dot{x}}=0$$

$$\frac{\mathrm{d}}{\mathrm{d}t}\frac{\partial T}{\partial \dot{\theta}}=m_2l^2\ddot{\theta}+m_2l(\ddot{x}\cos\theta-\dot{x}\dot{\theta}\sin\theta),\frac{\partial T}{\partial \theta}=-m_2l\dot{x}\dot{\theta}\sin\theta$$

$$\frac{\partial U}{\partial \theta}=m_2gl\sin\theta,\ \frac{\partial D}{\partial \dot{\theta}}=0$$

代入拉格朗日方程，可得系统的振动微分方程为

$$(m_1+m_2)\ddot{x}+m_2l(\ddot{\theta}\cos\theta-\dot{\theta}^2\sin\theta)+(k_1+k_2)x=F$$

$$m_2l^2\ddot{\theta}+m_2l\ddot{x}\cos\theta+m_2gl\sin\theta=0$$

上述方程是非线性的，对于微幅振动可认为 $\sin\theta\approx\theta$ 和 $\cos\theta\approx1$，略去非线性乘积项后，则系统的振动微分方程可表示为

$$(m_1+m_2)\ddot{x}+m_2l\ddot{\theta}+(k_1+k_2)x=F$$

$$m_2l^2\ddot{\theta}+m_2l\ddot{x}+m_2gl\theta=0$$

3.2 柔度影响系数与刚度影响系数

在多自由度系统中，力与位移的关系是用刚度矩阵描述的。除了刚度矩阵外，还有另外一种方式可以描述弹性特性，即柔度矩阵。

3.2.1 柔度影响系数与柔度矩阵

柔度影响系数 δ_{ij} 定义为：作用在 j 点的单位力引起的 i 点的位移。对于多自由度系统，j 点的单位力会使所有质点产生位移响应，其中 i 点的位移即为柔度影响系数 δ_{ij}，n 点的位移为 δ_{nj}；在 m 点施加单位力引起的 i 点的位移为 δ_{im}。

对于线性系统，位移与作用力成正比。因此 j 点的任意力 F_j 引起的 i 点的位移为 $\delta_{ij}F_j$。假如任意质量 i 处的作用力为 $F_i(i=1,2,\cdots,n)$，根据叠加原理，可以求得由全部力同时作用时 i 点的合位移 x_i：

$$x_i=\delta_{i1}F_1+\delta_{i2}F_2+\cdots+\delta_{in}F_n=\sum_{j=1}^{n}\delta_{ij}F_j,\quad i=1,2,\cdots,n \tag{3-13}$$

将式(3-13)写成矩阵形式：

$$\begin{bmatrix}x_1\\x_2\\\vdots\\x_n\end{bmatrix}=\begin{bmatrix}\delta_{11}&\delta_{12}&\cdots&\delta_{1n}\\\delta_{21}&\delta_{22}&\cdots&\delta_{2n}\\\vdots&\vdots&\ddots&\vdots\\\delta_{n1}&\delta_{n2}&\cdots&\delta_{nn}\end{bmatrix}\begin{bmatrix}F_1\\F_2\\\vdots\\F_n\end{bmatrix} \tag{3-14}$$

可以简写成

$$\boldsymbol{X}=\boldsymbol{\delta}\boldsymbol{F} \tag{3-15}$$

式中：

$$\boldsymbol{\delta}=\begin{bmatrix}\delta_{11} & \delta_{12} & \cdots & \delta_{1n}\\ \delta_{21} & \delta_{22} & \cdots & \delta_{2n}\\ \vdots & \vdots & \ddots & \vdots\\ \delta_{n1} & \delta_{n2} & \cdots & \delta_{nn}\end{bmatrix},\quad \boldsymbol{X}=\begin{bmatrix}x_1\\ x_2\\ \vdots\\ x_n\end{bmatrix},\quad \boldsymbol{F}=\begin{bmatrix}F_1\\ F_2\\ \vdots\\ F_n\end{bmatrix}$$

其中：$\boldsymbol{\delta}$ 为系统的柔度矩阵；$\boldsymbol{X}$ 为位移列阵；$\boldsymbol{F}$ 为激振力列阵。

由方程(3-14)可知，柔度矩阵的第一列表示 $F_1=1$ 且 $F_2=F_3=\cdots=F_n=0$ 时各质体的位移，第二列表示 $F_2=1$ 且 $F_1=F_3=\cdots=F_n=0$ 时各质体的位移，其余类似。式(3-14)或式(3-15)称为位移方程。

下面建立图 3-8 所示三自由度无阻尼系统的柔度矩阵。

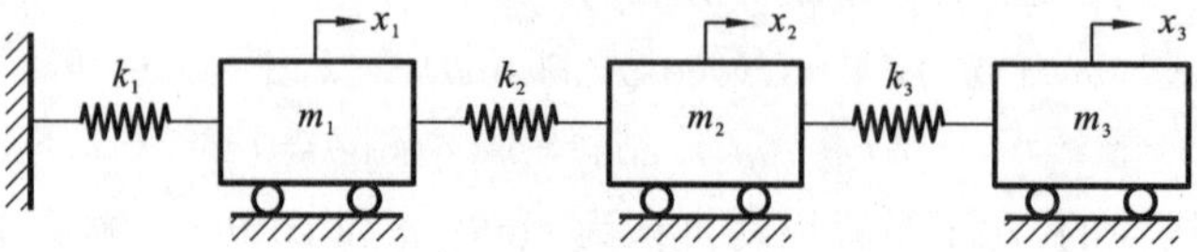

图 3-8　三自由度无阻尼系统

图 3-9 为建立的系统柔度矩阵的示意图。如图 3-9(a)所示，在质量 m_1 上施加单位力 $F_1=1$，而在质量 m_2、m_3 上不施加力。弹簧 k_1 承受单位拉力，质量 m_1 的位移 δ_{11} 为 $1/k_1$。弹簧 k_2、k_3 没有伸长，质量 m_2 和 m_3 的位移 δ_{21}、δ_{31} 也等于 $1/k_1$。所以

$$\delta_{11}=\delta_{21}=\delta_{31}=1/k_1$$

组成柔度矩阵的第 1 列 δ_{i1}。

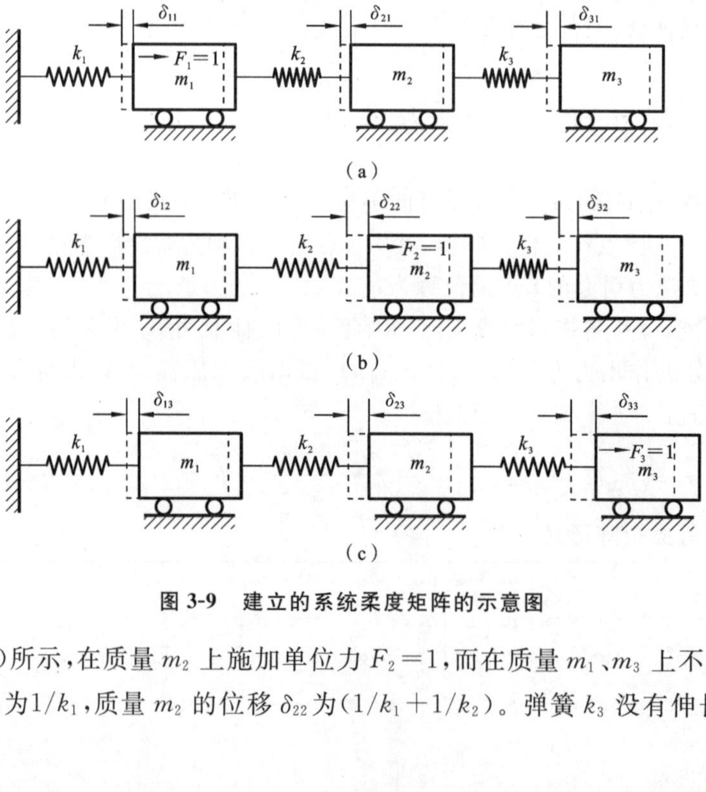

图 3-9　建立的系统柔度矩阵的示意图

如图 3-9(b)所示，在质量 m_2 上施加单位力 $F_2=1$，而在质量 m_1、m_3 上不施加力。这时质量 m_1 的位移 δ_{12} 为$1/k_1$，质量 m_2 的位移 δ_{22} 为$(1/k_1+1/k_2)$。弹簧 k_3 没有伸长，质量 m_3 的位

移 $\delta_{32}=1/k_1+1/k_2$。所以

$$\delta_{12}=\frac{1}{k_1},\delta_{22}=\frac{1}{k_1}+\frac{1}{k_2},\delta_{32}=\frac{1}{k_1}+\frac{1}{k_2}$$

组成柔度矩阵的第 2 列 δ_{i2}。

如图 3-9(c)所示，在质量 m_3 上施加单位力 $F_3=1$，在质量 m_1、m_2 上不施加力。此时三个弹簧都相应伸长，质量 m_1 的位移 δ_{13} 为 $1/k_1$，质量 m_2 的位移 δ_{23} 为 $(1/k_1+1/k_2)$，质量 m_3 的位移 δ_{33} 为 $(1/k_1+1/k_2+1/k_3)$。所以

$$\delta_{13}=\frac{1}{k_1},\delta_{23}=\frac{1}{k_1}+\frac{1}{k_2},\delta_{33}=\frac{1}{k_1}+\frac{1}{k_2}+\frac{1}{k_3}$$

组成柔度矩阵的第 3 列 δ_{i3}。

系统的柔度矩阵和位移方程分别为

$$\boldsymbol{\delta}=\begin{bmatrix}\delta_{11} & \delta_{12} & \delta_{13}\\ \delta_{21} & \delta_{22} & \delta_{23}\\ \delta_{31} & \delta_{32} & \delta_{33}\end{bmatrix}=\begin{bmatrix}\frac{1}{k_1} & \frac{1}{k_1} & \frac{1}{k_1}\\ \frac{1}{k_1} & \frac{1}{k_1}+\frac{1}{k_2} & \frac{1}{k_1}+\frac{1}{k_2}\\ \frac{1}{k_1} & \frac{1}{k_1}+\frac{1}{k_2} & \frac{1}{k_1}+\frac{1}{k_2}+\frac{1}{k_3}\end{bmatrix}$$

$$\begin{bmatrix}x_1\\ x_2\\ x_3\end{bmatrix}=\begin{bmatrix}\frac{1}{k_1} & \frac{1}{k_1} & \frac{1}{k_1}\\ \frac{1}{k_1} & \frac{1}{k_1}+\frac{1}{k_2} & \frac{1}{k_1}+\frac{1}{k_2}\\ \frac{1}{k_1} & \frac{1}{k_1}+\frac{1}{k_2} & \frac{1}{k_1}+\frac{1}{k_2}+\frac{1}{k_3}\end{bmatrix}\begin{bmatrix}F_1\\ F_2\\ F_3\end{bmatrix}$$

3.2.2 刚度影响系数与刚度矩阵

刚度矩阵中的元素称为刚度影响系数。刚度影响系数 K_{ij} 的定义为：保持其他点位移不变，使 j 点产生单位位移时作用于 i 点的力。然而，在实际结构中，各质量并不总是固定的，因此 j 点产生单位位移的同时，其他点也会产生相应的位移。要使这些点的位移为零，需要施加额外的力。与柔度类似，使 j 点产生任意位移 x_j 所需的力为 $K_{ij}x_j$。根据叠加原理，点 x_i 处所需的合力为

$$F_i = K_{i1}x_1 + K_{i2}x_2 + \cdots + K_{in}x_n = \sum_{j=1}^{n} K_{ij}x_j \tag{3-16}$$

将所有点处的力写成矩阵形式：

$$\begin{bmatrix}F_1\\ F_2\\ \vdots\\ F_n\end{bmatrix}=\begin{bmatrix}K_{11} & K_{12} & \cdots & K_{1n}\\ K_{21} & K_{22} & \cdots & K_{2n}\\ \vdots & \vdots & \ddots & \vdots\\ K_{n1} & K_{n2} & \cdots & K_{nn}\end{bmatrix}\begin{bmatrix}x_1\\ x_2\\ \vdots\\ x_n\end{bmatrix} \tag{3-17}$$

式中：

$$\boldsymbol{K}=\begin{bmatrix}K_{11} & K_{12} & \cdots & K_{1n}\\ K_{21} & K_{22} & \cdots & K_{2n}\\ \vdots & \vdots & \ddots & \vdots\\ K_{n1} & K_{n2} & \cdots & K_{nn}\end{bmatrix},\quad \boldsymbol{F}=\begin{bmatrix}F_1\\ F_2\\ \vdots\\ F_n\end{bmatrix},\quad \boldsymbol{X}=\begin{bmatrix}x_1\\ x_2\\ \vdots\\ x_n\end{bmatrix}$$

式(3-17)可以简写成

$$F=KX \tag{3-18}$$

式中:$\boldsymbol{K}$ 为系统的刚度矩阵。

由式(3-17)可以看出,刚度矩阵第一列为第一个质点产生单位位移时施加在其他各点的力。式(3-17)或式(3-18)称为作用力方程。

比较式(3-15)和式(3-18)可知,$\boldsymbol{\delta}$ 和 $\boldsymbol{K}$ 互为逆矩阵,即 $\boldsymbol{\delta K}=\boldsymbol{I}$。

由刚度影响系数的物理意义可直接写出刚度矩阵,从而建立系统的作用力方程,这种方法称为刚度影响系数法。

例 3-3　列出图 3-8 所示三自由度无阻尼系统的刚度影响系数和运动方程。

解　如图 3-10(a)所示,假设给 m_1 一单位位移,m_2 与 m_3 保持不动,即 $x_1=1$ 而 $x_2=x_3=0$。要保持这种位移状态,各点所需施加的静作用力就是 K_{11}、K_{21} 及 K_{31}(在表示作用力的箭头上画有斜线,表示它们是用以保持位置的作用力),K_{11} 只代表在第 1 点有单位位移而在第 1 点为保持位移状态所需施加的作用力;K_{21} 只代表在第 1 点有单位位移而在第 2 点为保持位移状态所需施加的作用力;同样,K_{31} 则是只在第 1 点有单位位移而在第 3 点为保持位移状态所需施加的作用力。所以

$$K_{11}=k_1+k_2$$
$$K_{21}=-k_2$$
$$K_{31}=0$$

组成刚度矩阵的第 1 列 K_{i1}。

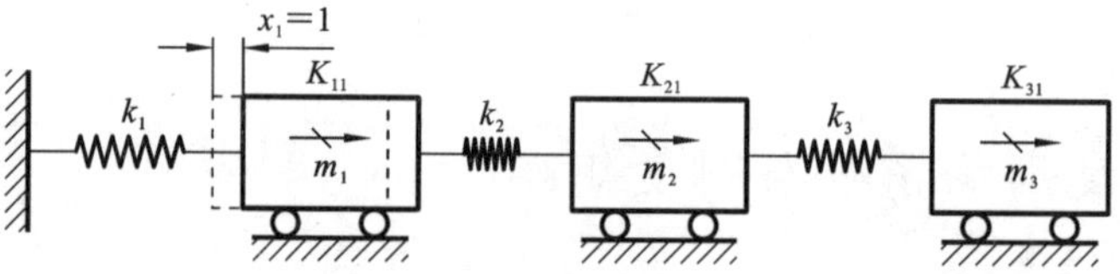

(a)

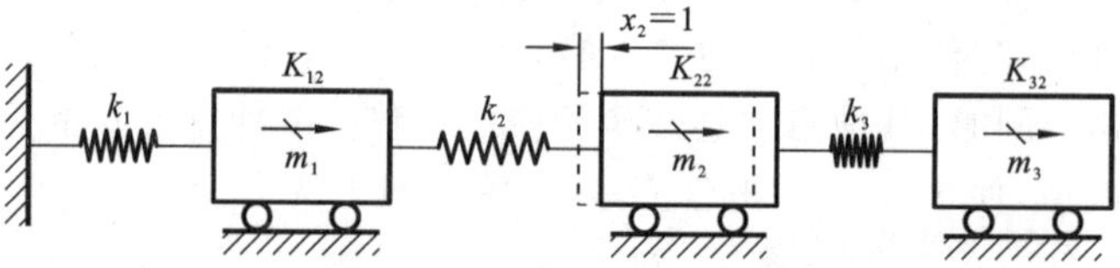

(b)

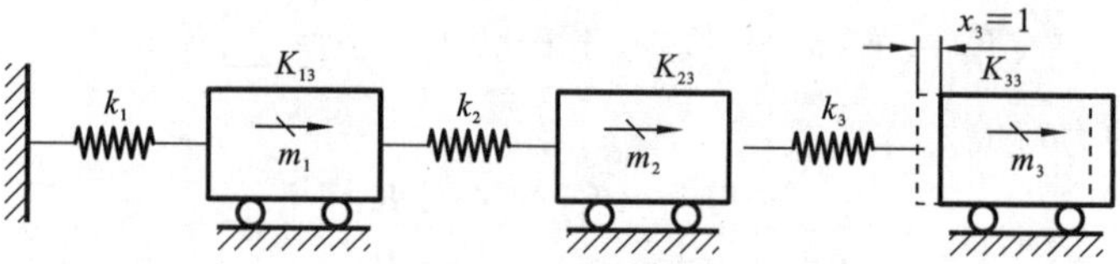

(c)

图 3-10　建立的系统刚度矩阵的示意图

刚度矩阵第 2 列的各影响系数可根据图 3-10(b)求出。给出 $x_2=1$ 而 $x_1=x_3=0$ 的位移状态,显然,为保持这种位移状态而在 1、2、3 各点所施加的力分别为

$$K_{12}=-k_2$$
$$K_{22}=k_2+k_3$$
$$K_{32}=-k_3$$

它们组成刚度矩阵的第 2 列 K_{i2}。

刚度矩阵第 3 列的各影响系数可根据图 3-10(c)求出。当 $x_3=1$ 而 $x_1=x_2=0$ 时，为保持这种位移状态而在 1、2、3 各点所施加的力分别为

$$K_{13}=0$$

$$K_{23}=-k_3$$

$$K_{33}=k_3$$

它们组成刚度矩阵的第 3 列 K_{i3}。

将得出的刚度影响系数代入矩阵 **K** 中，就可得出该系统的刚度矩阵：

$$\boldsymbol{K}=\begin{bmatrix} k_1+k_2 & -k_2 & 0 \\ -k_2 & k_2+k_3 & -k_3 \\ 0 & -k_3 & k_3 \end{bmatrix}$$

所以系统的振动微分方程为

$$\begin{bmatrix} m_1 & 0 & 0 \\ 0 & m_2 & 0 \\ 0 & 0 & m_3 \end{bmatrix}\begin{bmatrix} \ddot{x}_1 \\ \ddot{x}_2 \\ \ddot{x}_3 \end{bmatrix}+\begin{bmatrix} k_1+k_2 & -k_2 & 0 \\ -k_2 & k_2+k_3 & -k_3 \\ 0 & -k_3 & k_3 \end{bmatrix}\begin{bmatrix} x_1 \\ x_2 \\ x_3 \end{bmatrix}=\begin{bmatrix} F_1 \\ F_2 \\ F_3 \end{bmatrix}$$

3.2.3　互易性定理

在振动分析中常假设结构遵从麦克斯韦互易性定理。即 i 点的输入所引起的 j 点的响应，等于在 j 点的相同输入所引起的 i 点的响应。此假设使得质量矩阵、刚度矩阵、阻尼矩阵和频响函数矩阵都成了对称矩阵。

假如系统只有施加在 i 点的一个力 F_i，i 点的位移为 $x'_i=\delta_{ii}F_i$，j 点对应的位移为 $x'_j=\delta_{ji}F_i$，则力 F_i 引起的系统势能的变化量为

$$\frac{1}{2}F_i x'_i=\frac{1}{2}\delta_{ii}F_i^2 \tag{3-19}$$

如果在 j 点施加力 F_j，由此引起的 i、j 点的位移增量分别是 $x''_i=\delta_{ij}F_j$，$x''_j=\delta_{jj}F_j$，则在 F_i、F_j 共同作用下，系统的势能增量为

$$\frac{1}{2}F_i x'_i+F_i x''_i+\frac{1}{2}F_j x''_j=\frac{1}{2}\delta_{ii}F_i^2+\delta_{ij}F_iF_j+\frac{1}{2}\delta_{jj}F_j^2 \tag{3-20}$$

现在先把 F_i、F_j 撤销，然后以相反的顺序施加 F_i、F_j，计算系统的势能增量。第一步，在 j 点施加力 F_j，此时 i、j 点的位移增量分别为 $x''_i=\delta_{ij}F_j$，$x''_j=\delta_{jj}F_j$。F_j 引起的系统势能增量为

$$\frac{1}{2}F_j x''_j=\frac{1}{2}\delta_{jj}F_j^2 \tag{3-21}$$

第二步，在 i 点施加力 F_i，i、j 点相应的位移增量分别为 $x'_i=\delta_{ii}F_i$，$x'_j=\delta_{ji}F_i$。在 F_j、F_i 共同作用下，系统的势能增量为

$$\frac{1}{2}F_j x''_j+F_j x'_j+\frac{1}{2}F_i x'_i=\frac{1}{2}\delta_{jj}F_j^2+\delta_{ji}F_jF_i+\frac{1}{2}\delta_{ii}F_i^2 \tag{3-22}$$

因为系统势能的增加与力的施加顺序无关，所以两种情况下系统的势能增量相等。故有

$$\delta_{ij}F_iF_j=\delta_{ji}F_jF_i \tag{3-23}$$

$$\delta_{ij}=\delta_{ji} \tag{3-24}$$

3.3 固有频率与主振型

建立多自由度系统的运动微分方程后，就可以分析系统的特性了。n 自由度系统有 n 个固有频率和 n 种振型，这是多自由度系统最主要的特性。本节将从无阻尼自由振动系统开始，讲述固有频率和振型的求解方法。

3.3.1 固有频率

对于 n 自由度系统，无阻尼系统的自由振动方程一般形式为

$$\begin{bmatrix} M_{11} & M_{12} & \cdots & M_{1n} \\ M_{21} & M_{22} & \cdots & M_{2n} \\ \vdots & \vdots & & \vdots \\ M_{n1} & M_{n2} & \cdots & M_{nn} \end{bmatrix} \begin{bmatrix} \ddot{x}_1 \\ \ddot{x}_2 \\ \vdots \\ \ddot{x}_n \end{bmatrix} + \begin{bmatrix} K_{11} & K_{12} & \cdots & K_{1n} \\ K_{21} & K_{22} & \cdots & K_{2n} \\ \vdots & \vdots & & \vdots \\ K_{n1} & K_{n2} & \cdots & K_{nn} \end{bmatrix} \begin{bmatrix} x_1 \\ x_2 \\ \vdots \\ x_n \end{bmatrix} = \begin{bmatrix} 0 \\ 0 \\ \vdots \\ 0 \end{bmatrix} \tag{3-25}$$

式中：$M_{ij}=M_{ji}$，$K_{ij}=K_{ji}$。式(3-25)可简写为

$$\boldsymbol{M}\ddot{\boldsymbol{X}}+\boldsymbol{K}\boldsymbol{X}=\boldsymbol{0} \tag{3-26}$$

在系统自由振动中，假设所有的质量均做简谐运动，则方程解的形式为

$$\boldsymbol{X}_i=\boldsymbol{A}^{(i)}\sin(\omega_{ni}t+\varphi_i) \tag{3-27}$$

式中：ω_{ni}、φ_i 分别为第 i 个振型的固有频率和相角；$\boldsymbol{X}_i$ 为第 i 个振型的诸位移的列阵；$\boldsymbol{A}^{(i)}$ 为第 i 个振型的位移最大值或振幅向量。

$\boldsymbol{X}_i$ 和 $\boldsymbol{A}^{(i)}$ 可表示为

$$\boldsymbol{X}_i=\begin{bmatrix} x_1 \\ x_2 \\ \vdots \\ x_n \end{bmatrix}_i,\quad \boldsymbol{A}^{(i)}=\begin{bmatrix} A_1^{(i)} \\ A_2^{(i)} \\ \vdots \\ A_n^{(i)} \end{bmatrix} \tag{3-28}$$

将式(3-27)代入方程(3-26)，得如下代数方程：

$$(\boldsymbol{K}-\omega_{ni}^2\boldsymbol{M})\boldsymbol{A}^{(i)}=\boldsymbol{0} \tag{3-29}$$

令

$$\boldsymbol{K}-\omega_{ni}^2\boldsymbol{M}=\boldsymbol{H}^{(i)} \tag{3-30}$$

称 $\boldsymbol{H}^{(i)}$ 为特征矩阵。

对于振动系统，振幅不全部为零，因而必有

$$|\boldsymbol{K}-\omega_{ni}^2\boldsymbol{M}|=0 \tag{3-31}$$

式(3-31)称为系统的特征方程，其一般形式为

$$|\boldsymbol{H}^{(i)}|=\begin{vmatrix} K_{11}-\omega_{ni}^2M_{11} & K_{12}-\omega_{ni}^2M_{12} & \cdots & K_{1n}-\omega_{ni}^2M_{1n} \\ K_{21}-\omega_{ni}^2M_{21} & K_{22}-\omega_{ni}^2M_{22} & \cdots & K_{2n}-\omega_{ni}^2M_{2n} \\ \vdots & \vdots & & \vdots \\ K_{n1}-\omega_{ni}^2M_{n1} & K_{n2}-\omega_{ni}^2M_{n2} & \cdots & K_{nn}-\omega_{ni}^2M_{nn} \end{vmatrix}=0 \tag{3-32}$$

展开行列式得最高阶为$(\omega_{ni}^2)^n$ 的代数多项式。由此代数多项式可解出不相等的 ω_{n1}^2，ω_{n2}^2，…，ω_{nn}^2，共 n 个根，称为系统的特征根或特征值，开方后即得固有频率 ω_{ni}。自由度数低的

可用因式分解法求解，否则就需要用数值方法求解。

如果 $\boldsymbol{M}$ 是正定的(即系统的动能除全部速度都为零外，总是大于零的)，$\boldsymbol{K}$ 是正定的或半正定的，则特征值 ω_{ni}^2 全部是正实根，特殊情况下，其中有零根或重根。将这 n 个固有频率由小到大按次序排列，分别称为第 1 阶固有频率、第 2 阶固有频率、…、第 n 阶固有频率，即

$$0\leqslant\omega_{n1}^2\leqslant\omega_{n2}^2\leqslant\cdots\leqslant\omega_{nn}^2 \tag{3-33}$$

有的半正定系统可能有不只一个零值固有频率，说明系统具有不只一个独立的刚体运动，如未加任何约束的带有若干个集中质量的梁，计算平面弯曲振动时，就出现两个零值固有频率，即系统在平面内具有平移的刚体运动及转动的刚体运动。

此外，对于半正定系统，只能用刚度矩阵建立作用力方程，而不能用柔度矩阵建立位移方程。从物理意义上来说，在某质点上施加一单位力后，半正定系统将因无法维持平衡而产生刚体运动，所以柔度影响系数及柔度矩阵无法建立。另由系统平衡方程组可知，对于系统刚度矩阵 $\boldsymbol{K}$，由于半正定系统除了坐标值为零的中性平衡位置外，还存在着坐标值并不为零的平衡位置，故此刚度矩阵的行列式应为零，不可能用求刚度矩阵 $\boldsymbol{K}$ 的逆来得到柔度矩阵。只有对正定系统才能利用柔度矩阵建立位移方程。

下面介绍用位移方程表示的系统固有频率的计算方法。对于 n 自由度系统，无阻尼自由振动的位移方程为

$$\begin{bmatrix}\delta_{11} & \delta_{12} & \cdots & \delta_{1n}\\ \delta_{21} & \delta_{22} & \cdots & \delta_{2n}\\ \vdots & \vdots & & \vdots\\ \delta_{n1} & \delta_{n2} & \cdots & \delta_{nn}\end{bmatrix}\begin{bmatrix}M_{11} & M_{12} & \cdots & M_{1n}\\ M_{21} & M_{22} & \cdots & M_{2n}\\ \vdots & \vdots & & \vdots\\ M_{n1} & M_{n2} & \cdots & M_{nn}\end{bmatrix}\begin{bmatrix}\ddot{x}_1\\ \ddot{x}_2\\ \vdots\\ \ddot{x}_n\end{bmatrix}+\begin{bmatrix}x_1\\ x_2\\ \vdots\\ x_n\end{bmatrix}=\begin{bmatrix}0\\ 0\\ \vdots\\ 0\end{bmatrix} \tag{3-34}$$

式(3-34)可简写成

$$\boldsymbol{\delta M\ddot{X}}+\boldsymbol{X}=\boldsymbol{0} \tag{3-35}$$

将式(3-27)代入式(3-35)，则得

$$-\omega_{ni}^2\boldsymbol{\delta M A}^{(i)}+\boldsymbol{A}^{(i)}=\boldsymbol{0}$$

令 $\lambda_i=1/\omega_{ni}^2$，上式乘以 $-\lambda_i$ 得

$$(\boldsymbol{\delta M}-\lambda_i\boldsymbol{I})\boldsymbol{A}^{(i)}=\boldsymbol{0} \tag{3-36}$$

记 $\boldsymbol{B}^{(i)}=\boldsymbol{\delta M}-\lambda_i\boldsymbol{I}$，称为特征矩阵。

对于振动系统来说，振幅不应全部为零，因而必有

$$|\boldsymbol{\delta M}-\lambda_i\boldsymbol{I}|=0 \tag{3-37}$$

式(3-37)展开后得出一个关于 λ_i 的 n 阶多项式，多项式的根 $\lambda_1,\lambda_2,\cdots,\lambda_n$ 就是特征值，从而解得各阶固有频率。

3.3.2　主振型

如果特征值 ω_{ni}^2 已经求得，将 ω_{ni}^2 代入方程式(3-29)中，即可求出对应于 ω_{ni}^2 的 n 个振幅值 $A_1^{(i)},A_2^{(i)},\cdots,A_n^{(i)}$ 间的比例关系，称为振幅比。这说明当系统按第 i 阶固有频率 ω_{ni} 做简谐振动时，各振幅 $A_1^{(i)},A_2^{(i)},\cdots,A_n^{(i)}$ 间具有确定的相对比值，或者说系统有一定的振动形态。对应于每一个特征值 ω_{ni}^2 的振幅向量 $\boldsymbol{A}^{(i)}$ 称为特征向量。由于 $\boldsymbol{A}^{(i)}$ 各元素比值完全确定了系统振动的形态，故其又称为第 i 阶主振型或固有振型，即

$$\boldsymbol{A}^{(i)}=\begin{bmatrix}A_1^{(i)}\\A_2^{(i)}\\\vdots\\A_n^{(i)}\end{bmatrix} \tag{3-38}$$

若将系统的各阶固有频率依次代入式(3-29)中，可得到系统的第 1 阶、第 2 阶、…、第 n 阶主振型：

$$\boldsymbol{A}^{(1)}=\begin{bmatrix}A_1^{(1)}\\A_2^{(1)}\\\vdots\\A_n^{(1)}\end{bmatrix},\boldsymbol{A}^{(2)}=\begin{bmatrix}A_1^{(2)}\\A_2^{(2)}\\\vdots\\A_n^{(2)}\end{bmatrix},\cdots,\boldsymbol{A}^{(n)}=\begin{bmatrix}A_1^{(n)}\\A_2^{(n)}\\\vdots\\A_n^{(n)}\end{bmatrix} \tag{3-39}$$

可见，n 自由度系统就有 n 个固有频率和 n 个相应的主振型。

特征向量亦可由系统的特征矩阵 $\boldsymbol{H}^{(i)}$ 或 $\boldsymbol{B}^{(i)}$ 的伴随矩阵求得。根据定义，$\boldsymbol{H}^{(i)}$ 的逆矩阵有如下形式：

$$(\boldsymbol{H}^{(i)})^{-1}=\frac{(\boldsymbol{H}^{(i)})^{\mathrm{a}}}{|\boldsymbol{H}^{(i)}|} \tag{3-40}$$

或写成

$$|\boldsymbol{H}^{(i)}|(\boldsymbol{H}^{(i)})^{-1}=(\boldsymbol{H}^{(i)})^{\mathrm{a}} \tag{3-41}$$

用 $\boldsymbol{H}^{(i)}$ 左乘式(3-41)，因 $|\boldsymbol{H}^{(i)}|=0$，则有

$$|\boldsymbol{H}^{(i)}|\boldsymbol{I}=\boldsymbol{H}^{(i)}(\boldsymbol{H}^{(i)})^{\mathrm{a}}=\boldsymbol{0} \tag{3-42}$$

式中：$(\boldsymbol{H}^{(i)})^{\mathrm{a}}$ 表示 $\boldsymbol{H}^{(i)}$ 的伴随矩阵。将式(3-30)代入式(3-41)，得

$$(\boldsymbol{K}-\omega_{ni}^2\boldsymbol{M})(\boldsymbol{H}^{(i)})^{\mathrm{a}}=\boldsymbol{0} \tag{3-43}$$

将方程(3-43)与方程(3-29)比较，显然，伴随矩阵 $(\boldsymbol{H}^{(i)})^{\mathrm{a}}$ 的任意一列就是特征向量。

根据定义，$\boldsymbol{B}^{(i)}$ 的逆矩阵有如下形式：

$$(\boldsymbol{B}^{(i)})^{-1}=\frac{(\boldsymbol{B}^{(i)})^{\mathrm{a}}}{|\boldsymbol{B}^{(i)}|} \tag{3-44}$$

或写成

$$|\boldsymbol{B}^{(i)}|(\boldsymbol{B}^{(i)})^{-1}=(\boldsymbol{B}^{(i)})^{\mathrm{a}} \tag{3-45}$$

用 $\boldsymbol{B}^{(i)}$ 左乘式(3-45)，得

$$|\boldsymbol{B}^{(i)}|\boldsymbol{I}=\boldsymbol{B}^{(i)}(\boldsymbol{B}^{(i)})^{\mathrm{a}} \tag{3-46}$$

依据 $\boldsymbol{B}^{(i)}$ 的原始关系，式(3-46)变成

$$|\boldsymbol{\delta M}-\lambda_i\boldsymbol{I}|\boldsymbol{I}=(\boldsymbol{\delta M}-\lambda_i\boldsymbol{I})(\boldsymbol{\delta M}-\lambda_i\boldsymbol{I})^{\mathrm{a}} \tag{3-47}$$

由式(3-37)知，对于任意一个特征值 λ_i，式(3-47)左端均为零。因而有

$$(\boldsymbol{\delta M}-\lambda_i\boldsymbol{I})(\boldsymbol{\delta M}-\lambda_i\boldsymbol{I})^{\mathrm{a}}=\boldsymbol{0} \tag{3-48}$$

比较式(3-36)与式(3-48)，可以看到特征向量就是伴随矩阵 $(\boldsymbol{B}^{(i)})^{\mathrm{a}}$ 的任意一列。

显然，各坐标幅值的绝对值取决于系统的初始条件。但是由于各坐标间振幅相对比值只取决于系统的物理性质，因此不局限于求出具体绝对值，而可以一般地描述系统第 i 阶主振型的形式，可任意规定某一坐标的幅值，例如 $A_n^{(i)}\neq0$，则可规定 $A_n^{(i)}=1$，或规定主振型中最大的一个坐标幅值为 1，以确定其他各坐标幅值，此过程称为归一化。经过归一化的特征向量又称为振型向量。

对于 n 自由度系统，如果将其所有振型向量依序排成各列，可得如下形式的 $n\times n$ 阶振型

矩阵(或称模态矩阵)：

$$\boldsymbol{A}_{\mathrm{P}}=(\boldsymbol{A}^{(1)}\quad \boldsymbol{A}^{(2)}\quad \cdots\quad \boldsymbol{A}^{(n)})=\begin{bmatrix} A_1^{(1)} & A_1^{(2)} & \cdots & A_1^{(n)} \\ A_2^{(1)} & A_2^{(2)} & \cdots & A_2^{(n)} \\ \vdots & \vdots & & \vdots \\ A_n^{(1)} & A_n^{(2)} & \cdots & A_n^{(n)} \end{bmatrix} \tag{3-49}$$

例 3-4　求图 3-11 所示系统做自由振动时的固有频率、固有振型及振型矩阵。

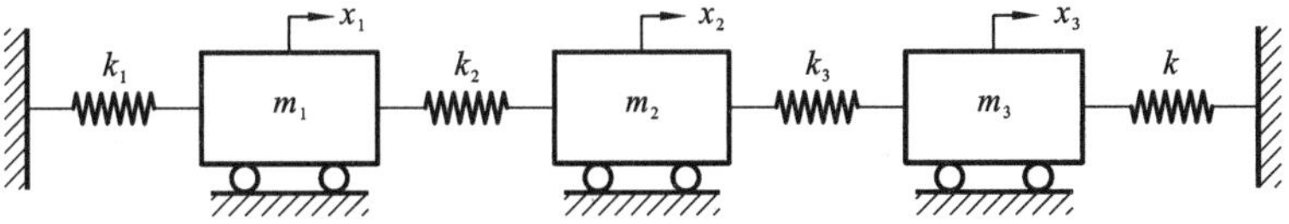

图 3-11　三自由度振动系统

解　用刚度系数法列出系统的运动方程：

$$m\begin{bmatrix}1&0&0\\0&1&0\\0&0&1\end{bmatrix}\begin{bmatrix}\ddot{x}_1\\\ddot{x}_2\\\ddot{x}_3\end{bmatrix}+k\begin{bmatrix}2&-1&0\\-1&2&-1\\0&-1&2\end{bmatrix}\begin{bmatrix}x_1\\x_2\\x_3\end{bmatrix}=\begin{bmatrix}0\\0\\0\end{bmatrix} \tag{a}$$

由此得出系统的特征值问题方程：

$$(\boldsymbol{K}-\omega_{\mathrm{n}i}^2\boldsymbol{M})\boldsymbol{A}^{(i)}=\boldsymbol{0} \tag{b}$$

根据式(3-32)写出系统的特征方程：

$$|\boldsymbol{H}^{(i)}|=\begin{vmatrix}2k-\omega_{\mathrm{n}i}^2m & -k & 0\\ -k & 2k-\omega_{\mathrm{n}i}^2m & -k\\ 0 & -k & 2k-\omega_{\mathrm{n}i}^2m\end{vmatrix}=0 \tag{c}$$

展开化简后得

$$(2k-\omega_{\mathrm{n}i}^2m)(m^2\omega_{\mathrm{n}i}^4-4mk\omega_{\mathrm{n}i}^2+2k^2)=0 \tag{d}$$

求得系统固有频率为

$$\omega_{\mathrm{n}1}=\sqrt{(2-\sqrt{2})\frac{k}{m}},\quad \omega_{\mathrm{n}2}=\sqrt{\frac{2k}{m}},\quad \omega_{\mathrm{n}3}=\sqrt{(2+\sqrt{2})\frac{k}{m}} \tag{e}$$

把相应的三个特征值代入特征值问题方程，就可求出固有振型。

首先把 $\omega_{\mathrm{n}1}=\sqrt{(2-\sqrt{2})\frac{k}{m}}$ 代入式(b)，得

$$k\begin{bmatrix}\sqrt{2}&-1&0\\-1&\sqrt{2}&-1\\0&-1&\sqrt{2}\end{bmatrix}\begin{bmatrix}A_1^{(1)}\\A_2^{(1)}\\A_3^{(1)}\end{bmatrix}=\begin{bmatrix}0\\0\\0\end{bmatrix}$$

令 $A_1^{(1)}=1$，解之得对应于第 1 阶固有频率 $\omega_{\mathrm{n}1}$ 的固有振型：

$$\boldsymbol{A}^{(1)}=\begin{bmatrix}A_1^{(1)}\\A_2^{(1)}\\A_3^{(1)}\end{bmatrix}=\begin{bmatrix}1\\\sqrt{2}\\1\end{bmatrix}$$

同理，将 $\omega_{\mathrm{n}2}$ 代入特征值问题方程，并令 $A_1^{(2)}=1$，可解出对应第 2 阶固有频率 $\omega_{\mathrm{n}2}$ 的固有振型为

$$\boldsymbol{A}^{(2)}=\begin{bmatrix}A_1^{(2)}\\A_2^{(2)}\\A_3^{(2)}\end{bmatrix}=\begin{bmatrix}1\\0\\-1\end{bmatrix}$$

同样,可求得对应于第 3 阶固有频率 ω_{n3} 的固有振型为

$$\boldsymbol{A}^{(3)}=\begin{bmatrix}A_1^{(3)}\\A_2^{(3)}\\A_3^{(3)}\end{bmatrix}=\begin{bmatrix}1\\-\sqrt{2}\\1\end{bmatrix}$$

各阶振型图如图 3-12 所示。图 3-12(a)为第 1 阶固有振型图,图 3-12(b)为第 2 阶固有振型图,图 3-12(c)为第 3 阶固有振型图。

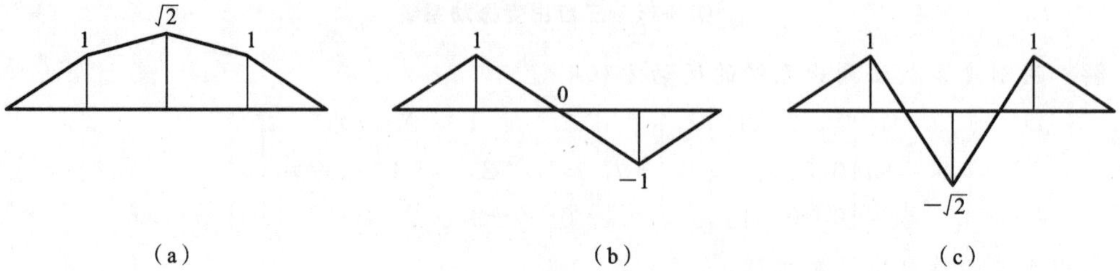

图 3-12 系统的固有振型图

系统的振型矩阵为

$$\boldsymbol{A}_{\mathrm{P}}=(\boldsymbol{A}^{(1)}\quad \boldsymbol{A}^{(2)}\quad \boldsymbol{A}^{(3)})=\begin{bmatrix}1&1&1\\\sqrt{2}&0&-\sqrt{2}\\1&-1&1\end{bmatrix}$$

3.4 振型向量(模态向量)的正交性

n 自由度系统有 n 个固有频率及 n 组主振型 $\boldsymbol{A}^{(i)}$。正交性是模态的一个重要特性,振动分析的许多基本概念、方法及高效算法都是以此为基础的。由代数方程(3-29)可得对应于固有频率 ω_{ni} 和 ω_{nj} 的主振型 $\boldsymbol{A}^{(i)}$ 和 $\boldsymbol{A}^{(j)}$,分别得出下述两个方程:

$$\boldsymbol{K}\boldsymbol{A}^{(i)}=\omega_{ni}^2\boldsymbol{M}\boldsymbol{A}^{(i)},\quad i=1,2,\cdots,n \tag{3-50}$$

$$\boldsymbol{K}\boldsymbol{A}^{(j)}=\omega_{nj}^2\boldsymbol{M}\boldsymbol{A}^{(j)},\quad j=1,2,\cdots,n \tag{3-51}$$

用$(\boldsymbol{A}^{(j)})^{\mathrm{T}}$ 左乘方程(3-50)两边,用$(\boldsymbol{A}^{(i)})^{\mathrm{T}}$ 左乘方程(3-51)两边并转置,由于 $\boldsymbol{K}$ 和 $\boldsymbol{M}$ 是对称的,则得

$$(\boldsymbol{A}^{(j)})^{\mathrm{T}}\boldsymbol{K}\boldsymbol{A}^{(i)}=\omega_{ni}^2(\boldsymbol{A}^{(j)})^{\mathrm{T}}\boldsymbol{M}\boldsymbol{A}^{(i)} \tag{3-52}$$

$$(\boldsymbol{A}^{(j)})^{\mathrm{T}}\boldsymbol{K}\boldsymbol{A}^{(i)}=\omega_{nj}^2(\boldsymbol{A}^{(j)})^{\mathrm{T}}\boldsymbol{M}\boldsymbol{A}^{(i)} \tag{3-53}$$

式(3-52)减去式(3-53),得

$$(\omega_{ni}^2-\omega_{nj}^2)(\boldsymbol{A}^{(j)})^{\mathrm{T}}\boldsymbol{M}\boldsymbol{A}^{(i)}=0 \tag{3-54}$$

式(3-52)的两边除以 ω_{ni}^2减去式(3-53)的两边除以 ω_{nj}^2,则得

$$\left(\frac{1}{\omega_{ni}^2}-\frac{1}{\omega_{nj}^2}\right)(\boldsymbol{A}^{(j)})^{\mathrm{T}}\boldsymbol{K}\boldsymbol{A}^{(i)}=0 \tag{3-55}$$

当 $i\neq j$,且特征值 $\omega_{ni}\neq\omega_{nj}$时,要满足式(3-54)和式(3-55),则必然有如下关系成立:

$$(\boldsymbol{A}^{(j)})^{\mathrm{T}}\boldsymbol{M}\boldsymbol{A}^{(i)}=(\boldsymbol{A}^{(i)})^{\mathrm{T}}\boldsymbol{M}\boldsymbol{A}^{(j)}=0 \tag{3-56}$$

$$(\boldsymbol{A}^{(j)})^{\mathrm{T}}\boldsymbol{K}\boldsymbol{A}^{(i)}=(\boldsymbol{A}^{(i)})^{\mathrm{T}}\boldsymbol{K}\boldsymbol{A}^{(j)}=0 \tag{3-57}$$

式(3-56)与式(3-57)表明不相等的固有频率对应的两个主振型之间，存在着关于质量矩阵 $\boldsymbol{M}$ 的正交性及关于刚度矩阵 $\boldsymbol{K}$ 的正交性，统称为主振型的正交性。式(3-56)和式(3-57)就是主振型的正交性条件。

当 $i=j$ 时，式(3-54)和式(3-55)对于任意值都能成立，令

$$(\boldsymbol{A}^{(i)})^{\mathrm{T}}\boldsymbol{M}\boldsymbol{A}^{(i)}=M_{\mathrm{P}i} \tag{3-58}$$

$$(\boldsymbol{A}^{(i)})^{\mathrm{T}}\boldsymbol{K}\boldsymbol{A}^{(i)}=K_{\mathrm{P}i} \tag{3-59}$$

式中：$M_{\mathrm{P}i}$ 和 $K_{\mathrm{P}i}$ 均为常数，$M_{\mathrm{P}i}$ 为第 i 阶主质量，$K_{\mathrm{P}i}$ 为第 i 阶主刚度，它们取决于特征向量 $\boldsymbol{A}^{(i)}$ 是如何归一化的。

从式(3-56)至式(3-59)表示的主振型正交关系中可以看出，在矩阵运算中，经常要用到式(3-58)的转置矩阵的各种表达形式：

$$\boldsymbol{A}_{\mathrm{P}}^{\mathrm{T}}=(\boldsymbol{A}^{(1)}\quad \boldsymbol{A}^{(2)}\quad \cdots\quad \boldsymbol{A}^{(n)})^{\mathrm{T}}=\begin{bmatrix} A_1^{(1)} & A_2^{(1)} & \cdots & A_n^{(1)} \\ A_1^{(2)} & A_2^{(2)} & \cdots & A_n^{(2)} \\ \vdots & \vdots & & \vdots \\ A_1^{(n)} & A_2^{(n)} & \cdots & A_n^{(n)} \end{bmatrix}=\begin{bmatrix} (\boldsymbol{A}^{(1)})^{\mathrm{T}} \\ (\boldsymbol{A}^{(2)})^{\mathrm{T}} \\ \vdots \\ (\boldsymbol{A}^{(n)})^{\mathrm{T}} \end{bmatrix} \tag{3-60}$$

将式(3-56)与式(3-58))组集在一起表述为

$$\boldsymbol{A}_{\mathrm{P}}^{\mathrm{T}}\boldsymbol{M}\boldsymbol{A}_{\mathrm{P}}=\boldsymbol{M}_{\mathrm{P}} \tag{3-61}$$

式中：$\boldsymbol{M}_{\mathrm{P}}$ 为对角矩阵，称为主质量矩阵。同样，将式(3-57)与式(3-59)组集在一起表述为

$$\boldsymbol{A}_{\mathrm{P}}^{\mathrm{T}}\boldsymbol{K}\boldsymbol{A}_{\mathrm{P}}=\boldsymbol{K}_{\mathrm{P}} \tag{3-62}$$

式中：$\boldsymbol{K}_{\mathrm{P}}$ 为对角矩阵，称为主刚度矩阵。利用式(3-61)和式(3-62)就能把矩阵 $\boldsymbol{M}$ 与 $\boldsymbol{K}$ 变换为对角矩阵。为了说明这一点，以三自由度系统为例对主振型进行上述运算。假设质量矩阵与刚度矩阵都是填满的而不是对角线的，根据式(3-61)有

$$\begin{aligned}\boldsymbol{A}_{\mathrm{P}}^{\mathrm{T}}\boldsymbol{M}\boldsymbol{A}_{\mathrm{P}}&=\begin{bmatrix} (\boldsymbol{A}^{(1)})^{\mathrm{T}} \\ (\boldsymbol{A}^{(2)})^{\mathrm{T}} \\ (\boldsymbol{A}^{(3)})^{\mathrm{T}} \end{bmatrix}\boldsymbol{M}(\boldsymbol{A}^{(1)}\quad \boldsymbol{A}^{(2)}\quad \boldsymbol{A}^{(3)}) \\ &=\begin{bmatrix} (\boldsymbol{A}^{(1)})^{\mathrm{T}}\boldsymbol{M}\boldsymbol{A}^{(1)} & (\boldsymbol{A}^{(1)})^{\mathrm{T}}\boldsymbol{M}\boldsymbol{A}^{(2)} & (\boldsymbol{A}^{(1)})^{\mathrm{T}}\boldsymbol{M}\boldsymbol{A}^{(3)} \\ (\boldsymbol{A}^{(2)})^{\mathrm{T}}\boldsymbol{M}\boldsymbol{A}^{(1)} & (\boldsymbol{A}^{(2)})^{\mathrm{T}}\boldsymbol{M}\boldsymbol{A}^{(2)} & (\boldsymbol{A}^{(2)})^{\mathrm{T}}\boldsymbol{M}\boldsymbol{A}^{(3)} \\ (\boldsymbol{A}^{(3)})^{\mathrm{T}}\boldsymbol{M}\boldsymbol{A}^{(1)} & (\boldsymbol{A}^{(3)})^{\mathrm{T}}\boldsymbol{M}\boldsymbol{A}^{(2)} & (\boldsymbol{A}^{(3)})^{\mathrm{T}}\boldsymbol{M}\boldsymbol{A}^{(3)} \end{bmatrix} \\ &=\begin{bmatrix} M_{\mathrm{P1}} & 0 & 0 \\ 0 & M_{\mathrm{P2}} & 0 \\ 0 & 0 & M_{\mathrm{P3}} \end{bmatrix}=\boldsymbol{M}_{\mathrm{P}}\end{aligned} \tag{3-63}$$

这里非主对角线各项由于主振型的正交性而等于零。位于主质量矩阵 $\boldsymbol{M}_{\mathrm{P}}$ 对角线上各项就是相应于各固有频率的主质量。

对于刚度矩阵 $\boldsymbol{K}$，进行类似上述运算后得出

$$\boldsymbol{A}_{\mathrm{P}}^{\mathrm{T}}\boldsymbol{K}\boldsymbol{A}_{\mathrm{P}}=\begin{bmatrix} K_{\mathrm{P1}} & 0 & 0 \\ 0 & K_{\mathrm{P2}} & 0 \\ 0 & 0 & K_{\mathrm{P3}} \end{bmatrix}=\boldsymbol{K}_{\mathrm{P}} \tag{3-64}$$

式(3-64)中主对角线元素就是第 i 阶振型的主刚度 $K_{\mathrm{P}i}$。

根据方程(3-52)，并考虑到关系式(3-49)，可以将 $1\leqslant i\leqslant n$ 各阶的式(3-52)与式(3-49)的

关系概括地表达为

$$\boldsymbol{K A}_{\mathrm{P}}=\boldsymbol{M A}_{\mathrm{P}} \boldsymbol{\omega}_{\mathrm{n}}^{2} \tag{3-65}$$

式中：$\boldsymbol{\omega}_{\mathrm{n}}^{2}$ 为一对角矩阵，称为特征值矩阵。式(3-65)展开写成

$$\boldsymbol{K}\left(\boldsymbol{A}^{(1)} \quad \boldsymbol{A}^{(2)} \quad \cdots \quad \boldsymbol{A}^{(n)}\right)=\boldsymbol{M}\left(\boldsymbol{A}^{(1)} \quad \boldsymbol{A}^{(2)} \quad \cdots \quad \boldsymbol{A}^{(n)}\right)\begin{bmatrix} \omega_{\mathrm{n}1}^{2} & 0 & \cdots & 0 \\ 0 & \omega_{\mathrm{n}2}^{2} & \cdots & 0 \\ \vdots & \vdots & & \vdots \\ 0 & 0 & \cdots & \omega_{\mathrm{n}n}^{2} \end{bmatrix}$$

或

$$\boldsymbol{K}\left(\boldsymbol{A}^{(1)} \quad \boldsymbol{A}^{(2)} \quad \cdots \quad \boldsymbol{A}^{(n)}\right)=\left(\boldsymbol{M A}^{(1)} \omega_{\mathrm{n}1}^{2} \quad \boldsymbol{M A}^{(2)} \omega_{\mathrm{n}2}^{2} \quad \cdots \quad \boldsymbol{M A}^{(n)} \omega_{\mathrm{n}n}^{2}\right)$$

可见式(3-65)表达了式(3-52)中 $1 \leqslant i \leqslant n$ 的各阶情形。

用 $\boldsymbol{A}_{\mathrm{P}}^{\mathrm{T}}$ 左乘式(3-65)得

$$\boldsymbol{A}_{\mathrm{P}}^{\mathrm{T}} \boldsymbol{K A}_{\mathrm{P}}=\boldsymbol{A}_{\mathrm{P}}^{\mathrm{T}} \boldsymbol{M A}_{\mathrm{P}} \boldsymbol{\omega}_{\mathrm{n}}^{2} \tag{3-66}$$

即

$$\boldsymbol{K}_{\mathrm{P}}=\boldsymbol{M}_{\mathrm{P}} \boldsymbol{\omega}_{\mathrm{n}}^{2} \tag{3-67}$$

对于第 i 阶而言有

$$\begin{cases} K_{\mathrm{P}i}=M_{\mathrm{P}i} \omega_{\mathrm{n}i}^{2} \\ \omega_{\mathrm{n}i}^{2}=\dfrac{K_{\mathrm{P}i}}{M_{\mathrm{P}i}} \end{cases} \tag{3-68}$$

例 3-5 如图 3-13 所示为三自由度系统，已知 $m_1=2m$，$m_2=1.5m$，$m_3=m$，$k_1=3k$，$k_2=2k$，$k_3=k$，模态矩阵为 $\boldsymbol{A}_{\mathrm{P}}$，验证主振型的正交性，并计算对应于各阶主振型的主质量和主刚度及系统的总质量矩阵和主刚度矩阵。

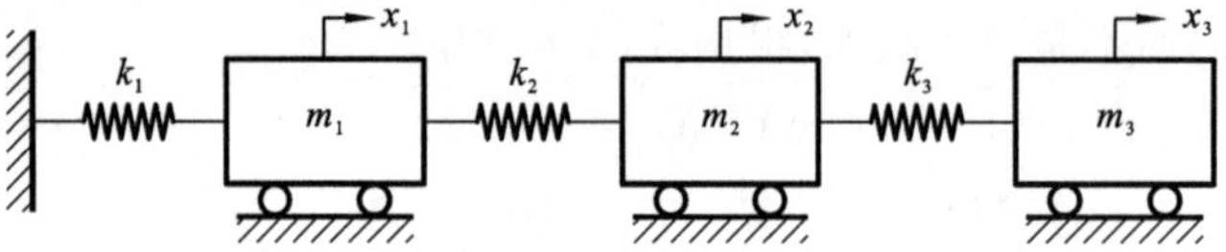

图 3-13 三自由度系统

解 由已知条件可得系统的质量矩阵 $\boldsymbol{M}$ 和刚度矩阵 $\boldsymbol{K}$ 分别为

$$\boldsymbol{M}=\begin{bmatrix} 2m & 0 & 0 \\ 0 & 1.5m & 0 \\ 0 & 0 & m \end{bmatrix}, \quad \boldsymbol{K}=\begin{bmatrix} 5k & -2k & 0 \\ -2k & 3k & -k \\ 0 & -k & k \end{bmatrix}$$

已知

$$\boldsymbol{A}_{\mathrm{P}}=\left[\boldsymbol{A}^{(1)} \quad \boldsymbol{A}^{(2)} \quad \boldsymbol{A}^{(3)}\right]=\begin{bmatrix} 0.3018 & -0.6790 & -0.9598 \\ 0.6485 & -0.6066 & 1.0000 \\ 1.0000 & 1.0000 & -0.3934 \end{bmatrix}$$

(1) 验证主振型的正交性 为了验证主振型的正交性，将主振型 $\boldsymbol{A}^{(1)}$ 和 $\boldsymbol{A}^{(2)}$ 代入式(3-56)和(3-57)，有

$$\left(\boldsymbol{A}^{(1)}\right)^{\mathrm{T}} \boldsymbol{M A}^{(2)}=\begin{bmatrix} 0.3018 \\ 0.6485 \\ 1.0000 \end{bmatrix}^{\mathrm{T}}\begin{bmatrix} 2m & 0 & 0 \\ 0 & 1.5m & 0 \\ 0 & 0 & m \end{bmatrix}\begin{bmatrix} -0.6790 \\ -0.6066 \\ 1.0000 \end{bmatrix}=0$$

$$(\boldsymbol{A}^{(1)})^{\mathrm{T}}\boldsymbol{K}\boldsymbol{A}^{(2)}=\begin{bmatrix}0.3018\\0.6485\\1.0000\end{bmatrix}^{\mathrm{T}}\begin{bmatrix}5k & -2k & 0\\-2k & 3k & -k\\0 & -k & k\end{bmatrix}\begin{bmatrix}-0.6790\\-0.6066\\1.0000\end{bmatrix}=0$$

满足正交条件。其他 $i\neq j$ 的所有情况，均可以验证。

(2) 计算各振型对应的主质量和主刚度　对应于第 1 阶主振型的主质量和主刚度为

$$M_{\mathrm{P1}}=(\boldsymbol{A}^{(1)})^{\mathrm{T}}\boldsymbol{M}\boldsymbol{A}^{(1)}=(0.3018\quad 0.6485\quad 1.0000)m\begin{bmatrix}2 & 0 & 0\\0 & 1.5 & 0\\0 & 0 & 1\end{bmatrix}\begin{bmatrix}0.3018\\0.6485\\1.0000\end{bmatrix}=1.8130m$$

$$K_{\mathrm{P1}}=(\boldsymbol{A}^{(1)})^{\mathrm{T}}\boldsymbol{K}\boldsymbol{A}^{(1)}=(0.3018\quad 0.6485\quad 1.0000)k\begin{bmatrix}5 & -2 & 0\\-2 & 3 & -1\\0 & -1 & 1\end{bmatrix}\begin{bmatrix}0.3018\\0.6485\\1.0000\end{bmatrix}=0.6372k$$

同样，对应于第 2 阶主振型的主质量和主刚度为

$$M_{\mathrm{P2}}=(\boldsymbol{A}^{(2)})^{\mathrm{T}}\boldsymbol{M}\boldsymbol{A}^{(2)}=2.4740m$$

$$K_{\mathrm{P2}}=(\boldsymbol{A}^{(2)})^{\mathrm{T}}\boldsymbol{K}\boldsymbol{A}^{(2)}=3.9748k$$

对应于第 3 阶主振型的主质量和主刚度为

$$M_{\mathrm{P3}}=(\boldsymbol{A}^{(3)})^{\mathrm{T}}\boldsymbol{M}\boldsymbol{A}^{(3)}=3.4972m$$

$$K_{\mathrm{P3}}=(\boldsymbol{A}^{(3)})^{\mathrm{T}}\boldsymbol{K}\boldsymbol{A}^{(3)}=12.3868k$$

(3) 计算系统的主质量矩阵和主刚度矩阵　由上述计算可知，系统的主质量矩阵和主刚度矩阵分别为

$$\boldsymbol{M}_{\mathrm{P}}=\begin{bmatrix}1.8130m & 0 & 0\\0 & 2.4740m & 0\\0 & 0 & 3.4972m\end{bmatrix}$$

$$\boldsymbol{K}_{\mathrm{P}}=\begin{bmatrix}0.6372k & 0 & 0\\0 & 3.9748k & 0\\0 & 0 & 12.3868k\end{bmatrix}$$

3.5　主坐标与正则坐标

3.5.1　惯性耦合与弹性耦合

一般情况下，二自由度或以上的振动系统的微分方程都会出现耦合项，如果以矩阵形式表示，则耦合项体现在非对角元素上。若质量矩阵不是对角矩阵，则振动微分方程通过质量项来耦合，称为惯性耦合或动力耦合；若刚度矩阵不是对角矩阵，则振动微分方程通过刚度项来耦合，称为弹性耦合或静力耦合。振动系统的微分方程是否存在耦合与广义坐标的选取有关，比如选择物体质心的位移或转角作为广义坐标，可以得到对角的质量矩阵。如果所选取的广义坐标使系统不存在耦合，则称这组坐标为主坐标，也称为模态坐标。

为了说明耦合的性质，以二自由度系统为例，选择三种不同的广义坐标进行讨论。

如图 3-14 所示的系统，质量为 m 的刚性杆，有弹簧刚度为 k_1 和 k_2 的弹簧分别支于 A 点和 D 点，A 点支座的约束只允许刚性杆在 x-y 平面内运动，而限制其沿 x 方向的平动。C 点

为刚性杆的质心，I_C 表示绕通过 C 点的 z 轴（垂直于纸面，未示出）的转动惯量。图中 B 点是满足 $k_1 l_4 = k_2 l_5$ 的特殊点，如果在 B 点作用有沿 y 方向的力，则系统产生平动而无转动。如果在 B 点作用有力矩，则系统产生转动而无平动。

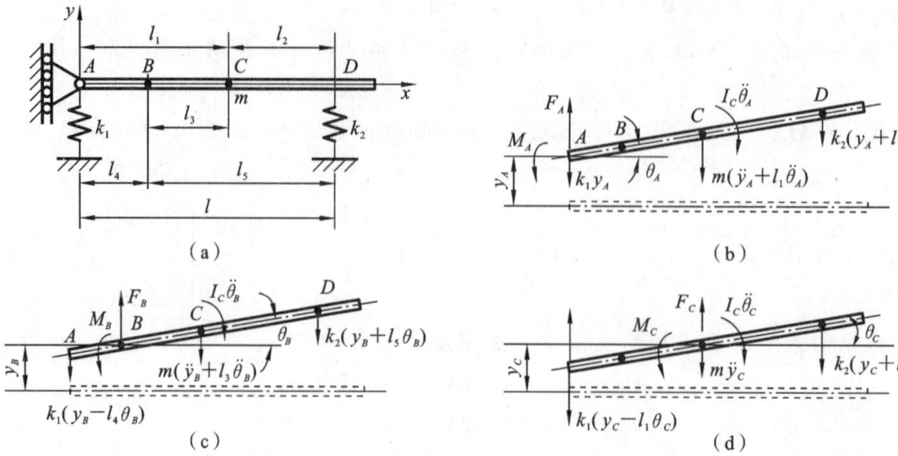

图 3-14　无阻尼二自由度系统

以 A 点的平动位移 y_A 和刚性杆绕 A 点的转动角 θ_A 为系统的位移坐标。图 3-14 中给出在刚性杆 A 处作用的力 F_A 与力矩 M_A，以及 A 点和 D 点的弹性力、C 处的惯性力。如果将惯性力加在刚性杆自由体上，则可以认为该自由体处于动平衡状态。于是应用达朗贝尔原理得出二平衡方程，并加以整理得

$$\begin{cases} m\ddot{y}_A + ml_1\ddot{\theta}_A + (k_1+k_2)y_A + k_2 l\theta_A = F_A \\ ml_1\ddot{y}_A + (ml_1^2+I_C)\ddot{\theta}_A + k_2 l y_A + k_2 l^2\theta_A = M_A \end{cases} \tag{3-69}$$

其矩阵形式为

$$\begin{bmatrix} m & ml_1 \\ ml_1 & ml_1^2+I_C \end{bmatrix}\begin{bmatrix} \ddot{y}_A \\ \ddot{\theta}_A \end{bmatrix} + \begin{bmatrix} k_1+k_2 & k_2 l \\ k_2 l & k_2 l^2 \end{bmatrix}\begin{bmatrix} y_A \\ \theta_A \end{bmatrix} = \begin{bmatrix} F_A \\ M_A \end{bmatrix} \tag{3-70}$$

在方程(3-70)中，质量矩阵和刚度矩阵的非对角元素都不为零，既出现惯性耦合又出现弹性耦合。前者表明两个加速度彼此并非独立，就是说系统在动力上或质量上是耦合的。后者则说明一个位移不仅引起对应于自身的反力，而且引起其他位移对应的力，在静力上或刚度上是耦合的。

以 B 点的平动位移 y_B 和刚性杆绕 B 点的转动角 θ_B 为系统的位移坐标，则一个位移只引起对应于自身的力，而不引起对应于其他位移的力。根据图 3-14(c)可类似地写出振动方程，同时把关系 $k_1 l_4 = k_2 l_5$ 代入，整理后，则得

$$\begin{cases} m\ddot{y}_B + ml_3\ddot{\theta}_B + (k_1+k_2)y_B = F_B \\ ml_3\ddot{y}_B + (ml_3^2+I_C)\ddot{\theta}_B + (k_1 l_4^2 + k_2 l_5^2)\theta_B = M_B \end{cases} \tag{3-71}$$

其矩阵形式为

$$\begin{bmatrix} m & ml_3 \\ ml_3 & ml_3^2+I_C \end{bmatrix}\begin{bmatrix} \ddot{y}_B \\ \ddot{\theta}_B \end{bmatrix} + \begin{bmatrix} k_1+k_2 & 0 \\ 0 & k_1 l_4^2+k_2 l_5^2 \end{bmatrix}\begin{bmatrix} y_B \\ \theta_B \end{bmatrix} = \begin{bmatrix} F_B \\ M_B \end{bmatrix} \tag{3-72}$$

方程(3-72)中，刚度矩阵为对角矩阵，质量矩阵为对称矩阵，可见，只有惯性耦合而无弹性耦合。

以刚性杆质心 C 点的平动位移 y_C 和刚性杆绕 C 点的转动角 θ_C 为系统的位移坐标，由图

3-14(d)可得系统的振动方程：

$$\begin{cases} m\ddot{y}_C+(k_1+k_2)y_C+(k_2l_2-k_1l_1)\theta_C=F_C \\ I_C\ddot{\theta}_C+(k_2l_2-k_1l_1)y_C+(k_1l_1^2+k_2l_2^2)\theta_C=M_C \end{cases} \tag{3-73}$$

其矩阵形式为

$$\begin{bmatrix} m & 0 \\ 0 & I_C \end{bmatrix}\begin{bmatrix} \ddot{y}_C \\ \ddot{\theta}_C \end{bmatrix}+\begin{bmatrix} k_1+k_2 & k_1l_2-k_1l_1 \\ k_1l_2-k_1l_1 & k_1l_1^2+k_2l_2^2 \end{bmatrix}\begin{bmatrix} y_C \\ \theta_C \end{bmatrix}=\begin{bmatrix} F_C \\ M_C \end{bmatrix} \tag{3-74}$$

方程(3-74)中，质量矩阵为对角矩阵，刚度矩阵为对称矩阵，可见，只有弹性耦合而无惯性耦合。

3.5.2　主坐标

借助振型矩阵 $\boldsymbol{A}_{\mathrm{P}}$，通过式(3-61)和式(3-62)的运算，可使系统的质量矩阵 $\boldsymbol{M}$ 及刚度矩阵 $\boldsymbol{K}$ 都变换成对角矩阵形式的主质量矩阵 $\boldsymbol{M}_{\mathrm{P}}$ 及主刚度矩阵 $\boldsymbol{K}_{\mathrm{P}}$。与此类似，也可以利用振型矩阵 $\boldsymbol{A}_{\mathrm{P}}$ 将相互耦合的振动微分方程组变换为彼此独立的方程。这样，每个方程都可以按单自由度系统的运动方程来处理，这给多自由度系统的振动分析带来了极大的方便。

多自由度系统自由振动的方程为

$$\boldsymbol{M}\ddot{\boldsymbol{X}}+\boldsymbol{K}\boldsymbol{X}=\boldsymbol{0} \tag{3-75}$$

由于 $\boldsymbol{M}$ 与 $\boldsymbol{K}$ 一般不是对角矩阵，因此式(3-75)为一组相互耦合的微分方程组，其求解是不太方便的。因为耦合方程的性质取决于所选用的广义坐标，而不取决于系统的固有特性。为此，希望能找到这样的坐标 $\boldsymbol{X}_{\mathrm{P}}$，用它来描述振动方程时，即不存在惯性耦合，也不存在弹性耦合，即运动微分方程之间彼此独立。这种坐标 $\boldsymbol{X}_{\mathrm{P}}$ 确实存在，下面介绍寻找这种坐标的线性变换方法。

用 $\boldsymbol{A}_{\mathrm{P}}^{\mathrm{T}}$ 左乘方程(3-75)，并在 $\ddot{\boldsymbol{X}}$ 和 $\boldsymbol{X}$ 前面插进 $\boldsymbol{I}=\boldsymbol{A}_{\mathrm{P}}\boldsymbol{A}_{\mathrm{P}}^{-1}$，则有

$$\boldsymbol{A}_{\mathrm{P}}^{\mathrm{T}}\boldsymbol{M}\boldsymbol{A}_{\mathrm{P}}\boldsymbol{A}_{\mathrm{P}}^{-1}\ddot{\boldsymbol{X}}+\boldsymbol{A}_{\mathrm{P}}^{\mathrm{T}}\boldsymbol{K}\boldsymbol{A}_{\mathrm{P}}\boldsymbol{A}_{\mathrm{P}}^{-1}\boldsymbol{X}=\boldsymbol{0} \tag{3-76}$$

由式(3-61)和式(3-62)知

$$\boldsymbol{M}_{\mathrm{P}}=\boldsymbol{A}_{\mathrm{P}}^{\mathrm{T}}\boldsymbol{M}\boldsymbol{A}_{\mathrm{P}},\quad \boldsymbol{K}_{\mathrm{P}}=\boldsymbol{A}_{\mathrm{P}}^{\mathrm{T}}\boldsymbol{K}\boldsymbol{A}_{\mathrm{P}}$$

引用正交关系，式(3-76)可写成

$$\boldsymbol{M}_{\mathrm{P}}\ddot{\boldsymbol{X}}_{\mathrm{P}}+\boldsymbol{K}_{\mathrm{P}}\boldsymbol{X}_{\mathrm{P}}=\boldsymbol{0} \tag{3-77}$$

此方程中的新位移坐标 $\boldsymbol{X}_{\mathrm{P}}$ 称为主坐标，定义为

$$\boldsymbol{X}_{\mathrm{P}}=\boldsymbol{A}_{\mathrm{P}}^{-1}\boldsymbol{X} \tag{3-78}$$

相应地，有

$$\ddot{\boldsymbol{X}}_{\mathrm{P}}=\boldsymbol{A}_{\mathrm{P}}^{-1}\ddot{\boldsymbol{X}} \tag{3-79}$$

由于主质量矩阵 $\boldsymbol{M}_{\mathrm{P}}$ 及主刚度矩阵 $\boldsymbol{K}_{\mathrm{P}}$ 都是对角矩阵，所以用主坐标描述的系统运动方程(3-77)中，各方程之间互不耦合，其展开后的形式为

$$\begin{cases} M_{\mathrm{P1}}\ddot{x}_{\mathrm{P1}}+K_{\mathrm{P1}}x_{\mathrm{P1}}=0 \\ M_{\mathrm{P2}}\ddot{x}_{\mathrm{P2}}+K_{\mathrm{P2}}x_{\mathrm{P2}}=0 \\ \quad\vdots \\ M_{\mathrm{P}n}\ddot{x}_{\mathrm{P}n}+K_{\mathrm{P}n}x_{\mathrm{P}n}=0 \end{cases} \tag{3-80}$$

显然，使用主坐标 $\boldsymbol{X}_{\mathrm{P}}$ 来描述系统的运动方程是很方便的，其求解也是很容易的。因为主坐标把一个 n 自由度系统转化为 n 个单自由度系统了。以上运算称为解耦。

由式(3-78)可知原坐标 $\boldsymbol{X}$ 与主坐标 $\boldsymbol{X}_{\mathrm{P}}$ 的关系为

$$\boldsymbol{X}=\boldsymbol{A}_{\mathrm{P}}\boldsymbol{X}_{\mathrm{P}} \tag{3-81}$$

相应地,有

$$\ddot{\boldsymbol{X}}=\boldsymbol{A}_{\mathrm{P}}\ddot{\boldsymbol{X}}_{\mathrm{P}} \tag{3-82}$$

为了理解这个坐标变换的意义,可将式(3-81)写成下述展开形式:

$$\begin{aligned}\begin{bmatrix}x_1\\x_2\\\vdots\\x_n\end{bmatrix}&=\begin{bmatrix}A_1^{(1)}&A_1^{(2)}&\cdots&A_1^{(n)}\\A_2^{(1)}&A_2^{(2)}&\cdots&A_2^{(n)}\\\vdots&\vdots&&\vdots\\A_n^{(1)}&A_n^{(2)}&\cdots&A_n^{(n)}\end{bmatrix}\begin{bmatrix}x_{\mathrm{P}1}\\x_{\mathrm{P}2}\\\vdots\\x_{\mathrm{P}n}\end{bmatrix}=\begin{bmatrix}A_1^{(1)}x_{\mathrm{P}1}+A_1^{(2)}x_{\mathrm{P}2}+\cdots+A_1^{(n)}x_{\mathrm{P}n}\\A_2^{(1)}x_{\mathrm{P}1}+A_2^{(2)}x_{\mathrm{P}2}+\cdots+A_2^{(n)}x_{\mathrm{P}n}\\\vdots\\A_n^{(1)}x_{\mathrm{P}1}+A_n^{(2)}x_{\mathrm{P}2}+\cdots+A_n^{(n)}x_{\mathrm{P}n}\end{bmatrix}\\&=x_{\mathrm{P}1}\begin{bmatrix}A_1^{(1)}\\A_2^{(1)}\\\vdots\\A_n^{(1)}\end{bmatrix}+x_{\mathrm{P}2}\begin{bmatrix}A_1^{(2)}\\A_2^{(2)}\\\vdots\\A_n^{(2)}\end{bmatrix}+\cdots+x_{\mathrm{P}n}\begin{bmatrix}A_1^{(n)}\\A_2^{(n)}\\\vdots\\A_n^{(n)}\end{bmatrix}\end{aligned} \tag{3-83}$$

即

$$\boldsymbol{X}=x_{\mathrm{P}1}\boldsymbol{A}^{(1)}+x_{\mathrm{P}2}\boldsymbol{A}^{(2)}+\cdots+x_{\mathrm{P}n}\boldsymbol{A}^{(n)} \tag{3-84}$$

可以看出,原先各坐标 $x_1,x_2,\cdots,x_n$ 任意一组位移值,都可以看成由 n 组主振型按一定的比例组合而成的,这 n 个比例因子就是 n 个主坐标 $x_{\mathrm{P}1},x_{\mathrm{P}2},\cdots,x_{\mathrm{P}n}$ 的值。如果 $x_{\mathrm{P}1}=1$,而其他各 $x_{\mathrm{P}i}$ 值都为零,则由式(3-84)得

$$\boldsymbol{X}=1\times\boldsymbol{A}^{(1)}+0\times\boldsymbol{A}^{(2)}+\cdots+0\times\boldsymbol{A}^{(n)}=\boldsymbol{A}^{(1)}$$

即这时系统各坐标值 $\boldsymbol{X}$ 正好与第 1 阶主振型值 $\boldsymbol{A}^{(1)}$ 相等,这就是第 1 阶主坐标 $x_{\mathrm{P}1}$ 取单位值的几何意义。其他各主坐标值的意义也类似。总之,每一个主坐标的值等于各阶主振型分量在系统原坐标值中占有成分的大小。

将式(3-81)两边左乘 $\boldsymbol{A}_{\mathrm{P}}^{\mathrm{T}}\boldsymbol{M}$ 后,可得

$$\boldsymbol{A}_{\mathrm{P}}^{\mathrm{T}}\boldsymbol{M}\boldsymbol{X}=\boldsymbol{A}_{\mathrm{P}}^{\mathrm{T}}\boldsymbol{M}\boldsymbol{A}_{\mathrm{P}}\boldsymbol{X}_{\mathrm{P}}=\boldsymbol{M}_{\mathrm{P}}\boldsymbol{X}_{\mathrm{P}}$$

所以

$$\boldsymbol{X}_{\mathrm{P}}=\boldsymbol{M}_{\mathrm{P}}^{-1}\boldsymbol{A}_{\mathrm{P}}^{\mathrm{T}}\boldsymbol{M}\boldsymbol{X} \tag{3-85}$$

由原坐标 $\boldsymbol{X}$ 按式(3-85)很容易计算出 $\boldsymbol{X}_{\mathrm{P}}$,因其中的 $\boldsymbol{M}_{\mathrm{P}}^{-1}$ 只要通过将 $\boldsymbol{M}_{\mathrm{P}}$ 对角线元素取倒数后即可求得。式(3-85)与式(3-78)比较,得

$$\boldsymbol{A}_{\mathrm{P}}^{-1}=\boldsymbol{M}_{\mathrm{P}}^{-1}\boldsymbol{A}_{\mathrm{P}}^{\mathrm{T}}\boldsymbol{M} \tag{3-86}$$

3.5.3 正则振型矩阵与正则坐标

1. 正则振型矩阵

由于主振型列阵只表示系统做主振动时各坐标间幅值的相对大小,因此,由这样的主振型列阵构成的振型矩阵 $\boldsymbol{A}_{\mathrm{P}}$ 按式(3-61)运算求得主质量矩阵 $\boldsymbol{M}_{\mathrm{P}}$,通常对角线元素 $M_{\mathrm{P}i}$ 值各不相等,因为主振型可以任意改变比值,所以主坐标不是唯一的。为了运算方便,可将各主振型进行正则化处理,即取一组特定的主振型,称为正则振型,用列阵 $\boldsymbol{A}_{\mathrm{N}}^{(i)}$ 表示,它满足条件

$$(\boldsymbol{A}_{\mathrm{N}}^{(i)})^{\mathrm{T}}\boldsymbol{M}\boldsymbol{A}_{\mathrm{N}}^{(i)}=1 \tag{3-87}$$

正则振型 $\boldsymbol{A}_{\mathrm{N}}^{(i)}$ 可以用原主振型 $\boldsymbol{A}^{(i)}$ 求出,令

$$\boldsymbol{A}_{\mathrm{N}}^{(i)}=\frac{1}{\mu_i}\boldsymbol{A}^{(i)} \tag{3-88}$$

式中：μ_i 是待定常数，称为正则化因子。将式(3-88)代入式(3-87)，得

$$\frac{1}{\mu_i^2}(\boldsymbol{A}^{(i)})^{\mathrm{T}}\boldsymbol{M}\boldsymbol{A}^{(i)}=\frac{1}{\mu_i^2}M_{\mathrm{P}i}=1$$

所以

$$\mu_i=\sqrt{M_{\mathrm{P}i}}=\sqrt{(\boldsymbol{A}^{(i)})^{\mathrm{T}}\boldsymbol{M}\boldsymbol{A}^{(i)}} \tag{3-89}$$

求出 μ_i 后，利用式(3-88)就可求得对应 n 阶主振动的 n 阶正则振型 $\boldsymbol{A}_{\mathrm{N}}^{(i)}$($i=1, 2, \cdots, n$)，即求得 $n\times n$ 阶的正则振型 $\boldsymbol{A}_{\mathrm{N}}$：

$$\boldsymbol{A}_{\mathrm{N}}=[\boldsymbol{A}^{(1)}\quad \boldsymbol{A}^{(2)}\quad \cdots\quad \boldsymbol{A}^{(n)}]\begin{bmatrix}\frac{1}{\mu_1} & & & 0\\ & \frac{1}{\mu_2} & & \\ & & \ddots & \\ 0 & & & \frac{1}{\mu_n}\end{bmatrix}=\begin{bmatrix}A_{\mathrm{N}1}^{(1)} & A_{\mathrm{N}1}^{(2)} & \cdots & A_{\mathrm{N}1}^{(n)}\\ A_{\mathrm{N}2}^{(1)} & A_{\mathrm{N}2}^{(2)} & \cdots & A_{\mathrm{N}2}^{(n)}\\ \vdots & \vdots & & \vdots\\ A_{\mathrm{N}n}^{(1)} & A_{\mathrm{N}n}^{(2)} & \cdots & A_{\mathrm{N}n}^{(n)}\end{bmatrix} \tag{3-90}$$

由于正则振型只是主振型中特定的一组，所以，对一般主振型所满足的正交性关系式(3-56)和式(3-57)，正则振型当然也满足。只是式(3-87)使得用正则振型矩阵 $\boldsymbol{A}_{\mathrm{N}}$ 按照式(3-61)计算得到的正则质量矩阵 $\boldsymbol{M}_{\mathrm{N}}$ 是一个单位矩阵 $\boldsymbol{I}$，即

$$\boldsymbol{A}_{\mathrm{N}}^{\mathrm{T}}\boldsymbol{M}\boldsymbol{A}_{\mathrm{N}}=\boldsymbol{M}_{\mathrm{N}}=\boldsymbol{I} \tag{3-91}$$

或

$$\boldsymbol{M}_{\mathrm{N}}=\begin{bmatrix}1 & 0 & \cdots & 0\\ 0 & 1 & \cdots & 0\\ \vdots & \vdots & & \vdots\\ 0 & 0 & \cdots & 1\end{bmatrix}=\boldsymbol{I} \tag{3-92}$$

将正则振型列阵 $\boldsymbol{A}_{\mathrm{N}}^{(i)}$ 代入式(3-66)，再根据式(3-87)，可得

$$\omega_{\mathrm{n}i}^2=\frac{(\boldsymbol{A}_{\mathrm{N}}^{(i)})^{\mathrm{T}}\boldsymbol{K}\boldsymbol{A}_{\mathrm{N}}^{(i)}}{(\boldsymbol{A}_{\mathrm{N}}^{(i)})^{\mathrm{T}}\boldsymbol{M}\boldsymbol{A}_{\mathrm{N}}^{(i)}}=\frac{K_{\mathrm{N}i}}{1}=K_{\mathrm{N}i},\quad i=1, 2, \cdots, n \tag{3-93}$$

正则刚度 $K_{\mathrm{N}i}$ 等于固有频率的平方值 $\omega_{\mathrm{n}i}^2$。因此，用正则振型 $\boldsymbol{A}_{\mathrm{N}}$ 按式(3-62)计算出的正则刚度矩阵 $\boldsymbol{K}_{\mathrm{N}}$，它的对角线元素分别是各阶固有频率的平方值，即

$$\boldsymbol{A}_{\mathrm{N}}^{\mathrm{T}}\boldsymbol{K}\boldsymbol{A}_{\mathrm{N}}=\boldsymbol{K}_{\mathrm{N}} \tag{3-94}$$

$$\boldsymbol{K}_{\mathrm{N}}=\begin{bmatrix}K_{\mathrm{N}1} & 0 & \cdots & 0\\ 0 & K_{\mathrm{N}2} & \cdots & 0\\ \vdots & \vdots & & \vdots\\ 0 & 0 & \cdots & K_{\mathrm{N}n}\end{bmatrix}=\begin{bmatrix}\omega_{\mathrm{n}1}^2 & 0 & \cdots & 0\\ 0 & \omega_{\mathrm{n}2}^2 & \vdots & 0\\ \vdots & \vdots & & \vdots\\ 0 & 0 & \cdots & \omega_{\mathrm{n}n}^2\end{bmatrix}=\boldsymbol{\omega}_{\mathrm{n}}^2 \tag{3-95}$$

2. 正则坐标

由于正则振型只是一组特定的主振型，所以也可以用正则振型 $\boldsymbol{A}_{\mathrm{N}}$ 对原坐标进行线性变换，即令

$$\boldsymbol{X}=\boldsymbol{A}_{\mathrm{N}}\boldsymbol{X}_{\mathrm{N}} \tag{3-96}$$

新的坐标列阵 $\boldsymbol{X}_{\mathrm{N}}$ 中各元素 $x_{\mathrm{N}1}, x_{\mathrm{N}2}, \cdots, x_{\mathrm{N}n}$ 称为正则坐标。这时，系统的运动微分方程形式为

$$\begin{cases}\ddot{x}_{N1}+\omega_{n1}^2 x_{N1}=0\\ \ddot{x}_{N2}+\omega_{n2}^2 x_{N2}=0\\ \vdots\\ \ddot{x}_{Nn}+\omega_{nn}^2 x_{Nn}=0\end{cases} \tag{3-97}$$

即

$$\ddot{\boldsymbol{X}}_N+\boldsymbol{\omega}_n^2\boldsymbol{X}_N=\boldsymbol{0} \tag{3-98}$$

这样，采用正则坐标来描述系统的自由振动，可以得到最简单的运动方程的形式。此外，由于与正则振型对应的正则质量矩阵是一个单位矩阵，即 $\boldsymbol{M}_N=\boldsymbol{I}$，故 $\boldsymbol{M}_N^{-1}=\boldsymbol{I}^{-1}=\boldsymbol{I}$，利用式(3-85)，可以得到由原坐标 $\boldsymbol{X}$ 求得的正则坐标 $\boldsymbol{X}_N$ 的表达式：

$$\boldsymbol{X}_N=\boldsymbol{M}_N^{-1}\boldsymbol{A}_N^T\boldsymbol{M}\boldsymbol{X}=\boldsymbol{I}\boldsymbol{A}_N^T\boldsymbol{M}\boldsymbol{X}$$

即

$$\boldsymbol{X}_N=\boldsymbol{A}_N^T\boldsymbol{M}\boldsymbol{X} \tag{3-99}$$

式(3-99)也可看成是式(3-96)的求逆，故有

$$\boldsymbol{A}_N^{-1}=\boldsymbol{A}_N^T\boldsymbol{M} \tag{3-100}$$

用式(3-100)求正则振型矩阵的逆矩阵很方便。

例 3-6 在图 3-13 所示的弹簧质量系统中，已知 $m_1=2m$，$m_2=1.5m$，$m_3=m$，$k_1=3k$，$k_2=2k$，$k_3=k$，振型矩阵为 $\boldsymbol{A}_P$，主质量矩阵为 $\boldsymbol{M}_P$，主刚度矩阵 $\boldsymbol{K}_P$。求系统的正则振型矩阵 $\boldsymbol{A}_N$，并验证正则质量矩阵 $\boldsymbol{M}_N$ 和正则刚度矩阵 $\boldsymbol{K}_N$。

解 由已知条件得

$$\boldsymbol{A}_P=\begin{bmatrix}0.3018 & -0.6790 & -0.9598\\ 0.6485 & -0.6066 & 1.0000\\ 1.0000 & 1.0000 & -0.3934\end{bmatrix}$$

$$\boldsymbol{M}_P=\begin{bmatrix}1.8130m & 0 & 0\\ 0 & 2.4740m & 0\\ 0 & 0 & 3.4972m\end{bmatrix}$$

$$\boldsymbol{K}_P=\begin{bmatrix}0.6372k & 0 & 0\\ 0 & 3.9748k & 0\\ 0 & 0 & 12.3868k\end{bmatrix}$$

求正则振型矩阵时，先求正则化因子 μ_i：

$$\mu_1=\sqrt{(\boldsymbol{A}^{(1)})^T\boldsymbol{M}\boldsymbol{A}^{(1)}}=\sqrt{1.8130m}$$

$$\mu_2=\sqrt{(\boldsymbol{A}^{(2)})^T\boldsymbol{M}\boldsymbol{A}^{(2)}}=\sqrt{2.4740m}$$

$$\mu_3=\sqrt{(\boldsymbol{A}^{(3)})^T\boldsymbol{M}\boldsymbol{A}^{(3)}}=\sqrt{3.4972m}$$

故得正则振型矩阵：

$$\boldsymbol{A}_N=\boldsymbol{A}_P\begin{bmatrix}\frac{1}{\mu_1} & 0 & 0\\ 0 & \frac{1}{\mu_2} & 0\\ 0 & 0 & \frac{1}{\mu_3}\end{bmatrix}$$

$$=\begin{bmatrix}0.3018 & -0.6790 & -0.9598\\ 0.6485 & -0.6066 & 1.0000\\ 1.0000 & 1.0000 & -0.3934\end{bmatrix}\times\begin{bmatrix}\dfrac{1}{\sqrt{1.8130m}} & 0 & 0\\ 0 & \dfrac{1}{\sqrt{2.4740m}} & 0\\ 0 & 0 & \dfrac{1}{\sqrt{3.4972m}}\end{bmatrix}$$

$$=\frac{1}{\sqrt{m}}\begin{bmatrix}0.2242 & -0.4317 & -0.5132\\ 0.4816 & -0.3857 & 0.5348\\ 0.7427 & 0.6358 & -0.2104\end{bmatrix}$$

验证正则质量矩阵为单位矩阵：

$$\begin{aligned}\boldsymbol{M}_{\mathrm{N}}&=\boldsymbol{A}_{\mathrm{N}}^{\mathrm{T}}\boldsymbol{M}\boldsymbol{A}_{\mathrm{N}}\\&=\frac{1}{\sqrt{m}}\begin{bmatrix}0.2242 & 0.4816 & 0.7427\\ -0.4317 & -0.3857 & 0.6358\\ -0.5132 & 0.5348 & -0.2104\end{bmatrix}\begin{bmatrix}2m & 0 & 0\\ 0 & 1.5m & 0\\ 0 & 0 & m\end{bmatrix}\\&\quad\times\frac{1}{\sqrt{m}}\begin{bmatrix}0.2242 & -0.4317 & -0.5132\\ 0.4816 & -0.3857 & 0.5348\\ 0.7427 & 0.6358 & -0.2104\end{bmatrix}=\begin{bmatrix}1 & 0 & 0\\ 0 & 1 & 0\\ 0 & 0 & 1\end{bmatrix}\end{aligned}$$

验证正则刚度矩阵为以特征值为元素的对角矩阵：

$$\begin{aligned}\boldsymbol{K}_{\mathrm{N}}&=\boldsymbol{A}_{\mathrm{N}}^{\mathrm{T}}\boldsymbol{K}\boldsymbol{A}_{\mathrm{N}}\\&=\frac{1}{\sqrt{m}}\begin{bmatrix}0.2242 & 0.4816 & 0.7427\\ -0.4317 & -0.3857 & 0.6358\\ -0.5132 & 0.5348 & -0.2104\end{bmatrix}\begin{bmatrix}5k & -2k & 0\\ -2k & 3k & -k\\ 0 & -k & k\end{bmatrix}\\&\quad\times\frac{1}{\sqrt{m}}\begin{bmatrix}0.2242 & -0.4317 & -0.5132\\ 0.4816 & -0.3857 & 0.5348\\ 0.7427 & 0.6358 & -0.2104\end{bmatrix}\\&=\begin{bmatrix}0.3515\dfrac{k}{m} & 0 & 0\\ 0 & 1.6066\dfrac{k}{m} & 0\\ 0 & 0 & 3.5419\dfrac{k}{m}\end{bmatrix}=\begin{bmatrix}\omega_{\mathrm{n1}}^2 & 0 & 0\\ 0 & \omega_{\mathrm{n2}}^2 & 0\\ 0 & 0 & \omega_{\mathrm{n3}}^2\end{bmatrix}\end{aligned}$$

3. 正则坐标下的位移方程

多自由度系统自由振动位移方程为

$$\boldsymbol{\delta}\boldsymbol{M}\ddot{\boldsymbol{X}}+\boldsymbol{X}=\boldsymbol{0} \tag{3-101}$$

将式(3-81)及式(3-82)代入式(3-101)，并左乘 $\boldsymbol{A}_{\mathrm{P}}^{-1}$，再在 $\boldsymbol{M}$ 前面加 $\boldsymbol{I}=(\boldsymbol{A}_{\mathrm{P}}^{-1})^{\mathrm{T}}\boldsymbol{A}_{\mathrm{P}}^{\mathrm{T}}$，得出

$$\boldsymbol{A}_{\mathrm{P}}^{-1}\boldsymbol{\delta}(\boldsymbol{A}_{\mathrm{P}}^{-1})^{\mathrm{T}}\boldsymbol{A}_{\mathrm{P}}^{\mathrm{T}}\boldsymbol{M}\boldsymbol{A}_{\mathrm{P}}\ddot{\boldsymbol{X}}_{\mathrm{P}}+\boldsymbol{A}_{\mathrm{P}}^{-1}\boldsymbol{A}_{\mathrm{P}}\boldsymbol{X}_{\mathrm{P}}=\boldsymbol{0} \tag{3-102}$$

令

$$\boldsymbol{A}_{\mathrm{P}}^{-1}\boldsymbol{\delta}(\boldsymbol{A}_{\mathrm{P}}^{-1})^{\mathrm{T}}=\boldsymbol{\delta}_{\mathrm{P}} \tag{3-103}$$

于是，式(3-102)变成

$$\boldsymbol{\delta}_{\mathrm{P}}\boldsymbol{M}_{\mathrm{P}}\ddot{\boldsymbol{X}}_{\mathrm{P}}+\boldsymbol{X}_{\mathrm{P}}=\boldsymbol{0} \tag{3-104}$$

式中：$\boldsymbol{\delta}_{\mathrm{P}}$ 称为主柔度矩阵。

方程(3-104)是主坐标表示的自由振动位移方程。从式(3-36)知道

$$\boldsymbol{\delta M A}^{(i)}=\lambda_i \boldsymbol{A}^{(i)} \tag{3-105}$$

将特征向量 $\boldsymbol{A}^{(i)}$ 按列置放构成振型矩阵,则式(3-105)变成

$$\boldsymbol{\delta M A}_{\mathrm{P}}=\boldsymbol{A}_{\mathrm{P}}\boldsymbol{\lambda} \tag{3-106}$$

用 $\boldsymbol{A}_{\mathrm{P}}^{-1}$ 左乘式(3-106),再在 $\boldsymbol{\delta}$ 与 $\boldsymbol{M}$ 之间插入单位矩阵 $\boldsymbol{I}=(\boldsymbol{A}_{\mathrm{P}}^{-1})^{\mathrm{T}}\boldsymbol{A}_{\mathrm{P}}^{\mathrm{T}}$,得

$$\boldsymbol{A}_{\mathrm{P}}^{-1}\boldsymbol{\delta}(\boldsymbol{A}_{\mathrm{P}}^{-1})^{\mathrm{T}}\boldsymbol{A}_{\mathrm{P}}^{\mathrm{T}}\boldsymbol{M A}_{\mathrm{P}}=\boldsymbol{\lambda} \tag{3-107a}$$

即

$$\boldsymbol{\delta}_{\mathrm{P}}\boldsymbol{M}_{\mathrm{P}}=\boldsymbol{\lambda} \tag{3-107b}$$

式(3-106)和式(3-107)中的 $\boldsymbol{\lambda}$ 为由特征值 λ_i 组成的对角矩阵,表示为

$$\boldsymbol{\lambda}=(\boldsymbol{\omega}_{\mathrm{n}}^2)^{-1}=\begin{bmatrix}\lambda_1 & 0 & \cdots & 0\\ 0 & \lambda_2 & \cdots & 0\\ \vdots & \vdots & & \vdots\\ 0 & 0 & \cdots & \lambda_n\end{bmatrix}=\begin{bmatrix}\frac{1}{\omega_{\mathrm{n}1}^2} & 0 & \cdots & 0\\ 0 & \frac{1}{\omega_{\mathrm{n}2}^2} & \cdots & 0\\ \vdots & \vdots & & \vdots\\ 0 & 0 & \cdots & \frac{1}{\omega_{\mathrm{n}n}^2}\end{bmatrix} \tag{3-108}$$

如果用正则坐标,则式(3-107b)变为

$$\boldsymbol{\delta}_{\mathrm{N}}\boldsymbol{M}_{\mathrm{N}}=\boldsymbol{\lambda} \tag{3-109}$$

式(3-103)则成为

$$\boldsymbol{A}_{\mathrm{N}}^{-1}\boldsymbol{\delta}(\boldsymbol{A}_{\mathrm{N}}^{-1})^{\mathrm{T}}=\boldsymbol{\delta}_{\mathrm{N}} \tag{3-110}$$

式中:$\boldsymbol{\delta}_{\mathrm{N}}$ 为正则柔度矩阵。式(3-109)中的 $\boldsymbol{M}_{\mathrm{N}}$ 意义同前,即 $\boldsymbol{M}_{\mathrm{N}}=\boldsymbol{I}$,所以

$$\boldsymbol{\delta}_{\mathrm{N}}=\boldsymbol{A}_{\mathrm{N}}^{-1}\boldsymbol{\delta}(\boldsymbol{A}_{\mathrm{N}}^{-1})^{\mathrm{T}}=\boldsymbol{\lambda}=(\boldsymbol{\omega}_{\mathrm{n}}^2)^{-1} \tag{3-111}$$

比较式(3-95)和式(3-111),可知正则刚度矩阵 $\boldsymbol{K}_{\mathrm{N}}$ 与正则柔度矩阵 $\boldsymbol{\delta}_{\mathrm{N}}$ 是互逆关系。

如果用正则坐标,则方程(3-104)变成

$$\boldsymbol{\delta}_{\mathrm{N}}\boldsymbol{M}_{\mathrm{N}}\ddot{\boldsymbol{X}}_{\mathrm{N}}+\boldsymbol{X}_{\mathrm{N}}=\boldsymbol{0} \tag{3-112}$$

由式(3-111)得正则坐标下的位移方程为

$$\boldsymbol{\lambda}\ddot{\boldsymbol{X}}_{\mathrm{N}}+\boldsymbol{X}_{\mathrm{N}}=\boldsymbol{0} \tag{3-113a}$$

或

$$(\boldsymbol{\omega}_{\mathrm{n}}^2)^{-1}\ddot{\boldsymbol{X}}_{\mathrm{N}}+\boldsymbol{X}_{\mathrm{N}}=\boldsymbol{0} \tag{3-113b}$$

式(3-113a)中 $\boldsymbol{\lambda}$ 称为特征值矩阵。从式(3-111)中可以看到,正则柔度矩阵 $\boldsymbol{\delta}_{\mathrm{N}}$ 成为特征值矩阵,同时也等于$(\boldsymbol{\omega}_{\mathrm{n}}^2)^{-1}$,可见方程(3-113)与方程(3-98)是一致的,说明按正则坐标列运动方程与按原坐标列方程的方法无关。

3.6 无阻尼系统的响应

利用振型矩阵作为坐标变换矩阵,将原广义坐标下耦合的运动微分方程变换为由主坐标或正则坐标表示的相互独立的运动微分方程,再采用单自由度系统的求解方法,就可以求出各阶振动的响应。然后再通过坐标变换,将主坐标响应或正则坐标响应转换到原来的物理坐标,即得到多自由度系统的响应,这种求解方法称为振型叠加法。本节将讨论无阻尼系统对初始条件和外激励的响应。

3.6.1　对初始条件的响应

前面讨论了 n 自由度无阻尼系统自由振动的运动方程。其在正则坐标下的作用力方程为

$$\ddot{\boldsymbol{X}}_{\mathrm{N}}+\boldsymbol{\omega}_{\mathrm{n}}^{2}\boldsymbol{X}_{\mathrm{N}}=\mathbf{0} \tag{3-114}$$

它代表一组典型的运动方程，即

$$\ddot{x}_{\mathrm{N}i}+\omega_{\mathrm{n}i}^{2}x_{\mathrm{N}i}=0,\quad i=1,2,\cdots,n \tag{3-115}$$

因这样一些方程相互之间已无耦合，故每一个方程就可按单自由度系统的方法求解。如果对式(3-115)中每一正则坐标方程提供两个初始条件，即 $t=0$ 时，初始位移为 $x_{\mathrm{N}i0}$，初始速度为 $\dot{x}_{\mathrm{N}i0}$，则式(3-115)的一般解为

$$x_{\mathrm{N}i}=x_{\mathrm{N}i0}\cos\omega_{\mathrm{n}i}t+\frac{\dot{x}_{\mathrm{N}i0}}{\omega_{\mathrm{n}i}}\sin\omega_{\mathrm{n}i}t,\quad i=1,\ 2,\cdots,n \tag{3-116}$$

n 个方程的一组解，就是系统对初始条件的响应。

式(3-115)是按单自由度系统的公式直接写出的，但这里应采用正则坐标，因此，在具体计算时，应将原坐标进行线性变换：

$$(\boldsymbol{X}_{\mathrm{N}})_{t=0}=\boldsymbol{A}_{\mathrm{N}}^{\mathrm{T}}\boldsymbol{M}\boldsymbol{X}_{t=0} \tag{3-117}$$

即

$$\begin{bmatrix}x_{\mathrm{N}10}\\x_{\mathrm{N}20}\\\vdots\\x_{\mathrm{N}n0}\end{bmatrix}=\begin{bmatrix}A_{\mathrm{N}1}^{(1)}&A_{\mathrm{N}2}^{(1)}&\cdots&A_{\mathrm{N}n}^{(1)}\\A_{\mathrm{N}1}^{(2)}&A_{\mathrm{N}2}^{(2)}&\cdots&A_{\mathrm{N}n}^{(2)}\\\vdots&\vdots&&\vdots\\A_{\mathrm{N}1}^{(n)}&A_{\mathrm{N}2}^{(n)}&\cdots&A_{\mathrm{N}n}^{(n)}\end{bmatrix}\begin{bmatrix}M_{11}&M_{12}&\cdots&M_{1n}\\M_{21}&M_{22}&\cdots&M_{2n}\\\vdots&\vdots&&\vdots\\M_{n1}&M_{n2}&\cdots&M_{nn}\end{bmatrix}\begin{bmatrix}x_{10}\\x_{20}\\\vdots\\x_{n0}\end{bmatrix} \tag{3-118}$$

将式(3-99)两边对时间求导数，在初始时刻 $t=0$ 时则有

$$(\dot{\boldsymbol{X}}_{\mathrm{N}})_{t=0}=\boldsymbol{A}_{\mathrm{N}}^{\mathrm{T}}\boldsymbol{M}\dot{\boldsymbol{X}}_{t=0} \tag{3-119}$$

即

$$\begin{bmatrix}\dot{x}_{\mathrm{N}10}\\\dot{x}_{\mathrm{N}20}\\\vdots\\\dot{x}_{\mathrm{N}n0}\end{bmatrix}=\begin{bmatrix}A_{\mathrm{N}1}^{(1)}&A_{\mathrm{N}2}^{(1)}&\cdots&A_{\mathrm{N}n}^{(1)}\\A_{\mathrm{N}1}^{(2)}&A_{\mathrm{N}2}^{(2)}&\cdots&A_{\mathrm{N}n}^{(2)}\\\vdots&\vdots&&\vdots\\A_{\mathrm{N}1}^{(n)}&A_{\mathrm{N}2}^{(n)}&\cdots&A_{\mathrm{N}n}^{(n)}\end{bmatrix}\begin{bmatrix}M_{11}&M_{12}&\cdots&M_{1n}\\M_{21}&M_{22}&\cdots&M_{2n}\\\vdots&\vdots&&\vdots\\M_{n1}&M_{n2}&\cdots&M_{nn}\end{bmatrix}\begin{bmatrix}\dot{x}_{10}\\\dot{x}_{20}\\\vdots\\\dot{x}_{n0}\end{bmatrix} \tag{3-120}$$

将式(3-118)和式(3-120)的计算结果代入式(3-116)，再由式(3-96)就可求得系统用原坐标 $x_1,x_2,\cdots,x_n$ 表示的响应，即

$$\boldsymbol{X}=\boldsymbol{A}_{\mathrm{N}}\boldsymbol{X}_{\mathrm{N}}$$

或

$$\begin{bmatrix}x_1\\x_2\\\vdots\\x_n\end{bmatrix}=\begin{bmatrix}A_{\mathrm{N}1}^{(1)}&A_{\mathrm{N}1}^{(2)}&\cdots&A_{\mathrm{N}1}^{(n)}\\A_{\mathrm{N}2}^{(1)}&A_{\mathrm{N}2}^{(2)}&\cdots&A_{\mathrm{N}2}^{(n)}\\\vdots&\vdots&&\vdots\\A_{\mathrm{N}n}^{(1)}&A_{\mathrm{N}n}^{(2)}&\cdots&A_{\mathrm{N}n}^{(n)}\end{bmatrix}\begin{bmatrix}x_{\mathrm{N}10}\cos\omega_{\mathrm{n}1}t+\dfrac{\dot{x}_{\mathrm{N}10}}{\omega_{\mathrm{n}1}}\sin\omega_{\mathrm{n}1}t\\x_{\mathrm{N}20}\cos\omega_{\mathrm{n}2}t+\dfrac{\dot{x}_{\mathrm{N}20}}{\omega_{\mathrm{n}2}}\sin\omega_{\mathrm{n}2}t\\\vdots\\x_{\mathrm{N}n0}\cos\omega_{\mathrm{n}n}t+\dfrac{\dot{x}_{\mathrm{N}n0}}{\omega_{\mathrm{n}n}}\sin\omega_{\mathrm{n}n}t\end{bmatrix} \tag{3-121}$$

应该指出，对于半正定系统，其相当于刚体型的特征值 $\omega_{\mathrm{n}i}^{2}=0$，使方程(3-115)成为

$$\ddot{x}_{Ni}=0 \tag{3-122}$$

将式(3-122)对时间积分两次，得

$$x_{Ni}=x_{Ni0}+\dot{x}_{Ni0}t \tag{3-123}$$

在计算正则坐标的刚体型的响应时，要用式(3-123)代替式(3-116)。

例 3-7　求图 3-13 所示系统对初始条件 $t=0, x_{10}=1, x_{20}=x_{30}=0, \dot{x}_{30}=1, \dot{x}_{10}=\dot{x}_{20}=0$ 的响应。

解　已求得系统的固有频率 ω_{n1}、ω_{n2}、ω_{n3} 和正则振型矩阵 $\boldsymbol{A}_N$，分别为

$$\omega_{n1}=0.5928\sqrt{\frac{k}{m}},\quad \omega_{n2}=1.2675\sqrt{\frac{k}{m}},\quad \omega_{n3}=1.8820\sqrt{\frac{k}{m}}$$

$$\boldsymbol{A}_N=\frac{1}{\sqrt{m}}\begin{bmatrix}0.2242 & -0.4317 & -0.5132\\ 0.4816 & -0.3857 & 0.5348\\ 0.7427 & 0.6358 & -0.2104\end{bmatrix}$$

系统的质量矩阵为

$$\boldsymbol{M}=\begin{bmatrix}2m & 0 & 0\\ 0 & 1.5m & 0\\ 0 & 0 & m\end{bmatrix}$$

故可由式(3-118)和式(3-120)求得各正则坐标及相应速度的初始值，分别为

$$\begin{bmatrix}x_{N10}\\ x_{N20}\\ x_{N30}\end{bmatrix}=\frac{1}{\sqrt{m}}\begin{bmatrix}0.2242 & 0.4816 & 0.7427\\ -0.4317 & -0.3857 & 0.6358\\ -0.5132 & 0.5348 & -0.2104\end{bmatrix}\begin{bmatrix}2m & 0 & 0\\ 0 & 1.5m & 0\\ 0 & 0 & m\end{bmatrix}\begin{bmatrix}1\\ 0\\ 0\end{bmatrix}$$

$$=\sqrt{m}\begin{bmatrix}0.4484\\ -0.8634\\ -1.0264\end{bmatrix}$$

$$\begin{bmatrix}\dot{x}_{N10}\\ \dot{x}_{N20}\\ \dot{x}_{N30}\end{bmatrix}=\frac{1}{\sqrt{m}}\begin{bmatrix}0.2242 & 0.4816 & 0.7427\\ -0.4317 & -0.3857 & 0.6358\\ -0.5132 & 0.5348 & -0.2104\end{bmatrix}\begin{bmatrix}2m & 0 & 0\\ 0 & 1.5m & 0\\ 0 & 0 & m\end{bmatrix}\begin{bmatrix}0\\ 0\\ 1\end{bmatrix}$$

$$=\sqrt{m}\begin{bmatrix}0.7427\\ 0.6358\\ -0.2104\end{bmatrix}$$

代入式(3-121)即得系统用原坐标表示的响应：

$$\begin{bmatrix}x_1\\ x_2\\ x_3\end{bmatrix}=\frac{1}{\sqrt{m}}\begin{bmatrix}0.2242 & -0.4317 & -0.5132\\ 0.4816 & -0.3857 & 0.5348\\ 0.7427 & 0.6358 & -0.2104\end{bmatrix}\times\begin{bmatrix}0.4484\sqrt{m}\cos\omega_{n1}t+\dfrac{0.7427}{\omega_{n1}}\sqrt{m}\sin\omega_{n1}t\\ -0.8634\sqrt{m}\cos\omega_{n2}t+\dfrac{0.6358}{\omega_{n2}}\sqrt{m}\sin\omega_{n2}t\\ -1.0264\sqrt{m}\cos\omega_{n3}t-\dfrac{0.2104}{\omega_{n3}}\sqrt{m}\sin\omega_{n3}t\end{bmatrix}$$

所以有

$$x_1=0.1005\cos\omega_{n1}t+\frac{0.1665}{\omega_{n1}}\sin\omega_{n1}t+0.3727\cos\omega_{n2}t-\frac{0.2745}{\omega_{n2}}\sin\omega_{n2}t$$
$$+0.5267\cos\omega_{n3}t+\frac{0.1080}{\omega_{n3}}\sin\omega_{n3}t$$

$$x_2=0.2159\cos\omega_{n1}t+\frac{0.3577}{\omega_{n1}}\sin\omega_{n1}t+0.3330\cos\omega_{n2}t-\frac{0.2452}{\omega_{n2}}\sin\omega_{n2}t$$

$$-0.5489\cos\omega_{n3}t-\frac{0.1125}{\omega_{n3}}\sin\omega_{n3}t$$

$$x_3=0.3330\cos\omega_{n1}t+\frac{0.5516}{\omega_{n1}}\sin\omega_{n1}t-0.5489\cos\omega_{n2}t-\frac{0.4042}{\omega_{n2}}\sin\omega_{n2}t$$

$$+0.2160\cos\omega_{n3}t+\frac{0.0443}{\omega_{n3}}\sin\omega_{n3}t$$

计算结果表明，系统对初始条件的响应是各阶主振动的线性叠加。

例 3-8　图 3-15 表示一半正定系统，三个圆盘的转动惯量均为 I，其间两段轴的扭转刚度均为 k，各圆盘在初始时刻 $t=0$ 时，$\theta_{10}=\theta_{20}=\theta_{30}=0$，$\dot{\theta}_{10}=\omega$，$\dot{\theta}_{20}=\dot{\theta}_{30}=0$，求系统的响应。

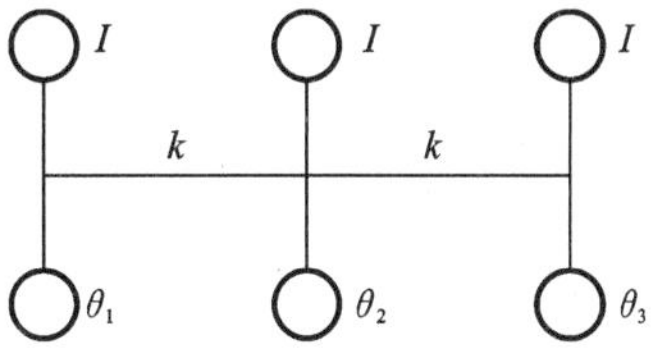

图 3-15　扭转振动系统

解　已知系统的固有频率为

$$\omega_{n1}=0,\quad \omega_{n2}=\sqrt{k/I},\quad \omega_{n3}=\sqrt{k/I}$$

正则振型矩阵 $\boldsymbol{A}_{\mathrm{N}}$ 为

$$\boldsymbol{A}_{\mathrm{N}}=\frac{1}{\sqrt{6I}}\begin{bmatrix}\sqrt{2} & -\sqrt{3} & 1\\ \sqrt{2} & 0 & -2\\ \sqrt{2} & \sqrt{3} & 1\end{bmatrix}$$

根据已知条件可求出各正则坐标及相应速度的初始值，分别为

$$\begin{bmatrix}\theta_{N10}\\ \theta_{N20}\\ \theta_{N30}\end{bmatrix}=\frac{I}{\sqrt{6I}}\begin{bmatrix}\sqrt{2} & \sqrt{2} & \sqrt{2}\\ -\sqrt{3} & 0 & \sqrt{3}\\ 1 & -2 & 1\end{bmatrix}\begin{bmatrix}1 & 0 & 0\\ 0 & 1 & 0\\ 0 & 0 & 1\end{bmatrix}\begin{bmatrix}0\\ 0\\ 0\end{bmatrix}=\begin{bmatrix}0\\ 0\\ 0\end{bmatrix}$$

$$\begin{bmatrix}\dot{\theta}_{N10}\\ \dot{\theta}_{N20}\\ \dot{\theta}_{N30}\end{bmatrix}=\frac{I}{\sqrt{6I}}\begin{bmatrix}\sqrt{2} & \sqrt{2} & \sqrt{2}\\ -\sqrt{3} & 0 & \sqrt{3}\\ 1 & -2 & 1\end{bmatrix}\begin{bmatrix}1 & 0 & 0\\ 0 & 1 & 0\\ 0 & 0 & 1\end{bmatrix}\begin{bmatrix}\omega\\ 0\\ 0\end{bmatrix}=\sqrt{\frac{I}{6}}\omega\begin{bmatrix}\sqrt{2}\\ -\sqrt{3}\\ 1\end{bmatrix}$$

所以正则坐标为

$$\theta_{N1}=\sqrt{\frac{I}{6}}\omega\times\sqrt{2}t$$

$$\theta_{N2}=\sqrt{\frac{I}{6}}\omega\times\sqrt{3}\frac{\sin\omega_{n2}t}{\omega_{n2}}$$

$$\theta_{N3}=\sqrt{\frac{I}{6}}\omega\times\frac{1}{\omega_{n3}}\sin\omega_{n3}t$$

系统对初始条件的响应为

$$\begin{bmatrix}\theta_1\\ \theta_2\\ \theta_3\end{bmatrix}=\frac{1}{\sqrt{6I}}\begin{bmatrix}\sqrt{2} & -\sqrt{3} & 1\\ \sqrt{2} & 0 & -2\\ \sqrt{2} & \sqrt{3} & 1\end{bmatrix}\sqrt{\frac{I}{6}}\omega\begin{bmatrix}\sqrt{2}t\\ -\frac{\sqrt{3}}{\omega_{n2}}\sin\omega_{n2}t\\ \frac{1}{\omega_{n3}}\sin\omega_{n3}t\end{bmatrix}=\frac{\omega}{6}\begin{bmatrix}2t+\frac{3}{\omega_{n2}}\sin\omega_{n2}t+\frac{1}{\omega_{n3}}\sin\omega_{n3}t\\ 2t-\frac{3}{\omega_{n3}}\sin\omega_{n3}t\\ 2t-\frac{3}{\omega_{n3}}\sin\omega_{n3}t+\frac{1}{\omega_{n3}}\sin\omega_{n3}t\end{bmatrix}$$

此结果说明，在给出的初始条件下，各圆盘的响应是整个系统的刚体转动与简谐振动等各阶主振动的叠加。

3.6.2 对激励的响应

如图 3-16 所示为无阻尼多自由度受迫振动系统。假如在系统各位移坐标 $x_1, x_2, \cdots, x_n$ 上均作用有激振力，则无阻尼受迫振动系统的作用力方程为

$$\boldsymbol{M}\ddot{\boldsymbol{X}}+\boldsymbol{K}\boldsymbol{X}=\boldsymbol{F} \tag{3-124}$$

式中：$\boldsymbol{F}$ 为激振力列阵，它可以是简谐的、周期的或任意的激振函数。

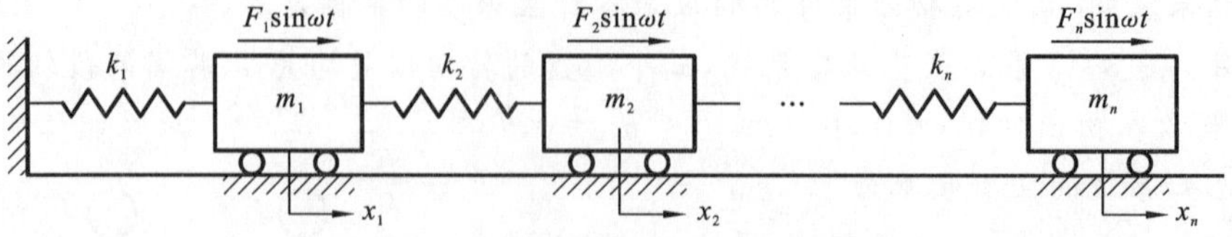

图 3-16 无阻尼多自由度受迫振动系统

1）简谐激振力的响应

假定图 3-16 所示各位移坐标上作用的激振力为同频率、同相位的简谐力，则无阻尼受迫振动方程可写成

$$\boldsymbol{M}\ddot{\boldsymbol{X}}+\boldsymbol{K}\boldsymbol{X}=\boldsymbol{F}\sin\omega t \tag{3-125}$$

式中：$\boldsymbol{F}$ 为激振力幅值列阵，$\boldsymbol{F}=(F_1\quad F_2\quad\cdots\quad F_n)^{\mathrm{T}}$。

式(3-125)为含 n 个方程的方程组，而且是互相耦合的方程组。为了便于求解，解除方程组的耦合，需将方程变换为主坐标形式。用振型矩阵的转置矩阵 $\boldsymbol{A}_{\mathrm{P}}^{\mathrm{T}}$ 左乘方程两边，并将 $\boldsymbol{X}=\boldsymbol{A}_{\mathrm{P}}\boldsymbol{X}_{\mathrm{P}}$ 及 $\ddot{\boldsymbol{X}}=\boldsymbol{A}_{\mathrm{P}}^{\mathrm{T}}\ddot{\boldsymbol{X}}_{\mathrm{P}}$ 代入，得

$$\boldsymbol{A}_{\mathrm{P}}^{\mathrm{T}}\boldsymbol{M}\boldsymbol{A}_{\mathrm{P}}\ddot{\boldsymbol{X}}_{\mathrm{P}}+\boldsymbol{A}_{\mathrm{P}}^{\mathrm{T}}\boldsymbol{K}\boldsymbol{A}_{\mathrm{P}}^{\mathrm{T}}\boldsymbol{X}_{\mathrm{P}}=\boldsymbol{A}_{\mathrm{P}}^{\mathrm{T}}\boldsymbol{F}\sin\omega t$$

或写成

$$\boldsymbol{M}_{\mathrm{P}}\ddot{\boldsymbol{X}}_{\mathrm{P}}+\boldsymbol{K}_{\mathrm{P}}\boldsymbol{X}_{\mathrm{P}}=\boldsymbol{F}_{\mathrm{P}}\sin\omega t \tag{3-126}$$

式中：$\boldsymbol{F}_{\mathrm{P}}$ 是用主坐标表示的激振力幅值列阵，可表示为

$$\boldsymbol{F}_{\mathrm{P}}=\boldsymbol{A}_{\mathrm{P}}^{\mathrm{T}}\boldsymbol{F} \tag{3-127}$$

写成展开形式：

$$\begin{bmatrix} F_{\mathrm{P}1} \\ F_{\mathrm{P}2} \\ \vdots \\ F_{\mathrm{P}n} \end{bmatrix}=\begin{bmatrix} A_1^{(1)} & A_2^{(1)} & \cdots & A_n^{(1)} \\ A_1^{(2)} & A_2^{(2)} & \cdots & A_n^{(2)} \\ \vdots & \vdots & & \vdots \\ A_1^{(n)} & A_2^{(n)} & \cdots & A_n^{(n)} \end{bmatrix}\begin{bmatrix} F_1 \\ F_2 \\ \vdots \\ F_n \end{bmatrix}=\begin{bmatrix} A_1^{(1)}F_1+A_2^{(1)}F_2+\cdots+A_n^{(1)}F_n \\ A_1^{(2)}F_1+A_2^{(2)}F_2+\cdots+A_n^{(2)}F_n \\ \vdots \\ A_1^{(n)}F_1+A_2^{(n)}F_2+\cdots+A_n^{(n)}F_n \end{bmatrix} \tag{3-128}$$

如果用正则振型矩阵 $\boldsymbol{A}_{\mathrm{N}}$ 代替 $\boldsymbol{A}_{\mathrm{P}}^{\mathrm{T}}$，则式(3-127)变为

$$\boldsymbol{F}_{\mathrm{N}}=\boldsymbol{A}_{\mathrm{N}}^{\mathrm{T}}\boldsymbol{F} \tag{3-129}$$

进而按正则坐标，方程(3-126)有如下形式：

$$\boldsymbol{I}\ddot{\boldsymbol{X}}_{\mathrm{N}}+\boldsymbol{\omega}_{\mathrm{n}}^2\boldsymbol{X}_{\mathrm{N}}=\boldsymbol{F}_{\mathrm{N}}\sin\omega t \tag{3-130}$$

式(3-130)还可以写成

$$\ddot{x}_{\mathrm{N}i}+\omega_{\mathrm{n}i}^2x_{\mathrm{N}i}=f_{\mathrm{N}i}\sin\omega t,\quad i=1,2,3,\cdots,n \tag{3-131}$$

式中：第 i 个激振力幅值为

$$f_{\mathrm{N}i}=A_{\mathrm{N}1}^{(i)}F_1+A_{\mathrm{N}2}^{(i)}F_2+\cdots+A_{\mathrm{N}n}^{(i)}F_n \tag{3-132}$$

式(3-131)表示 n 个独立方程，具有与单自由度系统相同的形式，因而可以用单自由度系统受

迫振动的结果求出每个正则坐标的响应：

$$x_{Ni}=\frac{f_{Ni}}{\omega_{ni}^{2}}\frac{1}{1-\left(\dfrac{\omega}{\omega_{ni}}\right)^{2}}\sin\omega t,\quad i=1,2,3,\cdots,n \tag{3-133}$$

或写成

$$\boldsymbol{X}_{N}=\begin{bmatrix}x_{N1}\\x_{N2}\\\vdots\\x_{Nn}\end{bmatrix}=\begin{bmatrix}f_{N1}/(\omega_{n1}^{2}-\omega^{2})\\f_{N2}/(\omega_{n2}^{2}-\omega^{2})\\\vdots\\f_{Nn}/(\omega_{nn}^{2}-\omega^{2})\end{bmatrix}\sin\omega t \tag{3-134}$$

求出 $\boldsymbol{X}_N$ 后，按关系式 $\boldsymbol{X}=\boldsymbol{A}_N\boldsymbol{X}_N$ 进行坐标变换，求出原坐标的响应。从式(3-133)或式(3-134)可以看出，当激振频率 ω 与系统第 i 阶固有频率 ω_{ni} 的值比较接近，即 $\omega/\omega_{ni}=1$ 时，第 i 阶正则坐标 x_{Ni} 的稳态受迫振动的振幅值变得很大，与单自由度系统的共振现象类似，因此，对于 n 自由度系统的 n 个不同的固有频率，会出现 n 个频率不同的共振现象。

例 3-9　假定图 3-13 所示系统的质量 m_2 上作用有简谐激振力 $F_2\sin\omega t$，试计算系统的响应。

解　为简化计算，给出固有频率与正则振型矩阵：

$$\omega_{n1}^{2}=0.3515\,\frac{k}{m},\quad \omega_{n2}^{2}=1.6066\,\frac{k}{m},\quad \omega_{n3}^{2}=3.5419\,\frac{k}{m}$$

$$\boldsymbol{A}_{N}=\frac{1}{\sqrt{m}}\begin{bmatrix}0.2242&-0.4317&-0.5132\\0.4816&-0.3857&0.5348\\0.7427&0.6358&-0.2104\end{bmatrix}$$

正则坐标表示的激振力幅值 $\boldsymbol{F}_N$ 为

$$\boldsymbol{F}_{N}=\boldsymbol{A}_{N}^{T}\boldsymbol{F}=\frac{1}{\sqrt{m}}\begin{bmatrix}0.2242&0.4816&0.7427\\-0.4317&-0.3857&0.6358\\-0.5132&0.5348&-0.2104\end{bmatrix}\begin{bmatrix}0\\F_{2}\\0\end{bmatrix}=\frac{F_{2}}{\sqrt{m}}\begin{bmatrix}0.4816\\-0.3857\\0.5348\end{bmatrix}$$

由式(3-134)得正则坐标的响应：

$$\boldsymbol{X}_{N}=\begin{bmatrix}x_{N1}\\x_{N2}\\x_{N3}\end{bmatrix}=\begin{bmatrix}f_{N1}/(\omega_{n1}^{2}-\omega^{2})\\f_{N2}/(\omega_{n2}^{2}-\omega^{2})\\f_{N3}/(\omega_{n3}^{2}-\omega^{2})\end{bmatrix}\sin\omega t$$

式中：

$$f_{N1}=0.4816\,\frac{F_{2}}{\sqrt{m}},\quad f_{N2}=-0.3857\,\frac{F_{2}}{\sqrt{m}},\quad f_{N3}=0.5348\,\frac{F_{2}}{\sqrt{m}}$$

变换回原坐标：

$$\boldsymbol{X}=\boldsymbol{A}_{N}\boldsymbol{X}_{N}=\frac{1}{\sqrt{m}}\begin{bmatrix}0.2242&-0.4317&-0.5132\\0.4816&-0.3857&0.5348\\0.7427&0.6358&-0.2104\end{bmatrix}\times\frac{F_{2}}{\sqrt{m}}\begin{bmatrix}0.4816/(\omega_{n1}^{2}-\omega^{2})\\-0.3857/(\omega_{n1}^{2}-\omega^{2})\\0.5348/(\omega_{n1}^{2}-\omega^{2})\end{bmatrix}\sin\omega t$$

$$=\frac{F_{2}}{m}\begin{bmatrix}0.1080/(\omega_{n1}^{2}-\omega^{2})+0.1665/(\omega_{n2}^{2}-\omega^{2})-0.2745/(\omega_{n3}^{2}-\omega^{2})\\0.2319/(\omega_{n1}^{2}-\omega^{2})+0.1488/(\omega_{n2}^{2}-\omega^{2})+0.2860/(\omega_{n3}^{2}-\omega^{2})\\0.3577/(\omega_{n1}^{2}-\omega^{2})-0.2452/(\omega_{n2}^{2}-\omega^{2})-0.1125/(\omega_{n3}^{2}-\omega^{2})\end{bmatrix}\sin\omega t$$

若激振力为非简谐周期激振函数，应将激振函数展成傅里叶级数，然后仍可采用振型叠加法按上述步骤进行求解。

2）非周期激振力的响应

当激振力函数为随时间非周期变化的函数时，方程(3-124)将成为

$$\boldsymbol{M}\ddot{\boldsymbol{X}}+\boldsymbol{K}\boldsymbol{X}=\boldsymbol{F}(t) \tag{3-135}$$

用正则坐标表示时，方程(3-135)变为

$$\ddot{\boldsymbol{X}}_{\mathrm{N}}+\boldsymbol{\omega}_{\mathrm{n}}^{2}\boldsymbol{X}_{\mathrm{N}}=\boldsymbol{F}_{\mathrm{N}}(t) \tag{3-136}$$

写成展开形式为

$$\ddot{x}_{\mathrm{N}i}+\omega_{\mathrm{n}i}^{2}x_{\mathrm{N}i}=f_{\mathrm{N}i}(t),\quad i=1,2,\cdots,n \tag{3-137}$$

式(3-136)中：$\boldsymbol{F}_{\mathrm{N}}(t)$为对应于正则坐标的非周期激振力列阵，表示为

$$\boldsymbol{F}_{\mathrm{N}}(t)=(f_{\mathrm{N1}}(t)\quad f_{\mathrm{N2}}(t)\quad \cdots\quad f_{\mathrm{N}n}(t))^{\mathrm{T}}$$

方程(3-137)表示 n 个独立方程，具有与单自由度系统相同的形式，因而可以用杜哈梅积分进行求解。第 i 个正则坐标的响应为

$$x_{\mathrm{N}i}(t)=\frac{1}{\omega_{\mathrm{n}i}}\int_{0}^{t}f_{\mathrm{N}i}(t)\sin\omega_{\mathrm{n}i}(t-\tau)\mathrm{d}\tau,\quad i=1,2,\cdots,n \tag{3-138}$$

式(3-138)表示初始时处于静止的无阻尼单自由度系统的位移响应。重复应用该式，即可计算出按正则坐标表示的位移向量 $\boldsymbol{X}_{\mathrm{N}}$，然后再根据 $\boldsymbol{X}=\boldsymbol{A}_{\mathrm{N}}\boldsymbol{X}_{\mathrm{N}}$ 变换回原坐标。

例 3-10 图 3-13 所示的系统中，若在质量 m_1 上作用有阶跃函数激振力，即 $\boldsymbol{F}_{\mathrm{N}}(t)=(F_1\quad 0\quad 0)^{\mathrm{T}}$，系统初始时处于静止状态。求系统对该激振力的响应。

解 为简化计算，给出固有频率与正则振型矩阵：

$$\omega_{\mathrm{n1}}^{2}=0.3515\frac{k}{m},\quad \omega_{\mathrm{n2}}^{2}=1.6066\frac{k}{m},\quad \omega_{\mathrm{n3}}^{2}=3.5419\frac{k}{m}$$

$$\boldsymbol{A}_{\mathrm{N}}=\frac{1}{\sqrt{m}}\begin{bmatrix}0.2242 & -0.4317 & -0.5132\\ 0.4816 & -0.3857 & 0.5348\\ 0.7427 & 0.6358 & -0.2104\end{bmatrix}$$

正则坐标表示的激振力幅值 $\boldsymbol{F}_{\mathrm{N}}$ 为

$$\boldsymbol{F}_{\mathrm{N}}=\boldsymbol{A}_{\mathrm{N}}^{\mathrm{T}}\boldsymbol{F}(t)=\frac{1}{\sqrt{m}}\begin{bmatrix}0.2242 & 0.4816 & 0.7427\\ -0.4317 & -0.3857 & 0.6358\\ -0.5132 & 0.5348 & -0.2104\end{bmatrix}\begin{bmatrix}F_1\\ 0\\ 0\end{bmatrix}=\frac{F_1}{\sqrt{m}}\begin{bmatrix}0.2242\\ -0.4317\\ -0.5132\end{bmatrix}=\begin{bmatrix}f_{\mathrm{N1}}\\ f_{\mathrm{N2}}\\ f_{\mathrm{N3}}\end{bmatrix}$$

由式(3-138)求阶跃函数的响应为

$$x_{\mathrm{N}i}=\frac{f_{\mathrm{N}i}}{\omega_{\mathrm{n}i}^{2}}(1-\cos\omega_{\mathrm{n}i}t)$$

进而得正则坐标的响应列阵为

$$\boldsymbol{X}_{\mathrm{N}}=\begin{bmatrix}x_{\mathrm{N1}}\\ x_{\mathrm{N2}}\\ x_{\mathrm{N3}}\end{bmatrix}=\frac{F_1}{\sqrt{m}}\begin{bmatrix}0.2242(1-\cos\omega_{\mathrm{n1}}t)/\omega_{\mathrm{n1}}^{2}\\ -0.4317(1-\cos\omega_{\mathrm{n2}}t)/\omega_{\mathrm{n2}}^{2}\\ -0.5132(1-\cos\omega_{\mathrm{n3}}t)/\omega_{\mathrm{n3}}^{2}\end{bmatrix}$$

将 $\omega_{\mathrm{n1}}^{2}=0.3515\dfrac{k}{m}$，$\omega_{\mathrm{n2}}^{2}=1.6066\dfrac{k}{m}$，$\omega_{\mathrm{n3}}^{2}=3.5419\dfrac{k}{m}$代入上式，有

$$\boldsymbol{X}_{\mathrm{N}}=\frac{F_1\sqrt{m}}{k}\begin{bmatrix}0.6378(1-\cos\omega_{\mathrm{n1}}t)\\ -0.2687(1-\cos\omega_{\mathrm{n2}}t)\\ -0.1449(1-\cos\omega_{\mathrm{n3}}t)\end{bmatrix}$$

将正则坐标变换回原坐标，得

$$\boldsymbol{X}=\boldsymbol{A}_{\mathrm{N}}\boldsymbol{X}_{\mathrm{N}}=\frac{1}{\sqrt{m}}\begin{bmatrix}0.2242 & -0.4317 & -0.5132\\ 0.4816 & -0.3857 & 0.5348\\ 0.7427 & 0.6358 & -0.2104\end{bmatrix}\times\frac{F_1\sqrt{m}}{k}\begin{bmatrix}0.6378(1-\cos\omega_{\mathrm{n}1}t)\\ -0.2687(1-\cos\omega_{\mathrm{n}2}t)\\ -0.1449(1-\cos\omega_{\mathrm{n}3}t)\end{bmatrix}$$

$$=\frac{F_1}{k}\begin{bmatrix}0.3334-0.1430\cos\omega_{\mathrm{n}1}t-0.1160\cos\omega_{\mathrm{n}2}t-0.0744\cos\omega_{\mathrm{n}3}t\\ 0.3333-0.3072\cos\omega_{\mathrm{n}1}t-0.1036\cos\omega_{\mathrm{n}2}t+0.0775\cos\omega_{\mathrm{n}3}t\\ 0.3333-0.4737\cos\omega_{\mathrm{n}1}t+0.1708\cos\omega_{\mathrm{n}2}t-0.0305\cos\omega_{\mathrm{n}3}t\end{bmatrix}$$

从计算结果看，位移中高频分量所占的比例很小，而低频分量是主要的。

3.7　多自由度系统的阻尼

当激振频率接近系统的固有频率时，系统的阻尼起着非常显著的抑制共振的作用，因此在系统的共振分析中，必须考虑阻尼的影响。由于阻尼的复杂性，关于阻尼机理的研究至今还很不充分，因此，通常只对小阻尼的情况进行近似的计算分析。具有黏性阻尼的多自由度受迫振动系统如图 3-17 所示。

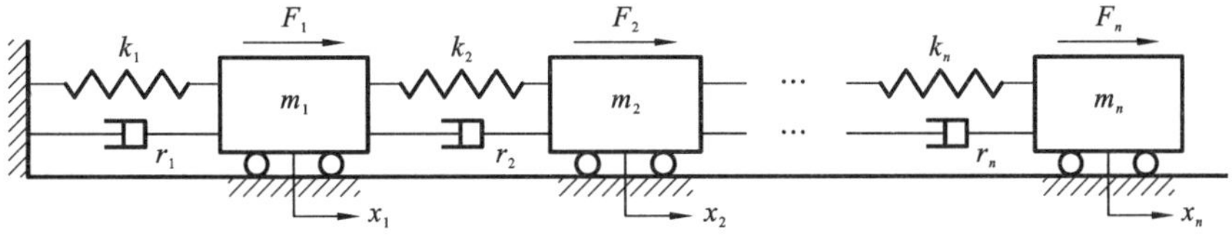

图 3-17　具有黏性阻尼的多自由度受迫振动系统

具有黏性阻尼的 n 自由度系统受任意力激励时的运动方程为

$$\boldsymbol{M}\ddot{\boldsymbol{X}}+\boldsymbol{R}\dot{\boldsymbol{X}}+\boldsymbol{K}\boldsymbol{X}=\boldsymbol{F} \tag{3-139}$$

式中：$\boldsymbol{M}$ 是质量矩阵；$\boldsymbol{K}$ 是刚度矩阵；$\boldsymbol{F}$ 是激振力列阵。设阻尼矩阵 $\boldsymbol{R}$ 的形式为

$$\boldsymbol{R}=\begin{bmatrix}R_{11} & R_{12} & \cdots & R_{1n}\\ R_{21} & R_{22} & \cdots & R_{2n}\\ \vdots & \vdots & & \vdots\\ R_{n1} & R_{n2} & \cdots & R_{nn}\end{bmatrix} \tag{3-140}$$

式中：各元素 R_{ij} 称作阻尼影响系数。通常情况下，矩阵 $\boldsymbol{R}$ 也是对称矩阵，而且一般都是正定（或半正定）的。

考虑阻尼后，系统的振动分析变得十分复杂。如果引进正则坐标 $\boldsymbol{X}_{\mathrm{N}}$，则式(3-139)变为

$$\boldsymbol{I}\ddot{\boldsymbol{X}}_{\mathrm{N}}+\boldsymbol{R}_{\mathrm{N}}\dot{\boldsymbol{X}}_{\mathrm{N}}+\boldsymbol{K}_{\mathrm{N}}\boldsymbol{X}_{\mathrm{N}}=\boldsymbol{F}_{\mathrm{N}} \tag{3-141}$$

式中：$\boldsymbol{R}_{\mathrm{N}}$ 是正则坐标下的阻尼矩阵，称为正则阻尼矩阵，即

$$\boldsymbol{R}_{\mathrm{N}}=\boldsymbol{A}_{\mathrm{N}}^{\mathrm{T}}\boldsymbol{R}\boldsymbol{A}_{\mathrm{N}}=\begin{bmatrix}R_{\mathrm{N}11} & R_{\mathrm{N}12} & \cdots & R_{\mathrm{N}1n}\\ R_{\mathrm{N}21} & R_{\mathrm{N}22} & \cdots & R_{\mathrm{N}2n}\\ \vdots & \vdots & & \vdots\\ R_{\mathrm{N}n1} & R_{\mathrm{N}n2} & \cdots & R_{\mathrm{N}nn}\end{bmatrix} \tag{3-142}$$

一般来说，$\boldsymbol{R}_{\mathrm{N}}$ 不是对角矩阵，因此，式(3-141)仍是一组通过 $\dot{\boldsymbol{X}}_{\mathrm{N}}$ 速度项互相耦合的微分方程。为了使方程组解耦，工程上常采用比例阻尼和振型阻尼作为实际阻尼的近似。

3.7.1　比例阻尼

比例阻尼是指阻尼矩阵与质量矩阵 $\boldsymbol{M}$ 或刚度矩阵 $\boldsymbol{K}$ 成比例，或者正比于它们二者的线性组合。这样，阻尼矩阵 $\boldsymbol{R}$ 可表示为

$$\boldsymbol{R}=\alpha\boldsymbol{M}+\beta\boldsymbol{K} \tag{3-143}$$

式中：α、β 为正的比例常数。

对式(3-143)进行模态坐标变换，有

$$\boldsymbol{A}_{\mathrm{N}}^{\mathrm{T}}\boldsymbol{M}\boldsymbol{A}_{\mathrm{N}}\ddot{\boldsymbol{X}}_{\mathrm{N}}+\boldsymbol{A}_{\mathrm{N}}^{\mathrm{T}}\boldsymbol{R}\boldsymbol{A}_{\mathrm{N}}\dot{\boldsymbol{X}}_{\mathrm{N}}+\boldsymbol{A}_{\mathrm{N}}^{\mathrm{T}}\boldsymbol{K}\boldsymbol{A}_{\mathrm{N}}\boldsymbol{X}_{\mathrm{N}}=\boldsymbol{A}_{\mathrm{N}}^{\mathrm{T}}\boldsymbol{F}$$

即

$$\boldsymbol{M}_{\mathrm{N}}\ddot{\boldsymbol{X}}_{\mathrm{N}}+\boldsymbol{R}_{\mathrm{N}}\dot{\boldsymbol{X}}_{\mathrm{N}}+\boldsymbol{K}_{\mathrm{N}}\boldsymbol{X}_{\mathrm{N}}=\boldsymbol{F}_{\mathrm{N}} \tag{3-144}$$

在采用比例阻尼的情况下，当坐标变换为正则坐标时，正则坐标下的阻尼矩阵 $\boldsymbol{R}_{\mathrm{N}}$ 是一个对角矩阵，即有

$$\boldsymbol{R}_{\mathrm{N}}=\alpha\boldsymbol{M}_{\mathrm{N}}+\beta\boldsymbol{K}_{\mathrm{N}}=\alpha\boldsymbol{I}+\beta\boldsymbol{\omega}_{\mathrm{n}}^{2}=\begin{bmatrix}\alpha+\beta\omega_{\mathrm{n}1}^{2} & 0 & \cdots & 0\\ 0 & \alpha+\beta\omega_{\mathrm{n}2}^{2} & \cdots & 0\\ \vdots & \vdots & & \vdots\\ 0 & 0 & \cdots & \alpha+\beta\omega_{\mathrm{n}n}^{2}\end{bmatrix} \tag{3-145}$$

这样，就将方程(3-139)分解为 n 个相互独立的二阶常系数线性微分方程，于是方程(3-144)可写成

$$\ddot{\boldsymbol{X}}_{\mathrm{N}}+\boldsymbol{R}_{\mathrm{N}}\dot{\boldsymbol{X}}_{\mathrm{N}}+\boldsymbol{\omega}_{\mathrm{n}}^{2}\boldsymbol{X}_{\mathrm{N}}=\boldsymbol{F}_{\mathrm{N}} \tag{3-146}$$

由式(3-146)可得正则坐标表示的第 i 阶运动方程为

$$\ddot{x}_{\mathrm{N}i}+R_{\mathrm{N}i}\dot{x}_{\mathrm{N}i}+\omega_{\mathrm{n}i}^{2}x_{\mathrm{N}i}=f_{\mathrm{N}i},\quad i=1,2,\cdots,n \tag{3-147}$$

根据式(3-145)，式(3-147)可写成

$$\ddot{x}_{\mathrm{N}i}+(\alpha+\beta\omega_{\mathrm{n}i}^{2})\dot{x}_{\mathrm{N}i}+\omega_{\mathrm{n}i}^{2}x_{\mathrm{N}i}=f_{\mathrm{N}i},\quad i=1,2,\cdots,n \tag{3-148}$$

式中：$x_{\mathrm{N}i}$ 表示第 i 个正则坐标；$\omega_{\mathrm{n}i}$ 表示第 i 阶固有频率；$f_{\mathrm{N}i}$ 表示对应于第 i 个正则坐标的广义激振力。

3.7.2　振型阻尼

比例阻尼只是使 $\boldsymbol{R}_{\mathrm{N}}$ 成为对角矩阵的一种特殊情况。工程中的大多数场合，$\boldsymbol{R}_{\mathrm{N}}$ 都不是对角矩阵，但是工程上大多数振动系统中阻尼都比较小，而且由于各种阻尼比较复杂，精确测定阻尼的大小也还有很多困难。因此，为使正则阻尼矩阵 $\boldsymbol{R}_{\mathrm{N}}$ 对角化，最简单的办法就是将式(3-142)中非对角线上的元素的值改为零，保留对角线上各元素的原有数值，这样式(3-142)可写成

$$\boldsymbol{R}_{\mathrm{N}}\approx\bar{\boldsymbol{R}}_{\mathrm{N}}=\begin{bmatrix}R_{\mathrm{N}11} & 0 & \cdots & 0\\ 0 & R_{\mathrm{N}22} & \cdots & 0\\ \vdots & \vdots & & \vdots\\ 0 & 0 & \cdots & R_{\mathrm{N}nn}\end{bmatrix} \tag{3-149}$$

只要系统中的阻尼比较小，且系统的各固有频率值彼此不等又有一定的间隔，按照上述处理，通常就可获得很好的近似解。这样，就把振型叠加法有效地推广到了有阻尼的多自由度系

统振动问题的分析求解中。

将式(3-149)代入式(3-146)中,得

$$\ddot{\boldsymbol{X}}_{\mathrm{N}}+\bar{\boldsymbol{R}}_{\mathrm{N}}\dot{\boldsymbol{X}}_{\mathrm{N}}+\boldsymbol{\omega}_{\mathrm{n}}^{2}\boldsymbol{X}_{\mathrm{N}}=\boldsymbol{F}_{\mathrm{N}} \tag{3-150}$$

或

$$\ddot{x}_{\mathrm{N}i}+R_{\mathrm{N}ii}\dot{x}_{\mathrm{N}i}+\omega_{\mathrm{n}i}^{2}x_{\mathrm{N}i}=f_{\mathrm{N}i},\quad i=1,2,\cdots,n \tag{3-151}$$

式中:$R_{\mathrm{N}ii}$称作第 i 阶正则振型的阻尼系数,它等于第 i 阶正则振型的衰减系数 $n_{\mathrm{N}i}$的 2 倍,即 $R_{\mathrm{N}ii}=2n_{\mathrm{N}i}$。在实际进行振动分析时,通常用实验或实测方法给出各阶振型的阻尼比 ζ_{ii}。实测结果表明,各阶振型的阻尼比 ζ_{ii} 数量级相同,高阶振型的数值略大些,这样,式(3-151)可写成

$$\ddot{x}_{\mathrm{N}i}+2n_{\mathrm{N}i}\dot{x}_{\mathrm{N}i}+\omega_{\mathrm{n}i}^{2}x_{\mathrm{N}i}=f_{\mathrm{N}i} \tag{3-152a}$$

或

$$\ddot{x}_{\mathrm{N}i}+2\zeta_{ii}\omega_{\mathrm{n}i}\dot{x}_{\mathrm{N}i}+\omega_{\mathrm{n}i}^{2}x_{\mathrm{N}i}=f_{\mathrm{N}i} \tag{3-152b}$$

式中:$\zeta_{ii}=n_{\mathrm{N}i}/\omega_{\mathrm{n}i}$称为第 i 阶正则坐标振型的阻尼比。对于小阻尼系统,通常规定所有振型的阻尼比均在[0,0.2]范围内。为简单起见,通常还假定各阶振型的阻尼比是相同的,即 $\zeta_{ii}=\zeta$,这时方程(3-152b)可写成

$$\ddot{x}_{\mathrm{N}i}+2\zeta\omega_{\mathrm{n}i}\dot{x}_{\mathrm{N}i}+\omega_{\mathrm{n}i}^{2}x_{\mathrm{N}i}=f_{\mathrm{N}i},\quad i=1,2,\cdots,n \tag{3-153}$$

应注意:若实测出第 i 阶正则振型的阻尼比 ζ_{ii} 值,则可按式(3-152b)进行计算;若假设各阶振型的阻尼比相等,则可按式(3-153)进行计算。这就省去了对原坐标的阻尼矩阵 $\boldsymbol{R}$ 的计算或实测。假如需要对系统用原坐标表示的运动方程直接求解,可由已确定的 $\bar{\boldsymbol{R}}_{\mathrm{N}}$ 计算出 $\boldsymbol{R}$,即把 $\bar{\boldsymbol{R}}_{\mathrm{N}}$ 看作 $\boldsymbol{R}_{\mathrm{N}}$,根据式(3-142)则有

$$\bar{\boldsymbol{R}}_{\mathrm{N}}=\boldsymbol{A}_{\mathrm{N}}^{\mathrm{T}}\boldsymbol{R}\boldsymbol{A}_{\mathrm{N}} \tag{3-154}$$

由式(3-154)有

$$\boldsymbol{R}=(\boldsymbol{A}_{\mathrm{N}}^{\mathrm{T}})^{-1}\bar{\boldsymbol{R}}_{\mathrm{N}}\boldsymbol{A}_{\mathrm{N}}^{-1} \tag{3-155}$$

再根据 $\boldsymbol{A}_{\mathrm{N}}^{-1}=\boldsymbol{A}_{\mathrm{N}}^{\mathrm{T}}\boldsymbol{M}$,可得

$$\boldsymbol{R}=\boldsymbol{M}\boldsymbol{A}_{\mathrm{N}}\bar{\boldsymbol{R}}_{\mathrm{N}}\boldsymbol{A}_{\mathrm{N}}^{\mathrm{T}}\boldsymbol{M} \tag{3-156}$$

由式(3-149)得

$$\bar{\boldsymbol{R}}_{\mathrm{N}}=\begin{bmatrix} R_{\mathrm{N}11} & 0 & \cdots & 0 \\ 0 & R_{\mathrm{N}22} & \cdots & 0 \\ \vdots & \vdots & & \vdots \\ 0 & 0 & \cdots & R_{\mathrm{N}nn} \end{bmatrix}=\begin{bmatrix} 2\zeta_{11}\omega_{\mathrm{n}1} & 0 & \cdots & 0 \\ 0 & 2\zeta_{22}\omega_{\mathrm{n}2} & \cdots & 0 \\ \vdots & \vdots & & \vdots \\ 0 & 0 & \cdots & 2\zeta_{nn}\omega_{\mathrm{n}n} \end{bmatrix} \tag{3-157}$$

将式(3-157)代入式(3-156),则得

$$\boldsymbol{R}=\boldsymbol{M}\Big(\sum_{i=1}^{n}2\zeta_{ii}\omega_{\mathrm{n}i}\boldsymbol{A}_{\mathrm{N}}^{(i)}\ (\boldsymbol{A}_{\mathrm{N}}^{(i)})^{\mathrm{T}}\boldsymbol{M}\Big) \tag{3-158}$$

从式(3-158)中可以明显地看出各阶振型阻尼对阻尼矩阵 $\boldsymbol{R}$ 的作用。

3.8 有阻尼系统的响应

3.8.1 对简谐激振力的响应

对于一个小阻尼系统,当各坐标上作用的激振力均与简谐函数 $\sin\omega t$ 成比例时,系统的受

迫振动方程为

$$M\ddot{X}+R\dot{X}+KX=F\sin\omega t \tag{3-159}$$

根据正则坐标，式(3-159)可变换为

$$\ddot{x}_{Ni}+2n_i\dot{x}_{Ni}+\omega_{ni}^2x_{Ni}=f_{Ni}\sin\omega t,\quad i=1,2,\cdots,n \tag{3-160}$$

式中：f_{Ni}为广义激振力幅值；n_i 为

比例阻尼：$n_i=(\alpha+\beta\omega_{ni}^2)/2$

振型阻尼：$n_i=\zeta_{ii}\omega_{ni}$

从而，可按单自由度系统的计算方法，求出每个正则坐标的稳态响应：

$$x_{Ni}=\frac{f_{Ni}}{\omega_{ni}^2}\beta_i\sin(\omega t-\psi_i) \tag{3-161}$$

式中：β_i 为放大因子，其值为

$$\beta_i=\frac{1}{\sqrt{(1-\omega^2/\omega_{ni}^2)^2+(2\zeta_{ii}\omega/\omega_{ni})^2}} \tag{3-162}$$

相位角 ψ_i 为

$$\psi_i=\arctan\frac{2\zeta_{ii}\omega/\omega_{ni}}{1-(\omega/\omega_{ni})^2} \tag{3-163}$$

再利用关系式 $X=A_NX_N$，得系统原坐标的稳态响应为

$$X=A_N^{(1)}x_{N1}+A_N^{(2)}x_{N2}+\cdots+A_N^{(n)}x_{Nn} \tag{3-164}$$

或写成

$$\begin{bmatrix}x_1\\x_2\\\vdots\\x_n\end{bmatrix}=x_{N1}\begin{bmatrix}A_{N1}^{(1)}\\A_{N2}^{(1)}\\\vdots\\A_{Nn}^{(1)}\end{bmatrix}+x_{N2}\begin{bmatrix}A_{N1}^{(2)}\\A_{N2}^{(2)}\\\vdots\\A_{Nn}^{(2)}\end{bmatrix}+\cdots+x_{Nn}\begin{bmatrix}A_{N1}^{(n)}\\A_{N2}^{(n)}\\\vdots\\A_{Nn}^{(n)}\end{bmatrix} \tag{3-165}$$

例 3-11 在图 3-17 所示的系统中，当 $n=3$ 时，在质量 m_1、m_2、m_3 上作用的激振力分别为 $F_1=F_2=F_3=F\sin\omega t$。假定振型阻尼比 $\zeta_i=0.02(i=1,2,3)$，取 $m_1=m_2=m_3=m$ 及 $k_1=k_2=k_3=k$，试求当激振频率 $\omega=1.25\sqrt{k/m}$时各质量的稳态响应。

解 首先求解系统的固有频率和主振型。该系统无阻尼自由振动微分方程为

$$M\ddot{X}+KX=0$$

其中

$$M=\begin{bmatrix}m&0&0\\0&m&0\\0&0&m\end{bmatrix},\quad K=\begin{bmatrix}2k&-k&0\\-k&2k&-k\\0&-k&k\end{bmatrix}$$

则系统的特征方程为

$$\begin{vmatrix}2k-m\omega_{ni}^2&-k&0\\-k&2k-m\omega_{ni}^2&-k\\0&-k&k-m\omega_{ni}^2\end{vmatrix}=0$$

展开后得

$$(\omega_{ni}^2)^3-5\left(\frac{k}{m}\right)(\omega_{ni}^2)^2+6\left(\frac{k}{m}\right)^2\omega_{ni}^2-\left(\frac{k}{m}\right)^3=0$$

求解得

$$\omega_{n1}^2=0.198\frac{k}{m},\quad \omega_{n2}^2=1.555\frac{k}{m},\quad \omega_{n3}^2=3.247\frac{k}{m}$$

将 ω_{n1}^2、ω_{n2}^2、ω_{n3}^2 分别代入式(3-29)中，得特征向量为

$$\boldsymbol{A}^{(1)}=\begin{bmatrix}1.000\\1.802\\2.247\end{bmatrix},\quad \boldsymbol{A}^{(2)}=\begin{bmatrix}1.000\\0.445\\-0.802\end{bmatrix},\quad \boldsymbol{A}^{(3)}=\begin{bmatrix}1.000\\-1.247\\0.555\end{bmatrix}$$

则振型矩阵为

$$\boldsymbol{A}_{\mathrm{P}}^{\mathrm{T}}=(\boldsymbol{A}^{(1)}\quad \boldsymbol{A}^{(2)}\quad \boldsymbol{A}^{(3)})=\begin{bmatrix}1.000 & 1.000 & 1.000\\1.802 & 0.445 & -1.247\\2.247 & -0.802 & 0.555\end{bmatrix}$$

用正则化因子除 $\boldsymbol{A}_{\mathrm{P}}^{\mathrm{T}}$ 中相应列后，得正则振型矩阵为

$$\boldsymbol{A}_{\mathrm{N}}=\frac{1}{\sqrt{m}}\begin{bmatrix}0.328 & 0.737 & 0.591\\0.591 & 0.328 & -0.737\\0.737 & -0.591 & 0.328\end{bmatrix}$$

正则坐标下的激振力向量为

$$\boldsymbol{F}_{\mathrm{N}}=\boldsymbol{A}_{\mathrm{N}}^{\mathrm{T}}\boldsymbol{F}=\frac{1}{\sqrt{m}}\begin{bmatrix}1.656\\0.474\\0.182\end{bmatrix}F\sin\omega t$$

由式(3-162)计算放大因子，其值为

$$\beta_1=0.145,\quad \beta_2=24.761,\quad \beta_3=1.925$$

由式(3-163)计算相位角，其值为

$$\psi_1=179°4',\quad \psi_2=96°52',\quad \psi_3=3°4'$$

正则坐标下的稳态解为

$$x_{\mathrm{N1}}=1.213\frac{F\sqrt{m}}{k}\sin(\omega t-179°4')$$

$$x_{\mathrm{N2}}=7.548\frac{F\sqrt{m}}{k}\sin(\omega t-96°52')$$

$$x_{\mathrm{N3}}=0.108\frac{F\sqrt{m}}{k}\sin(\omega t-3°4')$$

转化为原坐标下的稳态响应为

$$\boldsymbol{X}=\begin{bmatrix}x_1\\x_2\\x_3\end{bmatrix}=x_{\mathrm{N1}}\begin{bmatrix}\boldsymbol{A}_{\mathrm{N1}}^{(1)}\\\boldsymbol{A}_{\mathrm{N2}}^{(1)}\\\boldsymbol{A}_{\mathrm{N3}}^{(1)}\end{bmatrix}+x_{\mathrm{N2}}\begin{bmatrix}\boldsymbol{A}_{\mathrm{N1}}^{(2)}\\\boldsymbol{A}_{\mathrm{N2}}^{(2)}\\\boldsymbol{A}_{\mathrm{N3}}^{(2)}\end{bmatrix}+x_{\mathrm{N3}}\begin{bmatrix}\boldsymbol{A}_{\mathrm{N1}}^{(3)}\\\boldsymbol{A}_{\mathrm{N2}}^{(3)}\\\boldsymbol{A}_{\mathrm{N3}}^{(3)}\end{bmatrix}$$

$$=\frac{F}{k}\begin{bmatrix}0.398\sin(\omega t-179°4')+5.563\sin(\omega t-96°52')+0.064\sin(\omega t-3°4')\\0.717\sin(\omega t-179°4')+2.476\sin(\omega t-96°52')-0.080\sin(\omega t-3°4')\\0.894\sin(\omega t-179°4')-4.461\sin(\omega t-96°52')+0.035\sin(\omega t-3°4')\end{bmatrix}$$

由以上结果看出，第 2 阶主振型的响应占主要部分，而第 1 阶、第 3 阶主振型的响应则很小。

3.8.2　周期激振的响应

当小阻尼系统各坐标上作用有与周期函数 $f(t)$ 成比例的激振力时，激振力向量可写成

$$\boldsymbol{F}(t)=\begin{bmatrix}F_1\\F_2\\\vdots\\F_3\end{bmatrix}f(t) \tag{3-166}$$

周期函数 $f(t)$可展成傅里叶级数形式：

$$f(t)=a_0+\sum_{j=1}^{m}(a_j\cos \mathrm{j}\omega t+b_j\sin \mathrm{j}\omega t),\quad j=1,2,\cdots,m \tag{3-167}$$

式中：a_0、a_j、b_j 为傅里叶系数，可按式(2-79)计算。

在周期激振力作用下的振动方程，变换为正则坐标后，可得出与式(3-160)类似的 n 个独立方程：

$$\ddot{x}_{\mathrm{N}i}+2n_i\dot{x}_{\mathrm{N}i}+\omega_{\mathrm{n}i}^2x_{\mathrm{N}i}=f_{\mathrm{N}i}f(t),\quad i=1,2,\cdots,n \tag{3-168}$$

按正则坐标，其第 i 阶的有阻尼稳态响应为

$$x_{\mathrm{N}i}=\frac{f_{\mathrm{N}i}}{\omega_{\mathrm{n}i}^2}\left\{a_0+\sum_{j=1}^{m}\beta_{ij}\left[a_j\cos(\mathrm{j}\omega t-\psi_{ij})+b_j\sin(\mathrm{j}\omega t-\psi_{ij})\right]\right\},\quad i=1,2,\cdots,n;j=1,2,\cdots,m \tag{3-169}$$

式中：放大因子 β_{ij} 为

$$\beta_{ij}=\frac{1}{\sqrt{(1-\mathrm{j}^2\omega^2/\omega_{\mathrm{n}i}^2)^2+(2\zeta_{ii}\mathrm{j}\omega/\omega_{\mathrm{n}i})^2}} \tag{3-170}$$

相位角 ψ_{ij} 为

$$\psi_{ij}=\arctan\frac{2\zeta_{ii}\mathrm{j}\omega/\omega_{\mathrm{n}i}}{1-(\mathrm{j}\omega/\omega_{\mathrm{n}i})^2} \tag{3-171}$$

从式(3-169)可以看出，任意阶(如第 i 阶)正则坐标的响应，是多个具有不同频率的激振力引起的响应的叠加，因而周期性激振函数产生共振的可能性要比简谐函数大得多。所以很难预料各振型中哪一振型将受到激振力的强烈影响。但是，当激振力函数展成傅里叶级数之后，每个激振频率 $\mathrm{j}\omega$ 可以和每个固有频率 $\omega_{\mathrm{n}i}$ 相比较，从而可以预测出强烈振动所在。

例 3-12 图 3-18 所示为一矩形波周期性激振力函数，如果该激振力作用于例 3-15 中的第一个质量上，并已知振型阻尼比 $\zeta_{11}=\zeta_{22}=\zeta_{33}=\zeta$，求系统的稳态响应。

解 将该矩形波函数展开为傅里叶级数：

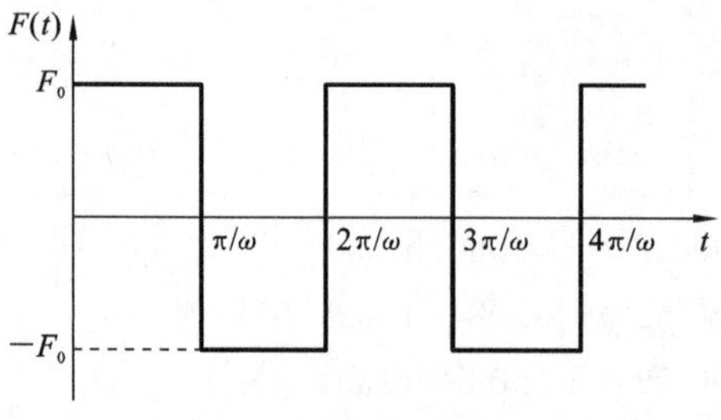

图 3-18 矩形波周期性激振力函数

$$F(t)=a_0+\sum_{j=1}^{m}(a_j\cos \mathrm{j}\omega t+b_j\sin \mathrm{j}\omega t)$$

$$a_0=0,\quad a_j=0,$$

$$b_j=\frac{2F_0}{\pi j}\left[1-(-1)^{\mathrm{j}}\right],\quad j=1,2,\cdots,m$$

得

$$F_1(t)=\frac{4F_0}{\pi}\left(\sin\omega t+\frac{1}{3}\sin3\omega t+\frac{1}{5}\sin5\omega t+\cdots\right)=\frac{4F_0}{\pi}f(t)$$

则激振力列阵为

$$\boldsymbol{F}(t)=\begin{bmatrix}\dfrac{4F_0}{\pi}\\0\\0\\\vdots\end{bmatrix}f(t)$$

按正则坐标表示的激振力向量为

$$\boldsymbol{F}_{\mathrm{N}}=\boldsymbol{A}_{\mathrm{N}}^{\mathrm{T}}\boldsymbol{F}(t)=\frac{4F_0}{\pi\sqrt{m}}\begin{bmatrix}0.328\\0.737\\0.591\end{bmatrix}f(t)$$

由式(3-170)计算放大因子：

$$\beta_{11}=\frac{1}{\sqrt{(1-\omega^2/\omega_{\mathrm{n1}}^2)^2+(2\zeta\omega/\omega_{\mathrm{n1}})^2}}$$

$$\beta_{13}=\frac{1}{\sqrt{(1-9\omega^2/\omega_{\mathrm{n1}}^2)^2+(2\zeta)^2\ (3\omega/\omega_{\mathrm{n1}})^2}}$$

$$\vdots$$

由式(3-171)计算相位角：

$$\psi_{11}=\arctan\frac{2\zeta\omega/\omega_{\mathrm{n1}}}{1-(\omega/\omega_{\mathrm{n1}})^2}$$

$$\psi_{13}=\arctan\frac{2\zeta\times3\omega/\omega_{\mathrm{n1}}}{1-(3\omega/\omega_{\mathrm{n1}})^2}$$

$$\vdots$$

进而求得正则坐标下的稳态响应为

$$\begin{aligned}x_{\mathrm{N1}}&=\frac{0.328}{\omega_{\mathrm{n1}}^2\sqrt{m}}\times\frac{4F_0}{\pi}\left[\beta_{11}\sin(\omega t-\psi_{11})+\frac{\beta_{13}}{3}\sin(3\omega t-\psi_{13})+\cdots\right]\\&=\frac{1.657\sqrt{m}}{k}\frac{4F_0}{\pi}\varphi_1(t)\\x_{\mathrm{N2}}&=\frac{0.737}{\omega_{\mathrm{n2}}^2\sqrt{m}}\times\frac{4F_0}{\pi}\left[\beta_{21}\sin(\omega t-\psi_{21})+\frac{\beta_{23}}{3}\sin(3\omega t-\psi_{23})+\cdots\right]\\&=\frac{0.474\sqrt{m}}{k}\frac{4F_0}{\pi}\varphi_2(t)\\x_{\mathrm{N3}}&=\frac{0.591}{\omega_{\mathrm{n1}}^2\sqrt{m}}\times\frac{4F_0}{\pi}\left[\beta_{31}\sin(\omega t-\psi_{31})+\frac{\beta_{33}}{3}\sin(3\omega t-\psi_{33})+\cdots\right]\\&=\frac{0.182\sqrt{m}}{k}\frac{4F_0}{\pi}\varphi_3(t)\end{aligned}$$

原坐标下的稳态响应为

$$\begin{aligned}\boldsymbol{X}&=\boldsymbol{A}_{\mathrm{N}}\boldsymbol{X}_{\mathrm{N}}=\frac{1}{\sqrt{m}}\begin{bmatrix}0.328&0.737&0.591\\0.591&0.328&-0.737\\0.737&-0.591&0.328\end{bmatrix}\times\frac{4F_0\sqrt{m}}{k\pi}\begin{bmatrix}1.657\varphi_1(t)\\0.474\varphi_2(t)\\0.182\varphi_3(t)\end{bmatrix}\\&=\frac{4F_0}{k\pi}\varphi_1(t)\begin{bmatrix}0.543\\0.979\\1.221\end{bmatrix}+\frac{4F_0}{k\pi}\varphi_2(t)\begin{bmatrix}0.349\\0.155\\-0.280\end{bmatrix}+\frac{4F_0}{k\pi}\varphi_3(t)\begin{bmatrix}0.108\\-0.134\\0.060\end{bmatrix}\end{aligned}$$

当激振力函数是非周期函数时，可用杜哈梅积分求出正则坐标下的响应，然后进行坐标逆变换，从而求出原坐标下的响应。

3.9　常见的多自由度系统实例

3.9.1　浮阀隔振系统

现代舰艇为了降低机组、泵等的振动噪声，往往采用浮阀隔振系统。单级浮阀原理如图3-19所示，在机组与船身之间放置一个中间质量，并通过弹簧和阻尼器与其他部分连接。浮阀隔振系统能显著降低船舶的振动和噪声水平。

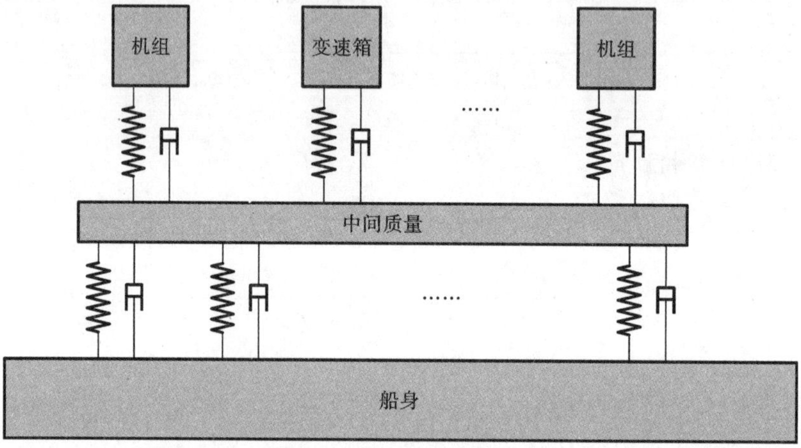

图3-19　单级浮阀原理

图3-20所示的是只有一个发动机组和一个变速箱的简单系统，假设中间质量只有一个垂直方向的自由度，各部分之间通过线性弹簧和黏性阻尼器连接。取各质量质心垂直位移为广义坐标，则各分离体受力图如图3-21所示。

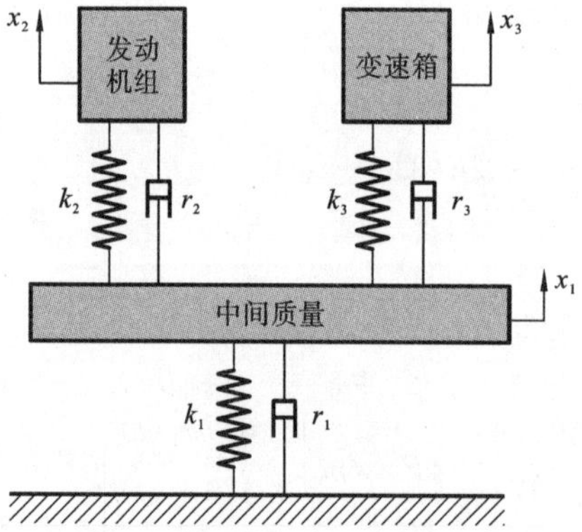

图3-20　只有一个发动机组和一个变速箱的简单系统

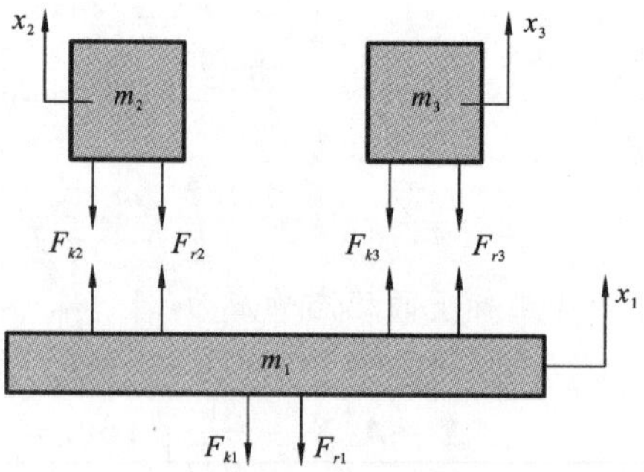

图3-21　各分离体的受力图

图3-21中，各力的大小分别为

$$F_{k1}=k_1x_1,\quad F_{k2}=k_2(x_2-x_1),\quad F_{k3}=k_3(x_3-x_1)$$
$$F_{r1}=r_1\dot{x}_1,\quad F_{r2}=r_2(\dot{x}_2-\dot{x}_1),\quad F_{r3}=r_3(\dot{x}_3-\dot{x}_1)$$

系统的运动方程为

$$\begin{bmatrix} m_1 & 0 & 0 \\ 0 & m_2 & 0 \\ 0 & 0 & m_3 \end{bmatrix}\begin{bmatrix} \ddot{x}_1 \\ \ddot{x}_2 \\ \ddot{x}_3 \end{bmatrix}+\begin{bmatrix} r_1+r_2+r_3 & -r_2 & -r_3 \\ -r_2 & r_2 & 0 \\ -r_2 & 0 & r_3 \end{bmatrix}\begin{bmatrix} \dot{x}_1 \\ \dot{x}_2 \\ \dot{x}_3 \end{bmatrix}+\begin{bmatrix} k_1+k_2+k_3 & -k_2 & -k_3 \\ -k_2 & k_2 & 0 \\ -k_2 & 0 & k_3 \end{bmatrix}\begin{bmatrix} x_1 \\ x_2 \\ x_3 \end{bmatrix}=\begin{bmatrix} 0 \\ 0 \\ 0 \end{bmatrix} \tag{3-172}$$

3.9.2　齿轮轴的扭振

机器一般都包括一个或几个旋转部件，例如机床或车辆的传动装置、汽轮机的转子、内燃机的飞轮和曲轴等。对这些结构做振动分析时，常常可以将其等效为弹性轴与刚体质量组成的扭振系统，如图 3-22 所示。

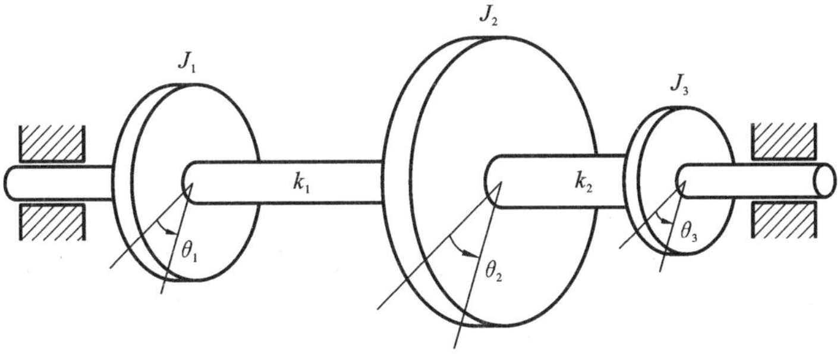

图 3-22　扭振系统

在图 3-22 所示结构中忽略轴的质量，记左段齿轮轴的扭转刚度为 k_1，右段齿轮轴的扭转刚度为 k_2；假设三个齿轮均为刚性的均质圆盘，转动惯量分别为 J_1、J_2、J_3；以三个齿轮扭转角度为广义坐标，记为 θ_1、θ_2、θ_3。则系统自由振动的方程为

$$\begin{bmatrix} J_1 & 0 & 0 \\ 0 & J_2 & 0 \\ 0 & 0 & J_3 \end{bmatrix}\begin{bmatrix} \ddot{\theta}_1 \\ \ddot{\theta}_2 \\ \ddot{\theta}_3 \end{bmatrix}+\begin{bmatrix} k_1 & -k_1 & 0 \\ -k_1 & k_1+k_2 & -k_2 \\ 0 & -k_2 & k_3 \end{bmatrix}\begin{bmatrix} \theta_1 \\ \theta_2 \\ \theta_3 \end{bmatrix}=\begin{bmatrix} 0 \\ 0 \\ 0 \end{bmatrix}$$

注意：轴的扭转刚度计算公式为

$$k=I_pG/L$$

其中：I_p 是轴截面的极惯性矩，对于圆形截面，圆对其形心轴的极惯性矩为 $I_p=\pi d^4/32$，d 为直径；G 是材料的剪切模量；L 是轴的长度。

均质圆盘对中心轴的转动惯量为

$$J=\frac{1}{2}mr^2$$

其中：r 为圆盘半径。

3.9.3　三自由度汽车模型

三自由度汽车的简化模型如图 3-23 所示，只考虑了质心的垂直位移 z、绕 x 轴的转角 θ、绕 y 轴的转角 φ 等三个自由度。其中，垂直位移 z 向上为正，转角 θ 和 φ 逆时针为正。主要参数：底盘质量为 1200 kg，回转半径 $\rho_x=0.4$ m，$\rho_y=1.2$ m；假设车轮的支撑刚度是常数，前面两个车轮的刚度 $k_1=k_4=25$ kN/m，后面两个车轮的刚度为 $k_2=k_3=16$ kN/m；质心到前轮的距离为 $b_1=1$ m，到后轮的距离为 $b_2=1.7$ m；底盘关于 x 轴对称，而 $a=1.5$ m。

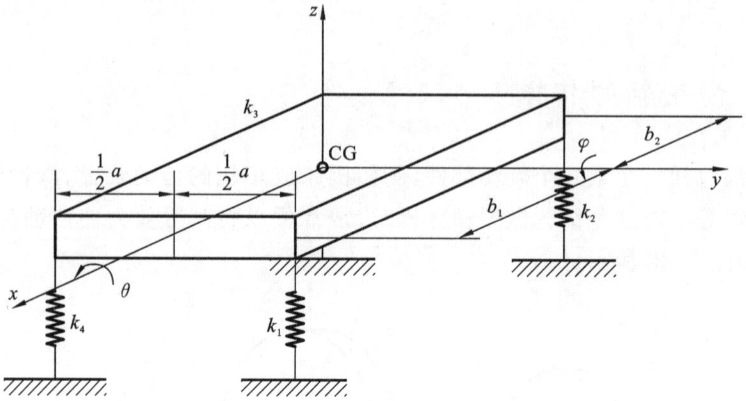

图 3-23　三自由度汽车的简化模型

下面把底盘看作刚体，求汽车的固有频率与自由振动模态。

选取 z、θ、φ 作为广义坐标，则系统的动能为

$$T=\frac{1}{2}m\ddot{z}^2+\frac{1}{2}J_x\ddot{\theta}^2+\frac{1}{2}J_y\ddot{\varphi}^2 \tag{3-173}$$

四个弹簧的伸长量可以用三个广义坐标表示：

$$\begin{cases}\Delta k_1=z+\dfrac{1}{2}a\theta-b_1\varphi\\ \Delta k_2=z+\dfrac{1}{2}a\theta+b_2\varphi\\ \Delta k_3=z-\dfrac{1}{2}a\theta+b_2\varphi\\ \Delta k_4=z-\dfrac{1}{2}a\theta-b_1\varphi\end{cases} \tag{3-174}$$

所以，系统的势能为

$$\begin{aligned}U&=\frac{1}{2}k_1(\Delta k_1)^2+\frac{1}{2}k_2(\Delta k_2)^2+\frac{1}{2}k_3(\Delta k_3)^2+\frac{1}{2}k_4(\Delta k_4)^2\\&=\frac{1}{2}k_1\left(z+\frac{1}{2}a\theta-b_1\varphi\right)^2+\frac{1}{2}k_2\left(z+\frac{1}{2}a\theta+b_2\varphi\right)^2\\&\quad+\frac{1}{2}k_3\left(z-\frac{1}{2}a\theta+b_2\varphi\right)^2+\frac{1}{2}k_4\left(z-\frac{1}{2}a\theta-b_1\varphi\right)^2\end{aligned} \tag{3-175}$$

应用拉格朗日方程：

$$\frac{\partial T}{\partial \dot{z}}=m\dot{z},\quad \frac{\partial T}{\partial \dot{\theta}}=J_x\dot{\theta},\quad \frac{\partial T}{\partial \dot{\varphi}}=J_y\dot{\varphi}$$

$$\frac{\mathrm{d}}{\mathrm{d}t}\left(\frac{\partial T}{\partial \dot{z}}\right)=m\ddot{z},\quad \frac{\mathrm{d}}{\mathrm{d}t}\left(\frac{\partial T}{\partial \dot{\theta}}\right)=J_x\ddot{\theta},\quad \frac{\mathrm{d}}{\mathrm{d}t}\left(\frac{\partial T}{\partial \dot{\varphi}}\right)=J_y\ddot{\varphi}$$

$$\begin{aligned}\frac{\partial U}{\partial z}&=k_1\left(z+\frac{1}{2}a\theta-b_1\varphi\right)+k_2\left(z+\frac{1}{2}a\theta+b_2\varphi\right)+k_3\left(z-\frac{1}{2}a\theta+b_2\varphi\right)+k_4\left(z-\frac{1}{2}a\theta-b_1\varphi\right)\\&=(k_1+k_2+k_3+k_4)z+\frac{1}{2}a(k_1+k_2-k_3-k_4)\theta+(-b_1k_1+b_2k_2+b_2k_3-b_1k_4)\varphi\end{aligned}$$

$$\begin{aligned}\frac{\partial U}{\partial \theta}&=\frac{1}{2}ak_1\left(z+\frac{1}{2}a\theta-b_1\varphi\right)+\frac{1}{2}ak_2\left(z+\frac{1}{2}a\theta+b_2\varphi\right)\\&\quad-\frac{1}{2}ak_3\left(z-\frac{1}{2}a\theta+b_2\varphi\right)-\frac{1}{2}ak_4\left(z-\frac{1}{2}a\theta-b_1\varphi\right)\\&=\frac{1}{2}a(k_1+k_2-k_3-k_4)z+\frac{1}{4}a^2(k_1+k_2+k_3+k_4)\theta\\&\quad+\frac{1}{2}a(-b_1k_1+b_2k_2-b_2k_3+b_1k_4)\varphi\end{aligned}$$

$$\begin{aligned}\frac{\partial U}{\partial \varphi}&=-b_1k_1\left(z+\frac{1}{2}a\theta-b_1\varphi\right)+b_2k_2\left(z+\frac{1}{2}a\theta+b_2\varphi\right)\\&\quad+b_2k_3\left(z-\frac{1}{2}a\theta+b_2\varphi\right)-b_1k_4\left(z-\frac{1}{2}a\theta-b_1\varphi\right)\\&=(-b_1k_1+b_2k_2+b_2k_3-b_1k_4)z+\frac{1}{2}a(-b_1k_1+b_2k_2-b_2k_3+b_1k_4)\theta\\&\quad+(b_1^2k_1+b_2^2k_2+b_2^2k_3+b_1^2k_4)\varphi\end{aligned}$$

系统的运动方程为

$$\begin{cases}m\ddot{z}+(k_1+k_2+k_3+k_4)z+\frac{1}{2}a(k_1+k_2-k_3-k_4)\theta\\\quad+(-b_1k_1+b_2k_2+b_2k_3-b_1k_4)\varphi=0\\J_x\ddot{\theta}+\frac{1}{2}a(k_1+k_2-k_3-k_4)z+\frac{1}{4}a^2(k_1+k_2+k_3+k_4)\theta\\\quad+\frac{1}{2}a(-b_1k_1+b_2k_2-b_2k_3+b_1k_4)\varphi=0\\J_y\ddot{\varphi}+(-b_1k_1+b_2k_2+b_2k_3-b_1k_4)z+\frac{1}{2}a(-b_1k_1+b_2k_2-b_2k_3+b_1k_4)\theta\\\quad+(b_1^2k_1+b_2^2k_2+b_2^2k_3+b_1^2k_4)\varphi=0\end{cases}\tag{3-176}$$

系统的刚度矩阵和质量矩阵分别为

$$\boldsymbol{K}=\begin{bmatrix}k_1+k_2+k_3+k_4 & \frac{1}{2}a(k_1+k_2-k_3-k_4) & -b_1k_1+b_2k_2+b_2k_3-b_1k_4\\\frac{1}{2}a(k_1+k_2-k_3-k_4) & \frac{1}{4}a^2(k_1+k_2+k_3+k_4) & \frac{1}{2}a(-b_1k_1+b_2k_2-b_2k_3+b_1k_4)\\-b_1k_1+b_2k_2+b_2k_3-b_1k_4 & \frac{1}{2}a(-b_1k_1+b_2k_2-b_2k_3+b_1k_4) & b_1^2k_1+b_2^2k_2+b_2^2k_3+b_1^2k_4\end{bmatrix}$$

$$\boldsymbol{M}=\begin{bmatrix}m&0&0\\0&J_x&0\\0&0&J_y\end{bmatrix}$$

把参数代入质量矩阵和刚度矩阵，可得

$$\boldsymbol{M}=\begin{bmatrix} m & 0 & 0 \\ 0 & J_x & 0 \\ 0 & 0 & J_y \end{bmatrix}=\begin{bmatrix} m & 0 & 0 \\ 0 & m\rho_x^2 & 0 \\ 0 & 0 & m\rho_y^2 \end{bmatrix}=\begin{bmatrix} 1200 & 0 & 0 \\ 0 & 192 & 0 \\ 0 & 0 & 1728 \end{bmatrix}$$

$$\boldsymbol{K}=\begin{bmatrix} 82000 & 0 & 4400 \\ 0 & 46125 & 0 \\ 4400 & 0 & 142480 \end{bmatrix}$$

则系统的特征值方程为

$$\left[\begin{bmatrix} 82000 & 0 & 4400 \\ 0 & 46125 & 0 \\ 4400 & 0 & 142480 \end{bmatrix}-\omega_{ni}^2\begin{bmatrix} 1200 & 0 & 0 \\ 0 & 192 & 0 \\ 0 & 0 & 1728 \end{bmatrix}\right]\begin{bmatrix} z \\ \theta \\ \varphi \end{bmatrix}=\begin{bmatrix} 0 \\ 0 \\ 0 \end{bmatrix}$$

其特征值为

$$\omega_{n1}^2=67.7005,\qquad \omega_{n2}^2=83.0865,\qquad \omega_{n3}^2=240.2344$$

$$\omega_{n1}=8.2280(\text{Hz}),\quad \omega_{n2}=9.1152(\text{Hz}),\quad \omega_{n3}=15.4995(\text{Hz})$$

对应的特征向量分别为

$$\boldsymbol{A}^{(1)}=(-0.9854\quad 0\quad 0.1701)^{\mathrm{T}}$$

$$\boldsymbol{A}^{(2)}=(-0.2412\quad 0\quad -0.9705)^{\mathrm{T}}$$

$$\boldsymbol{A}^{(3)}=(0\quad 1\quad 0)^{\mathrm{T}}$$

第 4 章　直齿轮传动系统动力学

时变啮合刚度和静态传递误差，是齿轮传动系统的主要激励形式，将对齿轮系统的稳定运行产生较大的影响。分析齿轮转子系统在啮合刚度和空载传递误差激励下的动态响应一直都是齿轮动力学中的重要任务，对齿轮转子动力学的发展至关重要。本章分别建立了齿轮系统的集中参数模型、基于 Timoshenko(铁摩辛柯)梁理论的转子有限元模型以及基于 ADAMS(机械系统动力学自动分析)的多体动力学模型，并通过两个案例分析了齿轮系统的动力学特性，对比了不同建模方法对系统动力学特性的影响。

4.1　齿轮副时变啮合刚度计算

为了准确计算齿轮啮合过程中因单双齿交替而出现的时变啮合刚度，本章采用轮齿承载接触分析(LTCA)方法计算齿轮副啮合刚度。以下主要分平面四节点单元有限元理论和用轮齿承载接触分析方法求啮合刚度两部分来介绍。齿轮的整体变形采用有限元理论进行计算，接触刚度采用了非线性赫兹接触公式计算。

4.1.1　平面四节点单元有限元理论

为了建立质量较高的有限元网格模型，主要借助于 ANSYS 软件建立齿轮副有限元模型，将模型中的有效单元编号、节点编号及节点所对应的节点坐标输出，以备 MATLAB 软件进行调用。这里采用四节点双线性等参单元，其单元刚度矩阵 $\boldsymbol{k}^e$ 表示为

$$\boldsymbol{k}^e = L^e\int_{-1}^{1}\int_{-1}^{1}\boldsymbol{B}^T\boldsymbol{D}\boldsymbol{B}\,|\boldsymbol{J}|\,d\xi d\eta \tag{4-1}$$

式中：L^e 为单元厚度；$\boldsymbol{B}$ 为应变矩阵；$\boldsymbol{D}$ 为弹性矩阵；$\boldsymbol{J}$ 为雅可比(Jacobi)矩阵；ξ 和 η 分别是母单元中沿横坐标与纵坐标方向的坐标值。单元形状如图 4-1 所示。母单元中的坐标经等参坐

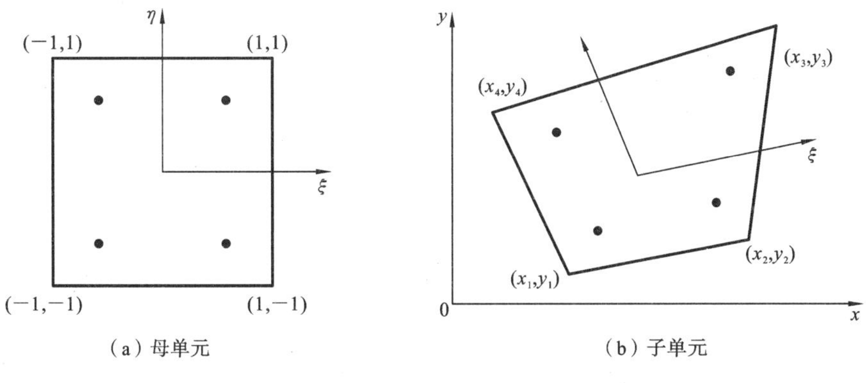

图 4-1　单元形状示意图

标变换可转化为子单元中沿 x 和 y 方向的坐标(全局坐标),转换如下:

$$\begin{cases} x = \sum_{i=1}^{4} N_i(\xi,\eta)x_i = N_1(\xi,\eta)x_1 + N_2(\xi,\eta)x_2 + N_3(\xi,\eta)x_3 + N_4(\xi,\eta)x_4 \\ y = \sum_{i=1}^{4} N_i(\xi,\eta)y_i = N_1(\xi,\eta)y_1 + N_2(\xi,\eta)y_2 + N_3(\xi,\eta)y_3 + N_4(\xi,\eta)y_4 \end{cases} \tag{4-2}$$

弹性矩阵 $\boldsymbol{D}$ 可表示为

$$\boldsymbol{D}=\begin{cases} \dfrac{E}{1-\nu^2}\begin{bmatrix} 1 & \nu & 0 \\ \nu & 1 & 0 \\ 0 & 0 & \dfrac{1-\nu}{2} \end{bmatrix}, \text{平面应力} \\ \dfrac{E}{(1+\nu)(1-2\nu)}\begin{bmatrix} 1-\nu & \nu & 0 \\ \nu & 1-\nu & 0 \\ 0 & 0 & \dfrac{1-2\nu}{2} \end{bmatrix}, \text{平面应变} \end{cases} \tag{4-3}$$

式中:E 为材料弹性模量;ν 为泊松比。

应变矩阵 $\boldsymbol{B}$ 可表示为

$$\boldsymbol{B}=[\boldsymbol{B}_1 \quad \boldsymbol{B}_2 \quad \boldsymbol{B}_3 \quad \boldsymbol{B}_4] \tag{4-4}$$

$$\boldsymbol{B}_i=\frac{1}{|\boldsymbol{J}|}\begin{bmatrix} J_{22}\dfrac{\partial N_i}{\partial \xi}-J_{12}\dfrac{\partial N_i}{\partial \eta} & 0 \\ 0 & J_{11}\dfrac{\partial N_i}{\partial \eta}-J_{21}\dfrac{\partial N_i}{\partial \xi} \\ J_{11}\dfrac{\partial N_i}{\partial \eta}-J_{21}\dfrac{\partial N_i}{\partial \xi} & J_{22}\dfrac{\partial N_i}{\partial \xi}-J_{12}\dfrac{\partial N_i}{\partial \eta} \end{bmatrix}, \quad i=1,2,3,4 \tag{4-5}$$

其中,雅可比矩阵 $\boldsymbol{J}$ 可以表示为

$$\boldsymbol{J}=\begin{bmatrix} J_{11} & J_{12} \\ J_{21} & J_{22} \end{bmatrix} \tag{4-6}$$

$$\begin{cases} J_{11}=\dfrac{\partial x}{\partial \xi}=\dfrac{1}{4}[-x_1(1-\eta)+x_2(1-\eta)+x_3(1+\eta)-x_4(1+\eta)] \\ J_{12}=\dfrac{\partial y}{\partial \xi}=\dfrac{1}{4}[-y_1(1-\eta)+y_2(1-\eta)+y_3(1+\eta)-y_4(1+\eta)] \\ J_{21}=\dfrac{\partial x}{\partial \eta}=\dfrac{1}{4}[-x_1(1-\xi)-x_2(1+\xi)+x_3(1+\xi)+x_4(1-\xi)] \\ J_{22}=\dfrac{\partial y}{\partial \eta}=\dfrac{1}{4}[-y_1(1-\xi)-y_2(1+\xi)+y_3(1+\xi)+y_4(1-\xi)] \end{cases} \tag{4-7}$$

$N_i(i=1,2,3,4)$表示平面四节点等参单元的形函数,在局部坐标系中表达如下:

$$\begin{cases} N_1=\dfrac{1}{4}(1-\xi)(1-\eta)=\dfrac{1}{4}(1-\xi-\eta+\xi\eta) \\ N_2=\dfrac{1}{4}(1+\xi)(1-\eta)=\dfrac{1}{4}(1+\xi-\eta-\xi\eta) \\ N_3=\dfrac{1}{4}(1+\xi)(1+\eta)=\dfrac{1}{4}(1+\xi+\eta+\xi\eta) \\ N_4=\dfrac{1}{4}(1-\xi)(1+\eta)=\dfrac{1}{4}(1-\xi+\eta-\xi\eta) \end{cases} \tag{4-8}$$

在获得单元刚度矩阵之后,进行总刚度矩阵的组集。这里利用转换矩阵法进行总刚度矩

阵的组集，则总刚度矩阵 $\boldsymbol{K}_Z$ 为

$$\boldsymbol{K}_Z = \sum_{i=1}^{N}(\boldsymbol{G}^{eT}\boldsymbol{k}^e\boldsymbol{G}^e)_i \tag{4-9}$$

式中：N 为单元的总数；$\boldsymbol{G}^e$ 为转换矩阵；$\boldsymbol{k}^e$ 为单元刚度矩阵。需要注意的是，总刚度矩阵中的主对角元素总是正的，且其为一个对称稀疏矩阵。

当引入边界条件时，需要对总刚度矩阵进行一定的修正，根据施加在节点上的力与力的作用方向，确定力矢量 $\boldsymbol{F}$。因此，容易获得各节点的变形量矢量 $\boldsymbol{\delta}$：

$$\boldsymbol{\delta} = \boldsymbol{F}\boldsymbol{K}_Z^{-1} \tag{4-10}$$

基于有限元理论，可以获得主从动齿轮齿面上任意节点的变形量。需要说明的是，施加力的节点及其附近节点的变形主要由局部变形与整体变形构成，未施加力的其他齿面节点的变形则主要为齿轮的整体变形。

4.1.2　轮齿承载接触分析法求解齿轮刚度

本小节基于轮齿承载接触分析（LTCA）方法进行平面直齿轮副时变啮合刚度的计算，过程主要包括静态传递误差的计算和啮合刚度的求解。

首先进行静态传递误差的计算。基于前一节生成的有限元网格模型与有限元理论，对主从动轮内孔上节点的自由度进行全约束，并对主从动轮上沿啮合方向潜在接触点施加单位力 F_u，如图 4-2 所示。需要注意的是，如果在轮齿齿面上施加单位集中力，此时会在齿面接触点处形成较大的局部变形，该变形不能真正表征齿轮的整体变形，一些学者提出建立轮齿局部模型，并施加反向力，进行变形相减的方式来解决这一问题，但是该处理方法会重复建模，降低计算效率。我们提出了在施加力位置建立刚性区的方式来解决集中力导致的局部变形。根据大量数据的验证，确定刚性区是半径为 0.2m（m 为模数）的圆形区域，具体做法是将该区域内单元的弹性模量扩大 1000 倍。

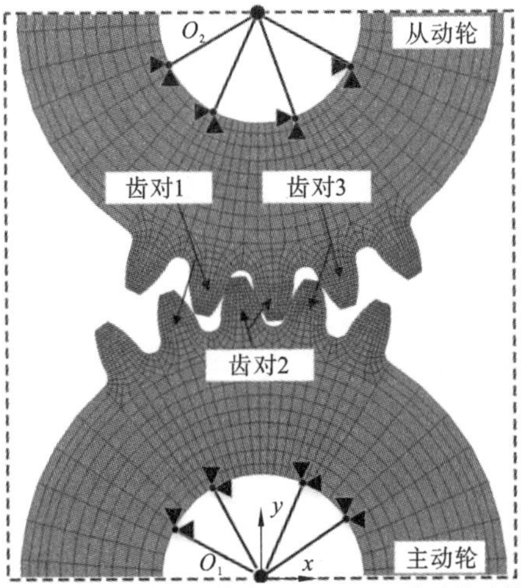

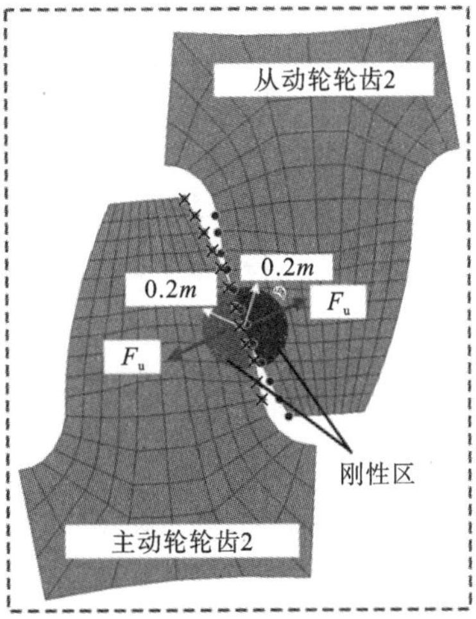

× 表示主动轮齿面的节点　　• 表示从动轮齿面的节点

(a) 整体约束示意图　　(b) 齿面载荷示意图

图 4-2　有限元模型边界条件示意图

对于如图 4-2(b)所示主动轮的轮齿，在其齿面有多个啮合节点。假设轮齿在如图所示位

置啮合，在主从动轮的该位置处分别建立半径为 $0.2m$ 的圆形刚性区，并在主从动轮该啮合位置施加一个沿啮合线方向的单位力 F_u。根据边界条件与有限元理论，求解全局变形矢量 $\boldsymbol{U}$：

$$\boldsymbol{U}=\boldsymbol{K}_Z^{-1}\boldsymbol{F} \tag{4-11}$$

式中：$\boldsymbol{F}$ 是整体节点力矢量；$\boldsymbol{K}_Z$ 是考虑局部刚性区与内孔约束的总刚度矩阵。为了提高计算效率，编程时采用了 Cholesky 分解与稀疏矩阵存储方法。根据全局变形矢量 $\boldsymbol{U}$，主动轮齿对 1、齿对 2 和齿对 3 齿面上每个节点的总变形可以表示为

$$u=u_x\cos\alpha_n+u_y\sin\alpha_n \tag{4-12}$$

式中：u 表示位移节点的总变形；u_x 和 u_y 分别表示当接触点受单位力时位移节点沿水平和竖直方向的位移；α_n 是啮合压力角。

当单位力施加在齿对 2 的某一节点时，在齿对 1、齿对 2、齿对 3 中齿面每个节点的总变形都可以获得(参考图 4-2)。由于在齿面施加的是单位力，因此，节点的变形也可以被称为节点柔度。若在主动轮齿对 1、齿对 2、齿对 3 齿面上所有节点依次施加一次单位力，则可以获得主动轮的总柔度矩阵 $\boldsymbol{\lambda}^{\mathrm{Pr}}$，表示为

$$\boldsymbol{\lambda}^{\mathrm{Pr}}=\begin{bmatrix}\lambda_{11} & \lambda_{12} & \cdots & \lambda_{1j} & \cdots & \lambda_{1N}\\ \lambda_{21} & \lambda_{22} & \cdots & \lambda_{2j} & \cdots & \lambda_{2N}\\ \vdots & \vdots & & \vdots & & \vdots\\ \lambda_{i1} & \lambda_{i2} & \cdots & \lambda_{ij} & \cdots & \lambda_{iN}\\ \vdots & \vdots & & \vdots & & \vdots\\ \lambda_{N1} & \lambda_{N2} & \cdots & \lambda_{Nj} & \cdots & \lambda_{NN}\end{bmatrix} \tag{4-13}$$

式中：$\boldsymbol{\lambda}^{\mathrm{Pr}}$表示主动轮插值前的柔度矩阵；$N$ 表示主动轮齿对 1、齿对 2、齿对 3 上的节点总数；λ_{ij} 表示施力节点为 j 时，节点 i 的柔度。

由于轮齿齿面的节点个数有限，因此很难准确获得每个啮合位置的柔度结果。我们采用了插值的方法，获得了更为准确的齿面柔度结果(见图 4-3)。插值之后，主动轮的柔度矩阵为 $\boldsymbol{\lambda}^{\mathrm{P}}$。采用相似的方法可以获得从动轮的柔度矩阵 $\boldsymbol{\lambda}^{\mathrm{G}}$。

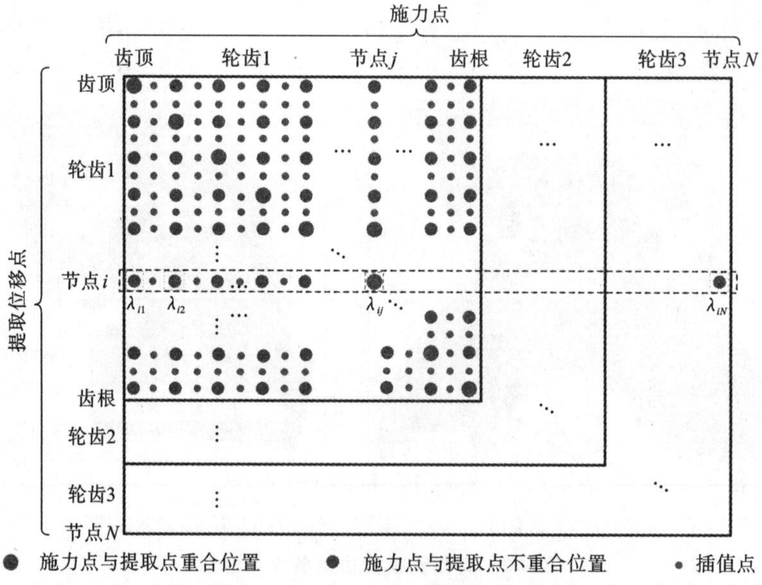

图 4-3　主动轮齿对 1、齿对 2 和齿对 3 齿面柔度矩阵示意图

为了确定多齿接触状态下的载荷分布与静态传递误差，此处引入变形协调方程，其表达式为

$$-(\boldsymbol{\lambda}_{\mathrm{b}}+\boldsymbol{\lambda}_{\mathrm{c}})\boldsymbol{F}+x_{\mathrm{s}}\cdot \boldsymbol{I}_{n\times 1}=\boldsymbol{\varepsilon} \tag{4-14}$$

式中：x_{s} 表示静态传递误差；$\boldsymbol{\varepsilon}$ 表示初始分离间隙矢量，其与初始的装配误差、加工误差、修形量及分离距离等相关；$\boldsymbol{I}_{n\times 1}$ 表示 $n\times 1$ 维元素为 1 的矩阵；$\boldsymbol{\lambda}_{\mathrm{c}}$ 表示所有可能接触点的接触柔度矩阵；$\boldsymbol{\lambda}_{\mathrm{b}}$ 表示所有可能接触点的总体柔度矩阵，且

$$\boldsymbol{\lambda}_{\mathrm{b}}=\begin{bmatrix} \lambda_{11}^{\mathrm{P}}+\lambda_{11}^{\mathrm{G}} & \lambda_{12}^{\mathrm{P}}+\lambda_{12}^{\mathrm{G}} & \cdots & \lambda_{1j}^{\mathrm{P}}+\lambda_{1j}^{\mathrm{G}} & \cdots & \lambda_{1n}^{\mathrm{P}}+\lambda_{1n}^{\mathrm{G}} \\ \lambda_{21}^{\mathrm{P}}+\lambda_{21}^{\mathrm{G}} & \lambda_{22}^{\mathrm{P}}+\lambda_{22}^{\mathrm{G}} & \cdots & \lambda_{2j}^{\mathrm{P}}+\lambda_{2j}^{\mathrm{G}} & \cdots & \lambda_{2n}^{\mathrm{P}}+\lambda_{2n}^{\mathrm{G}} \\ \vdots & \vdots & & \vdots & & \vdots \\ \lambda_{i1}^{\mathrm{P}}+\lambda_{i1}^{\mathrm{G}} & \lambda_{i2}^{\mathrm{P}}+\lambda_{i2}^{\mathrm{G}} & \cdots & \lambda_{ij}^{\mathrm{P}}+\lambda_{ij}^{\mathrm{G}} & \cdots & \lambda_{in}^{\mathrm{P}}+\lambda_{in}^{\mathrm{G}} \\ \vdots & \vdots & & \vdots & & \vdots \\ \lambda_{n1}^{\mathrm{P}}+\lambda_{n1}^{\mathrm{G}} & \lambda_{n2}^{\mathrm{P}}+\lambda_{n2}^{\mathrm{G}} & \cdots & \lambda_{nj}^{\mathrm{P}}+\lambda_{nj}^{\mathrm{G}} & \cdots & \lambda_{nn}^{\mathrm{P}}+\lambda_{nn}^{\mathrm{G}} \end{bmatrix} \tag{4-15}$$

式中：n 表示潜在接触点数；$\lambda_{ij}^{\mathrm{P}}$ 表示施力点为 j 时，主动轮提取节点 i 的柔度；$\lambda_{ij}^{\mathrm{G}}$ 表示在该相应接触位置的从动轮节点柔度。$\lambda_{ij}^{\mathrm{P}}$ 和 $\lambda_{ij}^{\mathrm{G}}$ 可以从总柔度矩阵 $\boldsymbol{\lambda}^{\mathrm{P}}$ 和 $\boldsymbol{\lambda}^{\mathrm{G}}$ 中提取。

当轮齿处于 n 对轮齿接触状态时，接触柔度矩阵 $\boldsymbol{\lambda}_{\mathrm{c}}$ 可以表示为

$$\boldsymbol{\lambda}_{\mathrm{c}}=\mathrm{diag}(\lambda_{\mathrm{c}1},\lambda_{\mathrm{c}2},\lambda_{\mathrm{c}3},\cdots,\lambda_{\mathrm{c}i},\cdots,\lambda_{\mathrm{c}n}) \tag{4-16}$$

$$\lambda_{\mathrm{c}i}=\frac{1.275}{E^{0.9}L^{0.8}F_i^{0.1}} \tag{4-17}$$

式中：$\lambda_{\mathrm{c}i}$ 表示在潜在接触点 i 处的接触柔度；F_i 表示在潜在接触点 i 处的接触力；E 和 L 分别表示弹性模量和齿宽。

$\boldsymbol{F}$ 用于表示 n 对齿接触时，所有齿面可能接触点构成的法向接触力矢量，其表达式为

$$\boldsymbol{F}=[F_1\quad F_2\quad F_3\quad \cdots\quad F_n],\quad F=\sum_{i=1}^{n}F_i,\quad 1\leqslant i\leqslant n \tag{4-18}$$

式中：F 是总的接触力（$F=T/r_{\mathrm{b}1}$，其中 T 是扭矩，$r_{\mathrm{b}1}$ 是主动轮基圆半径）；F_i 表示在潜在接触点 i 处的接触力。

对于健康齿轮，基于式(4-14)至式(4-18)，变形协调方程可以表达为

$$\begin{bmatrix} -(\lambda_{11}^{\mathrm{P}}+\lambda_{11}^{\mathrm{G}}+\lambda_{\mathrm{c}1}) & -(\lambda_{12}^{\mathrm{P}}+\lambda_{12}^{\mathrm{G}}) & \cdots & -(\lambda_{1j}^{\mathrm{P}}+\lambda_{1j}^{\mathrm{G}}) & \cdots & -(\lambda_{1n}^{\mathrm{P}}+\lambda_{1n}^{\mathrm{G}}) & 1 \\ -(\lambda_{21}^{\mathrm{P}}+\lambda_{21}^{\mathrm{G}}) & -(\lambda_{22}^{\mathrm{P}}+\lambda_{22}^{\mathrm{G}}+\lambda_{\mathrm{c}2}) & \cdots & -(\lambda_{2j}^{\mathrm{P}}+\lambda_{2j}^{\mathrm{G}}) & \cdots & -(\lambda_{2n}^{\mathrm{P}}+\lambda_{2n}^{\mathrm{G}}) & 1 \\ \vdots & \vdots & & \vdots & & \vdots & \vdots \\ -(\lambda_{i1}^{\mathrm{P}}+\lambda_{i1}^{\mathrm{G}}) & -(\lambda_{i2}^{\mathrm{P}}+\lambda_{i2}^{\mathrm{G}}) & \cdots & -(\lambda_{ij}^{\mathrm{P}}+\lambda_{ij}^{\mathrm{G}}+\lambda_{\mathrm{c}i}) & \cdots & -(\lambda_{in}^{\mathrm{P}}+\lambda_{in}^{\mathrm{G}}) & 1 \\ \vdots & \vdots & & \vdots & & \vdots & \vdots \\ -(\lambda_{n1}^{\mathrm{P}}+\lambda_{n1}^{\mathrm{G}}) & -(\lambda_{n2}^{\mathrm{P}}+\lambda_{n2}^{\mathrm{G}}) & \cdots & -(\lambda_{nj}^{\mathrm{P}}+\lambda_{nj}^{\mathrm{G}}) & \cdots & -(\lambda_{nn}^{\mathrm{P}}+\lambda_{nn}^{\mathrm{G}}+\lambda_{\mathrm{c}n}) & 1 \\ 1 & 1 & \cdots & 1 & \cdots & 1 & 0 \end{bmatrix}\cdot$$

$$\begin{bmatrix} F_1 \\ F_2 \\ \vdots \\ F_i \\ \vdots \\ F_n \\ x_{\mathrm{s}} \end{bmatrix}=\begin{bmatrix} \varepsilon_1 \\ \varepsilon_2 \\ \vdots \\ \varepsilon_i \\ \vdots \\ \varepsilon_n \\ F \end{bmatrix} \tag{4-19}$$

式中：$[\varepsilon_1\quad \varepsilon_2\quad \cdots\quad \varepsilon_i\quad \cdots\quad \varepsilon_n]$是初始间隙向量，记为 $\boldsymbol{\varepsilon}$。一般而言，直齿轮主要存在单齿接

触与双齿接触两种情况。因此，可能的接触点数 n 为 1 或 2。但为了考虑延长啮合的影响，假设可能接触点数 n 为 3，并在初始接触间隙中考虑了延迟啮合与提前啮入的分离距离 S_a 和 S_r。

将要进入啮合的两轮齿之间的分离距离可通过图 4-4 所示几何关系获得。图中 r_a、r_b 分别为轮齿的齿顶圆半径、基圆半径，α 为啮合角，脚标 1 和 2 分别表示主动轮和从动轮。假设从动轮固定，由图 4-4(a)所示几何关系可获得两轮齿间分离距离为

$$S_1 = \Lambda_1 r_{b1} \tag{4-20}$$

式中：

$$\Lambda_1 = \theta_1 + \beta_1 - \alpha_1 + \delta_1$$

其中：

$$\theta_1 r_1 = \theta_2 r_2$$

$$\delta_1 = \mathrm{inv}\zeta_1 - \mathrm{inv}\gamma_1,\quad \zeta_1 = \arccos\left(\frac{r_{b1}}{NO_1}\right),\quad \gamma_1 = \arccos\left(\frac{r_{b1}}{AO_1}\right)$$

$$\beta_1 = \arctan\left[\frac{r_{a2}\sin\beta_2}{(O_1O_2 - r_{a2}\cos\beta_2)}\right],\quad \beta_2 = \arccos\left(\frac{r_{b2}}{r_{a2}}\right) - \alpha$$

$$\alpha_1 = \arctan\left[\frac{r_{a2}\sin(\theta_2+\beta_2)}{(O_1O_2 - r_{a2}\cos(\theta_2+\beta_2))}\right]$$

假设主动轮固定，由图 4-4(b)所示几何关系可获得两轮齿间分离距离为

$$S_2 = \Lambda_2 r_{b2} \tag{4-21}$$

各量之间有如下关系：

$$MO_1 = \sqrt{r_{a2}^2 + O_1O_2^2 - r_{a2}O_1O_2\cos(\beta_2+\theta_2+\Lambda_2)}$$

$$\zeta_1 = \arccos\left(\frac{r_{b1}}{NO_1}\right),\quad \gamma_1 = \arccos\left(\frac{r_{b1}}{AO_1}\right)$$

$$\alpha'_1 = \alpha\sin\left(\frac{r_{a2}\sin(\beta_2+\theta_2+\Delta_2)}{MO_1}\right)$$

$$\angle MO_1A' = \alpha\sin\left(r_{a2}\sin\frac{(\beta_2+\theta_2+\Delta_2)}{MO_1}\right)$$

由于齿轮轮齿间分离距离 S_1 和 S_2 是齿轮转角的函数，并且不确定是否固定主动轮或者从动轮，因此，将要进入啮合的两轮齿在啮合线方向上的距离 S_a 取 S_1 和 S_2 的平均值。同样地，对于退出啮合的两轮齿，啮合线方向上的距离 S_r 也可采用上述方法计算，详细计算过程不再赘述。

为了求解式(4-19)，我们采取给定接触力初值的方式进行迭代。接触力的初值设定为

$$F_1 = F_2 = F_3 = \cdots = F_i = \cdots = F_n = \frac{F}{n} \tag{4-22}$$

在迭代过程中，如果 $F_i < 0$，则接触点 i 被认为是虚假接触(接触点 i 不处于接触状态)，则式(4-19)可以写作

$$\begin{bmatrix} -(\lambda_{11}^{P}+\lambda_{11}^{G}+\lambda_{c1}) & -(\lambda_{12}^{P}+\lambda_{12}^{G}) & \cdots & 0 & \cdots & -(\lambda_{1n}^{P}+\lambda_{1n}^{G}) & 1 \\ -(\lambda_{21}^{P}+\lambda_{21}^{G}) & -(\lambda_{22}^{P}+\lambda_{22}^{G}+\lambda_{c2}) & \cdots & 0 & \cdots & -(\lambda_{2n}^{P}+\lambda_{2n}^{G}) & 1 \\ \vdots & \vdots & & \vdots & & \vdots & \vdots \\ 0 & 0 & \cdots & 1 & \cdots & 0 & 0 \\ \vdots & \vdots & & \vdots & & \vdots & \vdots \\ -(\lambda_{n1}^{P}+\lambda_{n1}^{G}) & -(\lambda_{n2}^{P}+\lambda_{n2}^{G}) & \cdots & 0 & \cdots & -(\lambda_{nn}^{P}+\lambda_{nn}^{G}+\lambda_{cn}) & 1 \\ 1 & 1 & \cdots & 0 & \cdots & 1 & 0 \end{bmatrix} \begin{bmatrix} F_1 \\ F_2 \\ \vdots \\ 0 \\ \vdots \\ F_n \\ x_s \end{bmatrix} = \begin{bmatrix} \varepsilon_1 \\ \varepsilon_2 \\ \vdots \\ 0 \\ \vdots \\ \varepsilon_n \\ F \end{bmatrix} \tag{4-23}$$

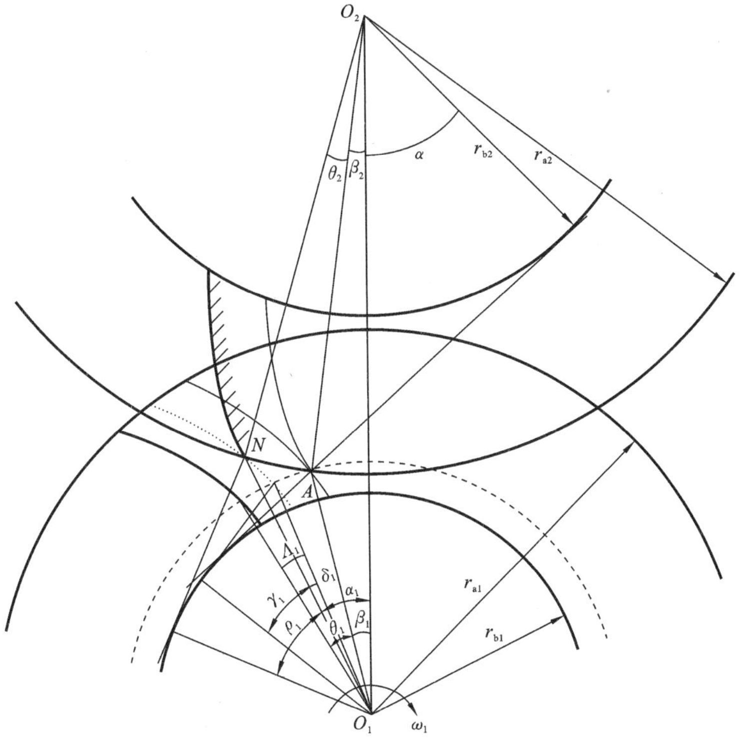

(a) 固定从动轮

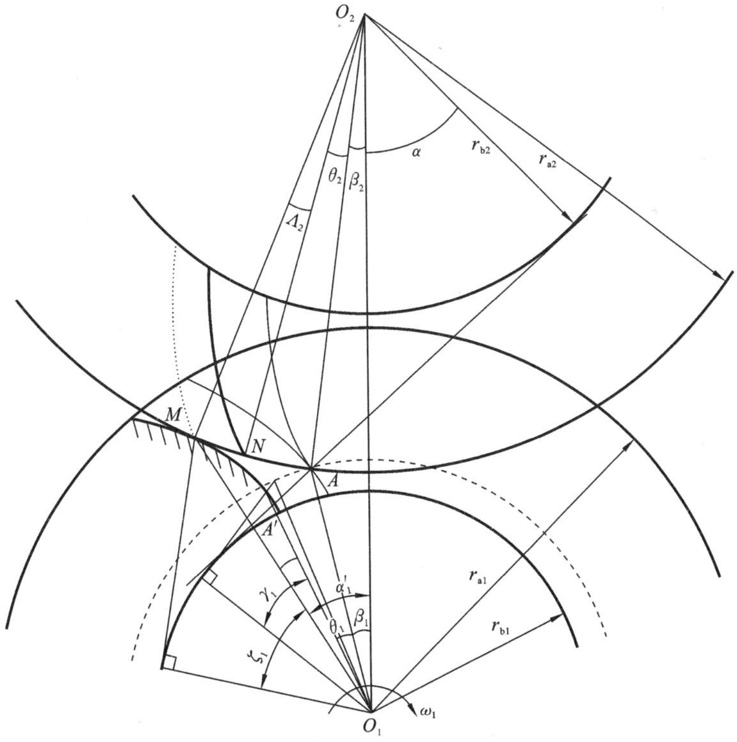

(b) 固定主动轮

图 4-4　齿轮轮齿分离距离

对式(4-23)继续进行迭代,直至 $F_1, F_2, \cdots, F_n \geqslant 0$ 且数值保持不变,完成迭代过程。通过求解变形协调方程可以获得所有潜在接触点的接触力矢量 $\boldsymbol{F}$ 与静态传递误差 x_s。

基于获得的静态传递误差 x_s,计算直齿轮副啮合刚度。因此,在接触位置的啮合刚度可以表示为

$$k=\frac{F}{x_s-\min(\varepsilon_1,\varepsilon_2,\cdots,\varepsilon_n)} \tag{4-24}$$

4.2 齿轮系统动力学建模方法

4.2.1 齿轮系统集中参数模型

六自由度齿轮系统集中参数模型如图 4-5 所示,分别考虑两齿轮沿 x、y 方向的平动自由度和绕 z 轴的转动自由度。

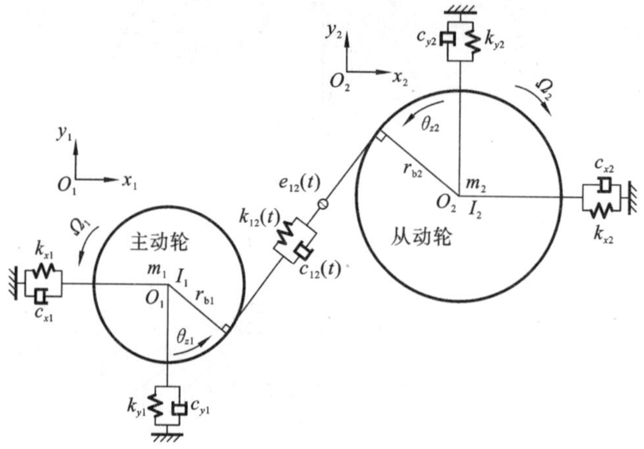

图 4-5　六自由度齿轮系统集中参数模型

定义两轮中心线与啮合线夹角 ψ:

$$\psi=\arcsin[(r_{b1}+r_{b2})/(r_1+r_2)]$$

式中:r_{b1} 和 r_{b2} 分别为主、从动轮的基圆半径;r_1 和 r_2 分别为主、从动轮的分度圆半径。

根据齿轮副的自由度可得到齿轮副在啮合方向相对位移 l_r 的表达式:

$$l_r=r_{b1}\theta_{z1}+x_1\cos\psi+y_1\sin\psi+r_{b2}\theta_{z2}+x_2\cos\psi+y_2\sin\psi$$

式中:x_1、y_1 和 θ_{z1} 分别对应主动轮的三个自由度;x_2、y_2 和 θ_{z2} 分别对应从动轮的三个自由度。

得到如下齿轮副振动方程:

$$\begin{cases}m_1\ddot{x}_1+c_{x1}\dot{x}_1+k_{x1}x_1+[k_{12}(t)l_r+c_{12}(t)l_r]\cos\psi=0\\ m_1\ddot{y}_1+c_{y1}\dot{y}_1+k_{y1}y_1+[k_{12}(t)l_r+c_{12}(t)l_r]\sin\psi=0\\ I_1\ddot{\theta}_{z1}+[k_{12}(t)l_r+c_{12}(t)l_r]r_{b1}=T\\ m_2\ddot{x}_2+c_{x2}\dot{x}_2+k_{x2}x_2-[k_{12}(t)l_r+c_{12}(t)l_r]\cos\psi=0\\ m_2\ddot{y}_2+c_{y2}\dot{y}_2+k_{y2}y_2-[k_{12}(t)l_r+c_{12}(t)l_r]\sin\psi=0\\ I_2\ddot{\theta}_{z2}+[k_{12}(t)l_r+c_{12}(t)l_r]r_{b2}=Tr_{b2}/r_{b1}\end{cases} \tag{4-25}$$

式中：$k_{12}(t)$ 为齿轮副的啮合刚度；$c_{12}(t)$ 为齿轮副的啮合阻尼；T 为齿轮系统主动轮所受扭矩。

4.2.2　齿轮系统有限元模型

为了更好地模拟分析齿轮-转子系统的动力学特性，建立齿轮系统有限元模型。根据以下假设对系统进行简化：① 转轴采用 Timoshenko 梁进行模拟；② 齿轮与转轴之间刚性连接；③ 将轴承刚度视为线性的，忽略轴承的阻尼，两转轴左右两侧轴承采用相同的刚度，考虑轴承的弯曲刚度、轴向刚度和摆动刚度，即 $\boldsymbol{K}_{\mathrm{b}}=\mathrm{diag}(k_{xx},k_{yy},k_{zz},k_{\theta x\theta x},k_{\theta y\theta y},0)$。

1）梁单元模型

考虑轴向、横向以及扭转变形，转子系统采用 Timoshenko 梁来模拟，轴段单元有限元模型如图 4-6 所示，图中坐标系是 O-xyz，x_A、y_A、z_A、x_B、y_B、z_B 分别为 A、B 节点的 x、y、z 方向位移，θ_{xA}、θ_{yA}、θ_{zA}、θ_{xB}、θ_{yB}、θ_{zB} 分别为 A、B 节点的 x、y、z 方向转角。

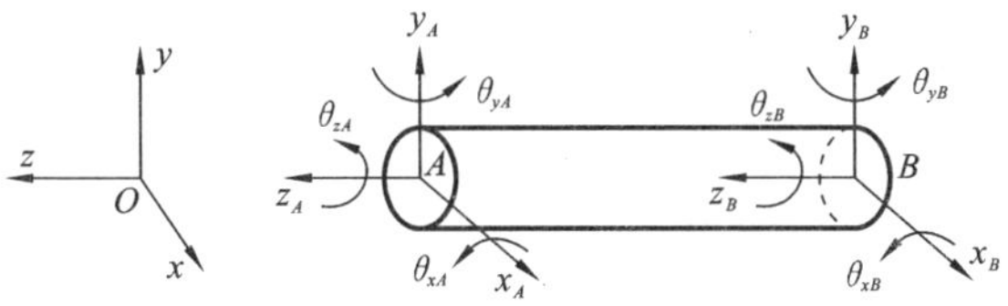

图 4-6　轴段单元有限元模型

轴段单元自由度为

$$\boldsymbol{u}^{\mathrm{e}}=[x_A\quad y_A\quad z_A\quad \theta_{xA}\quad \theta_{yA}\quad \theta_{zA}\quad x_B\quad y_B\quad z_B\quad \theta_{xB}\quad \theta_{yB}\quad \theta_{zB}]^{\mathrm{T}} \tag{4-26}$$

式中：上标 e 代表单元。

单元质量矩阵 $\boldsymbol{M}^{\mathrm{e}}$ 为

$$\boldsymbol{M}^{\mathrm{e}}=\rho A_{\mathrm{s}}l\begin{bmatrix} a &&&&&&&&&&& \\ 0 & a &&&&&&&&&& \\ 0 & 0 & 1/3 &&&&&&&&& \\ 0 & -c & 0 & g &&&&& \text{对称} &&& \\ c & 0 & 0 & 0 & g &&&&&&& \\ 0 & 0 & 0 & 0 & 0 & J/(3A_{\mathrm{s}}) &&&&&& \\ b & 0 & 0 & 0 & d & 0 & a &&&&& \\ 0 & b & 0 & -d & 0 & 0 & 0 & a &&&& \\ 0 & 0 & 1/6 & 0 & 0 & 0 & 0 & 0 & 1/3 &&& \\ 0 & d & 0 & f & 0 & 0 & 0 & c & 0 & g && \\ -d & 0 & 0 & 0 & f & 0 & -c & 0 & 0 & 0 & g & \\ 0 & 0 & 0 & 0 & 0 & J/(6A_{\mathrm{s}}) & 0 & 0 & 0 & 0 & 0 & J/(3A_{\mathrm{s}}) \end{bmatrix} \tag{4-27}$$

式中：

$$a=\frac{\frac{13}{35}+\frac{7}{10}\varphi+\frac{1}{3}\varphi^2+\frac{6}{5}(r_{\mathrm{g}}/l)^2}{(1+\varphi)^2},\quad b=\frac{\frac{9}{70}+\frac{3}{10}\varphi+\frac{1}{6}\varphi^2-\frac{6}{5}(r_{\mathrm{g}}/l)^2}{(1+\varphi)^2}$$

$$c=\frac{\left[\frac{11}{210}+\frac{11}{120}\varphi+\frac{1}{24}\varphi^2+\left(\frac{1}{10}-\frac{1}{2}\varphi\right)(r_{\mathrm{g}}/l)^2\right]l}{(1+\varphi)^2}$$

$$d=\frac{\left[\frac{13}{420}+\frac{3}{40}\varphi+\frac{1}{24}\varphi^2-\left(\frac{1}{10}-\frac{1}{2}\varphi\right)(r_{\mathrm{g}}/l)^2\right]l}{(1+\varphi)^2}$$

$$f=\frac{\left[\frac{1}{140}+\frac{1}{60}\varphi+\frac{1}{120}\varphi^2+\left(\frac{1}{30}+\frac{1}{6}\varphi-\frac{1}{6}\varphi^2\right)(r_g/l)^2\right]l^2}{(1+\varphi)^2}$$

$$g=\frac{\left[\frac{1}{105}+\frac{1}{60}\varphi+\frac{1}{120}\varphi^2+\left(\frac{2}{15}+\frac{1}{6}\varphi+\frac{1}{3}\varphi^2\right)(r_g/l)^2\right]l^2}{(1+\varphi)^2}$$

单元刚度矩阵 $\boldsymbol{K}^e$ 为

$$\boldsymbol{K}^e=\begin{bmatrix} h &&&&&&&&&&& \\ 0 & h &&&&&&&&&& \\ 0 & 0 & A_sE/l &&&&&&&&& \\ 0 & -i & 0 & j &&&&&\text{对称}&&& \\ i & 0 & 0 & 0 & j &&&&&&& \\ 0 & 0 & 0 & 0 & 0 & GJ/l &&&&&& \\ -h & 0 & 0 & 0 & -i & 0 & h &&&&& \\ 0 & -h & 0 & i & 0 & 0 & 0 & h &&&& \\ 0 & 0 & -A_sE/l & 0 & 0 & 0 & 0 & 0 & A_sE/l &&& \\ 0 & -i & 0 & k & 0 & 0 & 0 & i & 0 & j && \\ i & 0 & 0 & 0 & k & 0 & -i & 0 & 0 & 0 & j & \\ 0 & 0 & 0 & 0 & 0 & -GJ/l & 0 & 0 & 0 & 0 & 0 & GJ/l \end{bmatrix} \tag{4-28}$$

式中：

$$h=\frac{12EI}{l^3(1+\varphi)},\quad i=\frac{6EI}{l^2(1+\varphi)},\quad j=\frac{(4+\varphi)EI}{l(1+\varphi)},\quad k=\frac{(2-\varphi)EI}{l(1+\varphi)}$$

单元陀螺矩阵 $\boldsymbol{G}^e$ 为

$$\boldsymbol{G}^e=2\Omega\rho A_s l\begin{bmatrix} 0 &&&&&&&&&&& \\ -p & 0 &&&&&&&&&& \\ 0 & 0 & 0 &&&&&&&&& \\ -q & 0 & 0 & 0 &&&&&\text{反对称}&&& \\ 0 & -q & 0 & -s & 0 &&&&&&& \\ 0 & 0 & 0 & 0 & 0 & 0 &&&&&& \\ 0 & -p & 0 & -q & 0 & 0 & 0 &&&&& \\ p & 0 & 0 & 0 & -q & 0 & -p & 0 &&&& \\ 0 & 0 & 0 & 0 & 0 & 0 & 0 & 0 & 0 &&& \\ -q & 0 & 0 & 0 & w & 0 & q & 0 & 0 & 0 && \\ 0 & -q & 0 & -w & 0 & 0 & 0 & q & 0 & -s & 0 & \\ 0 & 0 & 0 & 0 & 0 & 0 & 0 & 0 & 0 & 0 & 0 & 0 \end{bmatrix} \tag{4-29}$$

式中：

$$p=\frac{6r_g^2/5}{l^2\ (1+\varphi)^2},\quad q=\frac{-\left(\frac{1}{10}-\frac{1}{2}\varphi\right)r_g^2}{l\ (1+\varphi)^2}$$

$$s=\frac{\left(\frac{2}{15}+\frac{1}{6}\varphi+\frac{1}{3}\varphi^2\right)r_g^2}{(1+\varphi)^2},\quad w=\frac{-\left(\frac{1}{30}+\frac{1}{6}\varphi-\frac{1}{6}\varphi^2\right)r_g^2}{(1+\varphi)^2}$$

上述多式中：E 为材料弹性模量；G 为材料剪切模量；ρ 为材料密度；υ 为材料泊松比；A_s 为单元横截面面积；l 为单元长度；J 为极转动惯量；I 为直径转动惯量；φ 为剪切影响因子；Ω 为旋转角速度；$r_g=\sqrt{I/A_s}$。

另外，剪切影响因子为

$$\varphi=\begin{cases}6(1+\upsilon)/(7+6\upsilon), & \text{实心梁单元}\\ 2(1+\upsilon)/(4+3\upsilon), & \text{空心梁单元}\end{cases}\tag{4-30}$$

2）齿轮副啮合动力学模型

将一对齿轮视为一对通过弹簧和阻尼器连接的刚性圆盘，并认为系统振动是弹性范围内的线性振动。不考虑齿侧间隙、啮合摩擦力及啮合线位置的变化。建立直齿轮副全自由度啮合模型，如图4-7所示。该系统由两个直齿轮1、2构成，其中 O_1、O_2 为齿轮几何中心；Ω_1、Ω_2 为齿轮转动角速度，取逆时针为正、顺时针为负；r_{b1}、r_{b2} 为齿轮基圆半径。采用一个弹簧-阻尼单元来模拟啮合齿轮，设沿着啮合力作用线方向的刚度和阻尼分别为 $k_{12}(t)$ 和 $c_{12}(t)$（这里假设 $c_{12}(t)=0$）。$e_{12}(t)$ 为齿轮静态传递误差。齿轮1和齿轮2之间的相对位置可以采用方位角 $\alpha_{12}(0\leqslant\alpha_{12}\leqslant 2\pi)$ 表示，α_{12} 为主动轮1的 x 轴逆时针旋转至中心线的夹角。定义 y 轴正向与啮合面的夹角为

$$\psi_{12}=\begin{cases}-\alpha+\alpha_{12}, & \Omega_1\ \text{为逆时针方向}\\ \alpha+\alpha_{12}-\pi, & \Omega_1\ \text{为顺时针方向}\end{cases}\tag{4-31}$$

式中：α 为齿轮压力角。

为了考虑主动轮转动方向的影响，引入 σ 函数：

$$\sigma=\begin{cases}1, & \Omega_1\ \text{为逆时针方向}\\ -1, & \Omega_1\ \text{为顺时针方向}\end{cases}\tag{4-32}$$

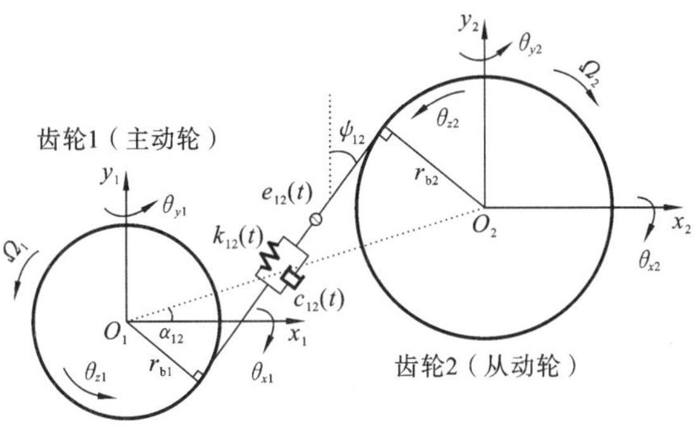

图4-7　直齿轮副全自由度啮合模型

定义齿轮副质心的广义坐标为

$$\boldsymbol{X}_{12}=[x_1\quad y_1\quad z_1\quad \theta_{x1}\quad \theta_{y1}\quad \theta_{z1}\quad x_2\quad y_2\quad z_2\quad \theta_{x2}\quad \theta_{y2}\quad \theta_{z2}]^{\mathrm{T}}\tag{4-33}$$

式中：下标1、2分别代表齿轮1、2；x、y 为横向自由度；z 为轴向自由度；θ_x、θ_y 为摆动自由度；θ_z 为扭转自由度。每个齿轮有6个自由度，一对啮合齿轮共有12个自由度。

假设齿轮在啮合力作用线方向上所产生的相对位移完全转变为接触齿面的弹性变形，以保证齿面在啮合过程中的相互接触。设两齿轮在啮合线方向上的相对位移为 $p_{12}(t)$，并假定压为正、拉为负，则有

$$p_{12}(t)=(x_1\sin\psi_{12}-x_2\sin\psi_{12}+y_1\cos\psi_{12}-y_2\cos\psi_{12}+\sigma\times r_{b1}\theta_{z1}+\sigma\times r_{b2}\theta_{z2})-e_{12}(t)\tag{4-34}$$

建立齿轮-转子系统的运动微分方程时作如下简化：不考虑齿侧间隙、啮合摩擦力等，考

虑齿轮上的时变啮合刚度、输入输出扭矩等。齿轮副在12个自由度方向上的运动方程为

$$\begin{cases}m_1\ddot{x}_1-k_{12}(t)p_{12}(t)\sin\psi_{12}-c_{12}(t)\dot{p}_{12}(t)\sin\psi_{12}=0\\ m_1\ddot{y}_1+k_{12}(t)p_{12}(t)\cos\psi_{12}+c_{12}(t)\dot{p}_{12}(t)\cos\psi_{12}=0\\ m_1\ddot{z}_1=0\\ I_{x1}\ddot{\theta}_{x1}+I_{z1}\Omega_1\dot{\theta}_{y1}=0\\ I_{y1}\ddot{\theta}_{y1}-I_{z1}\Omega_1\dot{\theta}_{x1}=0\\ I_{z1}\ddot{\theta}_{z1}+\sigma\times r_{b1}k_{12}(t)p_{12}(t)+\sigma\times r_{b1}c_{12}(t)\dot{p}_{12}(t)=T_1\\ m_2\ddot{x}_2+k_{12}(t)p_{12}(t)\sin\psi_{12}+c_{12}(t)\dot{p}_{12}(t)\sin\psi_{12}=0\\ m_2\ddot{y}_2-k_{12}(t)p_{12}(t)\cos\psi_{12}-c_{12}(t)\dot{p}_{12}(t)\cos\psi_{12}=0\\ m_2\ddot{z}_2=0\\ I_{x2}\ddot{\theta}_{x2}+I_{z2}\Omega_2\dot{\theta}_{y2}=0\\ I_{y2}\ddot{\theta}_{y2}-I_{z2}\Omega_2\dot{\theta}_{x2}=0\\ I_{z2}\ddot{\theta}_{z2}+\sigma\times r_{b2}k_{12}(t)p_{12}(t)+\sigma\times r_{b2}c_{12}(t)\dot{p}_{12}(t)=T_2\end{cases}\tag{4-35}$$

式中：m_1、m_2分别为齿轮1、齿轮2的质量；I_{x1}、I_{y1}、I_{z1}、I_{x2}、I_{y2}、I_{z2}分别表示齿轮1和2绕x轴、y轴和z轴的转动惯量。

将其写成矩阵形式，得到齿轮副运动耦合方程：

$$\boldsymbol{M}_{12}\ddot{\boldsymbol{X}}_{12}+(\boldsymbol{C}_{12}+\boldsymbol{G}_{12})\dot{\boldsymbol{X}}_{12}+\boldsymbol{K}_{12}\boldsymbol{X}_{12}=\boldsymbol{F}_1+\boldsymbol{F}\tag{4-36}$$

式中：$\boldsymbol{M}_{12}$为齿轮副的质量矩阵；$\boldsymbol{K}_{12}$为啮合刚度矩阵；$\boldsymbol{C}_{12}$为啮合阻尼矩阵；$\boldsymbol{G}_{12}$为陀螺矩阵。

$$\boldsymbol{M}_{12}=\mathrm{diag}(m_1,m_1,m_1,I_{x1},I_{y1},I_{z1},m_2,m_2,m_2,I_{x2},I_{y2},I_{z2})\tag{4-37}$$

$$\boldsymbol{X}_{12}=[x_1\quad y_1\quad z_1\quad \theta_{x1}\quad \theta_{y1}\quad \theta_{z1}\quad x_2\quad y_2\quad z_2\quad \theta_{x2}\quad \theta_{y2}\quad \theta_{z2}]^{\mathrm{T}}\tag{4-38}$$

$$\boldsymbol{K}_{12}=k_{12}(t)\cdot\boldsymbol{\alpha}_{12}^{\mathrm{T}}\cdot\boldsymbol{\alpha}_{12}\tag{4-39}$$

$$\boldsymbol{C}_{12}=c_{12}(t)\cdot\boldsymbol{\alpha}_{12}^{\mathrm{T}}\cdot\boldsymbol{\alpha}_{12}\tag{4-40}$$

$$\boldsymbol{F}_1=k_{12}(t)\boldsymbol{\alpha}_{12}^{\mathrm{T}}e_{12}(t)+c_{12}(t)\boldsymbol{\alpha}_{12}^{\mathrm{T}}\dot{e}_{12}(t)\tag{4-41}$$

$$\boldsymbol{F}=[0\quad 0\quad 0\quad 0\quad 0\quad T_1\quad 0\quad 0\quad 0\quad 0\quad 0\quad T_2]\tag{4-42}$$

式中：

$$\boldsymbol{\alpha}_{12}=[-\sin\psi_{12}\quad \cos\psi_{12}\quad 0\quad 0\quad 0\quad \sigma\times r_{b1}\quad \sin\psi_{12}\quad -\cos\psi_{12}\quad 0\quad 0\quad 0\quad \sigma\times r_{b2}]\tag{4-43}$$

$$\boldsymbol{G}_{12}=\begin{bmatrix}0&0&0&0&0&0&0&0&0&0&0&0\\0&0&0&0&0&0&0&0&0&0&0&0\\0&0&0&0&0&0&0&0&0&0&0&0\\0&0&0&0&I_{z1}\Omega_1&0&0&0&0&0&0&0\\0&0&0&-I_{z1}\Omega_1&0&0&0&0&0&0&0&0\\0&0&0&0&0&0&0&0&0&0&0&0\\0&0&0&0&0&0&0&0&0&0&0&0\\0&0&0&0&0&0&0&0&0&0&0&0\\0&0&0&0&0&0&0&0&0&0&0&0\\0&0&0&0&0&0&0&0&0&0&I_{z2}\Omega_2&0\\0&0&0&0&0&0&0&0&0&-I_{z2}\Omega_2&0&0\\0&0&0&0&0&0&0&0&0&0&0&0\end{bmatrix}\tag{4-44}$$

3）齿轮-转子系统有限元模型

以如图 4-8 所示某试验台及测试系统为例，建立的有限元模型如图 4-9 所示。其中，转轴利用铁摩辛柯（Timoshenko）梁进行建模，轴承采用线性弹簧等效处理，齿轮看成质量点分布在轴上。

（a）主齿轮箱内部图

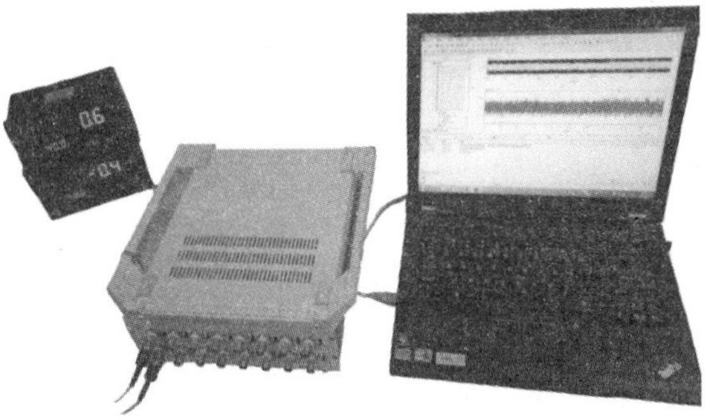

（b）数据采集装置

（c）加速度传感器位置

（d）疲劳试验台整体图

图 4-8　试验台及测试系统

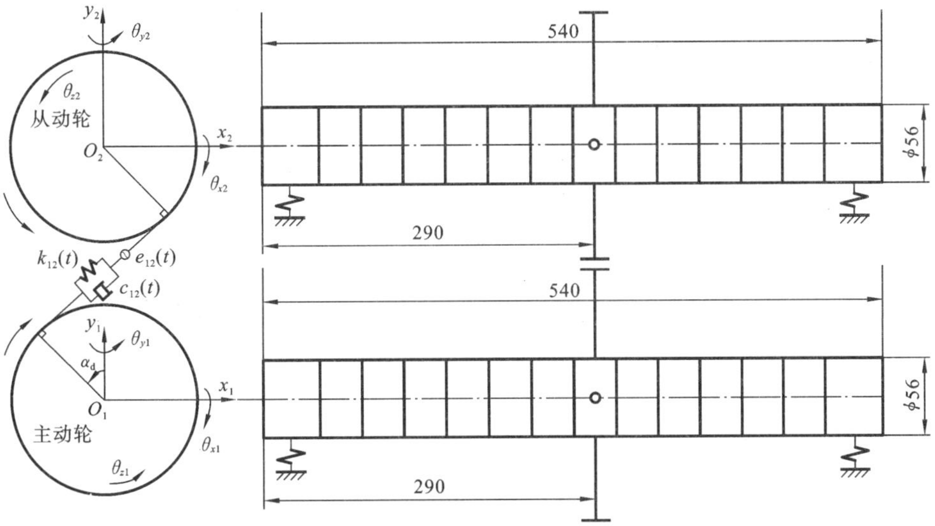

图 4-9　齿轮-转子系统有限元模型（长度单位：mm）

将齿轮副运动方程与转子-轴承系统方程进行耦合，得到整个系统的运动微分方程：

$$\boldsymbol{M}\ddot{\boldsymbol{u}}+(\boldsymbol{C}+\boldsymbol{G})\dot{\boldsymbol{u}}+\boldsymbol{K}\boldsymbol{u}=\boldsymbol{F}_u \tag{4-45}$$

式中：$\boldsymbol{M}$ 为系统质量矩阵，包含转轴质量、齿轮质量以及集中质量；$\boldsymbol{G}$ 为陀螺矩阵；$\boldsymbol{C}$ 为系统阻尼矩阵，采用黏性阻尼；$\boldsymbol{K}$ 为系统刚度矩阵，包括转轴刚度、齿轮啮合刚度以及轴承刚度；$\boldsymbol{u}$ 为系统广义坐标，$\boldsymbol{F}_u$为激振力矢量。系统整体刚度矩阵组集方式如图 4-10 所示，图中 n_i为节点号，$\boldsymbol{k}_i^{\mathrm{e}}$ 为节点 i 的单元刚度矩阵。

黏性阻尼矩阵 $\boldsymbol{C}$ 采用瑞利阻尼来确定：

$$\boldsymbol{C}=\zeta\boldsymbol{M}+\eta\boldsymbol{K} \tag{4-46}$$

$$\zeta=\frac{4\pi\omega_1\omega_2(\zeta_1\omega_2-\zeta_2\omega_1)}{(\omega_2^2-\omega_1^2)} \tag{4-47}$$

$$\eta=\frac{(\zeta_2\omega_2-\zeta_1\omega_1)}{\pi(\omega_2^2-\omega_1^2)} \tag{4-48}$$

式中：ω_1、ω_2 分别为系统第 1 阶和第 2 阶临界转速；ζ_1、ζ_2（$\zeta_1=\zeta_2=0.04$）为相对应的第 1 阶和第 2 阶模态阻尼比。

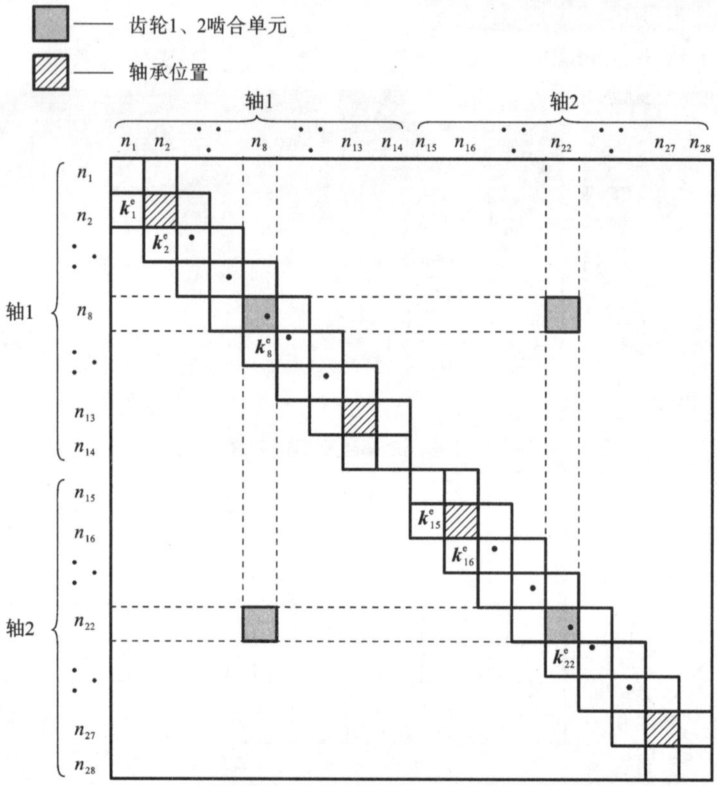

图 4-10　齿轮-转子系统刚度矩阵组集方式示意图

4.2.3　多体动力学模型

多体动力学是分析多体系统运动规律的学科，它主要研究在力的作用下，物体运动（坐标、位移、速度以及加速度）与力的关系。根据是否设定系统中的物体产生变形，多体系统模型可分为刚性体模型（见图 4-11）、柔性体模型（见图 4-12）等。

多体系统的动力学计算中，如何描述系统中不同物体的空间位置是一个重要问题。目前多体动力学分析可采用两种不同的数学建模方法，分别是拉格朗日法和笛卡儿法。

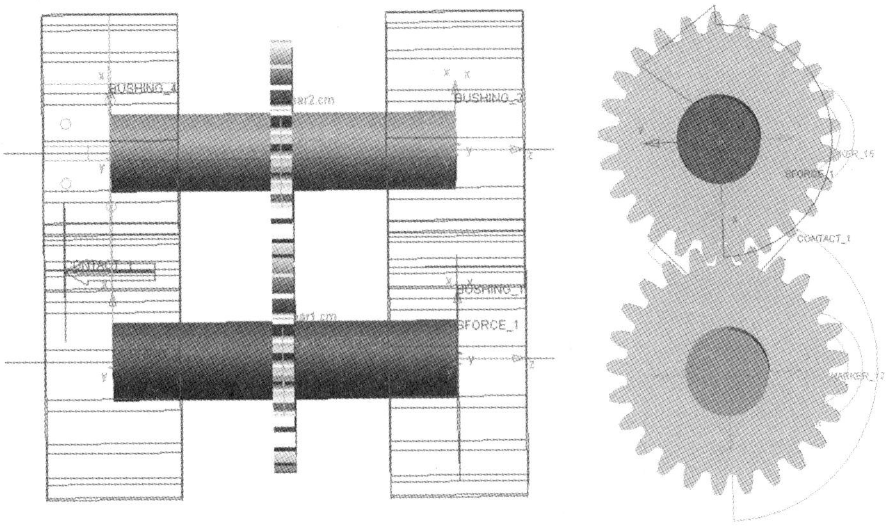

图 4-11　基于 ADAMS 的刚性体动力学模型

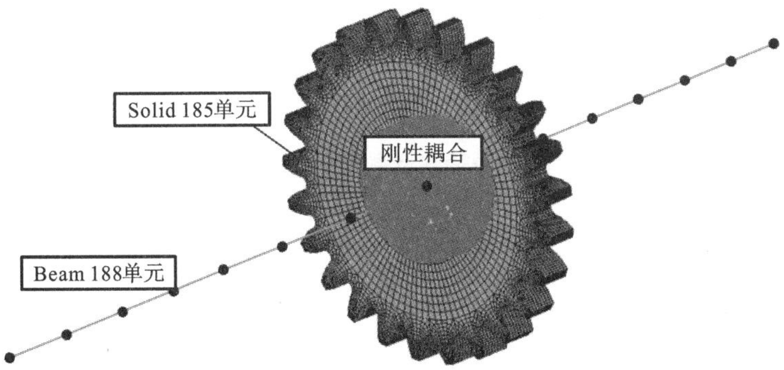

图 4-12　柔性体动力学模型

拉格朗日法是一种相对坐标法，它以系统每个铰的一对邻接物体为单元，其中一个为参考物，另一个相对于参考物的位置由铰的广义坐标描述，广义坐标通常为邻接刚体之间的相对转角或位移。

笛卡儿法是一种绝对坐标法，它以系统的每一个物体为单元，建立固接在刚体上的坐标系，该刚体的位置相对于公共参考基进行定义，其位置坐标统一为刚体坐标系基点的笛卡儿坐标与坐标系的方位坐标，方位坐标可选用欧拉角或欧拉参数。

对于刚性体模型，只需在 ADAMS 软件中直接建立即可，如图 4-11 所示。

选用惯性系中的笛卡儿坐标系建立广义坐标，若研究对象为刚性体，则可表示为

$$\boldsymbol{\varepsilon}=[x \quad y \quad z \quad \theta_x \quad \theta_y \quad \theta_z]^{\mathrm{T}} \tag{4-49}$$

柔性体的动力学微分方程主要建立在广义坐标基础上，可以描述系统柔性体构件的非线性位移和微小弹性变形。柔性体变形可近似用离散的自由度位移向量 $\boldsymbol{u}$ 表示，在柔性体的弹性范围内，位移 $\boldsymbol{u}$ 为模态向量和模态坐标的线性组合，则位移 $\boldsymbol{u}$ 的表达式为

$$\boldsymbol{u}=\boldsymbol{\varphi}\cdot\boldsymbol{q} \tag{4-50}$$

式中：$\boldsymbol{\varphi}$ 表示系统自由度对应的模态矩阵；$\boldsymbol{q}=q_i(i=1,\ 2,\ \cdots,\ m_{\mathrm{f}})$是柔性体的广义模态坐标，$m_{\mathrm{f}}$ 为模态数。因此，柔性体的广义坐标可以表达为

$$\boldsymbol{\varepsilon}=[x \quad y \quad z \quad \theta_x \quad \theta_y \quad \theta_z \quad q_i(i=1,2,\cdots,m_f)]^{\mathrm{T}} \tag{4-51}$$

柔性体的动力学方程建立在广义坐标基础上，所以基于广义坐标推导的柔性体拉格朗日微分方程可表示为

$$\boldsymbol{M}_f\ddot{\boldsymbol{\varepsilon}}+\dot{\boldsymbol{M}}\dot{\boldsymbol{\varepsilon}}-\frac{1}{2}\left[\frac{\partial \boldsymbol{M}_f}{\partial \boldsymbol{\varepsilon}}\dot{\boldsymbol{\varepsilon}}\right]^{\mathrm{T}}\dot{\boldsymbol{\varepsilon}}+\boldsymbol{K}_f\boldsymbol{\varepsilon}+\boldsymbol{f}_g+\boldsymbol{D}\dot{\boldsymbol{\varepsilon}}+\left[\frac{\partial \boldsymbol{\psi}}{\partial \boldsymbol{\varepsilon}}\right]^{\mathrm{T}}\lambda=\boldsymbol{F} \tag{4-52}$$

式中：$\boldsymbol{M}_f$ 是柔性体的质量矩阵；$\dot{\boldsymbol{M}}_f$ 是柔性体质量矩阵对时间的一阶导数；$\boldsymbol{\varepsilon}$ 是柔性体的广义坐标矢量；$\dot{\boldsymbol{\varepsilon}}$ 和 $\ddot{\boldsymbol{\varepsilon}}$ 分别为 $\boldsymbol{\varepsilon}$ 对时间的一阶和二阶导数；$\partial \boldsymbol{M}_f/\partial \boldsymbol{\varepsilon}$ 是质量矩阵对广义坐标的偏导数；$\boldsymbol{K}_f$ 为系统广义刚度矩阵；$\boldsymbol{f}_g$ 是重力矢量；$\boldsymbol{D}$ 为系统模态阻尼矩阵；$\boldsymbol{\psi}$ 为代数约束方程；λ 为约束的拉格朗日乘子；$\boldsymbol{F}$ 为广义激振力向量。

柔性体详细建模过程如下：首先采用 ANSYS 软件建立传动轴与柔性体齿轮耦合的 MNF 文件，其中齿轮轴采用 Beam 188 单元建立，齿轮采用 Solid 185 单元建立，将齿轮孔内部节点与中心位置轴单元节点进行刚性耦合，并以轴承位置的梁单元节点作为参考点导出模态中性文件，如图 4-12 所示。

其次，在 ADAMS 软件中，导入中性文件，在齿轮轴的轴承位置分别建立两个沿 x 和 y 方向的线弹簧，以模拟轴承的线性支撑，同时在轴承端建立绕 x 和 y 方向的角弹簧，以模拟轴承对扭转方向的约束作用，转速设置为 1492 r/min。在主、从动轮之间设置接触对，其中接触与摩擦参数及求解参数的设置如表 4-1 所示。需要说明的是，该动力学模型还可以模拟齿轮复杂基体结构对系统动力学响应的影响。

表 4-1　仿真模型接触与摩擦参数及求解参数设置

接触与摩擦参数			
参数	数值	参数	数值
接触类型	柔性体对柔性体	摩擦力类型	库仑摩擦力
法向接触力类型	Impact	静态系数	8.0×10^{-2}
刚度 K_m/(N/mm)	9.42×10^5	动态系数	5.0×10^{-2}
法向力贡献指数 e	1.5	静摩擦系数	0.1
阻尼 C/(N·s/mm)	50.0	滑动摩擦系数	10.0
接触渗透量 d/mm	0.1		
求解参数			
参数	数值	参数	数值
转速/(r/min)	1492	扭矩/(N·m)	0, 100, 160, 200
求解步长/s	1×10^{-5}	求解时间/s	1

接触参数的设置对动力学仿真结果具有重要影响。在 ADAMS 软件中主要有二维接触和三维接触类型。二维接触主要指平面几何形体之间的相互作用(圆弧、曲线和点之间的接触)；三维接触主要指实体之间的相互作用(球、圆柱和拉伸体等之间的接触)。接触力的算法分为基于回归的接触算法和基于碰撞函数的接触算法。基于回归的接触算法主要通过惩罚参数与回归系数计算接触力，惩罚参数施加了单面约束，而回归系数决定了接触时的能量损失。在这里，我们采用基于碰撞函数的接触算法，接触力表达式为

$$F=\begin{cases}0, & x>x_1\\ K_m\ (x_1-x)^e-\text{step}(x,x_1-d,1,x_1,0)C\dfrac{dx}{dt}, & x\leqslant x_1\end{cases} \tag{4-53}$$

$$K_m=\sqrt{\frac{16RE^2}{9}}=\frac{4}{3}\sqrt{R}E,\quad \frac{1}{R}=\frac{1}{R_1}+\frac{1}{R_2},\quad \frac{1}{E}=\frac{1-\nu_1^2}{E_1}+\frac{1-\nu_2^2}{E_2} \tag{4-54}$$

式(4-53)中：x_1 是接触前的初始间隙；x 是接触发生时的真实位移；K_m 是材料刚度；e 是法向力贡献指数；d 是接触渗透量；C 是接触材料的阻尼。式(4-54)中：R_1 和 R_2 是主、从动轮的分度圆半径；ν_1 和 ν_2 是主、从动轮的泊松比；E_1 和 E_2 表示主、从动轮的弹性模量。在构件接触过程中，接触力中的摩擦力是接触正压力和摩擦系数的乘积，根据构件的相对滑动速度，摩擦力在动摩擦与静摩擦之间相互转换。参数设置如表 4-1 所示。

4.3　工程实例 1

本节基于 Kahraman 模型分析了齿轮副的固有特性，进而验证模型的准确性。Kahraman 模型的齿轮基本参数如表 4-2 所示。主要采用了 MATLAB 软件自编的方式建立模型。为了验证所建动力学模型的正确性，又采用 ANSYS 软件建立了相同的动力学模型，对比了 MATLAB 结果、ANSYS 结果以及 Kahraman 模型结果，如表 4-3 所示，MATLAB 的前 8 阶固有频率与 Kahraman 模型结果的最大误差为 2.87%，ANSYS 的前 8 阶固有频率与 Kahraman 模型结果的最大误差为 0.608%，验证了模型的准确性。MATLAB 模型与 ANSYS 模型的最大误差也不超过 3%，两模型的振型对比如表 4-4 所示，振型基本吻合，再次验证了模型的准确性。

表 4-2　Kahraman 模型的齿轮基本参数

参　　数	主动轮/从动轮	参　　数	主动轮/从动轮
齿数 Z	28/28	转动惯量 I/(kg · m²)	0.0018/0.0018
弹性模量 E/(GPa)	210	质量 m/kg	1.84/1.84
压力角 α/(°)	20	齿顶高系数 h_a^*	1
基圆半径 r_b/m	0.0445/0.0445	顶隙系数 c^*	0.25
轴承刚度 k_{xx}、k_{yy}/(N/m)	1×10^9	啮合刚度 k_m/(N/m)	1×10^8

表 4-3　固有频率结果

固有频率	Kahraman 模型结果/Hz	MATLAB 结果/Hz	误差/(%)	ANSYS 结果/Hz	误差/(%)
第 1 阶	581	571.00	1.72	572.43	0.540
第 2 阶	687	677.05	1.45	678.43	0.608
第 3 阶	689	677.79	1.63	679.40	0.608
第 4 阶	691	678.52	1.81	680.37	0.608
第 5 阶	2524	2512.66	0.45	2513.2	0.0002
第 6 阶	3387	3322.00	1.92	3319.6	0.0002
第 7 阶	3387	3322.00	1.92	3319.6	0.597
第 8 阶	3421	3322.93	2.87	3342.5	0.580

表 4-4　振型结果

振型	ANSYS 结果	MATLAB 结果	对应模态
第 1 阶	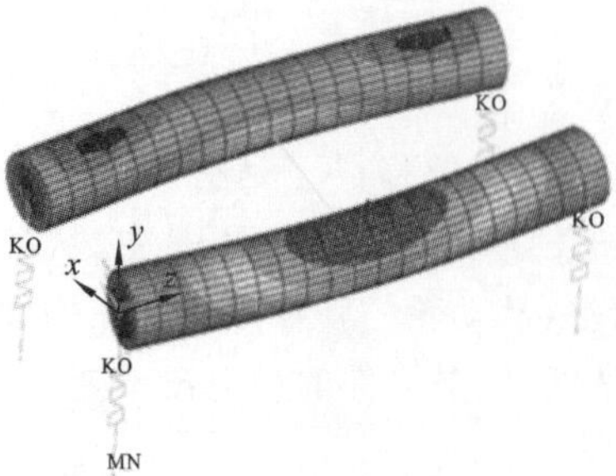	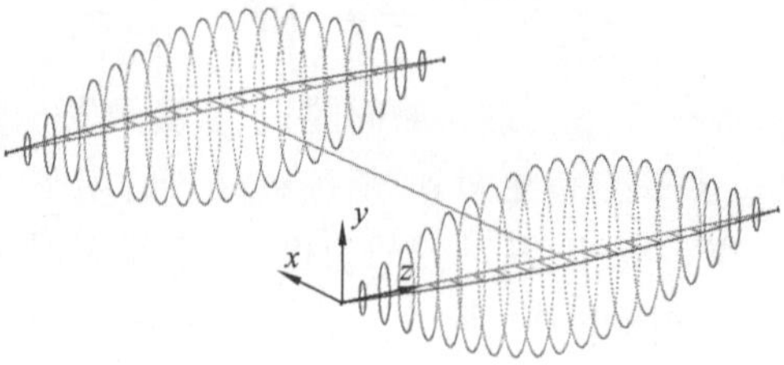	主、从动轴 x 方向弯曲
第 2 阶	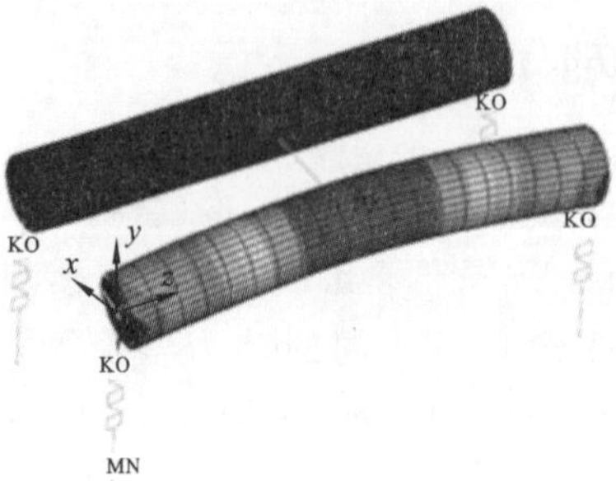	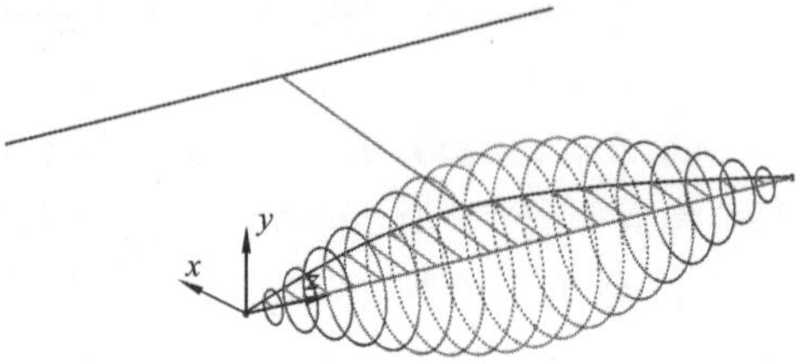	主动轴 x 方向弯曲
第 3 阶	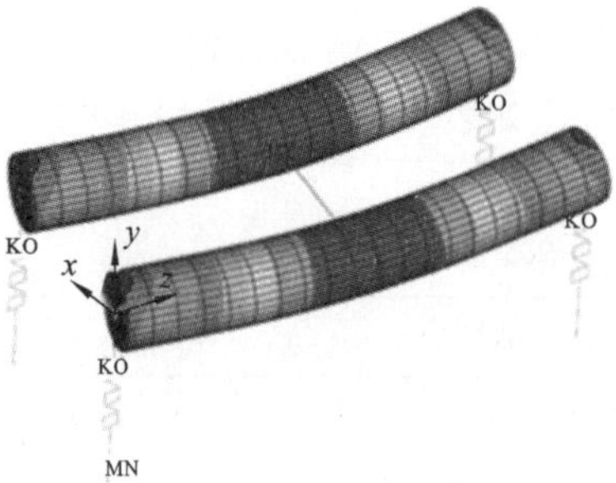	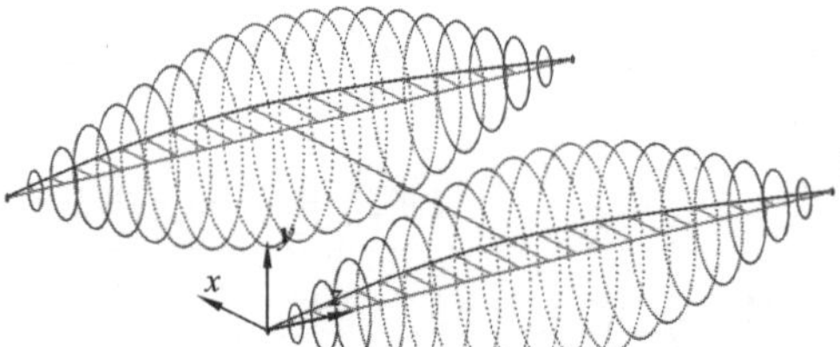	主、从动轴 x 方向弯曲
第 4 阶	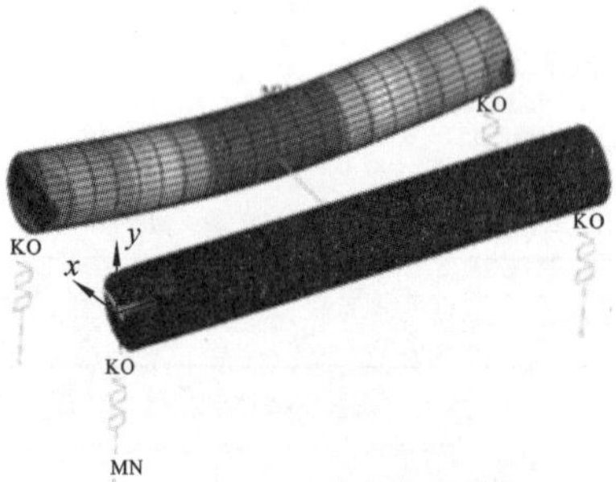	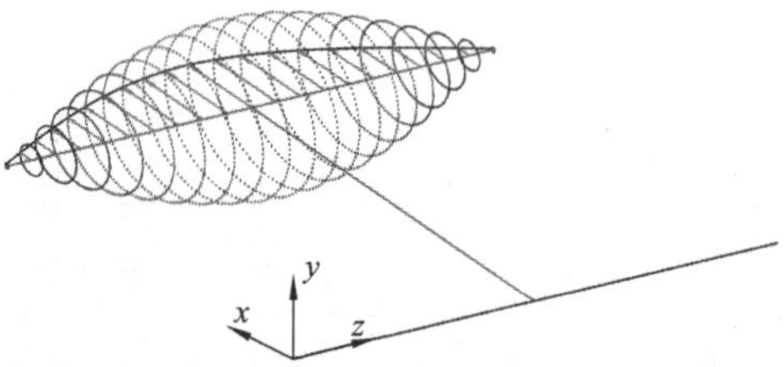	从动轴 x 方向弯曲
第 5 阶	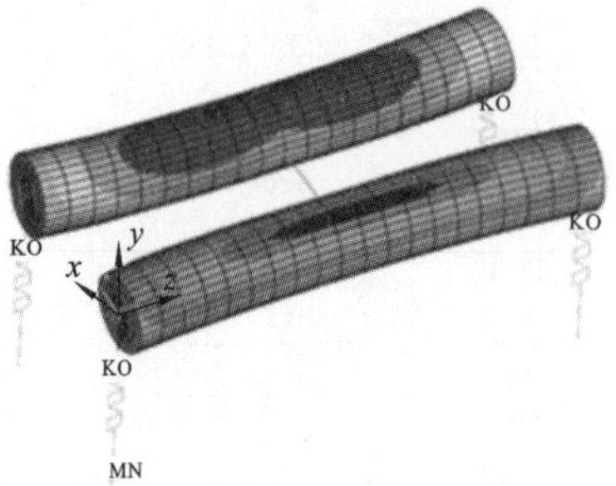	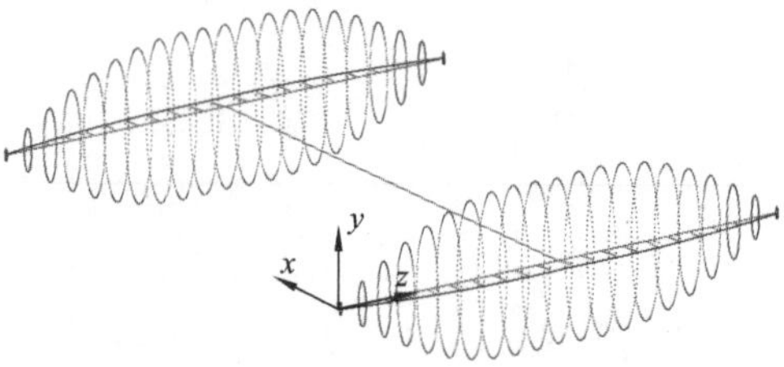	弯扭耦合振动

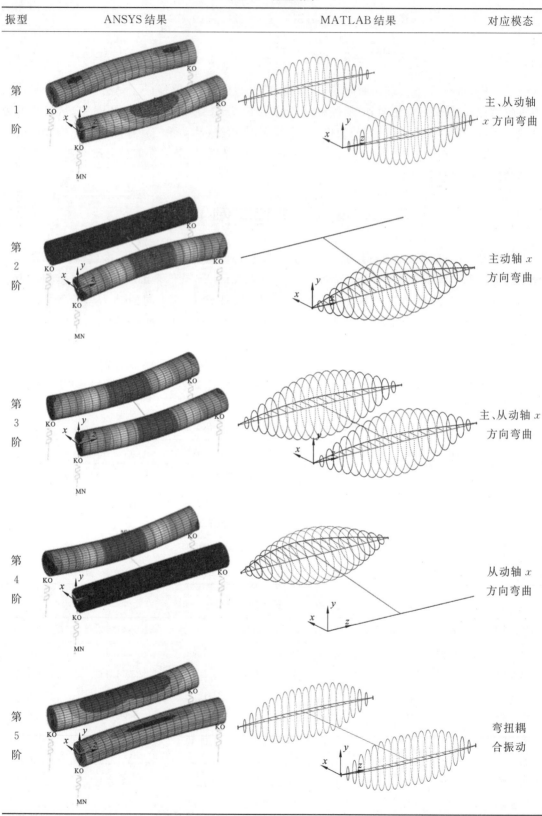

续表

振型	ANSYS 结果	MATLAB 结果	对应模态
第 6 阶	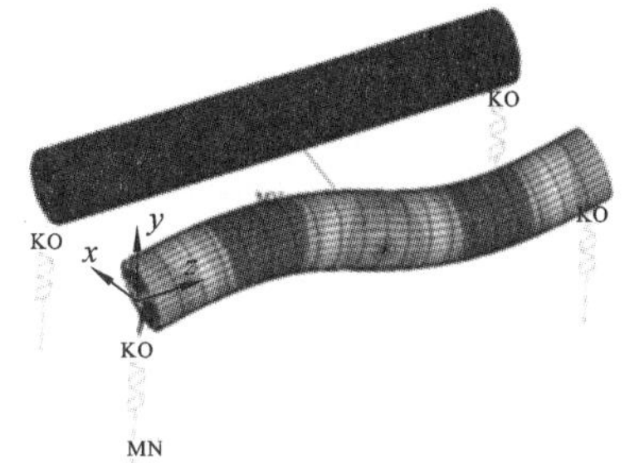	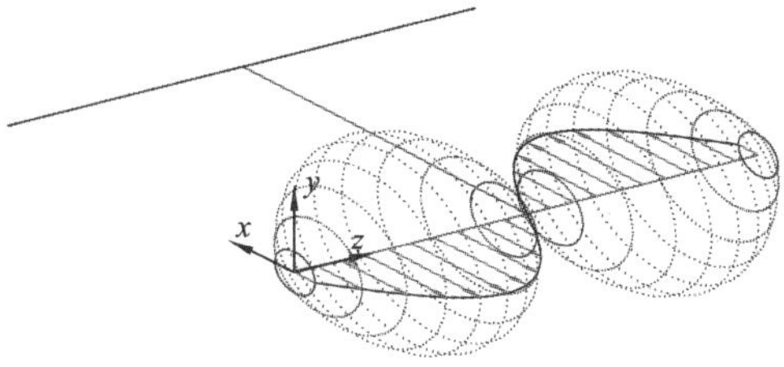	主动轴 x 方向弯曲
第 7 阶	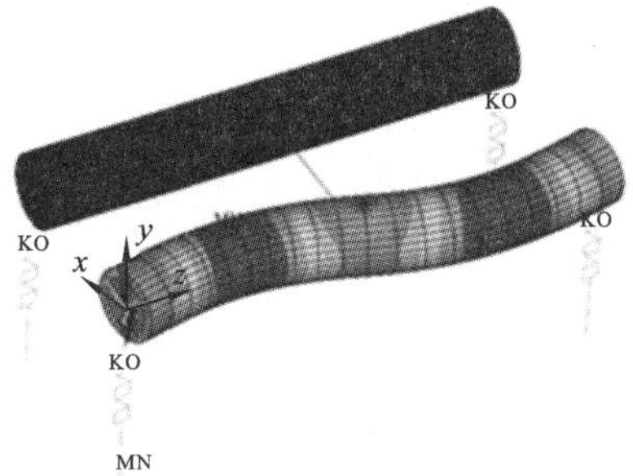	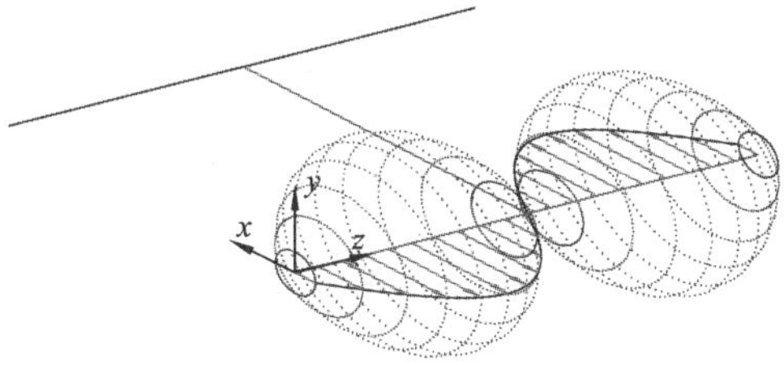	主动轴 x 方向弯曲
第 8 阶	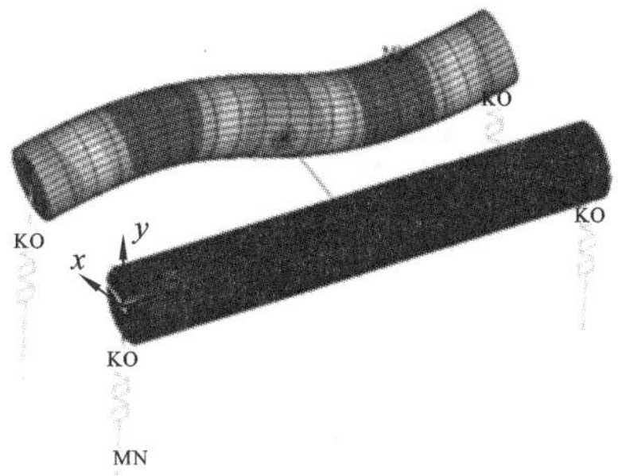	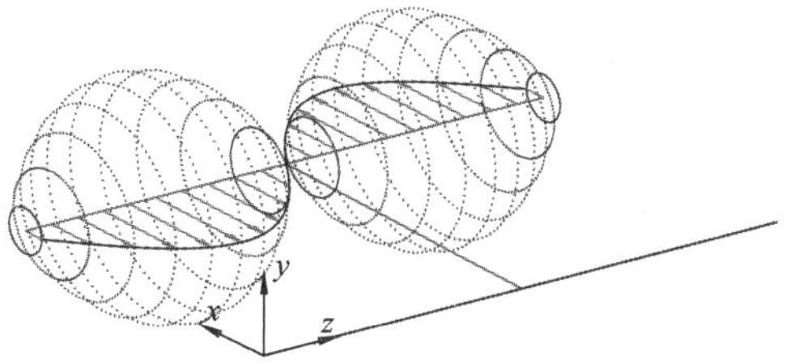	从动轴 x 方向弯曲

4.4 工程实例 2

本节基于三种方法建立了真实试验台齿轮系统动力学模型，将三种方法的仿真结果与实测结果进行对比分析，以验证动力学模型的准确性。试验台模型的齿轮基本参数如表 4-5 所示，固有频率和振型结果分别如表 4-6 和表 4-7 所示。

表 4-5 试验台模型的齿轮基本参数

参　　数	主动轮/从动轮	参　　数	主动轮/从动轮
齿数 Z	25/25	齿宽 L/mm	16
弹性模量 E/GPa	210	压力角 α/(°)	20
泊松比 ν	0.3	扭矩/(N·m)	200
内孔半径 r_{int}/mm	28/28	齿顶高系数 h_a^*	1
模数 m/mm	6	顶隙系数 c^*	0.25

表 4-6　固有频率结果

固有频率	MATLAB 结果/Hz	ANSYS 结果/Hz	误差/(%)
第 1 阶	392.29	394.41	0.540
第 2 阶	450.56	453.30	0.608
第 3 阶	450.56	453.30	0.608
第 4 阶	450.56	453.30	0.608
第 5 阶	632.28	632.29	0.0002
第 6 阶	632.28	632.29	0.0002
第 7 阶	1271.9	1279.5	0.597
第 8 阶	1276.9	1284.3	0.580

表 4-7　振型结果

振型	ANSYS 结果	MATLAB 结果	对应模态
第 1 阶	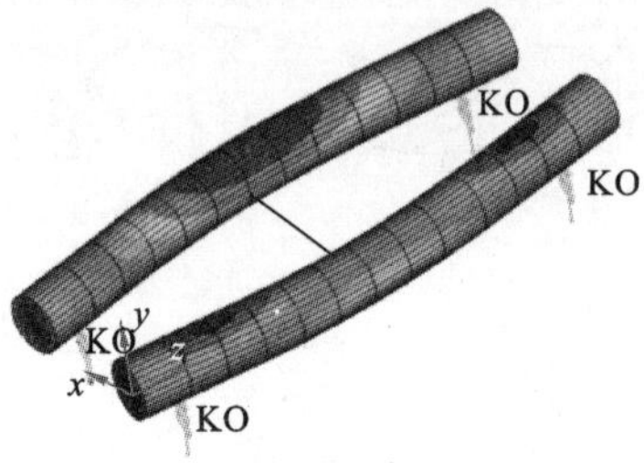	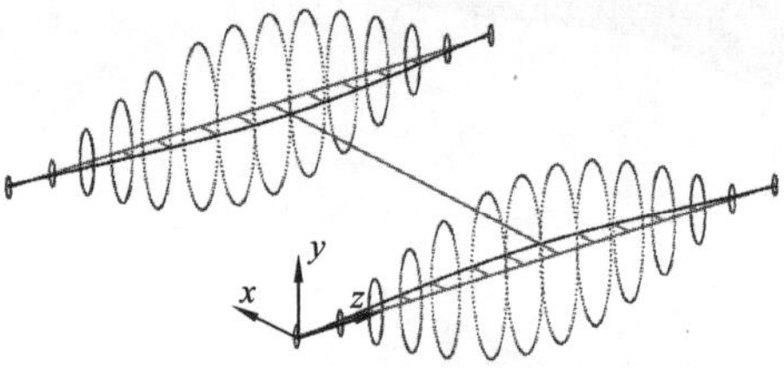	弯扭耦合振动
第 2 阶	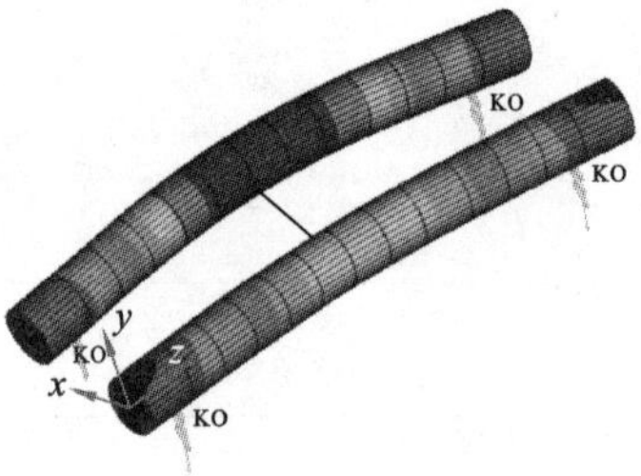	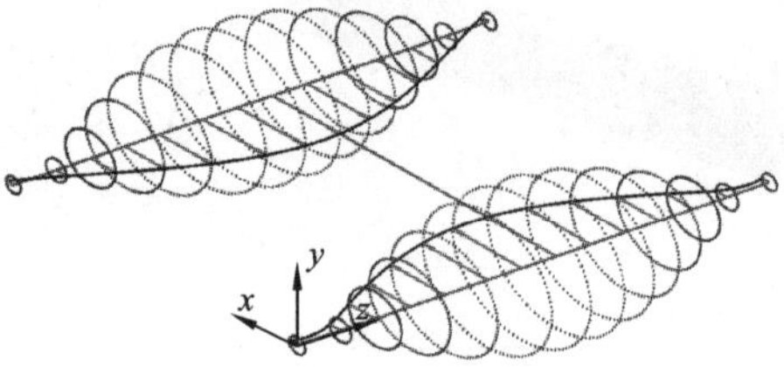	主动轴 x 方向弯曲
第 3 阶	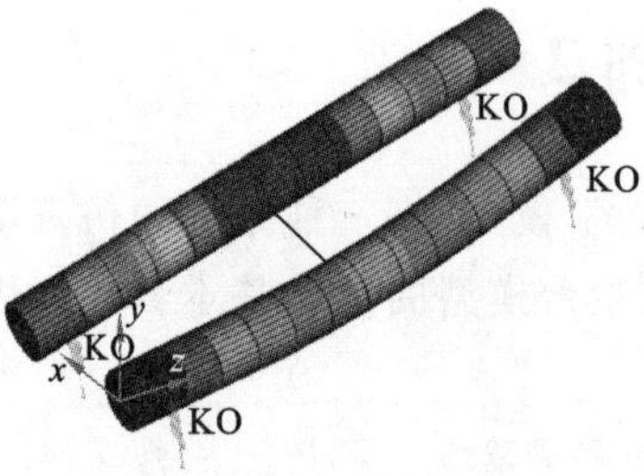	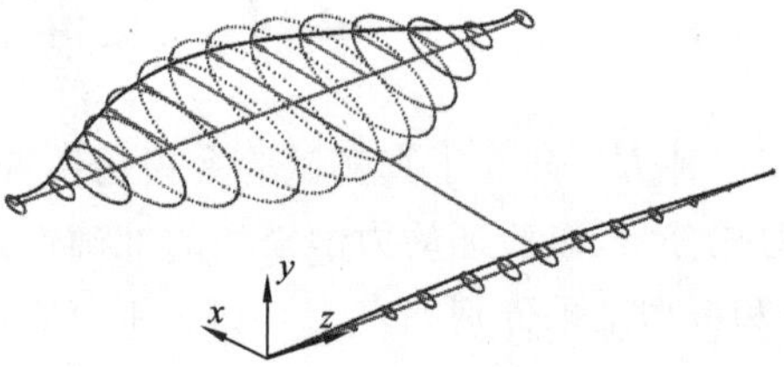	从动轴 x 方向弯曲
第 4 阶	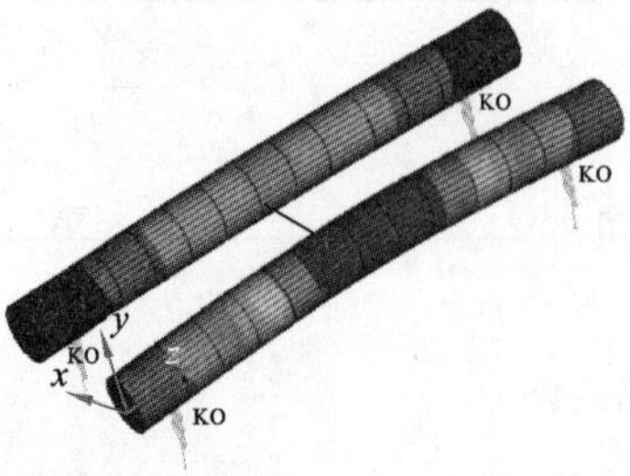	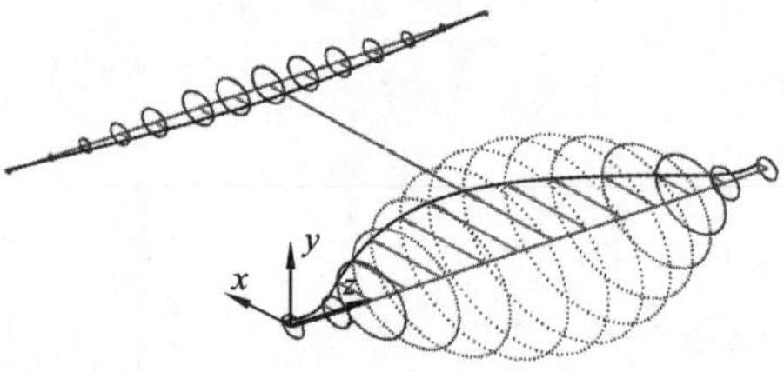	主、从动轴 x 方向弯曲

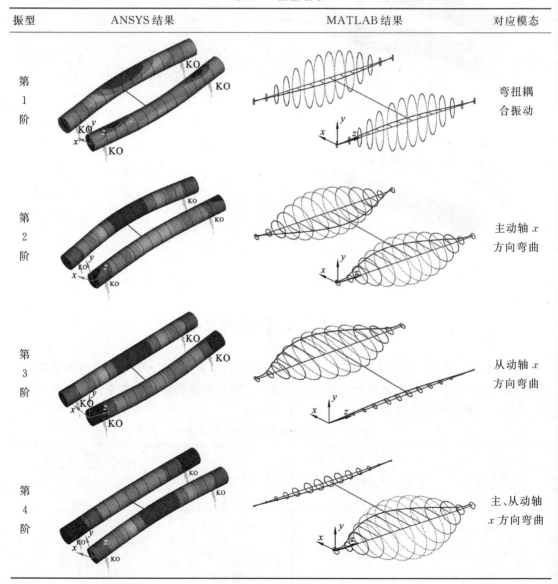

续表

振型	ANSYS 结果	MATLAB 结果	对应模态
第 5 阶	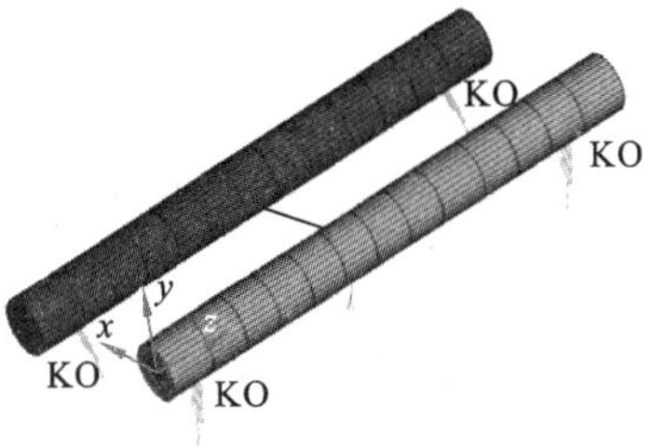	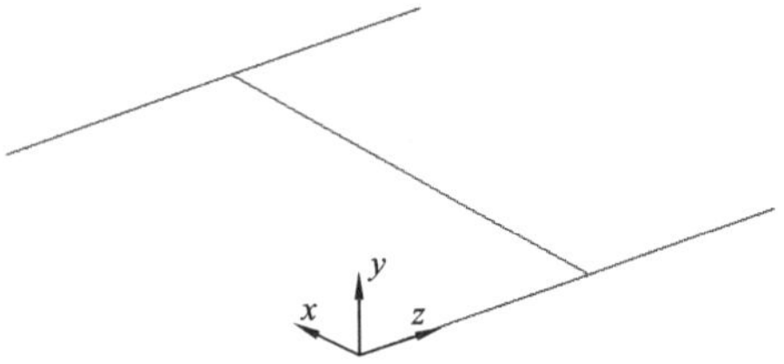	主动轴 z 方向 刚体移动
第 6 阶	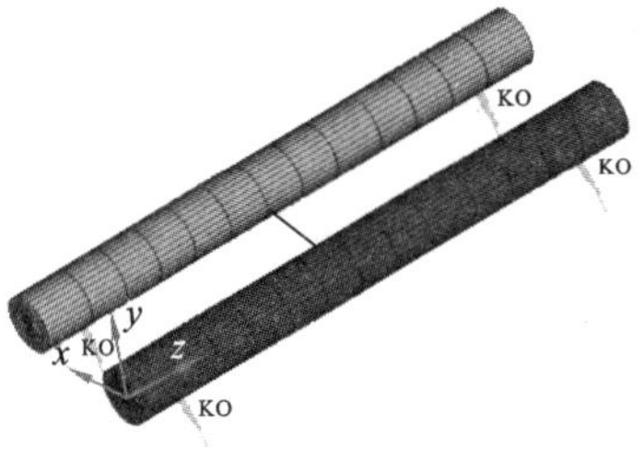	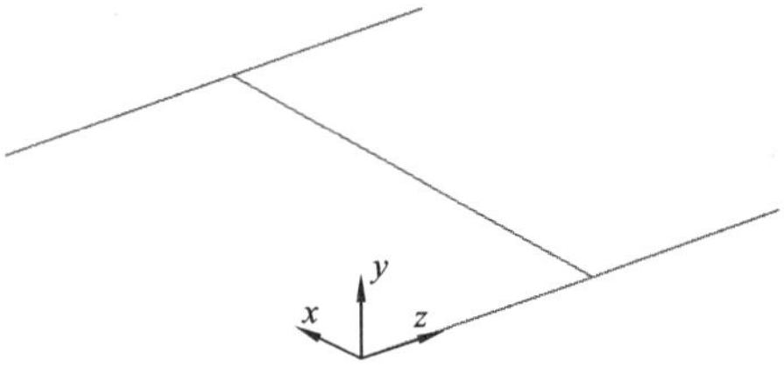	从动轴 z 方向 刚体移动
第 7 阶	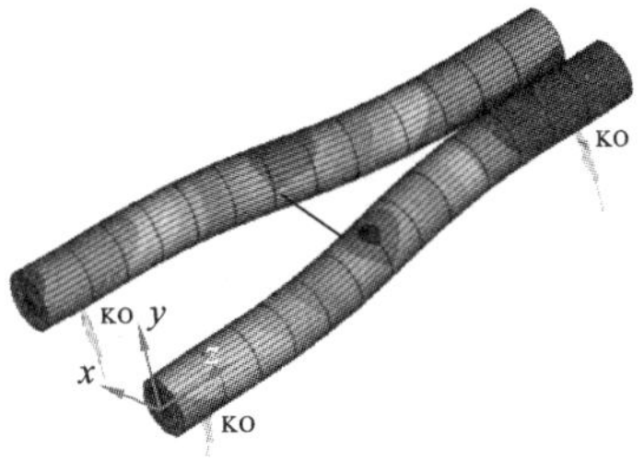	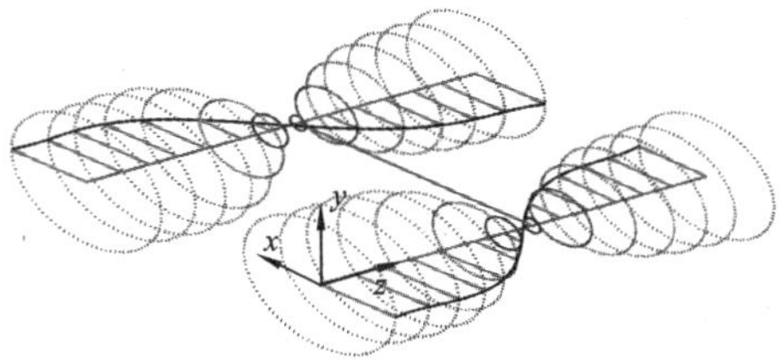	弯扭耦 合振动
第 8 阶	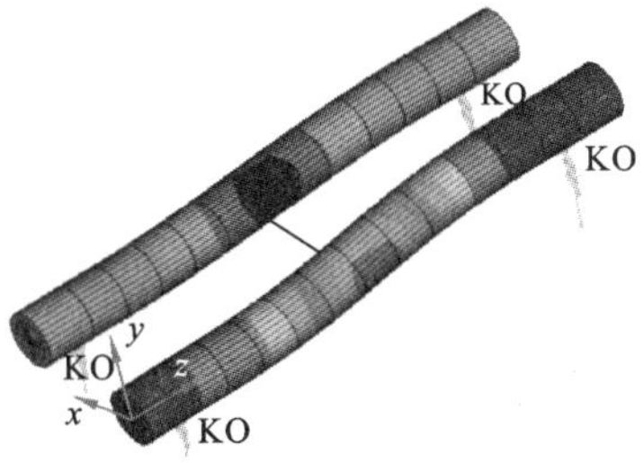	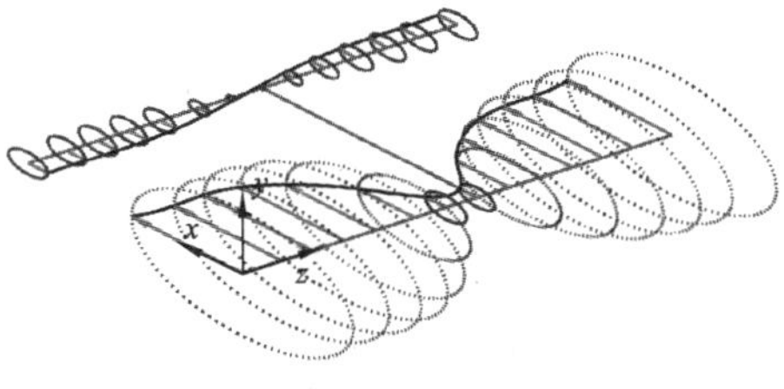	弯扭耦合 振动，主动 轮占主导

利用前面承载接触分析方法计算得到的时变啮合刚度如图 4-13 所示。基于集中参数模型和有限元模型获得的齿轮副传递误差如图 4-14 所示，由图可知，两模型的静态传递误差(STE)与动态传递误差(DTE)的数值大小基本是一致的，但集中参数模型的数值波动以及波动范围相比于有限元模型较大，这是由于集中参数模型没有考虑轴的柔性对系统的影响。

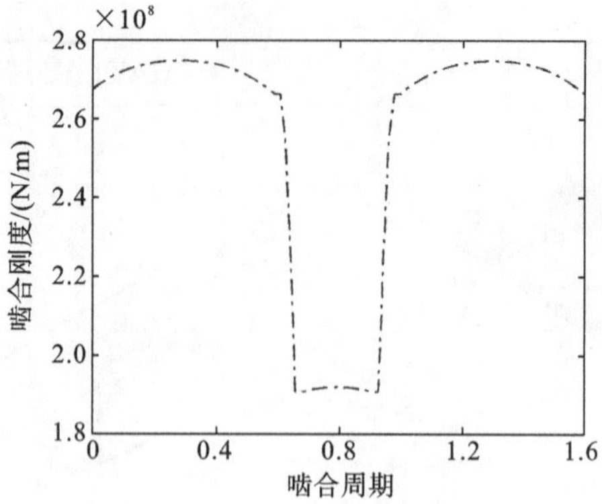

图 4-13 齿轮副啮合刚度

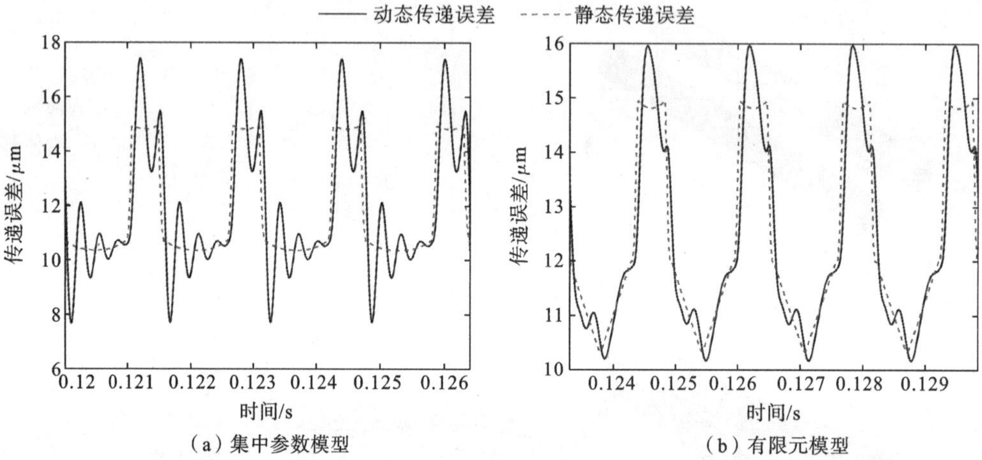

图 4-14 齿轮副传递误差

对比利用实验所得时域信号和三种方法的仿真时域信号并分析频谱特征，如图 4-15 所示。图4-15(a)所示为有限元方法的时域和频域结果；图 4-15(b)所示为实验所测的时域和频域结果；图 4-15(c)所示为集中参数模型的时域和频域结果；图 4-15(d)所示为 ADAMS 柔性体动力学模型的时域和频域结果；图 4-15(e)所示为 ADAMS 刚性体动力学模型的时域和频域结果。对于健康齿轮副，仿真信号只有啮频，没有转频。但是实验测得的信号有很明显的转频特征。这是由于在仿真中，忽略了转轴的质量偏心和不对中，因此仿真频谱中不含转频。而在实验中，齿轮-转子系统有不可避免的质量偏心和不对中，因此会出现转频和边频。ADAMS 刚性体动力学模型的幅频图中不包含转频；而在柔性体动力学模型幅频图的低频段中则可清晰辨识出齿轮系统的 1 倍转频。且相较于刚性体动力学模型的时域图，柔性体动力学模型的时域图中能够观察到清晰的低频波形。在考虑齿轮轴系柔性变形的条件下，得到的仿真结果受到了 1 倍转频调制的影响。

主动轴右端轴承处 x 方向位移的幅频响应如图 4-16 所示。当啮合频率 f_e 等于齿轮系统第 1 阶固有频率(f_1)、第 11 阶固有频率(f_{11})和第 16 阶固有频率(f_{16})时，出现共振峰；当啮合频率 f_e 等于 $f_1/2$ 和 $f_{11}/2$ 时，出现超谐波共振峰。对于一个特定的扭矩工况，在实际设计中，可以通过合理选择实际工作转速来避免共振。

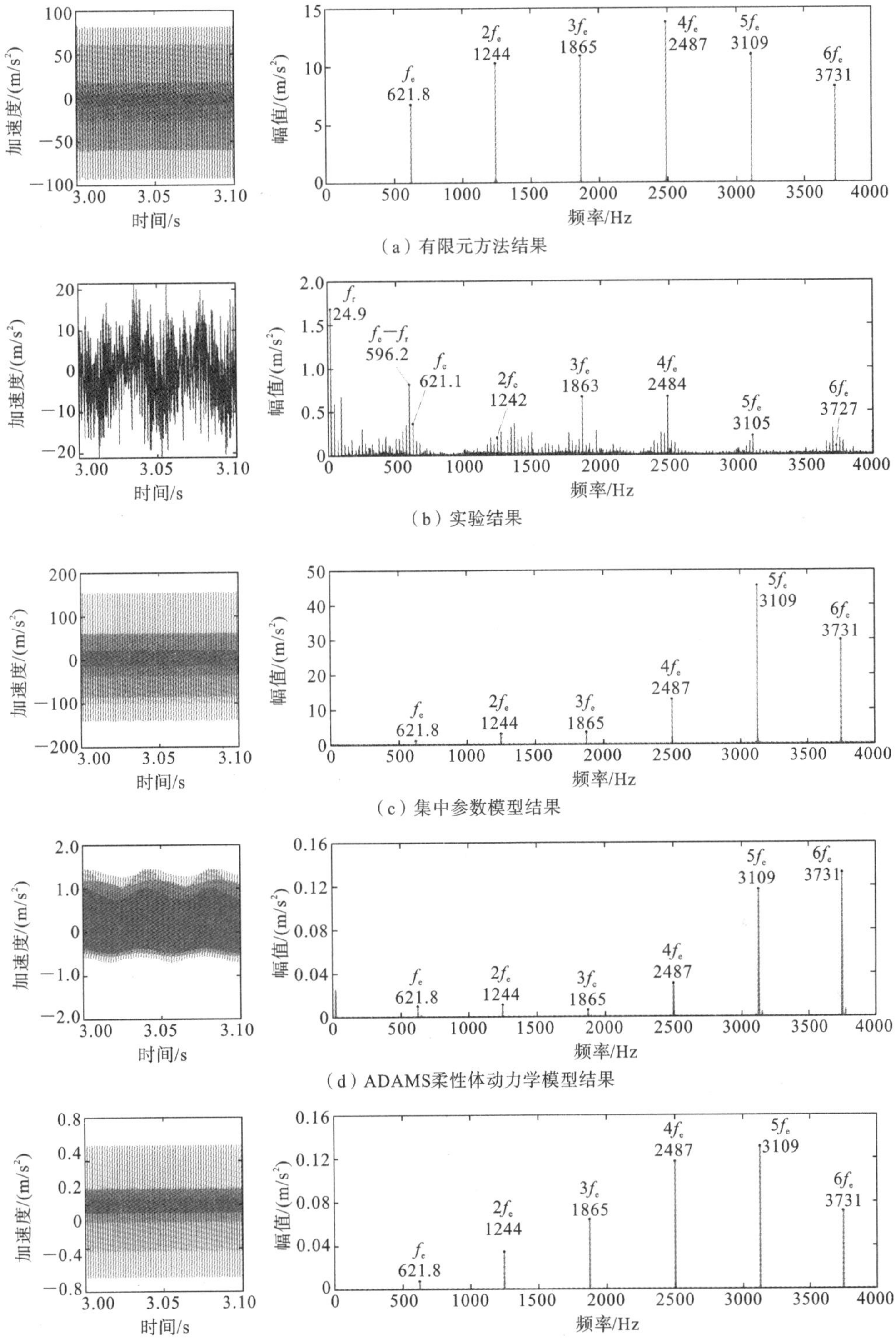

(a) 有限元方法结果

(b) 实验结果

(c) 集中参数模型结果

(d) ADAMS柔性体动力学模型结果

(e) ADAMS刚性体动力学模型结果

图 4-15　齿轮副动力学响应

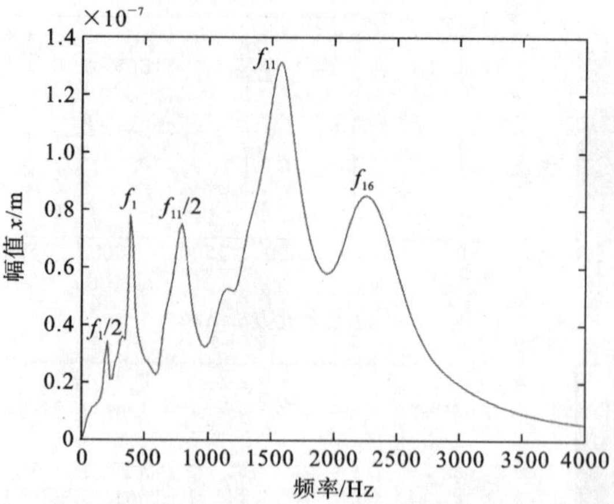

图 4-16　轴承处 x 方向位移的幅频响应

第5章 轴承-转子系统动力学

旋转机械被广泛应用于汽轮发电机组、工业压缩机、高速铁路、航空航天发动机等大型机械设备中，在能源电力、石油化工、交通运输、航空航天等国民经济领域发挥着重要的作用。轴承-转子系统是旋转机械设备的关键组件，深入研究其动力学特性对旋转机械的安全运转具有重要的现实意义。轴承是用于支撑旋转机械转子的关键零件，使用轴承可以减小摩擦，保证机械设备的旋转精度。对绝大多数以旋转运动为主运动的旋转机械而言，旋转部分都是其最主要的核心部分。轴承-转子系统作为旋转核心部分，其起到的作用是其他部件不能比拟的。旋转机械在工作过程中受到多方面因素的影响，时间一长，就会出现意想不到的故障，甚至会造成重大的经济损失。其中，很大一部分故障是由转子部分产生过大的振动而引起的，振动的危害包括产生过大噪声，导致转子失稳、轴系疲劳断裂等机械结构损坏故障，严重的甚至危及个人生命安全，给企业及员工带来重大的生命财产损失。

以旋转运动为主运动的周向旋转机械大都由旋转部分和为其起到支撑作用的轴承部分组成，其中轴承的支撑性能和保证旋转部分正常旋转的性能十分重要。在现在的各个工业领域中，在大多数的旋转机械设备中都会看到轴承的身影，主要有滚动轴承和电磁轴承等。

滚动轴承按滚动体和套圈的结构可分为深沟球轴承、滚针轴承、角接触轴承、调心球轴承、调心滚子轴承、推力球轴承、推力调心滚子轴承、圆柱滚子轴承、圆锥滚子轴承、带座外球面球轴承，等等。滚动轴承使用维护方便，工作可靠，启动性能好，在中等速度下承载能力较高。与滑动轴承相比，滚动轴承的径向尺寸较大，减振能力较差，高速时寿命低、声响较大。应用广泛的滚动轴承主要包括球轴承和滚子轴承。从以旋转运动为主要运动的各类大型、中型、小型旋转机械来看，不同类型的旋转机械所用到的轴承类型各不相同，轴承安装形式也各有所异，但就使用数量而言，深沟球轴承的市场占有率还是比较大的。

电磁轴承可以在无机械接触和润滑的条件下通过电磁力支撑转子运转。这种优越的性能是其他传统的支承方式无法具备的。电磁轴承融合了机械、电磁、控制等多学科的知识，是一种具有革命性的机电产品，电磁轴承技术已经成为一种发展前景远大的支承技术。在电磁轴承发展的前期，由于电磁轴承本质上具有开环不稳定性，而闭环控制需要对其进行实时反馈控制，高精度控制系统的实施无疑将增加电磁轴承的制造成本，所以在初期电磁轴承并未得到大家的关注。直到最近几十年，随着数字传感器、控制器和放大器等硬件设备以及计算能力的快速发展，电磁轴承才逐渐成为传统轴承的替代品，已经开始有企业接受电磁轴承的工业化应用。

滚动轴承与电磁轴承都是转子动力学研究的重要组成部分；而作为固体动力学的一个重要组成部分，转子动力学涉及的领域较为庞大，世界工业化进程迅猛带动了该领域飞速蓬勃的发展。转子动力学如此受关注，是因为它不但研究分析了自身旋转机械的特性，还将其附属的零部件结合起来进行动力学分析。对于轴承-转子系统，站在不同的角度和领域进行全方位的研究，可以全面综合分析转子系统领域所涉及的不同类型的问题。转子动力学涉及多学科、多领域的研究，主要针对现有转子系统模型简化后的数学模型的建立、计算方法的创新，从不同的角度、不同的高度对模型中传统的固有特性进行动力学分析。不同旋转机械应用的场合、领域会有很大的不同，旋转机械综合运用电学、力学、流体、控制、计算机软件等多方面知识，所以所涉及的问题类型很多，差异较大，甚至不相关；但关于旋转机械的研究都是为了使转子系统能够更稳定地旋转和工作，降低故障风险率，延长其使用寿命，增大其安全性、可靠性，全方位利用现有部件，为国民经济的安全、快速发展提供保障。

从对轴承-转子系统研究的时间历程来看，最初都是利用静力学的手段进行研究，但随着技术的不断革新，对旋转机械各个部分的研究手段和方法也得到了很大的提升，逐渐向动力学的方向过渡。利用动力学方法进行研究也会遇到很多问题，比如相互交织的问题较多、互相影响的因素也具有复杂性和不确定性，所以目前对旋转机械的研究一般采用拟动力学分析的方法。该方法和静力学问题相比，能够很好地切合实际、分析问题，得到的结论与实际差距较小，同时又解决了动力学手段所遇到的参数关系复杂的问题，处理问题的效率也较高。对于滚动轴承的研究，拟动力学方法如果不从严格意义上来讲是可以达到分析要求的，但如果对滚动轴承的分析具有针对性，要求具有很高的精度，该方法就难以满足其要求，比如研究滚动体和轴承的内外滚道在实际工作过程中产生的相对滑动等问题，完全利用拟动力学是不够准确的。如果不能够进行精确的数学建模，则滚动轴承的设计和计算不能够满足实际要求，这将使得理论与实际不能很好地相互指导，理论分析的意义将大打折扣。因为滚动轴承的性能不但影响自身的可靠性和寿命，还会对起支撑作用的转子部件产生影响，所以为了解决此问题，就应该从基础的理论建模开始改进，才能够将仿真的意义最大化。使用完全动力学这一理论基础对旋转机械进行动力学仿真，才能使理论仿真与实际工况中转子的动态特性达到更高的统一性，这对结构优化、参数改进都具有重要意义。目前，进行完全动力学分析时，因为考虑的因素比较多，涉及的运动学和动力学相互关系比较复杂，所以轴承-转子系统动力学有待深入研究。当然，转子当中的振动问题是一直存在的，关于此问题的研究也相对广泛，应用的方法不胜枚举，主要也是通过其他手段对振动进行抑制和控制，根据具体的模型有不同的针对方法。对于常用的滚动轴承、电磁轴承，主要是根据参数变化总结相关规律，对参数进行合理的调节以达到减振的目的。

本章主要有三部分内容。第一部分内容是在细化轴承建模之前将转子的轴承支承简化为具有一定刚度的弹簧，并以 Jeffcott 转子为例，分析弹性支承单盘对称转子的稳态涡动。第二部分内容是建立滚动轴承-转子系统数值仿真的模型，并按照仿真模型的尺寸搭建滚动轴承-转子系统实验台，分析滚动-轴承转子系统的动力学特性。在第三部分内容中，对电磁轴承-转子系统的整体结构做了详细介绍，建立了电磁轴承-刚性转子系统的动力学模型；使用滤波的方法将由转子不平衡引起的同步电流取消，抑制了转子不平衡引起的同步电磁力，使得转子绕惯性轴旋转；最终通过仿真对比分析了不平衡控制前后不同转速下的控制效果以及不同陷波滤波补偿相位条件下转子系统的振动响应。

5.1 弹性支承单盘对称转子的稳态涡动

在分析具体类型的轴承之前，可以先将实际转子的轴承支承简化成具有一定弹性的弹簧。其实质是认为支承刚度并不比转子本身的刚度大得多，以至于支承在动反力作用下的变形量与转子的动挠度相比量级相差并不大，在分析转子涡动时不能忽略不计，必须考虑弹性支承的影响。下面以弹性支承的 Jeffcott 转子为例,分析其动力学特性。

5.1.1　弹性支承单盘对称转子的稳态涡动微分方程

设圆盘放置在无质量弹性圆轴的跨中上,如图 5-1 所示。这个系统具有弹性和阻尼。每个支承中的各个构件由于构造上的原因在水平方向上的刚度和阻尼特性与垂直方向上的不同,甚至在两个方向上还有耦合作用,如油膜轴承的情况,并且有些特性还包含非线性的性质,构成非对称弹性支承。事实上,每个支承都是一个复杂的多自由度系统。为了便于分析,可把轴承简化成具有参振质量的线性弹簧、黏性阻尼系统,具体参数分别为 m_b、k_x、k_y、c_x 及 c_y。

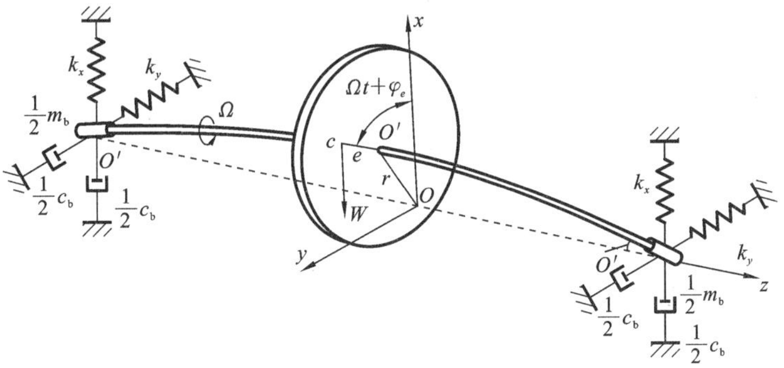

图 5-1　弹性支承的单盘对称转子

为了以后公式推导方便,在各支承参数前面都乘以 1/2。当转子发生涡动时,每个支承的参振质量做横向运动,各有 2 个线位移自由度;圆盘虽然在跨中,但如果两个支承的弹性、阻尼不同,使得圆盘发生横向位移的同时还有空间转动,则有 5 个自由度。这样,弹性支承-转子系统共有 9 个自由度。通常利用拉格朗日方法来建立系统的运动微分方程。

假设两端支承一致,于是,支承的自由度减为 2 个,广义坐标为 $x_b(t)$、$y_b(t)$;因圆盘对称放置,系统不出现回转效应,自由度减为 3 个,相应的广义坐标即形心位移为 $x_c(t)$、$y_c(t)$,圆盘转角为 $\varphi(t)$。转子系统简化成了一个 5 自由度系统。在稳态涡动的情况下,圆盘的自转角速度应为常数,即 $\dot{\varphi}(t)=0$。同时,忽略重力影响。

圆盘动能函数:

$$T_d=\frac{1}{2}m(\dot{x}_c^2+\dot{y}_c^2)=\frac{1}{2}m_d[(\dot{x}-e\Omega\sin\Omega t)^2+(\dot{y}+e\Omega\cos\Omega t)^2] \tag{5-1}$$

轴承动能函数:

$$T_b=\frac{1}{2}m_b(\dot{x}_b^2+\dot{y}_b^2) \tag{5-2}$$

圆盘势能函数:

$$U_d=\frac{1}{2}k[(x-x_b)^2+(y-y_b)^2] \tag{5-3}$$

轴承势能函数:

$$U_b=\frac{1}{2}(k_x x_b^2+k_y y_b^2) \tag{5-4}$$

圆盘阻尼耗散函数:

$$\Phi_{\mathrm{d}}=\frac{1}{2}c[(\dot{x}-\dot{x}_{\mathrm{b}})^2+(\dot{y}-\dot{y}_{\mathrm{b}})^2] \tag{5-5}$$

轴承阻尼耗散函数：

$$\Phi_{\mathrm{b}}=\frac{1}{2}(c_x\dot{x}_{\mathrm{b}}^2+c_y\dot{y}_{\mathrm{b}}^2) \tag{5-6}$$

假设 $\dot{\varphi}(\dot{\varphi}=\Omega)$ 为常数，作用在转子上的外力矩是平衡的，转子系统除了重力之外没有受到其他外力的作用，并且忽略重力影响，则广义力 Q_j 均为零。将系统在某瞬时状态所具有的动能、势能、耗散函数的表达式及相应的广义力代入拉格朗日方程，即

$$\frac{\mathrm{d}}{\mathrm{d}t}\left(\frac{\partial L}{\partial \dot{q}_j}\right)-\frac{\partial L}{\partial q_j}+\frac{\partial \Phi}{\partial \dot{q}_j}=Q_j,\quad j=1,2,\cdots,n \tag{5-7}$$

式中：$L=T-U$ 为拉格朗日函数，其中 T 为系统的动能函数，U 为系统的势能函数；Φ 为与系统的阻尼相对应的耗散函数；Q_j 为作用在系统上的广义力；q_j 为系统的独立的广义坐标；n 为系统的总自由度数。弹性支承单盘转子系统稳态涡动的运动微分方程为

$$\begin{cases}m_{\mathrm{d}}\ddot{x}+c(\dot{x}-\dot{x}_{\mathrm{b}})+k(x-x_{\mathrm{b}})=m_{\mathrm{d}}e\Omega^2\cos\Omega t\\ m_{\mathrm{d}}\ddot{y}+c(\dot{y}-\dot{y}_{\mathrm{b}})+k(y-y_{\mathrm{b}})=m_{\mathrm{d}}e\Omega^2\sin\Omega t\\ m_{\mathrm{b}}\ddot{x}_{\mathrm{b}}+c_x\dot{x}_{\mathrm{b}}+k_x x_{\mathrm{b}}-k(x-x_{\mathrm{b}})-c(\dot{x}-\dot{x}_{\mathrm{b}})=0\\ m_{\mathrm{b}}\ddot{y}_{\mathrm{b}}+c_y\dot{y}_{\mathrm{b}}+k_y y_{\mathrm{b}}-k(y-y_{\mathrm{b}})-c(\dot{y}-\dot{y}_{\mathrm{b}})=0\end{cases} \tag{5-8}$$

5.1.2　稳态涡动分析

联立求出非齐次方程(5-8)的特解，可得到转子系统的稳态涡动。外阻尼的作用使临界转速有所提高，使转轴动挠度为有限值，使 O、O'、c 三点不共线，有相位差，如图 5-2 所示。为进一步简化，不计系统中的阻尼，仅做同步涡动分析。

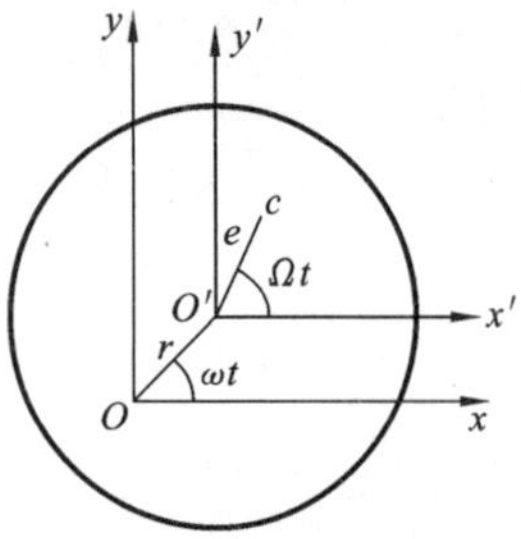

图 5-2　圆盘的瞬时位置

转子系统在偏心激励下做无阻尼强迫运动，设

$$\begin{cases}x=X\cos\Omega t\\ y=Y\sin\Omega t\\ x_{\mathrm{b}}=X_{\mathrm{b}}\cos\Omega t\\ y_{\mathrm{b}}=Y_{\mathrm{b}}\sin\Omega t\end{cases} \tag{5-9}$$

代入微分方程(5-8)，得

$$\begin{cases}-m_{\mathrm{d}}\Omega^2X+k(X-X_{\mathrm{b}})=m_{\mathrm{d}}e\Omega^2\\ -m_{\mathrm{d}}\Omega^2Y+k(Y-Y_{\mathrm{b}})=m_{\mathrm{d}}e\Omega^2\\ -m_{\mathrm{b}}\Omega^2X_{\mathrm{b}}+k_xX_{\mathrm{b}}-k(X-X_{\mathrm{b}})=0\\ -m_{\mathrm{b}}\Omega^2Y_{\mathrm{b}}+k_yY_{\mathrm{b}}-k(Y-Y_{\mathrm{b}})=0\end{cases} \tag{5-10}$$

由式(5-10)中的第三式得到

$$X_{\mathrm{b}}=\frac{kX}{k+k_x-m_{\mathrm{b}}\Omega^2} \tag{5-11}$$

代入式(5-10)中的第一式得到

$$X=\frac{em_{\mathrm{d}}\Omega^2}{k-m_{\mathrm{d}}\Omega^2-\dfrac{k^2}{k+k_x-m_{\mathrm{b}}\Omega^2}} \tag{5-12}$$

显然，当式(5-12)的分母为零时，响应 X 达到最大，此时 Ω 达到转子系统 x 方向临界转速

Ω_{cx}。因此,令分母等于 0,则

$$k-m_{\mathrm{d}}\Omega_{cx}^{2}-\frac{k^{2}}{k+k_{x}-m_{\mathrm{b}}\Omega_{cx}^{2}}=0 \tag{5-13}$$

可以得到

$$m_{\mathrm{d}}m_{\mathrm{b}}\Omega_{cx}^{4}-[k(m_{\mathrm{d}}+m_{\mathrm{b}})+k_{x}m_{\mathrm{d}}]\Omega_{cx}^{2}+kk_{x}=0 \tag{5-14}$$

或

$$\Omega_{cx}^{4}-\left[k\left(\frac{1}{m_{\mathrm{d}}}+\frac{1}{m_{\mathrm{b}}}\right)+\frac{k_{x}}{m_{\mathrm{b}}}\right]\Omega_{cx}^{2}+\frac{kk_{x}}{m_{\mathrm{d}}m_{\mathrm{b}}}=0 \tag{5-15}$$

因为 Ω_{cx}^{4} 的系数和常数项都为正,而 Ω_{cx}^{2} 项的系数为负,所以关于 Ω_{cx}^{2} 的方程(5-15)必然有两个不等的正根,即

$$\Omega_{cx}^{2}=\frac{1}{2}\left\{\left[k\left(\frac{1}{m_{\mathrm{d}}}+\frac{1}{m_{\mathrm{b}}}\right)+\frac{k_{x}}{m_{\mathrm{b}}}\right]\pm\sqrt{\left(k\left(\frac{1}{m_{\mathrm{d}}}+\frac{1}{m_{\mathrm{b}}}\right)+\frac{k_{x}}{m_{\mathrm{b}}}\right)^{2}-\frac{4kk_{x}}{m_{\mathrm{d}}m_{\mathrm{b}}}}\right\} \tag{5-16}$$

两个 Ω_{cx}^{2} 分别对应以支承振动即刚性转子振型涡动和以挠性转子涡动为主的两种情况。

(1) 支承刚度 k_x 远大于转轴刚度 k,即 $k_x \gg k$。因为支承刚度大,几乎不发生振动,参振质量可以看作为零,即 $m_{\mathrm{b}}=0$。于是式(5-14)可简化为

$$-(k+k_{x})m_{\mathrm{d}}\Omega_{cx}^{2}+kk_{x}=0 \tag{5-17}$$

在 $k+k_x$ 中略去 k,有

$$(k-m_{\mathrm{d}}\Omega_{cx}^{2})k_{x}=0 \tag{5-18}$$

得

$$\Omega_{cx}=\sqrt{\frac{k}{m_{\mathrm{d}}}} \tag{5-19}$$

式中:Ω_{cx} 为 x 方向支承约束的挠性转子振型的临界转速。

(2) 转轴刚度远大于支承刚度,即 $k_x \ll k$。此时转子圆盘与轴承可视为同一旋转体,式(5-14)可简化为

$$k_{x}-(m_{\mathrm{d}}+m_{\mathrm{b}})\Omega_{cx}^{2}=0 \tag{5-20}$$

得

$$\Omega_{cx}=\sqrt{\frac{k_{x}}{m_{\mathrm{d}}+m_{\mathrm{b}}}} \tag{5-21}$$

式中:Ω_{cx} 为以支承振动为主的刚性转子振型的临界转速。

在工程上有时会引入所谓动刚度 k_{D} 来同时表示支承的弹性、阻尼及其参振质量,其定义是作用在支承上的简谐激振力与力方向的振动位移之比,一般是复数量。动刚度不是一个定值,随 Ω 而变化,尤其是当 Ω 接近支承本身的固有频率时会变得很小。严格来讲,每个支承都是一个复杂的多自由度系统。因此,准确的实际动刚度必须通过支承的激振试验来确定,测得一条随 Ω 变化的曲线。

因为 x 和 y 方向互相不耦合,所以同理 y 方向的响应幅值为

$$Y=\frac{em_{\mathrm{d}}\Omega^{2}}{k-m_{\mathrm{d}}\Omega^{2}-\dfrac{k^{2}}{k+k_{y}-m_{\mathrm{b}}\Omega^{2}}} \tag{5-22}$$

令式(5-22)的分母为零,有

$$k-m_{\mathrm{d}}\Omega_{cy}^{2}-\frac{k^{2}}{k+k_{y}-m_{\mathrm{b}}\Omega_{cy}^{2}}=0 \tag{5-23}$$

得另两个正根和两个负根，即临界转速方程为

$$\Omega_{cy}^2=\frac{1}{2}\left\{\left[k\left(\frac{1}{m_\mathrm{d}}+\frac{1}{m_\mathrm{b}}\right)+\frac{k_y}{m_\mathrm{b}}\right]\pm\sqrt{\left[k\left(\frac{1}{m_\mathrm{d}}+\frac{1}{m_\mathrm{b}}\right)+\frac{k_y}{m_\mathrm{b}}\right]^2-\frac{4kk_y}{m_\mathrm{d}m_\mathrm{b}}}\right\} \tag{5-24}$$

一般情况下 $k_x\neq k_y$，因为盘心 O' 在 x 方向和 y 方向的位移不相等，所以盘心 O' 的轨迹是椭圆。设 $k_x\neq k_y$，$k_x\ll k$，$k_y\ll k$，即支承刚度远小于转轴刚度，则

$$\begin{cases}\Omega_{cx}^2\approx\dfrac{k_x}{m_\mathrm{d}+m_\mathrm{b}}\\[2ex]\Omega_{cy}^2\approx\dfrac{k_y}{m_\mathrm{d}+m_\mathrm{b}}\end{cases} \tag{5-25}$$

由此可知，转子系统首先发生支承振动，转轴作为刚体几乎无动挠度，做刚体涡动，转子轴线轨迹为一椭圆柱面。若考虑转动惯量与偏摆，刚体涡动轨迹为椭圆锥面。当两支承刚度相同时，椭圆锥顶点在跨中，否则偏向某一侧。

考虑支承弹性后，转子的盘心运动轨迹一般是一个椭圆，并有两个临界转速。当转子以两个临界转速以外的角速度运行时，发生正涡动；在它们之间运行时，发生反涡动。

5.1.3 支承刚度不对称转子的临界转速

两端支承刚度不对称转子的临界转速方程，即稳态自由涡动方程，也可以通过方程(5-8)在不计阻尼和激励的情况下得到：

$$\begin{cases}m_\mathrm{d}\ddot{x}+k(x-x_\mathrm{b})=0\\ m_\mathrm{d}\ddot{y}+k(y-y_\mathrm{b})=0\\ m_\mathrm{b}\ddot{x}_\mathrm{b}-k(x-x_\mathrm{b})+k_x x_\mathrm{b}=0\\ m_\mathrm{b}\ddot{y}_\mathrm{b}-k(y-y_\mathrm{b})+k_y y_\mathrm{b}=0\end{cases} \tag{5-26}$$

设式(5-9)为方程的解，则代入稳态自由涡动方程(5-26)可得

$$\begin{cases}(k-m_\mathrm{d}\Omega^2)x-kx_\mathrm{b}=0\\ (k-m_\mathrm{d}\Omega^2)y-ky_\mathrm{b}=0\\ -kx+(k+k_x-m_\mathrm{b}\Omega^2)x_\mathrm{b}=0\\ -ky+(k+k_y-m_\mathrm{b}\Omega^2)y_\mathrm{b}=0\end{cases} \tag{5-27}$$

方程(5-27)是齐次方程。若要求非零解，可令方程(5-27)的系数行列式等于零，得频率方程：

$$\begin{vmatrix}k-m_\mathrm{d}\Omega^2 & 0 & -k & 0\\ 0 & k-m_\mathrm{d}\Omega^2 & 0 & -k\\ -k & 0 & k+k_x-m_\mathrm{b}\Omega^2 & 0\\ 0 & -k & 0 & k+k_y-m_\mathrm{b}\Omega^2\end{vmatrix}=0 \tag{5-28}$$

将上述行列式展开，得

$$\begin{aligned}&m_\mathrm{d}^2m_\mathrm{b}^2\Omega^8-[2km_\mathrm{d}m_\mathrm{b}^2+(2k+k_x+k_y)m_\mathrm{d}^2m_\mathrm{b}]\Omega^6+[(k^2+kk_x+kk_y+k_xk_y)m_\mathrm{d}^2\\&\quad+2(k+k_x+k_y)km_\mathrm{d}m_\mathrm{b}+k^2m_\mathrm{b}^2]\Omega^4-[(kk_x+kk_y+2k_xk_y)km_\mathrm{d}\\&\quad+(k_x+k_y)k^2m_\mathrm{b}]\Omega^2+k^2k_xk_y=0\end{aligned} \tag{5-29}$$

对于首项系数为 1 的一元四次代数方程 $x^4+bx^3+cx^2+dx+e=0$，首先求如下关于 y 的一元三次方程：

$$8y^3-4cy^2+(2bd-8e)y+e(4c-b^2)-d^2=0 \tag{5-30}$$

求出任一实根，将求出的 y 代入如下一元二次代数方程：

$$\begin{cases} x^2+\left(b+\sqrt{8y+b^2-4c}\right)\dfrac{x}{2}+\left(y+\dfrac{by-d}{\sqrt{8y+b^2-4c}}\right)=0 \\ x^2+\left(b-\sqrt{8y+b^2-4c}\right)\dfrac{x}{2}+\left(y-\dfrac{by-d}{\sqrt{8y+b^2-4c}}\right)=0 \end{cases} \tag{5-31}$$

求出的 x 即一元四次代数方程的根。

应用上述推导的一元四次代数方程求根公式，可以求出 4 个 Ω^2，再开方求出 8 个临界转速 Ω 的表达式：

$$\begin{cases} \Omega_1=\dfrac{1}{\sqrt{2}}\sqrt{\left[k\left(\dfrac{1}{m_d}+\dfrac{1}{m_b}\right)+\dfrac{k_x}{m_b}\right]-\sqrt{\left[k\left(\dfrac{1}{m_d}+\dfrac{1}{m_b}\right)+\dfrac{k_x}{m_b}\right]^2-\dfrac{4kk_x}{m_d m_b}}} \\ \Omega_2=\dfrac{1}{\sqrt{2}}\sqrt{\left[k\left(\dfrac{1}{m_d}+\dfrac{1}{m_b}\right)+\dfrac{k_x}{m_b}\right]+\sqrt{\left[k\left(\dfrac{1}{m_d}+\dfrac{1}{m_b}\right)+\dfrac{k_x}{m_b}\right]^2-\dfrac{4kk_x}{m_d m_b}}} \\ \Omega_3=\dfrac{1}{\sqrt{2}}\sqrt{\left[k\left(\dfrac{1}{m_d}+\dfrac{1}{m_b}\right)+\dfrac{k_y}{m_b}\right]-\sqrt{\left[k\left(\dfrac{1}{m_d}+\dfrac{1}{m_b}\right)+\dfrac{k_y}{m_b}\right]^2-\dfrac{4kk_y}{m_d m_b}}} \\ \Omega_4=\dfrac{1}{\sqrt{2}}\sqrt{\left[k\left(\dfrac{1}{m_d}+\dfrac{1}{m_b}\right)+\dfrac{k_y}{m_b}\right]+\sqrt{\left[k\left(\dfrac{1}{m_d}+\dfrac{1}{m_b}\right)+\dfrac{k_y}{m_b}\right]^2-\dfrac{4kk_y}{m_d m_b}}} \\ \Omega_5=-\dfrac{1}{\sqrt{2}}\sqrt{\left[k\left(\dfrac{1}{m_d}+\dfrac{1}{m_b}\right)+\dfrac{k_x}{m_b}\right]-\sqrt{\left[k\left(\dfrac{1}{m_d}+\dfrac{1}{m_b}\right)+\dfrac{k_x}{m_b}\right]^2-\dfrac{4kk_x}{m_d m_b}}} \\ \Omega_6=-\dfrac{1}{\sqrt{2}}\sqrt{\left[k\left(\dfrac{1}{m_d}+\dfrac{1}{m_b}\right)+\dfrac{k_x}{m_b}\right]+\sqrt{\left[k\left(\dfrac{1}{m_d}+\dfrac{1}{m_b}\right)+\dfrac{k_x}{m_b}\right]^2-\dfrac{4kk_x}{m_d m_b}}} \\ \Omega_7=-\dfrac{1}{\sqrt{2}}\sqrt{\left[k\left(\dfrac{1}{m_d}+\dfrac{1}{m_b}\right)+\dfrac{k_y}{m_b}\right]-\sqrt{\left[k\left(\dfrac{1}{m_d}+\dfrac{1}{m_b}\right)+\dfrac{k_y}{m_b}\right]^2-\dfrac{4kk_y}{m_d m_b}}} \\ \Omega_8=-\dfrac{1}{\sqrt{2}}\sqrt{\left[k\left(\dfrac{1}{m_d}+\dfrac{1}{m_b}\right)+\dfrac{k_y}{m_b}\right]+\sqrt{\left[k\left(\dfrac{1}{m_d}+\dfrac{1}{m_b}\right)+\dfrac{k_y}{m_b}\right]^2-\dfrac{4kk_y}{m_d m_b}}} \end{cases} \tag{5-32}$$

将支承的质量和刚度系数、圆盘的质量、转轴的刚度系数代入式(5-32)，即可求出弹性支承刚度不对称而圆盘对称放置的转子的临界转速。

例 5-1　如图 5-3 所示，分析非对称弹性支承单盘对称放置转子的稳态自由涡动。已知：弹性轴跨长 $l=60$ cm，直径 $d=2$ cm，弹性模量 $E=2.1\times10^6\ \text{kg/cm}^2=20.58\times10^6\ \text{N/cm}^2$，材料密度 $\rho=7.8\times10^{-3}\ \text{kg/cm}^3$。固定在离支承 $l/2$ 处的圆盘厚 $\Delta=2$ cm，直径 $D=18$ cm，材料与轴相同。两端的滚动轴承简化为非对称弹性支承，支承质量 $m_b=1$ kg，支承等效刚度 $k_x=3\times10^6$ N/m，$k_y=k_x/2$。设转子自转角速度为 Ω，若不计重力影响与系统阻尼，圆盘的转动惯量近似按薄圆盘计算，则：

(1) 求解该转子稳态自由涡动时同步正向涡动与同步反向涡动的临界转速；

(2) 讨论支承质量与刚度对临界转速的影响。

解　(1) 求涡动临界转速。

代入数据：　$l=0.6\ (\text{m})$，　$m_b=1\ (\text{kg})$

$$m_d=\rho V=\rho A\Delta=7.8\times10^{-3}\times3.1415926\times\left(\frac{18}{2}\right)^2\times2=3.970\ (\text{kg})$$

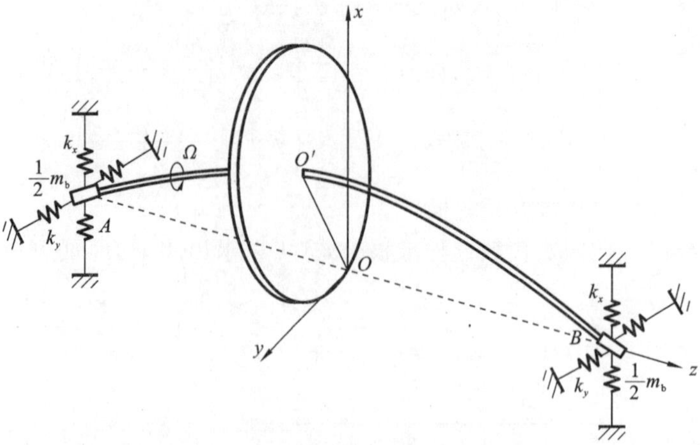

图 5-3　非对称弹性支承对称单盘转子

$$k=\frac{48EI}{l^3}=\frac{48E}{l^3}\times\frac{\pi d^4}{64}=3.5919\times10^5(\text{N/cm}),\quad k_x=3\times10^6(\text{N/m})$$

将上述各量代入式(5-29)，经过程序计算得到临界涡动角速度与临界转速，如表 5-1 所示。

表 5-1　临界涡动角速度与临界转速

同步正向涡动		同步反向涡动	
$\omega_{Fc}/(\text{rad}\cdot\text{s}^{-1})$	$n_{Fc}/(\text{r}\cdot\text{min}^{-1})$	$\omega_{Bc}/(\text{rad}\cdot\text{s}^{-1})$	$n_{Bc}/(\text{r}\cdot\text{min}^{-1})$
268.9	2567	−268.9	−2567
283.8	2710	−283.8	−2710
1370.2	13084	−1370.2	−13084
1835.5	17528	−1835.5	−17528

(2) 支承质量与刚度对临界转速的影响。

① 支承质量 m_b 与临界角速度的关系见表 5-2，$m_0=1$ kg。

表 5-2　不同支承质量下的临界角速度　(单位：rad/s)

ω_c	$m_b=m_0$	$m_b=5m_0/4$	$m_b=3m_0/2$	$m_b=7m_0/4$	$m_b=2m_0$
ω_{Fc1}	268.9	268.5	268.2	267.8	267.5
ω_{Fc2}	283.8	283.7	283.6	283.5	283.4
ω_{Fc3}	1370.2	1227.1	1121.6	1039.8	973.9
ω_{Fc4}	1835.5	1642.4	1499.8	1389.1	1300.0
ω_{Bc1}	−268.9	−268.5	−268.2	−267.8	−267.5
ω_{Bc2}	−283.8	−283.7	−283.6	−283.5	−283.4
ω_{Bc3}	−1370.2	−1227.1	−1121.6	−1039.8	−973.9
ω_{Bc4}	−1835.5	−1642.4	−1499.8	−1389.1	−1300.0

由表 5-2 可以看出，系统有 8 个临界角速度，4 个正向涡动角速度和 4 个反向涡动角速度。随着支承质量 m_b 的增加，一阶临界角速度(数值较小的两个角速度)的变化不大，呈现出

微小的下降趋势，但二阶临界角速度（数值较大的两个角速度）不断下降。由此可以得出结论：在支承质量 m_b 的变化下一阶临界角速度的变化较小，而二阶临界角速度的变化比较明显。

② 当 $k_x=k_y=k_b$ 时，支承刚度与临界角速度的关系见表 5-3，$k_0=10^6$ N/m。

表 5-3　不同支承刚度下的临界角速度（$k_x=k_y$）　　（单位：rad/s）

ω_c	$k_b=k_0$	$k_b=5k_0/4$	$k_b=3k_0/2$	$k_b=7k_0/4$	$k_b=2k_0$
ω_{Fc1}	255.7	263.4	268.9	273.0	276.1
ω_{Fc2}	1176.6	1276.8	1370.2	1457.8	1540.6
ω_{Bc1}	−255.7	−263.4	−268.9	−273.0	−276.1
ω_{Bc2}	−1176.6	−1276.8	−1370.2	−1457.8	−1540.6

由表 5-3 可知，当 $k_x=k_y=k_b$ 时，即当 x 方向和 y 方向的支承刚度相同时，系统仅存在 4 个临界角速度，2 个正向涡动角速度和 2 个反向涡动角速度。在支撑刚度 k_b 不断增加的过程中，一阶临界角速度增大，但变化趋势不大，二阶临界角速度增大的趋势较明显。由此可以得出结论：一阶临界角速度对支承刚度变化不敏感，而二阶临界角速度对支承刚度变化较敏感。

③ 当 $k_x\neq k_y$ 时，支承刚度与临界角速度的关系见表 5-4，$k_0=10^6$ N/m。

表 5-4　不同支承刚度下的临界角速度（$k_x\neq k_y$）　　（单位：rad/s）

ω_c	$2k_x=k_y=k_0$	$k_x=2k_y=k_0$	$k_x=3k_y=k_0$	$k_x=3k_y=2k_0$
ω_{Fc1}	255.7	224.3	201.6	238.6
ω_{Fc2}	276.1	255.7	255.7	276.1
ω_{Fc3}	1176.6	948.4	861.6	1029.3
ω_{Fc4}	1540.6	1176.6	1176.6	1540.6
ω_{Bc1}	−255.7	−224.3	−201.6	−238.6
ω_{Bc2}	−276.1	−255.7	−255.7	−276.1
ω_{Bc3}	−1176.6	−948.4	−861.6	−1029.3
ω_{Bc4}	−1540.6	−1176.6	−1176.6	−1540.6

由表 5-4 可知，在 $k_x\neq k_y$ 的情况下，即在 x 方向和 y 方向的支承刚度不同时，系统有 8 个临界角速度，4 个正向涡动角速度和 4 个反向涡动角速度。分析可知：x 方向和 y 方向的支承刚度对临界角速度的作用相同；x 方向和 y 方向的支承刚度对临界角速度的影响是相互独立的；随着 x 方向和 y 方向的支承刚度的增加，临界角速度也不断增加。

5.2　滚动轴承-转子系统动力学特性研究

旋转机械是工程机械体系中尤为重要的组成部分，滚动轴承作为重要部件为旋转部分提供支撑，因此对滚动轴承各方面性能以及非线性特性的研究尤为重要。本节将根据赫兹接触理论，考虑滚动轴承的滚动体与轴承内外圈相互接触的形式，对以往将轴承简化为刚度支撑的模型进行改进，以轴承支反力的形式代替传统模型中将轴承简化为刚度支撑的模型，对滚动轴承-转子系统的理论模型建立相关的动力学微分方程，结合滚动轴承的特点分析其对转子系统的影响。图 5-4 所示为滚动轴承-转子系统的研究流程图。

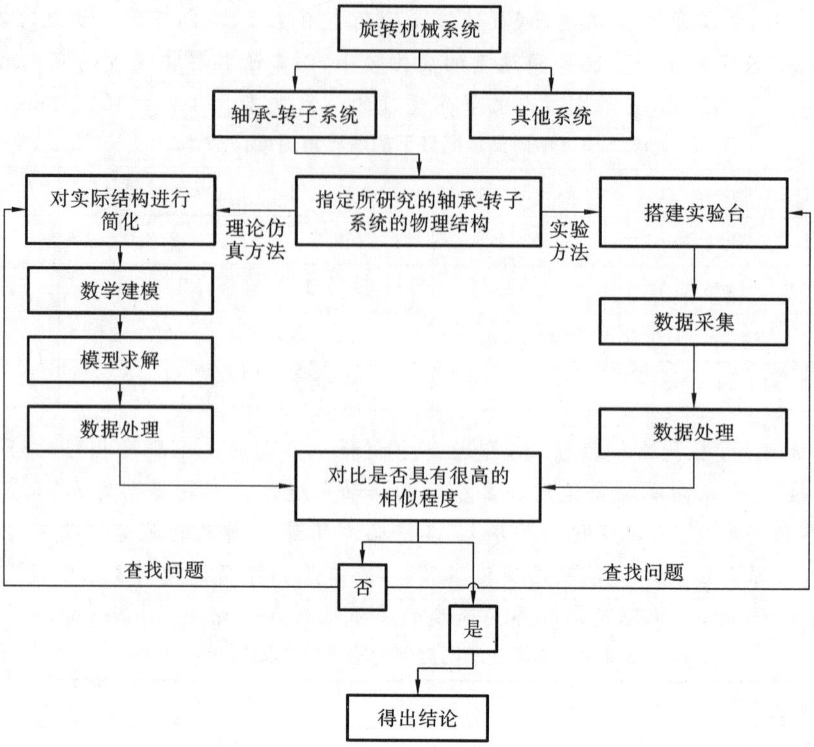

图 5-4　滚动轴承-转子系统的研究流程图

5.2.1　滚动轴承-转子系统动力学模型

对滚动轴承支撑下的双盘转子系统进行简化，包含转轴、圆盘、深沟球轴承、联轴器等，如图 5-5 所示。为了更好地突出滚动轴承之于转子系统的动力学特性，该转子系统仅考虑径向振动，忽略系统的轴向振动。计算时所用的参数由表 5-5 给出。

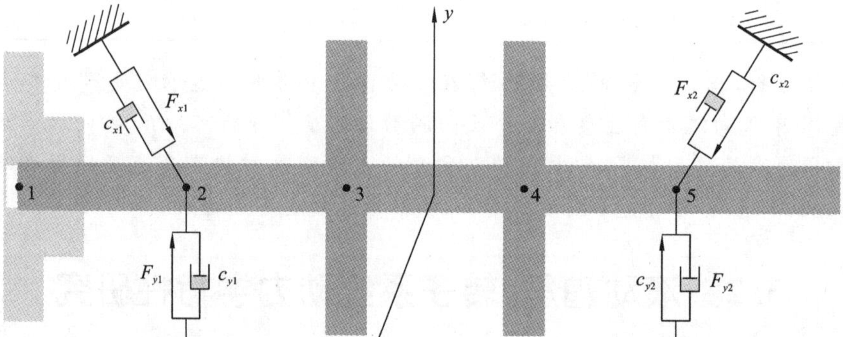

图 5-5　滚动轴承-转子系统集中质量模型

图 5-6 为深沟球轴承结构示意图，O_1 为轴承形心，O_2 为轴承工作时的旋转中心，即转子轴心。深沟球轴承参数如表 5-6 所示。假设轴承外圈和与轴承外圈相互接触的部分相对于滚动体都是静止的。轴承座都处于静止状态，它们之间的作用形式符合赫兹接触形式，可得到轴

承 x、y 方向的轴承支反力 F_x、F_y。

表 5-5　系统计算参数

计算参数	数值
转子总长度/mm	595.2
转轴的直径/mm	10
转盘的直径和厚度/mm	80,15
盘、轴杨氏模量/Pa	2.07×10^{11}
盘、轴密度/(kg/m^3)	7850
节点 1、2 之间的轴段长度/mm	35～40
节点 2、3 之间的轴段长度/mm	175
节点 3、4 之间的轴段长度/mm	200
节点 4、5 之间的轴段长度/mm	187.5

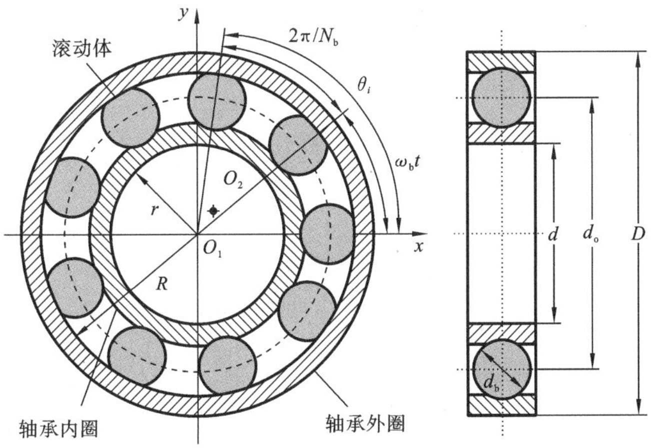

图 5-6　深沟球轴承结构示意图

表 5-6　深沟球轴承参数

深沟球轴承型号	内圈半径 r/mm	外圈半径 R/mm	轴承宽度 B/mm	接触刚度 C_b/(N/m$^{3/2}$)	滚动体数量 N_b/个	轴承游隙 r_0/μm
61900	5	10	6	13.34×10^9	9	0～45

根据滚动轴承的几何关系可知，当某个滚动体转到一定角度，O_1 与 O_2 之间的距离 C 小于轴承游隙 r_0 时，滚动体与轴承内圈无接触，即没有轴承支反力，反之则产生轴承支反力，由此可得到以下方程：

$$\begin{cases} F_{xi} = \sum\limits_{i=1}^{N_b} C_b\ (x\cos\theta_i + y\sin\theta_i - r_0)^{\frac{3}{2}} H\cos\theta_i \\ F_{yi} = \sum\limits_{i=1}^{N_b} C_b\ (x\cos\theta_i + y\sin\theta_i - r_0)^{\frac{3}{2}} H\sin\theta_i \end{cases} \tag{5-33}$$

式中：H 为亥维赛函数，$H=\begin{cases}0 & C\leqslant r_0 \\ 1 & C>r_0\end{cases}$；$\theta_i$ 表示轴承第 i 个滚动体转到某个角度 θ，$\theta_i=\omega_b t+$

$2\pi/N_{\mathrm{b}}(i-1)$，$i=1,2,\cdots,N_{\mathrm{b}}$ 表示滚动体个数，$\omega_{\mathrm{b}}=\omega_{\mathrm{R}}\times r/(R+r)$，$\omega_{\mathrm{R}}$表示转子旋转速度。$\omega_{\mathrm{VC}}$表示轴承滚动体的通过频率，$\omega_{\mathrm{VC}}=\omega_{\mathrm{b}}\times N_{\mathrm{b}}$。

关于求解微分方程的方法，在实际工程计算中运用较多的是 Newmark-β 方法，该方法在特定条件下可实现收敛，收敛速度也较快。所以我们在这里也采用此方法对系统的微分方程进行求解。

动力学微分方程如下：

$$\left\{\begin{aligned}
&m_1\ddot{x}_1+c_{11}\dot{x}_1+c_{12}\dot{\theta}_{y1}+c_{13}\dot{x}_2+c_{14}\dot{\theta}_{y2}+k_{11}x_1+k_{12}\theta_{y1}+k_{13}x_2+k_{14}\theta_{y2}=0\\
&J_{\mathrm{d1}}\ddot{\theta}_{y1}+c_{12}\dot{x}_1+c_{22}\dot{\theta}_{y1}+c_{23}\dot{x}_2+c_{24}\dot{\theta}_{y2}+k_{12}x_1+k_{22}\theta_{y1}+k_{23}x_2+k_{24}\theta_{y2}+J_{\mathrm{p1}}\dot{\theta}_{x1}=0\\
&m_2\ddot{x}_2+c_{13}\dot{x}_1+c_{23}\dot{\theta}_{y1}+(c_{33}+c_{x1})\dot{x}_2+c_{34}\dot{\theta}_{y2}+c_{35}\dot{x}_3+c_{36}\dot{\theta}_{y3}+k_{13}x_1+k_{23}\theta_{y1}+k_{33}x_2\\
&\qquad+k_{34}\theta_{y2}+k_{35}x_3+k_{36}\theta_{y3}=F_{x1}\\
&J_{\mathrm{d2}}\ddot{\theta}_{y2}+c_{14}\dot{x}_1+c_{24}\dot{\theta}_{y1}+c_{34}\dot{x}_2+c_{44}\dot{\theta}_{y2}+c_{45}\dot{x}_3+c_{46}\dot{\theta}_{y3}+k_{14}x_1+k_{24}\theta_{y1}+k_{34}x_2+k_{44}\theta_{y2}\\
&\qquad+k_{45}x_3+k_{46}\theta_{y3}+J_{\mathrm{p2}}\dot{\theta}_{x2}=0\\
&m_3\ddot{x}_3+c_{35}\dot{x}_2+c_{45}\dot{\theta}_{y2}+c_{55}\dot{x}_3+c_{56}\dot{\theta}_{y3}+c_{57}\dot{x}_4+c_{58}\dot{\theta}_{y4}+k_{35}x_2+k_{45}\theta_{y2}+k_{55}x_3+k_{56}\theta_{y3}\\
&\qquad+k_{57}x_4+k_{58}\theta_{y4}=m_3e_1\omega^2\cos(\omega t+\varphi_1)\\
&J_{\mathrm{d3}}\ddot{\theta}_{y3}+c_{36}\dot{x}_2+c_{46}\dot{\theta}_{y2}+c_{56}\dot{x}_3+c_{66}\dot{\theta}_{y3}+c_{67}\dot{x}_4+c_{68}\dot{\theta}_{y4}+k_{36}x_2+k_{46}\theta_{y2}+k_{56}x_3+k_{66}\theta_{y3}\\
&\qquad+k_{67}x_4+k_{68}\theta_{y4}+J_{\mathrm{p3}}\dot{\theta}_{x3}=0\\
&m_4\ddot{x}_4+c_{57}\dot{x}_3+c_{67}\dot{\theta}_{y3}+c_{77}\dot{x}_4+c_{78}\dot{\theta}_{y4}+c_{79}\dot{x}_5+c_{7.10}\dot{\theta}_{y5}+k_{57}x_3+k_{67}\theta_{y3}+k_{77}x_4+k_{78}\theta_{y4}\\
&\qquad+k_{79}x_5+k_{7.10}\theta_{y5}=m_4e_2\omega^2\cos(\omega t+\varphi_2)\\
&J_{\mathrm{d4}}\ddot{\theta}_{y4}+c_{58}\dot{x}_3+c_{68}\dot{\theta}_{y3}+c_{78}\dot{x}_4+c_{88}\dot{\theta}_{y4}+c_{89}\dot{x}_5+c_{8.10}\dot{\theta}_{y5}+k_{58}x_3+k_{68}\theta_{y3}+k_{78}x_4+k_{88}\theta_{y4}\\
&\qquad+k_{89}x_5+k_{8.10}\theta_{y5}+J_{\mathrm{p4}}\dot{\theta}_{x4}=0\\
&m_5\ddot{x}_5+c_{79}\dot{x}_4+c_{89}\dot{\theta}_{y4}+(c_{99}+c_{x2})\dot{x}_5+c_{9.10}\dot{\theta}_{y5}+k_{79}x_4+k_{89}\theta_{y4}+k_{99}x_5+k_{9.10}\theta_{y5}=F_{x2}\\
&J_{\mathrm{d5}}\ddot{\theta}_{y5}+c_{7.10}\dot{x}_4+c_{8.10}\dot{\theta}_{y4}+c_{9.10}\dot{x}_5+c_{10.10}\dot{\theta}_{y5}+k_{7.10}x_4+k_{8.10}\theta_{y4}+k_{9.10}x_5+k_{10.10}\theta_{y5}\\
&\qquad+J_{\mathrm{p5}}\dot{\theta}_{x5}=0\\
&m_1\ddot{y}_1+c_{11}\dot{y}_1-c_{12}\dot{\theta}_{x1}+c_{13}\dot{y}_2-c_{14}\dot{\theta}_{x2}+k_{11}y_1-k_{12}\theta_{x1}+k_{13}y_2-k_{14}\theta_{x2}=-m_{\mathrm{c}}g\\
&J_{\mathrm{d1}}\ddot{\theta}_{x1}-J_{\mathrm{p1}}\dot{\theta}_{y1}-c_{12}\dot{y}_1+c_{22}\dot{\theta}_{x1}-c_{23}\dot{y}_2+c_{24}\dot{\theta}_{x2}-k_{12}y_1+k_{22}\theta_{x1}-k_{23}y_2+k_{24}\theta_{x2}=0\\
&m_2\ddot{y}_2+c_{13}\dot{y}_1-c_{23}\dot{\theta}_{x1}+(c_{33}+c_{y1})\dot{y}_2-c_{34}\dot{\theta}_{x2}+c_{35}\dot{y}_3-c_{36}\dot{\theta}_{x3}+k_{13}y_1-k_{23}\theta_{x1}+k_{33}y_2\\
&\qquad-k_{34}\theta_{x2}+k_{35}y_3-k_{36}\theta_{x3}=F_{y1}-m_zg\\
&J_{\mathrm{d2}}\ddot{\theta}_{x2}-J_{\mathrm{p2}}\dot{\theta}_{y2}-c_{14}\dot{y}_1+c_{24}\dot{\theta}_{x1}-c_{34}\dot{y}_2+c_{44}\dot{\theta}_{x2}-c_{45}\dot{y}_3-c_{46}\dot{\theta}_{x3}-k_{14}y_1+k_{24}\theta_{x1}-k_{34}y_2\\
&\qquad+k_{44}\theta_{x2}-k_{45}y_3+k_{46}\theta_{x3}=0\\
&m_3\ddot{y}_3+c_{35}\dot{y}_2-c_{45}\dot{\theta}_{x2}+c_{55}\dot{y}_3-c_{56}\dot{\theta}_{x3}+c_{57}\dot{y}_4+c_{58}\dot{\theta}_{x4}+k_{35}y_2-k_{45}\theta_{x2}+k_{55}y_3-k_{56}\theta_{x3}\\
&\qquad+k_{57}y_4-k_{58}\theta_{x4}=m_3e_1\omega^2\sin(\omega t+\varphi_1)-m_{\mathrm{d}}g\\
&J_{\mathrm{d3}}\ddot{\theta}_{x3}-J_{\mathrm{p3}}\dot{\theta}_{y3}-c_{36}\dot{y}_2+c_{46}\dot{\theta}_{x2}-c_{56}\dot{y}_3+c_{66}\dot{\theta}_{x3}-c_{67}\dot{y}_4+c_{68}\dot{\theta}_{x4}-k_{36}y_2+k_{46}\theta_{x2}\\
&\qquad-k_{56}y_3+k_{66}\theta_{x3}-k_{67}y_4+k_{68}\theta_{x4}=0\\
&m_4\ddot{y}_4+c_{57}\dot{y}_3+c_{67}\dot{\theta}_{x3}+c_{77}\dot{y}_4-c_{78}\dot{\theta}_{x4}+c_{79}\dot{y}_5-c_{7.10}\dot{\theta}_{x5}+k_{57}y_3-k_{67}\theta_{x3}+k_{77}y_4-k_{78}\theta_{x4}\\
&\qquad+k_{79}y_5-k_{7.10}\theta_{x5}=m_4e_2\omega^2\sin(\omega t+\varphi_2)-m_{\mathrm{d}}g\\
&J_{\mathrm{d4}}\ddot{\theta}_{x4}-J_{\mathrm{p4}}\dot{\theta}_{y4}-c_{58}\dot{y}_3+c_{68}\dot{\theta}_{x3}-c_{78}\dot{y}_4+c_{88}\dot{\theta}_{x4}-c_{89}\dot{y}_5+c_{8.10}\dot{\theta}_{x5}-k_{58}y_3+k_{68}\theta_{x3}-k_{78}y_4\\
&\qquad+k_{88}\theta_{x4}-k_{89}y_5+k_{8.10}\theta_{x5}=0\\
&m_5\ddot{y}_5+c_{79}\ddot{y}_4-c_{89}\dot{\theta}_{x4}+(c_{99}+c_{y2})\dot{y}_5-c_{9.10}\dot{\theta}_{x5}+k_{79}y_4-k_{89}\theta_{x4}+k_{99}y_5-k_{9.10}\theta_{x5}=F_{y2}-m_zg\\
&J_{\mathrm{d5}}\ddot{\theta}_{x5}-J_{\mathrm{p5}}\dot{\theta}_{y5}-c_{7.10}\dot{y}_4+c_{8.10}\dot{\theta}_{x4}-c_{9.10}\dot{y}_5+c_{10.10}\dot{\theta}_{x5}-k_{7.10}y_4+k_{8.10}\theta_{x4}-k_{9.10}y_5+k_{10.10}\theta_{x5}=0
\end{aligned}\right.$$

式中：c_{x1}、c_{x2}和c_{y1}、c_{y2}分别表示两侧轴承水平和竖直方向阻尼，均为2×10^5 N·s/m；F_{x1}、F_{y1}和F_{x2}、F_{y2}分别为左右两个轴承处水平和竖直方向的轴承支反力；m_c、m_d、m_z分别为联轴器质量、圆盘质量、轴承质量；J_{pi}、J_{di}分别为节点处产生的极转动惯量和直径转动惯量，$i=1,2,3,4,5$为转子系统划分的节点数；刚度系数k_{ij}表示在节点j产生单位位移时需要在节点i施加的单位力及力矩。

矩阵元素的表达式为：$k_{11}=a_{11}$，$k_{12}=a_{21}$，$k_{13}=-a_{11}$，$k_{14}=a_{21}$；$k_{22}=l_1a_{21}-a_{31}$，$k_{23}=-a_{21}$，$k_{24}=a_{31}$；$k_{33}=a_{11}+a_{12}$，$k_{34}=-a_{21}+a_{22}$，$k_{35}=-a_{12}$，$k_{36}=a_{22}$；$k_{44}=l_1a_{21}-a_{31}+l_2a_{22}-a_{32}$，$k_{45}=-a_{22}$，$k_{46}=a_{32}$；$k_{55}=a_{12}+a_{13}$，$k_{56}=-a_{22}+a_{23}$，$k_{57}=-a_{13}$，$k_{58}=a_{23}$；$k_{66}=l_2a_{22}-a_{32}+l_3a_{23}-a_{33}$，$k_{67}=-a_{23}$，$k_{68}=a_{33}$；$k_{77}=a_{13}+a_{14}$，$k_{78}=-a_{23}+a_{24}$，$k_{79}=-a_{14}$，$k_{7.10}=a_{24}$；$k_{88}=l_3a_{23}-a_{33}+l_4a_{24}-a_{34}$，$k_{89}=-a_{24}$，$k_{8.10}=a_{34}$；$k_{99}=a_{14}$，$k_{9.10}=-a_{24}$；$k_{10.10}=l_4a_{24}-a_{34}$。

各表达式中：$a_{1i}=\left(\dfrac{12EI}{l^3}\right)_i$，$i=1,2,3,4$；$a_{2i}=\left(\dfrac{1}{2}la_1\right)_i$，$i=1,2,3,4$；$a_{3i}=\left(\dfrac{1}{6}l^2a_1\right)_i$，$i=1,2,3,4$。

其中：l_i为各节点之间的距离；$E=2.1\times10^{11}$ Pa为弹性模量；I为惯性矩。

5.2.2　滚动轴承-转子系统动力学分析

无论是为转子系统提供支撑的滚动轴承还是转轴本身，都是滚动轴承支撑下的转子系统的重要组成部分。在前文中我们已经建立了滚动轴承-转子系统的动力学模型，下面主要对求解得到的仿真数据进行图形化处理，利用快速傅里叶变换（FFT）得到频谱图，生成由频率、转速和幅值组成的三维瀑布图，根据转子轴心x和y方向的瞬态位移数据绘制轴心轨迹图和Poincare（庞加莱）截面图等研究非线性问题的主要图形，以研究转子系统的动力学特性。随后，结合滚动轴承的结构参数、轮廓、外形尺寸等对转子系统旋转轴的轴心运动状态的综合影响因素进行分析，得到一系列的相关曲线，并结合模型进行全面的分析。

1. 转速变化对转子系统的影响

通过以往的研究发现，转速的变化对转子系统运动形式有直接的影响。图5-7为节点5处转速变化下的三维瀑布图。在1000～10000 r/min的转速区间，转频、VC频（实际为滚动体通过频率）、VC-1X（一倍频）为主要频率成分；在100～1000 r/min的转速区间，转频、VC频、VC-1X的频率成分并不明显。在1000～10000 r/min的转速区间，除了转频和VC频等频率成分之外，$1/3f_r$分频、$2/3f_r$分频也占有一定的比重，但频率成分在整个转速区间并不突出，这种谐波分量主要是轴承滚动体与轴承内外圈产生的轴承支反力所致。在2000～4000 r/min的转速区间，VC-1X的频率成分相对较为突出，随着转速的继续增加，VC-1X的成分也有所增加，这是该系统质量不平衡产生的相对较大的外激励所致。从整个瀑布图来看，绝大多数转速下的各个频率成分构成离散谱，这也是系统响应处于周期运动的一种特征。

为了更清楚地分析滚动轴承-转子系统在不同转速下的周期特性，下面分别对转子转速为1150 r/min、1250 r/min、1900 r/min时的情况进行动力学仿真，分别用轴心轨迹图、时域图、频谱图、Poincare截面图对系统进行分析。图5-8所示为转子转速为1150 r/min时的动力学仿真图形，轴心轨迹表现为三条相互交织在一起的闭合曲线，频谱图中出现$1/3f_r$分频、$2/3f_r$分频的频率成分，Poincare截面图中出现了三个孤立的周期吸引子，种种迹象表明此时的转子系统具有周期三的运动特征。当转子转速为1250 r/min时，图5-9中的轴心轨迹表现为两条

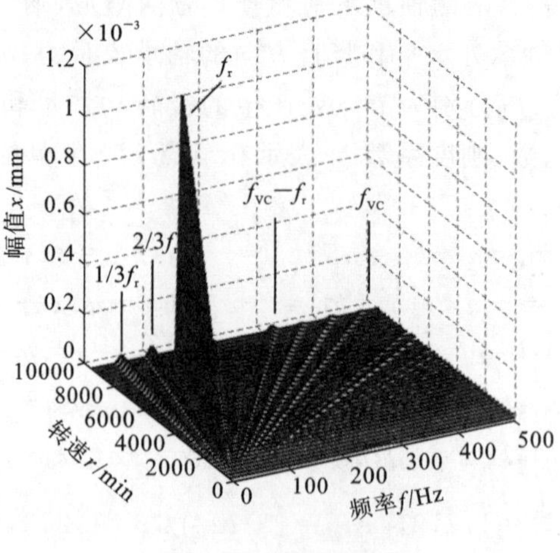

图 5-7　三维瀑布图

闭合的曲线，频谱图中除了 f_r(转频)、f_{VC}(VC 频)、$f_{VC}-f_r$ 等主要频率之外，同时含有谐波分量产生的 $1/2f_r$ 分频等频率成分，Poincare 截面图中出现了两个周期吸引子，说明此时系统处于周期二的运动状态，与转速为 1150 r/min 时的系统相比较，周期数由三变为二。当转子转速到达 1900 r/min 时，如图 5-10 所示，轴心轨迹为封闭的圆形，时域图为正弦曲线，频谱表现为 f_r、f_{VC}、$f_{VC}-f_r$ 主要频率成分，Poincare 截面图中有一个点，证明此时系统处于周期一的运动状态。

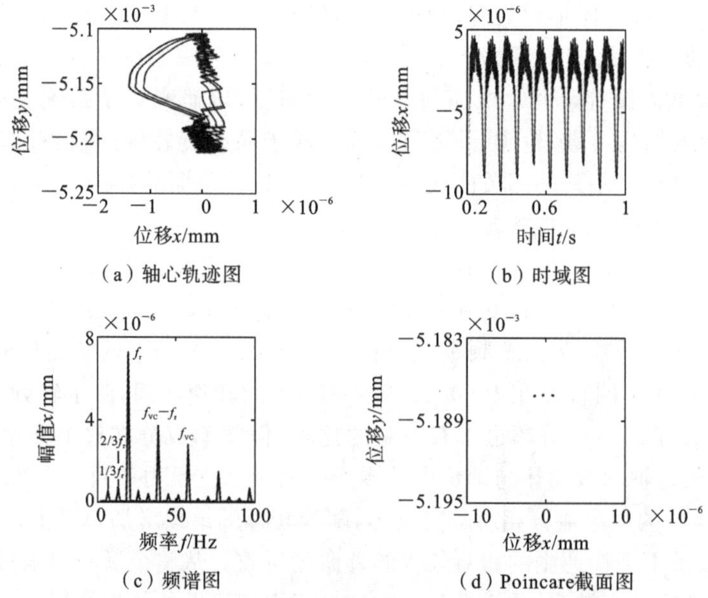

图 5-8　动力学仿真图形(转速为 1150 r/min)

总之，随着转子做圆周运动的速度不断攀升，系统依次表现为周期三、周期二、周期一的运动特征，相应节点处轴心振动幅值随着转速的攀升而略微加大，但从周期性的角度分析，系统的运动越来越稳定。所以试图找到一种使转子系统迅速加速起步达到工作转速、减少多周期运动时所需停留时间的方法显得尤为重要。

图 5-11 所示为节点 5 处的 x 和 y 方向位移幅值随速度变化的曲线，其中 a 表示 x 方向不

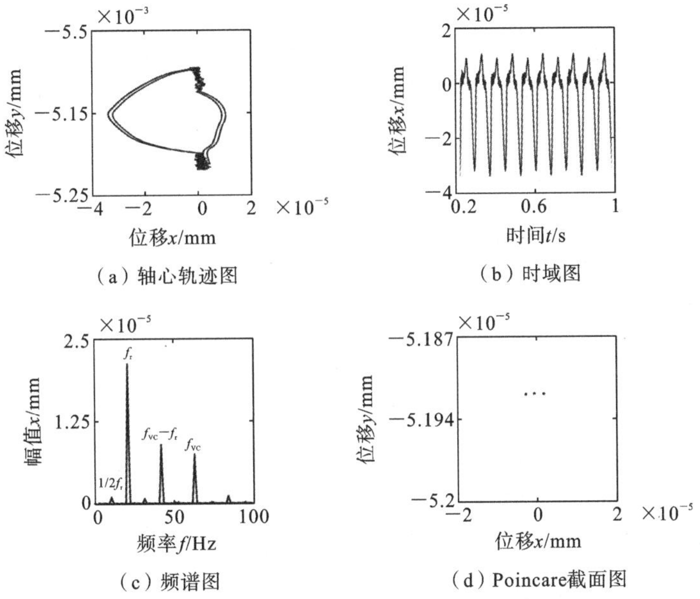

（a）轴心轨迹图　（b）时域图　（c）频谱图　（d）Poincare截面图

图 5-9　动力学仿真图形(转速为 1250 r/min)

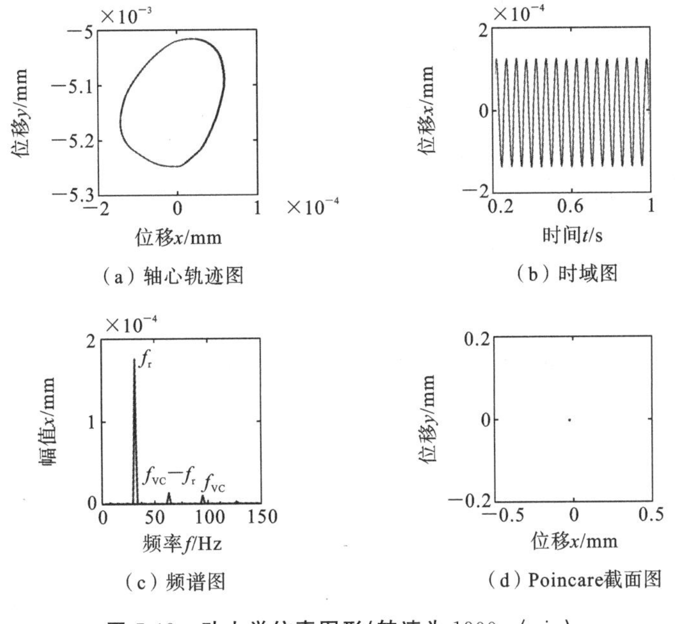

（a）轴心轨迹图　（b）时域图　（c）频谱图　（d）Poincare截面图

图 5-10　动力学仿真图形(转速为 1900 r/min)

同转速下位移响应的最大值，c 表示 x 方向不同转速下位移响应的最小值，b 表示 y 方向不同转速下位移响应的最大值，d 表示 y 方向不同转速下位移响应的最小值。从图中能够看出，转速在 0～1000 r/min 时，y 方向位移响应幅值的波动区间范围较大，当转速达到 3000 r/min 时，振动趋于稳定，波动区间变小，而且波动的区间不再随转速的攀升而加大。这表明在系统的周向转速相对较低时相应节点的位移响应的横向和纵向振动的数值较大。

2. 轴承游隙变化对转子系统的影响

工业水平是衡量一个国家软实力的重要依据，它的发展进程直接影响国民经济发展和我

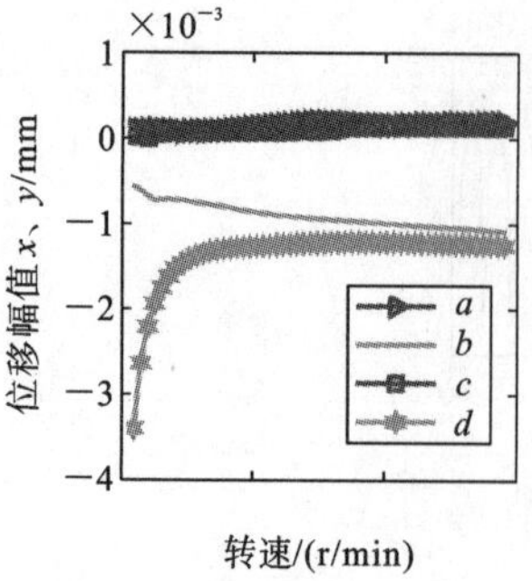

图 5-11　位移幅值随转速变化曲线

国在世界大国中的科技地位；旋转机械所涉及的领域相当广泛，影响着各行各业，同时，滚动轴承又是旋转机械中一个不可或缺的重要组成部分，所以对它的振动特性进行分析具有重大意义。滚动轴承游隙的变化对转子甚至整个机组都有着至关重要的影响。

前文图 5-8 和图 5-9 所示是轴承游隙为 4.5×10^{-6} m 时系统的动力特性，为了研究方便，依旧以转子转速为 1150 r/min、1250 r/min 时的转子系统为研究对象。图 5-12 所示是转速为 1150 r/min、轴承游隙为 2×10^{-6} m 时转子系统的动力学仿真图形。通过对比发现，当轴承游隙由 4.5×10^{-6} m 变为 2×10^{-6} m 时，轴心轨迹图中的若干条曲线毫无规律地交织在了一起，时域图表现得也较为杂乱，频谱图中呈现为连续谱，Poincare 截面图中一些点混杂在一起，表明此时系统处于混沌的运动状态。可见，轴承游隙变小改变了转子系统运动的周期特性，由原来的周期三变为混沌。

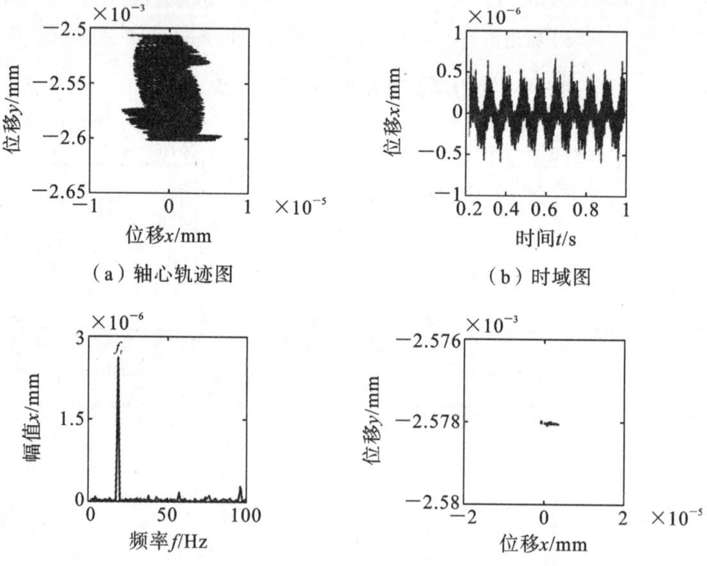

（a）轴心轨迹图　（b）时域图

（c）频谱图　（d）Poincare截面图

图 5-12　动力学仿真图形（转速为 1150 r/min，$r_0=2\times10^{-6}$ m）

图 5-13 所示为转速为 1250 r/min、轴承游隙为 2×10^{-6} m 时转子系统的动力学仿真图形，轴心轨迹为多条封闭的曲线，时域图也较为杂乱，频谱图中出现 $1/5f_r$、$2/5f_r$、$3/5f_r$、$4/5f_r$ 等分频成分，Poincare 截面图中有多个周期吸引子。与图 5-9 比较发现，相同的转子转速下，轴承游隙变小，则系统由原来的周期二运动变为现在的多周期运动。这表明，轴承游隙的变化会直接改变转子运动的周期特性。

图 5-14 所示为转子系统位移随轴承游隙变化的分叉图，由图中的曲线可知轴承中滚动体与内外圈滚道的间隙从零变化到邻近的数值时，转子系统的运动形式较为混沌，随着轴承游隙的增加，转子系统开始出现了周期三的运动特性，这表明轴承游隙的变化直接影响转子系统运动的周期性。这也为研究转子系统动力学周期运动特性提供了一个参数依据。

为了更准确地研究轴承中滚动体和内外圈滚道之间的间隙变化对转子系统动力学特性的影响，考虑了不同轴承游隙对转子 x、y 方向振动幅值的影响，如图 5-15 所示。从图中能够看

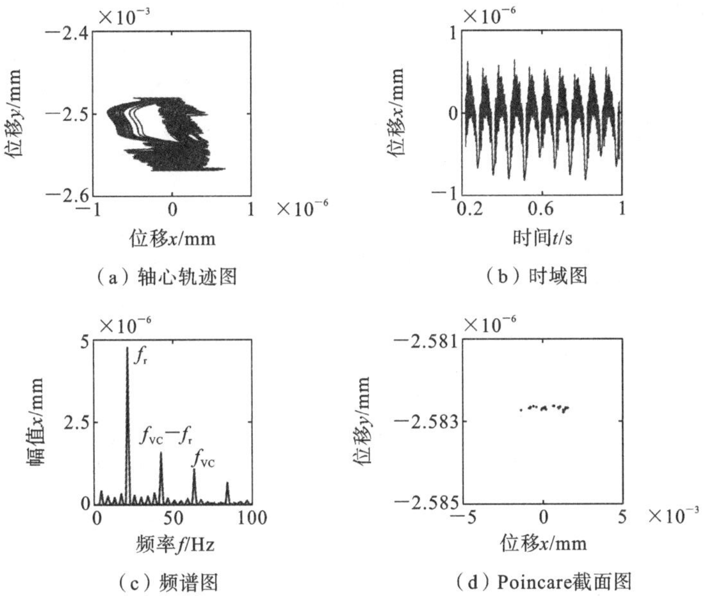

图 5-13　动力学仿真图形(转速为 1250 r/min, $r_0=2\times10^{-6}$ m)

出，在一定的转速下，轴承游隙相对较小时对 y 方向振动幅值的影响较大，但随着轴承游隙的继续增加，这种影响将会逐渐被克服，振动幅值逐渐向着 0.2 mm 靠拢，这有利于改善转子系统在运动过程当中的平稳性。x 方向的振动幅值则随着轴承游隙的继续增加而逐渐远离 0 位置，但偏离程度不大。总之，轴承游隙的变化，一定会给转子系统的动力学特性带来一定的改变，当轴承游隙增加到一定程度时，x、y 方向的振动幅值会逐步趋于一个较稳定的数值。

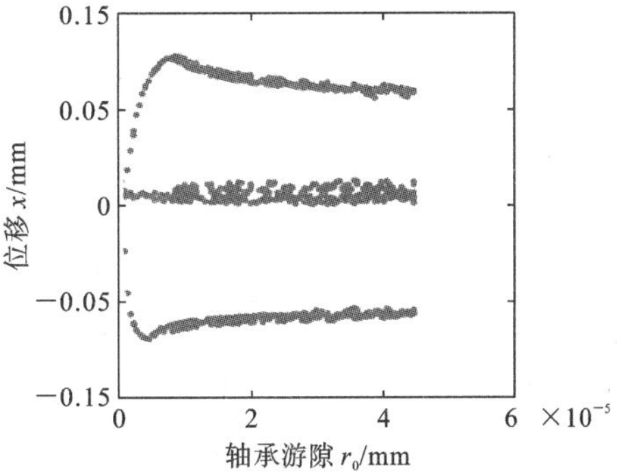

图 5-14　位移随轴承游隙变化的分叉图

轴承游隙对振动幅值的影响是有规律可循的，为了更进一步分析，选择另一个角度。图 5-16 所示是在三种不同的轴承游隙(1 为 $r_0=4.5\times10^{-8}$ m、2 为 $r_0=4.5\times10^{-7}$ m、3 为 $r_0=4.5\times10^{-6}$ m)下轴承支反力随时间的变化曲线。

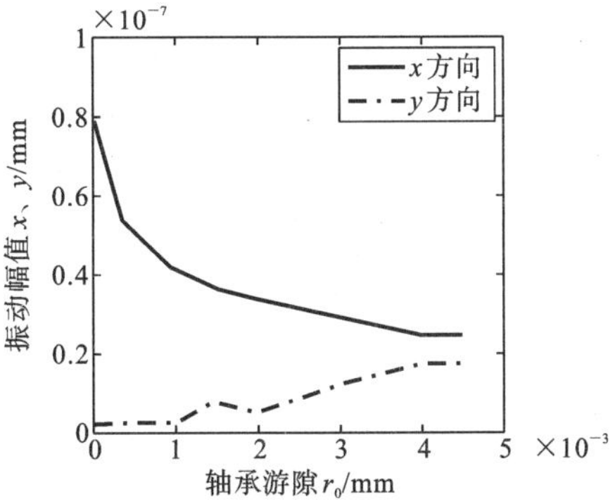

图 5-15　振动幅值随轴承游隙变化曲线

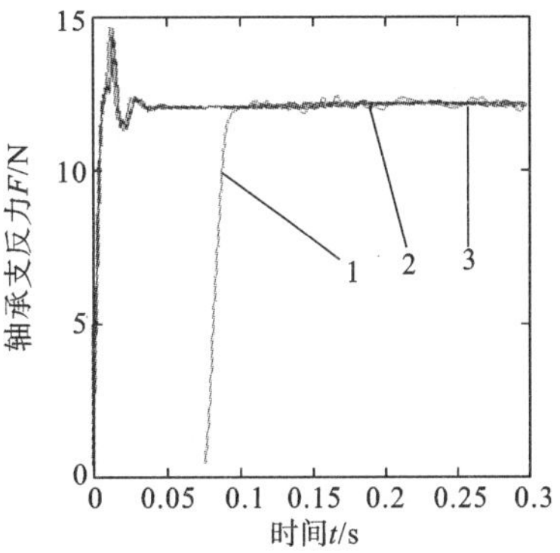

图 5-16　轴承支反力随时间的变化曲线

我们发现，当轴承游隙较大时，在初始时刻轴承支反力变化幅度较大，这对转子系统的运动形式和滚动轴承的使用寿命及滚动体与内外圈的冲击都有一定的影响；当轴承游隙达到一定数值以后，轴承支反力随时间的变化较为平缓、均匀，这对改善转子系统的运动特性有一定作用，同时，减小了滚动体与内外圈滚道的冲击，也提高了滚动轴承的使用寿命，提高了滚动轴承运动的精准性。

3. 轴承接触刚度变化对转子系统的影响

在旋转机械领域，周期特性的研究一直被广大学者作为重点研究的话题。图 5-17、图 5-18、图 5-19 分别为滚动轴承的接触刚度为 1.0×10^{10} N/m、1.334×10^{10} N/m、1.8×10^{10} N/m 时的动力学仿真图形，转速均为 1300 r/min。

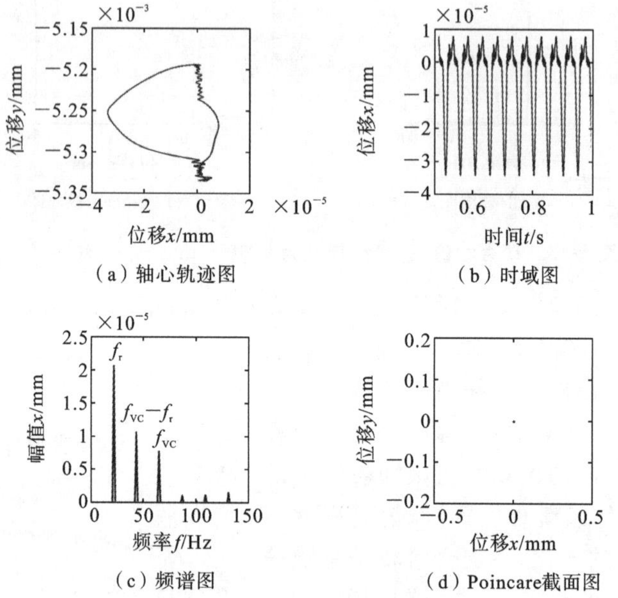

图 5-17　动力学仿真图形(接触刚度为 1.0×10^{10} N/m)

由图 5-17 我们不难发现，当滚动轴承的接触刚度为 1.0×10^{10} N/m 时，轴心轨迹为一条封闭的曲线，时域波形虽然不是一条标准的正弦曲线，但依旧表现出较强的规律性，频谱图中除了转频 f_r 外，f_{VC} 和二者的组合频率的频率成分也较为突出，Poincare 截面图中出现了一个周期吸引子，说明在滚动轴承接触刚度为 1.0×10^{10} N/m 时，转子系统呈现周期一的运动特性。

当滚动轴承的接触刚度为 1.334×10^{10} N/m 时，图 5-18 中的轴心轨迹为几条较为模糊的封闭曲线，时域波形类似于正弦曲线，频谱图中依旧以 f_r、f_{VC} 和二者的组合频率为主要的频率成分，Poincare 截面图中出现多个周期吸引子，证明此时的转子系统呈现准周期的运动状态。

随着滚动轴承接触刚度的进一步增加，当达到 1.8×10^{10} N/m 时，图 5-19 中的轴心轨迹为三条封闭的曲线，频谱图中除了 f_r、f_{VC} 和二者的组合频率之外，出现了 $1/3f_r$ 分频和 $2/3f_r$ 分频的频率成分，Poincare 截面图中也相应地出现三个周期吸引子。

4. 滚动体数量对转子系统的影响

众所周知，滚动轴承在工业领域中一直被大量使用，正是由于它的重要性，为了满足生产性、安装性、设计性、通用性的要求，我们已经对其进行了一系列相关研究，其中通过理论仿真

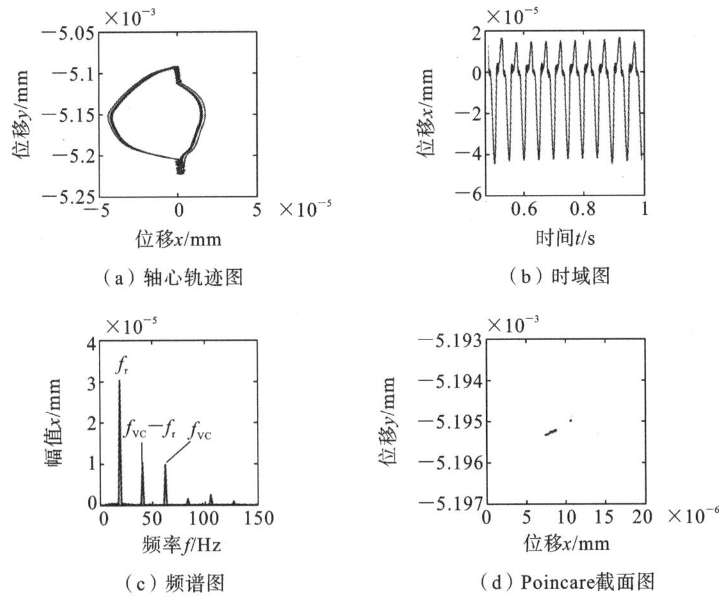

图 5-18　动力学仿真图形(接触刚度为 1.334×10^{10} N/m)

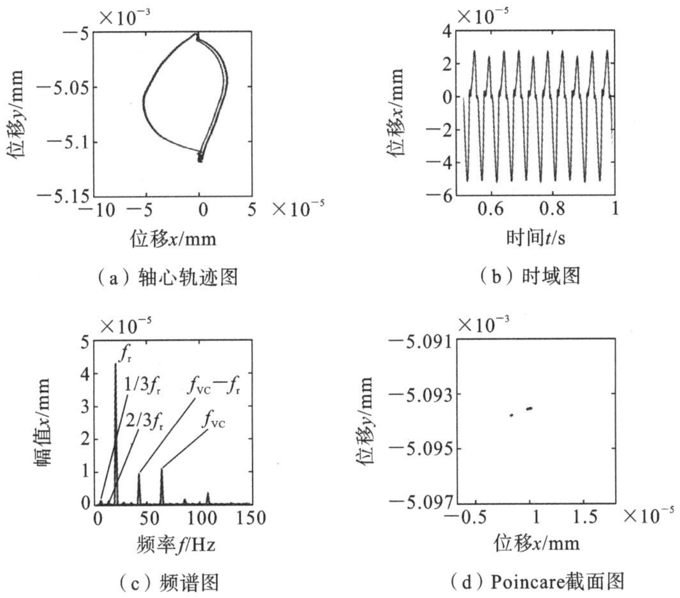

图 5-19　动力学仿真图形(接触刚度为 1.8×10^{10} N/m)

的研究可以发现滚动体数量的变化直接影响着转子系统的运动特征，对其振动幅值也会造成一定的变化，这里主要从振动幅值的角度进行展开。

由图 5-20 中 x 方向振动幅值随滚动体数量的变化曲线不难发现，随着滚动体数量的增加，振动幅值越来越小，但滚动体数量为 6 个时的振动幅值要大于滚动体数量为 5 个时的振动幅值，当滚动体数量由 4 个变为 5 个以及由 6 个变为 7 个时振动幅值的减小相当明显，当滚动体数量达到 8 个、9 个、10 个时，x 方向的振动幅值几乎没有随着滚动体数量的增加而发生明显的改变。

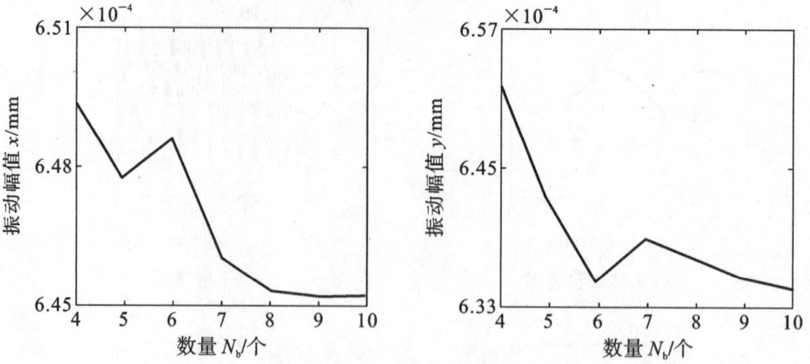

图 5-20　振动幅值随滚动体数量的变化曲线

从转子 y 方向的振动幅值随滚动体数量的变化曲线来看，当滚动体数量为 4 个、5 个、6 个时，振幅依次减小，而且减小的幅度也较为明显，当滚动体数量由 6 个变为 7 个时，振动幅值的改变并没有遵循随滚动体数量增加而减小的规律，而是有着相反的规律。当滚动体数量由 7 个到 8 个再到 9 个时，振动幅值的减小并不明显，呈现出了较为平稳的趋势。

为了更好地研究不同滚动体数量对系统周期性的影响，下面分别对滚动体数量为 4 个、5 个、7 个、8 个、9 个、10 个的系统进行周期性的考量，具体分析结果将利用相应仿真图形进行说明。

当滚动体数量为 4 个时，如图 5-21 所示，从频谱图中不难发现 $1/3f_r$ 分频和 $2/3f_r$ 分频的离散频谱，除了转频之外，VC 频、VC-1X 的频率成分很少；轴心轨迹为三条封闭的圆形曲线，Poincare 截面图中则出现了三个孤立的周期吸引子，时域波形图也呈现有规律的运动特性。从这四个图来看，当轴承滚动体数量为 4 个时，转子系统的运动状态为周期三的运动状态。

当滚动轴承的滚动体数量为 5 个时，如图 5-22 所示，从频谱上看出 $1/3f_r$ 分频、$2/3f_r$ 分

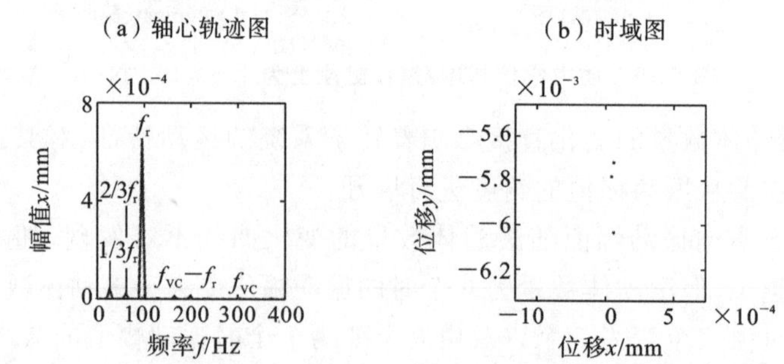

（a）轴心轨迹图　（b）时域图

（c）频谱图　（d）Poincare截面图

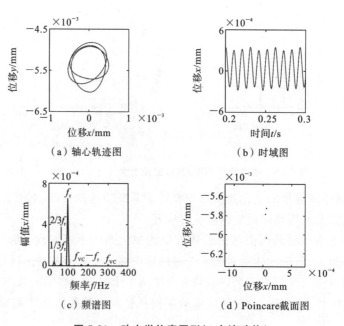

图 5-21　动力学仿真图形(4 个滚动体)

频并不明显，同时依然出现转频和 VC 频，时域波形依旧是正弦波形，轴心轨迹为三条封闭的环形曲线。5 个滚动体和 4 个滚动体的两个转子系统相比较，共同点是系统都做周期三的运动，但 5 个滚动体的系统的周期性并没有 4 个滚动体的系统呈现得那么明显。

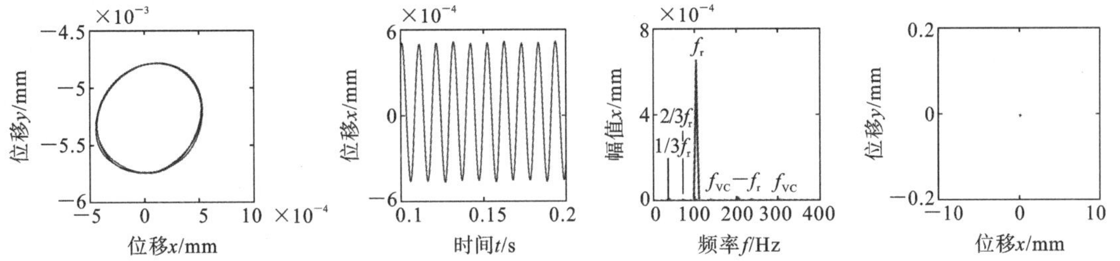

（a）轴心轨迹图　（b）时域图　（c）频谱图　（d）Poincare截面图

图 5-22　动力学仿真图形(5 个滚动体)

当滚动体数量为 7 个时，如图 5-23 所示，转子系统表现为周期一运动，频谱图依旧是离散谱，除转频以外，VC-1X、VC 频的频率成分不多，轴心轨迹也依然是个封闭的圆形曲线，Poincare 截面图中出现一个孤立的点。这都足以说明此滚动体个数下转子系统呈现出周期一的运动特性。

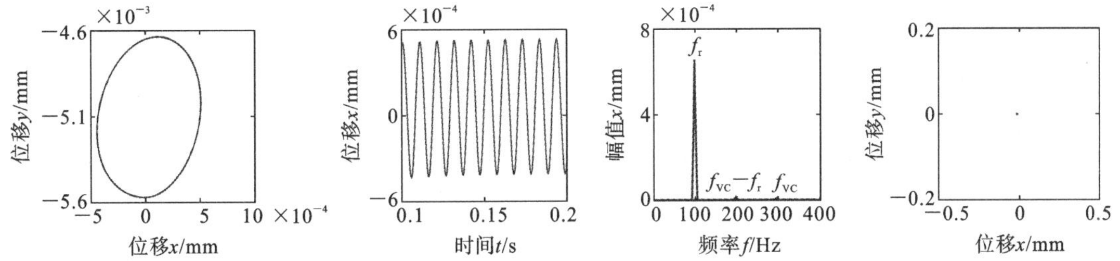

（a）轴心轨迹图　（b）时域图　（c）频谱图　（d）Poincare截面图

图 5-23　动力学仿真图形(7 个滚动体)

当滚动体数量为 8 个时，如图 5-24 所示，转子系统又重新回到了周期三的运动状态，频谱变为离散频谱，出现了 $1/3f_r$ 分频和 $2/3f_r$ 分频，以转频等频率成分为主，时域波形图也体现出了周期三的运动特性，轴心轨迹为三条互相交织又相互独立的封闭曲线，Poincare 截面图中出现三个周期吸引子。这些迹象都能够证明此滚动体个数下转子系统呈现出周期三的运动特性。

当滚动体数量为 9 个时，如图 5-25 所示，轴心轨迹为一个标准椭圆，时域波形为正弦曲线，频谱依旧以转频、VC 频、VC-1X 为主要的频率成分，Poincare 截面图中出现一个周期吸引子，说明此时转子系统表现为周期一运动。

当滚动体数量为 10 个时，如图 5-26 所示，转子系统依旧回到了周期三的运动，但这种特性并不十分明显，轴心轨迹为三条相互交织的封闭曲线，Poincare 截面图中继续呈现出三个周期吸引子，这些都能够体现此时系统具有周期三的运动特性。

5. 转子系统瞬态动力学特性分析

对响应节点的加速度信号进行分析也是一种判定转子系统节点处周期性的有力手段，研究发现滚动轴承的游隙变化对加速度的影响也较大，所以这里主要分析不同滚动轴承游隙下加速度曲线对转子系统运动特性的影响。

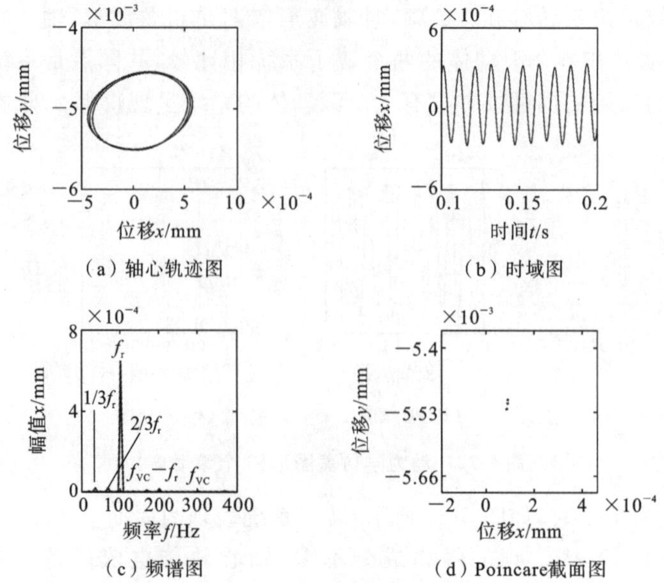

（a）轴心轨迹图　（b）时域图

（c）频谱图　（d）Poincare截面图

图 5-24　动力学仿真图形(8 个滚动体)

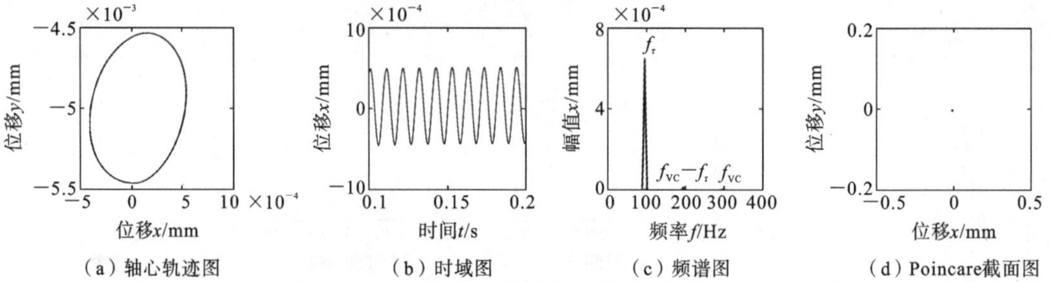

（a）轴心轨迹图　（b）时域图　（c）频谱图　（d）Poincare截面图

图 5-25　动力学仿真图形(9 个滚动体)

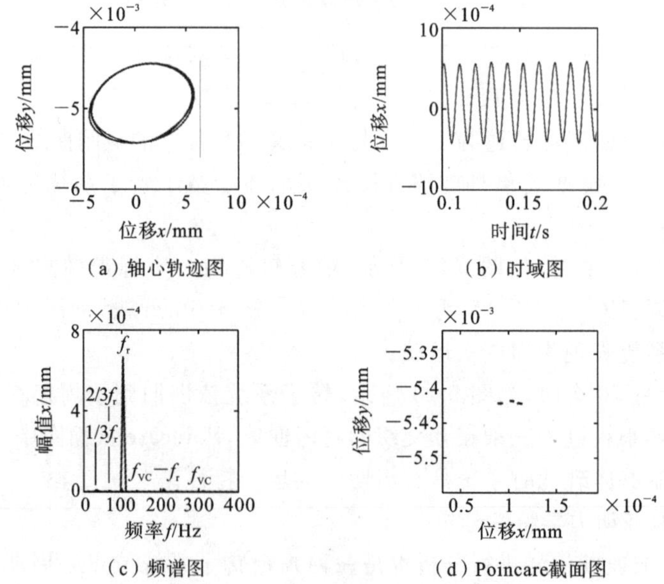

（a）轴心轨迹图　（b）时域图

（c）频谱图　（d）Poincare截面图

图 5-26　动力学仿真图形(10 个滚动体)

分别提取滚动轴承节点处 x、y 方向的加速度信号，并绘制加速度随时间变化的曲线。图 5-27 所示是滚动轴承游隙 $r_0=4.5\times10^{-6}$ m 时的加速度随时间变化曲线。此时 x 方向的加速度信号起步区域大于其他滚动轴承游隙对应的 x 方向加速度信号起步区域，说明在起步时转子系统运动较不稳定，当走过起步区域后，转子系统的运动进入周期运动，转子系统开始稳定运转。但 y 方向的加速度信号并无起步区域，系统的运动直接处于周期运动。

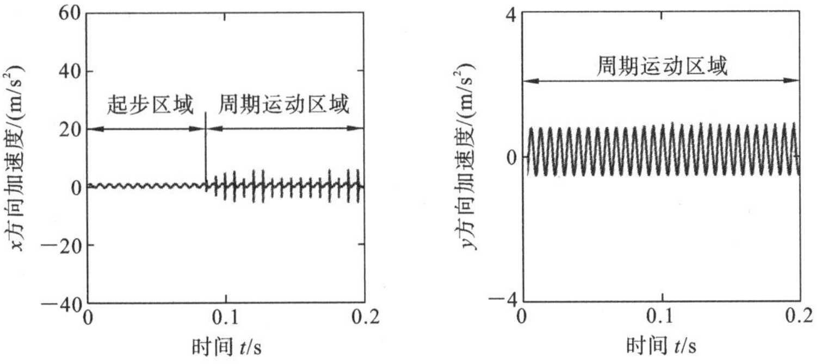

图 5-27　x、y 方向加速度随时间变化曲线($r_0=4.5\times10^{-6}$ m)

图 5-28 所示是轴承游隙 $r_0=4.5\times10^{-7}$ m 时的加速度随时间变化曲线，与图 5-27 中 x 方向的加速度对比，起步区域对应时间明显缩短；而 y 方向出现了起步区域。

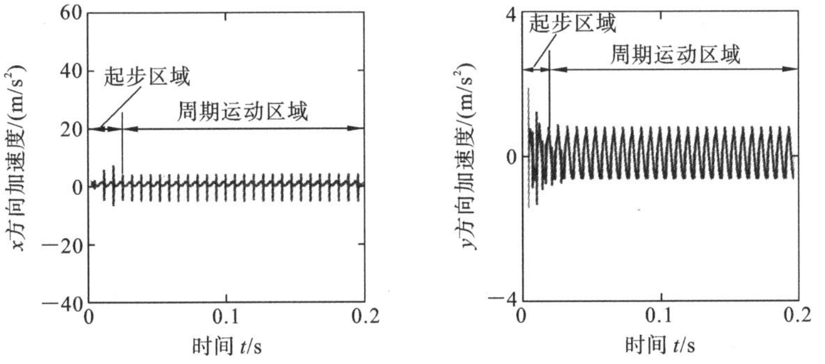

图 5-28　x、y 方向加速度随时间变化曲线($r_0=4.5\times10^{-7}$ m)

此时，从理论仿真的角度继续减小滚动轴承的游隙($r_0=4.5\times10^{-8}$ m)进行加速度信号分析，由图 5-29 我们发现，x 方向的起步区域时间进一步缩短，此时 y 方向的加速度信号波形图中起步区域时间缩短并不明显。为了能够更清晰地表达滚动轴承游隙变化对转子系统周期运动特性的影响，再次将游隙变为 $r_0=0$，如图 5-30 所示，无论是从 x 方向还是 y 方向分析，起

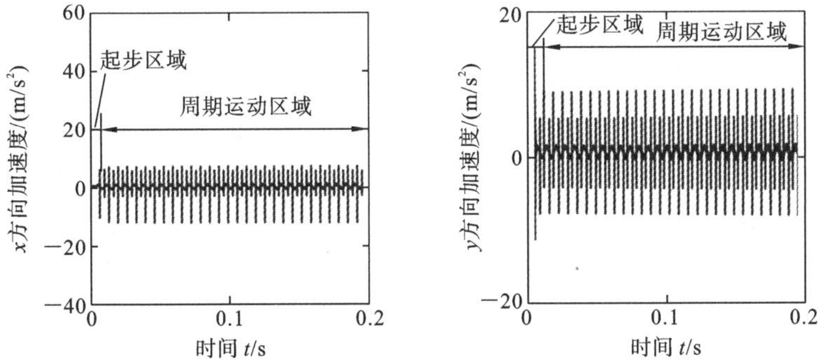

图 5-29　x、y 方向加速度随时间变化曲线($r_0=4.5\times10^{-8}$ m)

步区域的变化都不再明显，说明当滚动轴承游隙继续减小时，起步区域变化给转子系统带来的不稳定区域并没有太大的变化。可见当轴承游隙达到一定小的时候，转子系统在起步区域经过短暂的停留后直接进入周期运动区域。

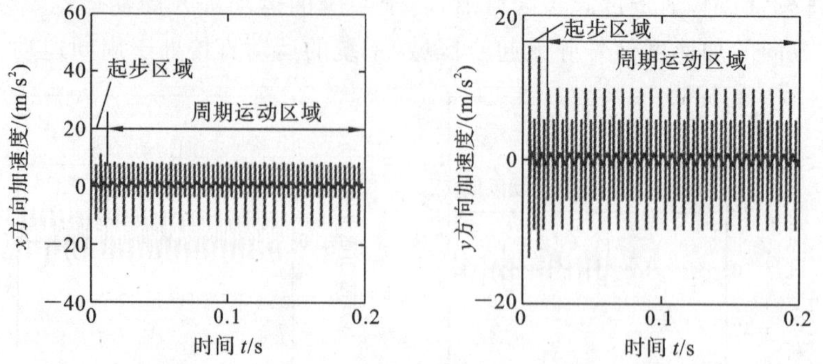

图 5-30　x、y 方向加速度随时间变化曲线($r_0=0$)

5.2.3　滚动轴承-转子系统的实验研究

1. 转子实验台的功能设计

实验台是根据滚动轴承理论部分搭建的，按照 1∶1 的比例进行加工定制。同时，为了使实验具有一定的多样性，在设计并搭建实验台的过程中考虑了圆盘位置可调、数量可变化，偏心质量可增减，滚动轴承方便更换、位置可调等因素。

图 5-31 所示为滚动轴承-转子实验台布置简图。

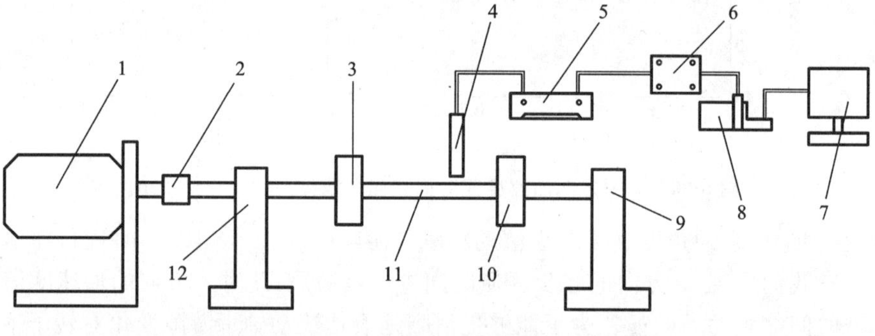

图 5-31　滚动轴承-转子实验台布置简图

1—马达；2—联轴器；3、10—圆盘；4—传感器探头；5—前置器；6—降压装置；7—计算机；8—NI9234 采集卡和 cDAQ-9178 机箱数据采集装置；9、12—滚动轴承及支架；11—转轴

图 5-32 所示为滚动轴承-双盘转子实验台。

电动机是本转子实验台的动力部分。大多数情况下无级调速电动机可分为两类——直流电动机和变频交流电动机。高速直流电动机在工作的时候具有较高的转速，如果给其搭配一台品质优良的控制器，则其能够精准地实现转子的转速可调、可控；变频交流电动机的功率较大，它的工作电压为 380 V 的工业电压。出于对实验条件的高要求的考虑，本次实验选用直流无刷电动机以及与其相匹配的 ZM-6610 直流控制器、转速表等配件作为本次实验的动力部分。

在本次的振动实验中，为了得到不同转速下的实验数据以及考虑到转速的稳定性、转子寿

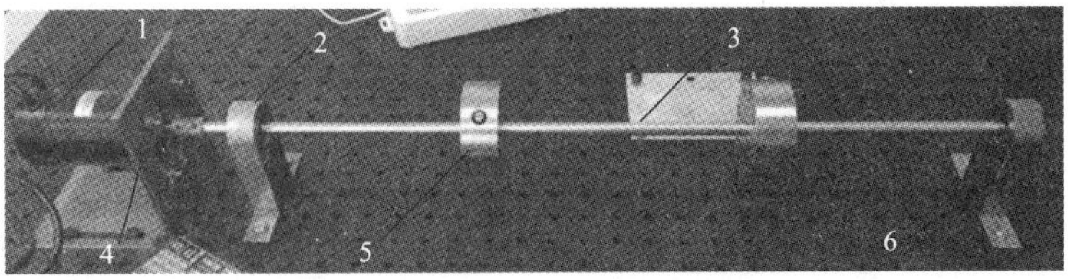

图 5-32　滚动轴承-双盘转子实验台

1—直流无刷电动机；2、6—轴承支架；3—转轴；4—电动机支架；5—圆盘

命等因素，选取了图 5-33 所示的直流无刷电动机，在控制器(见图 5-34)的配合下可以实现无级调速的功能，为实验提供良好的动力。

图 5-33　直流无刷电动机

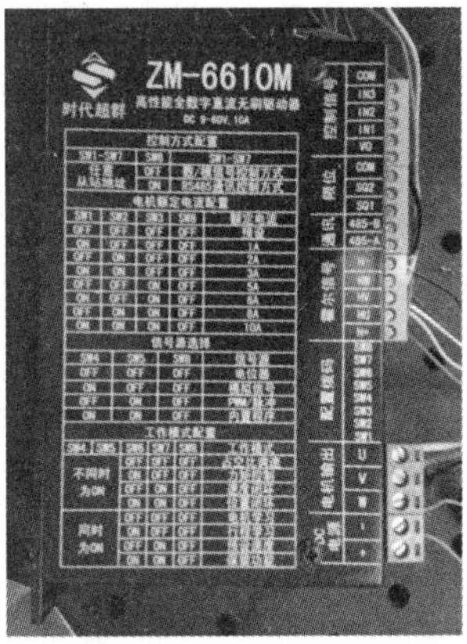

图 5-34　直流无刷电动机控制器

直流无刷电动机的主要技术参数如表 5-7 所示，其控制器技术参数如表 5-8 所示。

表 5-7　直流无刷电动机主要技术参数

型号	额定电压 DC/V	额定电流 /A	额定功率 /W	额定转速 /(r/min)	额定转矩 /(N·m)	空载电流 /A	空载转速 /(r/min)	极对数
57BL95S15	36	5.7	150	3600	0.4	0.5	4700	2

表 5-8　直流无刷电动机控制器技术参数

参　数	值	备　注
电源输入电压	DC 9～60 V	电源正负极请勿接反，否则可能烧掉保险丝。驱动器与不带隔离的用户控制器连接时电源勿共地(有负载时电压勿超过 60 V，无负载时电压勿超过 66 V，否则可能损坏)
最大输出电流	12 A	电动机输出接口请勿短路，否则可能烧掉保险丝
额定输出电流	10 A	
霍尔传感器接口输出电压	5 V	

续表

参数	值	备注
信号端口耐压	IN1、IN2、IN3、SQ1、SQ2 耐压为 0～+25 V； HU、HV、HW 耐压为－4.9～+8.2 V； VO 耐压为 0～+3.6 V； H+、COM 耐压为－30～+30 V； 485-A、485-B 耐压为 0～+5.5 V	驱动器与不带隔离的用户控制器连接时电源勿共地
频率输入信号支持范围	0～10 kHz	
5 V 电源最大输出电流	200 mA	
工作温度	－80～－25 ℃	

2. 转子实验台信号的测试、读取以及采集系统的设计

1) LabVIEW 开发环境

LabVIEW(Laboratory Virtual Instrument Engineering Workbench)的开发环境与 C 语言及 BASIC 的开发环境极其类似，是一种可将模块的图标进行拖拽的图形化、框架化的编程语言。作为 NI 的设计平台，它的最主要的核心部分就是 LabVIEW 软件，它的应用较为广泛，常常是开发测量或控制系统的不二之选。

LabVIEW 界面操作丰富，清晰易懂，用户能够识别和操作该软件，所以具有很好的便利性。这种图形化编程实现源代码的方式也是其独特之处，所以我们将其称为图形化语言，又称为 G 代码。由后台的图形模块、连线组成的代码程序类似于流程图，如图 5-35 所示，所以我们称 LabVIEW 代码为程序框图代码。

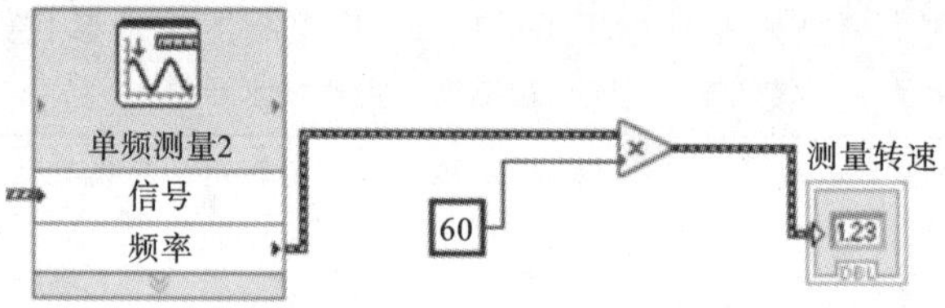

图 5-35　LabVIEW 程序框图

LabVIEW 是将多种模块组合在一起的庞大数据库，将模块进行有序连接，形成了 LabVIEW 软件框架程序可视化的特点。正是因为模块数据庞大，所以 LabVIEW 被应用于各个行业，尤其是在工业界、学术界、研究实验界得到了极大的认可，学术各界都认为 LabVIEW 软件是最为重要的实验数据收集和处理软件。LabVIEW 将多种协议的硬件的全部功能集中起来，比如 GPIB、VXI、RS-232 和 RS-485 等。它的函数库综合了多种软件，比如 ActiveX 等软件的函数标准。用户利用这些便利的条件可以按照自己的意愿搭建所需的虚拟仪器，同时结合较为具有针对性的图形化界面，生动有趣。

由于实验时各个实验仪器相互连接的部分较多，因此需要将各种硬件进行通用化设计。LabVIEW 与其他计算机语言最主要的区别体现在软件方面，可通过计算机发挥 LabVIEW 强大的数据处理功能，进而广泛地应用在实验虚拟仪器中。同时我们又将面临新的问题：如何能够将各种标准仪器进行有效的相互连接以及将其很好地与计算机进行连接。对于此类问题，大多数的解决办法都是通过 IEEE488 或 GPIB 协议来实现的。未来的虚拟仪器更应该向着网络化的方向发展。

2）电涡流位移传感器

电涡流位移传感器主要由探头、前置器及其他辅助配件组成。它的体积较小，方便携带，而且能够在水、油介质中照常使用，所以对使用环境有着良好的适应性，安装也较为方便，具有很强的灵活性。本实验选用 CWY-D0-50 电涡流位移传感器，其主要技术指标如表 5-9 所示。

表 5-9　CWY-D0-50 主要技术指标

指　标		值
量程		2 mm
灵敏度及误差 (mV/μm)	不互换	(8±2%) mV/μm
	互换	(8±15%) mV/μm
分辨率		1 μm
线性度及误差	不互换	≤2%
	互换	≤5%
频率响应		0～5 kHz
温度灵敏度误差		0.1%/℃FS
工作温度	探头	−30～+150 ℃
	前置器	−20～+65 ℃
初始间隙		0.1～0.5 mm
探头规格	探头直径	$\phi 8$
	安装螺纹	M10×1
	探头长度	60 mm
	电缆长度	2 m
测试条件	电源	−24 V DC/20 mA
	被测物材料	45 钢
	环境温度	(20±5)℃
	相对湿度	≤80%
配套件 保护帽一只，螺母(M10×1)两只		

3）NI9234 采集卡

NI9234 采集卡（见图 5-36(a)）是专门为传感器设计的数据采集传输模块，对多种类型的传感器具有很好的兼容性，所以应用范围也是相当广泛的。对于具有 4 条输入通道的传感器而言，可以通过内置的高效抗混杂滤波器对各个通道 51.2 Hz 的信号进行数字化处理。

4）NI cDAQ-9178 机箱

NI cDAQ-9178 机箱（见图 5-36(b)）是一款具有 8 个插槽的机箱，其插槽为 USB 接口。该机箱体积较小，携带方便，具有很好的移动功能，适合多变、复杂的工作环境。其中的 8 个接口可同时运行 8 个模块，这 8 个模块可以相互结合。NI CompactDAQ 系统可利用单线 USB

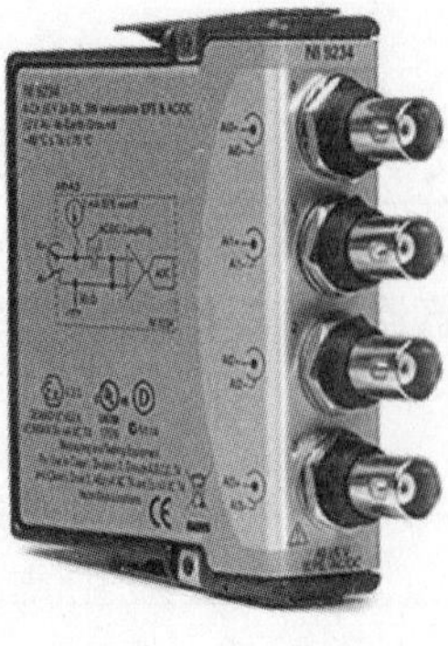

(a)

(b)

图 5-36　NI9234 **采集卡及** NI cDAQ-9178 **机箱**

将传感器测量的电压、电流、数字信号等很方便地输出到 PC、笔记本电脑等终端设备。

5）实验台的搭建

做实验之前将实验设备的各个部件按照正确的接法进行有序的连接。直流电源与控制器按照接线图安装，控制器通过霍尔信号来控制直流无刷电动机，此部分为整个滚动轴承-转子系统的动力部分。为了时刻存储 x 与 y 方向的位移、时间、转速的数据，在实验台上布置了两个电涡流位移传感器，传感器的布置位置要和仿真代码节点位置相对应，并为传感器提供电源。由于此传感器存在偏置电压，使得实验时采集的电压数据超过了采集卡能承受的电压范围，所以本实验在传感器的输出端接入电阻，起到降压的作用，这样将电涡流位移传感器的信号输出端与信号采集卡的输入端相连接，再将采集卡的输出端（USB 接口）与计算机相连，结合 LabVIEW 软件将电压信号转化为位移数据进行采集和处理。采集过程中需要测得不同转速下的数据，可以通过调节电位器来改变直流无刷电动机的输入电流来改变转速。为了能够使实验的转速较为稳定，购买一个可靠、高性能的控制器是十分重要的。图 5-37 为整个实验台的实物图。

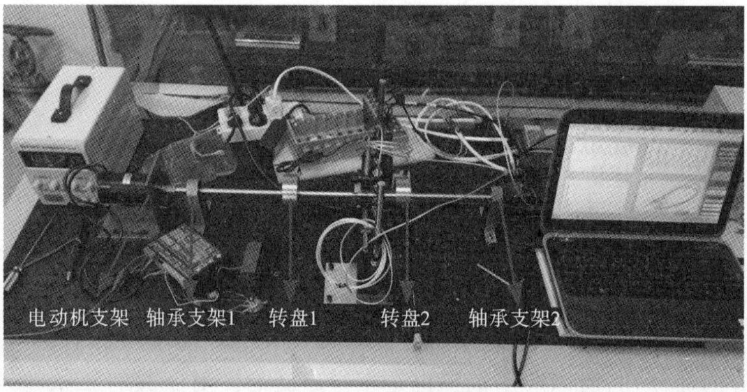

图 5-37　实验台实物图

实验中所用到的轴承为 61900 带密封圈的深沟球轴承。传感器监测点为尽量靠近转盘 2 的位置，目的是与理论仿真中的节点位置相对应，如图 5-38 所示。电动机支架与轴承支架、轴承支架与转盘 1、转盘 1 与转盘 2、转盘 2 与轴承支架 2 之间的距离分别为 32.7 mm、175 mm、

200 mm、187.5 mm，其中转盘 1 和转盘 2 的厚度、内径、外径尺寸分别为 15 mm、ϕ11 mm、ϕ80 mm，转轴直径为 ϕ10 mm。

图 5-38　电涡流位移传感器布置图

3. 实验数据分析与研究

本次实验利用 MATLAB 软件对采集的时间、位移数据进行处理，画出三维瀑布图、连续轴心轨迹图、频谱图、二维轴心轨迹图、时域图，并将这些图形与仿真图形进行对比，以验证理论的正确性。

图 5-39 所示为利用采集卡采集并保存的时间、位移数据，在 MATLAB 软件中画出的三维瀑布图。由于实验时采集的数据具有随机性和离散性，因此图中曲线也较为分散，各个转速之间的频率间隔不一。当转子轴心转速在 0～1600 r/min 区间时，除了转频之外，VC 频及 VC-1X 在整个三维频谱图中也占有一定的比重；当转速在 0～1200 r/min 区间时，转频幅值增加得较为平缓，与 1200～1600 r/min 区间的相比也相对较小；当转子转速在 500～750 r/min 区间时，除了转频之外，VC 频及 VC-1X 的成分相对较多，这两种频率成分也较为明显；当转子转速在 1200～1600 r/min 区间时，各个转速下的振动幅值随着转速的增大而增长较快，但 VC-1X 占的比重并没有明显的变化，而 VC 频的频率成分与低转速时的情况相比所占的比重并不突出，但依旧清晰可见。

图 5-40 为仿真的三维瀑布图，比较由实验数据得到的曲线和由仿真数据得到的曲线，我们发现仿真的三维瀑布图与实验的三维瀑布图在形式上具有很好的相似性。在转子转速为 230～1200 r/min 的区间，除了转频之外，VC 频及 VC-1X 也占有相应的频率成分，所占比重较高，转频的幅值随转速的增大而增长较慢，这与实验结果具有很好的一致性。当转速为 1200～1600 r/min 时，频率幅值随转速的增大而增长较快，VC-1X 的频率成分也较为突出，VC 频依旧清晰可见。这在一定程度上说明了理论仿真具有一定的正确性。

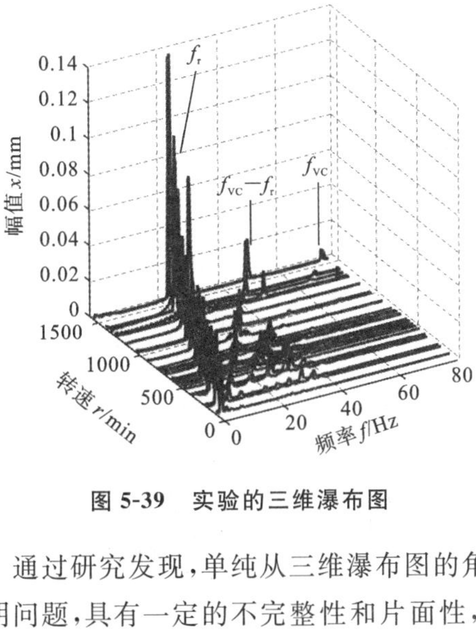

图 5-39　实验的三维瀑布图

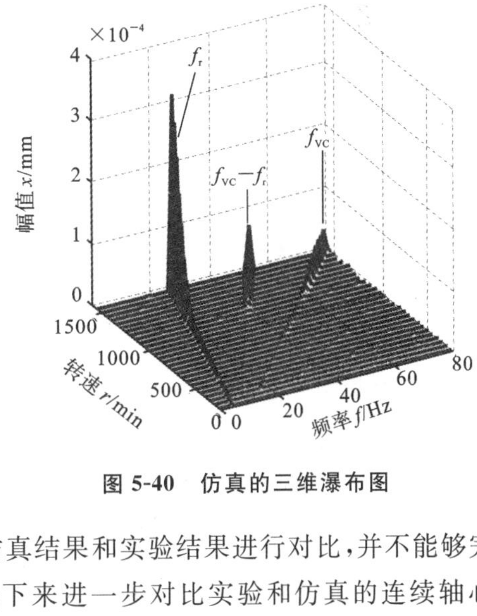

图 5-40　仿真的三维瀑布图

通过研究发现，单纯从三维瀑布图的角度将仿真结果和实验结果进行对比，并不能够完全说明问题，具有一定的不完整性和片面性，所以接下来进一步对比实验和仿真的连续轴心轨迹。图 5-41 为利用 MATLAB 软件对实验数据进行处理而得到的连续轴心轨迹图，从图 5-41 中我们能够看出：当转子轴心转速为 1300～1400 r/min 时，随着转速的上升，轴心轨迹所包含的面积逐步增大，轴心轨迹的形状类似于椭圆形；当转速为 1400～1600 r/min 时，轴心轨迹所包含的面积增大得较为明显，但依旧为一条封闭的类似于椭圆形的曲线。

图 5-42 为仿真的连续轴心轨迹图，从图中我们不难发现：当转速为 1300～1400 r/min 时，轴心轨迹包含的面积随着转速的攀升也有一定的增大，但此趋势并不明显，轴心轨迹的形状类似于椭圆，这与实验结果具有相同的趋势；当转速为 1400～1600 r/min 时，随着转子轴心转速的上升，轴心轨迹包含的面积增大，但依旧表现为类似于椭圆形的形状，这与实验结果在一定程度上具有很好的一致性。通过对比实验的轴心轨迹图和仿真的轴心轨迹图，我们不难发现，在一定程度上二者的运动趋势具有很好的相似性。三维瀑布图和连续轴心轨迹图的对比更好地证明了理论的可靠性、仿真中所用代码的正确性。

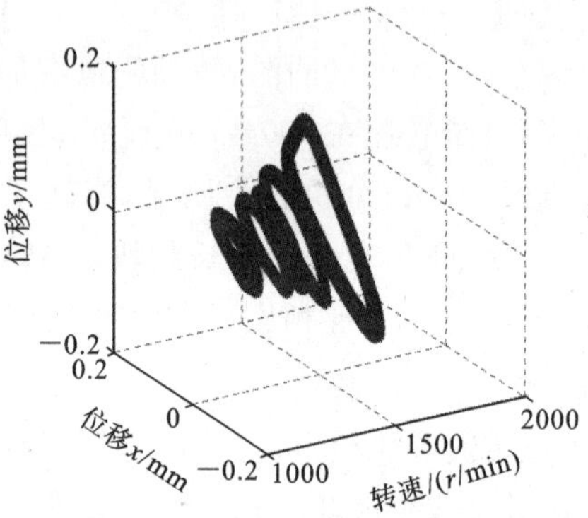

图 5-41　实验的连续轴心轨迹图

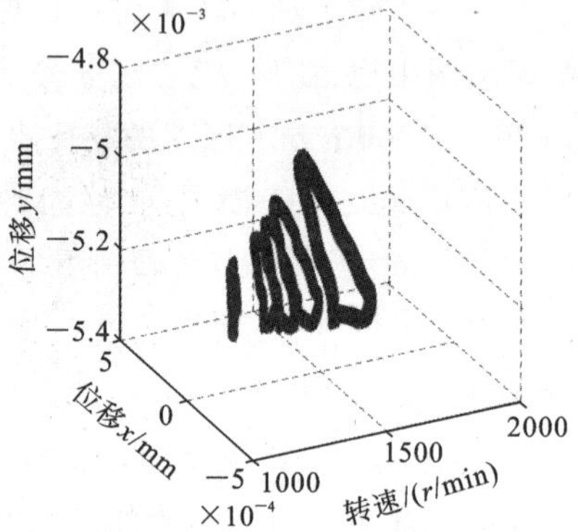

图 5-42　仿真的连续轴心轨迹图

图 5-43 是从实验三维图中截取的片段，分别为轴心轨迹图、时域图、频谱图，轴心轨迹表现为密集的封闭曲线，时域图为标准的正弦曲线，频谱图为转频、VC 频、VC-1X 组合成的离散型频谱，说明滚动轴承-转子系统在此转速下处于周期一的运动状态。

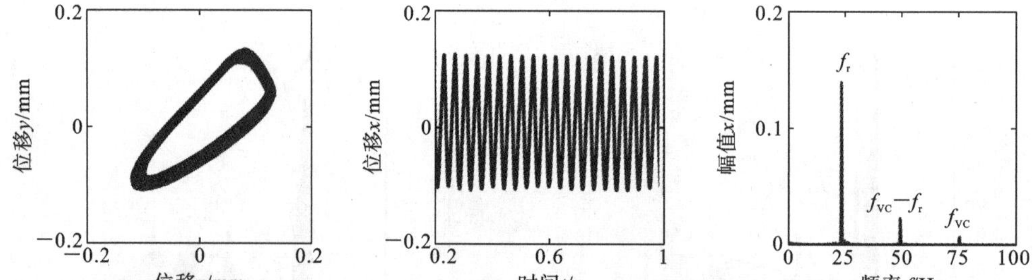

图 5-43　实验的轴心轨迹图、时域图、频谱图

此时，取与图 5-43 所示相同的转速，作为仿真中的激励转速，画出图 5-44 所示的轴心轨迹图、时域图、频谱图。轴心轨迹图表现为类似于椭圆形的曲线，这与实验测得的此转速下的轴心轨迹图在一定的程度上具有很好的拟合性；时域波形表现为类似于正弦波形的曲线；频谱依旧为转频、VC 频、VC-1X 组合成的离散型频谱。仿真结果说明滚动轴承-转子系统在此转速下处于周期一的运动状态，这与实验结果具有一定的一致性。

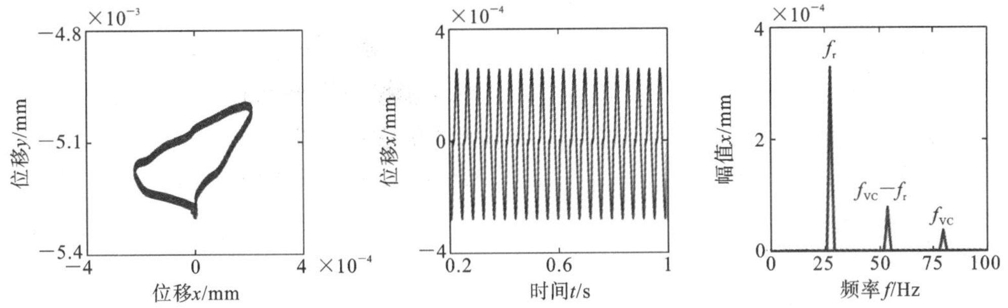

图 5-44　仿真的轴心轨迹图、时域图、频谱图

5.3　电磁轴承-转子系统动力学特性研究

电磁轴承系统可以通过在径向或轴向方向上对转子施加受控电磁力使旋转轴悬浮并保持在合适位置。主动电磁轴承使用寿命长,维护需求低,可以为旋转机器提供无摩擦支撑。在过去几年中,它们已被应用于许多工业产品中,如高速驱动系统、储能飞轮及涡轮机械。与机械轴承不同,主动电磁轴承具有调节其支撑特性的能力,可以通过产生适当的电磁力实现转子系统的主动振动控制。电磁轴承为转子提供支撑刚度和阻尼,是一种新型的支撑方式。电磁轴承的支撑特性不仅与其几何结构有关,而且在很大程度上还受其控制系统参数影响。当电磁轴承的结构参数确定后,其支撑特性就完全取决于控制系统参数。电磁轴承的支撑特性对转子系统动力学特性影响很大,因此研究控制系统参数对支撑特性的影响显得尤为重要。

本节将简要介绍电磁轴承-转子系统的典型结构组成及电磁轴承工作原理;对电磁轴承系统中一些常用的概念做出解释说明,对电磁轴承控制参数与支撑特性的关系进行理论推导和进一步的仿真分析,并研究电磁轴承-转子系统的动力学特性。

5.3.1　电磁轴承支撑特性研究

1. 电磁轴承-转子系统结构

图 5-45 所示为常见的电磁轴承-转子系统结构。

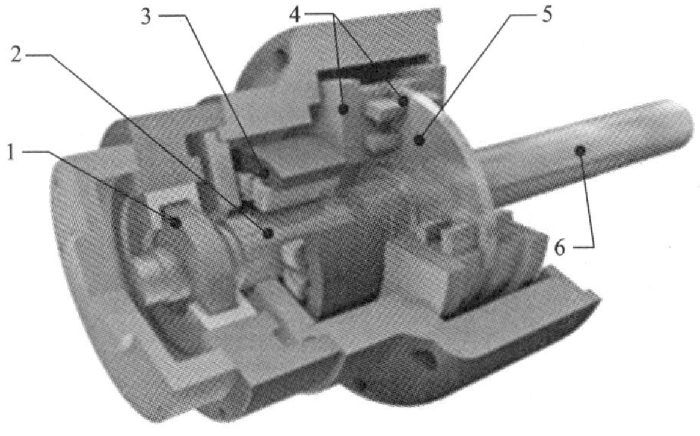

图 5-45　电磁轴承-转子系统结构

1—保护轴承;2—径向电磁轴承转子;3—径向电磁轴承定子;4—轴向(推力)电磁轴承定子;5—推力盘;6—转轴

在主动电磁轴承的实际工业应用中，转子的支撑系统一般由两个径向电磁轴承、一个轴向推力电磁轴承及多个保护轴承共同组成。径向电磁轴承用于径向定位转子，轴向（推力）电磁轴承将转子定位在轴向方向上。保护轴承（也称辅助轴承）一般由滚动轴承充当，安放在径向电磁轴承附近。当电磁轴承-转子系统停机、电磁轴承系统出现故障或转子载荷超过电磁轴承容量的高瞬态载荷时，转子首先与保护轴承接触，而不会与电磁轴承的电磁铁直接接触，从而实现对电磁轴承的保护。

1）电磁轴承

（1）电磁轴承工作原理。

图 5-46 所示为径向电磁轴承的工作原理。通常来说，电磁轴承系统包括最基本的五部分：定子、转子、位移传感器、功率放大器及控制器。电磁轴承正常工作时，转子稳定悬浮在中心对称的电磁铁定子中。位移传感器被布置在轴承附近，对准转子上的测量部件，可以将转子在径向上的位置实时反馈给控制系统。当转子由于不平衡或受到其他外部激励而在设定的平衡位置发生位移变化时，位移传感器将会监测到这种变化，转子的位置信息就会被传递到控制器，经过控制器的运算，输出信号经功率放大器放大后驱动电磁线圈产生电磁力，对转子的位置做出动态调整，直至转子重新回到平衡状态。可以通过调整控制器的相关参数，改变电磁轴承系统的支撑特性。轴向电磁轴承工作原理和径向电磁轴承工作原理是相同的，二者的区别在于电磁轴承的结构差异及传感器安装位置的不同。

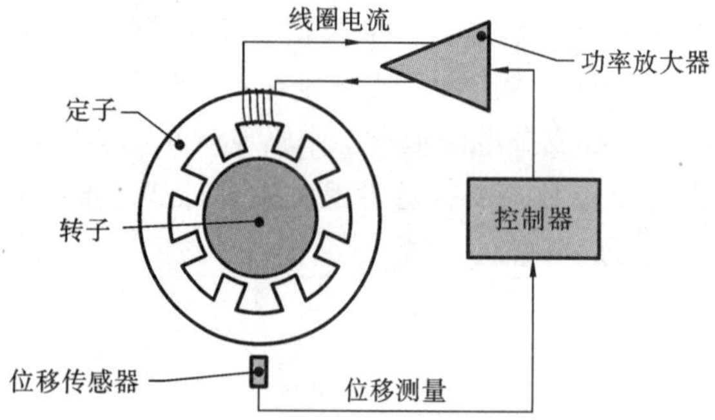

图 5-46　径向电磁轴承工作原理

图 5-47　主动径向电磁轴承实物图

（2）径向电磁轴承。

图 5-47 为主动径向电磁轴承的实物图，其机械部分由定子和转子构成，结构与电机转子类似，定子的 8 个磁极围绕转子径向布置。径向电磁轴承的定子由电磁铁和铜线圈组成。电磁铁通常由叠片堆叠制成，铜线圈缠绕在磁极上。根据需要，径向电磁轴承可以设计成多个磁极，一般可以为 4 磁极、8 磁极、16 磁极或更多磁极。8 磁极结构的径向电磁轴承将形成 4 个独立的磁环，这将会导致在 4 个方向产生的电磁力耦合程度很低。

径向电磁轴承结构形式包括两种，如图 5-48 所示。图 5-48(a)所示的极型配置称为多级结构，给定旋转平面中定子极性变化序列为 N—S—S—N—N—S—S—N，该结构与电机结构相似，制造简单，成本较低，目前采用较为广泛。转子采用叠片结构，通常使用硅钢片、铁镍合金、软磁铁氧体等磁性材料制成，可以减少涡流的产生。而图 5-48(b)所示的极型配置称为单级结构，在任何给定的旋转平面中，定子磁极具有相同的极性。单级结构的磁场在转子圆周方向变化小，涡流损耗低，但转子在径向不能采用分层结构，加工过程复杂，价格相对较高，只用

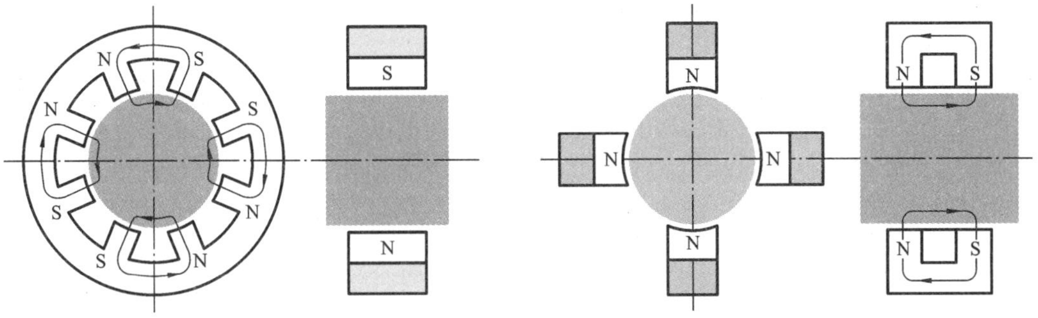

（a）多级结构　（b）单级结构

图 5-48　径向电磁轴承结构形式示意图

在有特殊要求的场合。

（3）轴向电磁轴承。

如图 5-49 所示，主动轴向电磁轴承由一个推力盘和两个对称分布的定子组成。主动轴向电磁轴承的定子上绕有铜线圈，推力盘附近或者轴端一般安装有位移传感器，用来获取转轴轴向的位置信息。转轴沿轴线方向发生位置变化时，位移传感器将实时测得的位移信息反馈给控制器，位置信息经过控制器的运算输入到功率放大器，放大器进而产生放大电流驱动两个定子线圈，使推力盘始终保持在设定的平衡位置。图 5-50 为轴向电磁轴承定子的实物，该轴向电磁轴承的定子上开有两个线槽，每个线槽中都绕有线圈，这样可以提高轴向电磁轴承的承载力。

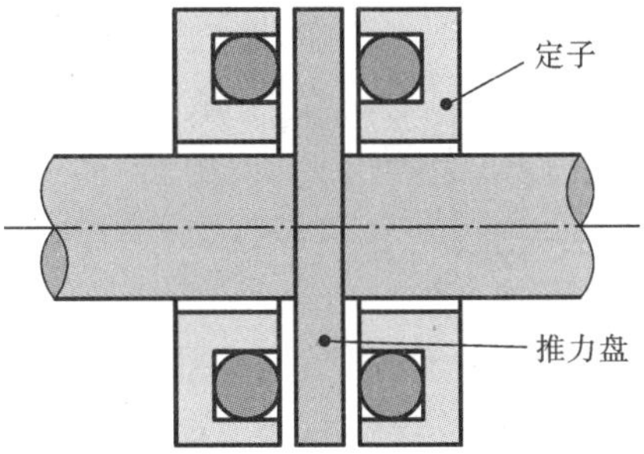

图 5-49　主动轴向电磁轴承示意图

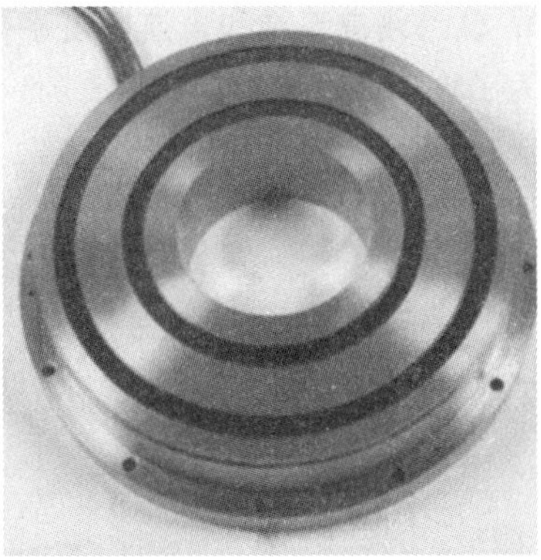

图 5-50　轴向电磁轴承定子实物

2）位移传感器

主动电磁轴承具有开环不稳定性，必须采用位移传感器对转子位置进行实时反馈控制。在主动电磁轴承中，执行器使用来自位移传感器的信息来控制磁铁线圈电流，从而调节作用在转轴上的电磁力大小，使转子稳定悬浮在电磁轴承中心。因此传感器的测量特性对电磁轴承系统的整体性能有着很大的影响。由于转子工作时是不断旋转的，所以必须使用非接触式传感器。

常用的非接触式位移传感器主要包括霍尔位移传感器、激光位移传感器和电涡流位移传感器等。电涡流位移传感器是根据电涡流效应来测量探头端面相对于金属被测体的相对位置的。其线性范围宽，抗干扰能力强，响应速度快，常被用于大型旋转机械的转子转速、振动位移等参数的监测，以有效分析旋转机械的运行状况。基于电涡流位移传感器的这些优点，工业应用中的电磁轴承绝大部分也使用电涡流位移传感器来实时获取转子位置信息。

3）功率放大器

功率放大器是用于增大输入信号的功率的电子设备。一般情况下控制器输出的控制电流是比较小的，过小的驱动电流很难驱动电磁铁，产生足够的电磁控制力，因此必须使用功率放大器将控制信号的功率增大到足以驱动电磁铁负载的水平，才能使转子在设定的平衡位置运转。

功率放大器可以分为模拟功率放大器和开关功率放大器。模拟功率放大器结构简单，不易受外部干扰，但功率消耗很大，常用于功率较低的场合。在电磁轴承的功耗中，除电磁铁损耗外，功率放大器是功耗最大的元器件，因为开关功率放大器损耗远低于模拟功率放大器损耗，所以开关功率放大器在工业应用领域得到了广泛应用。

4）控制器

控制器执行控制算法并产生功率放大器的命令信号，而且控制器中的控制程序除了能控制转子悬浮外，还可以完成故障、趋势监控以及诊断功能。控制系统决定着电磁轴承-转子系统的刚度、阻尼特性以及系统的稳定性等性能。控制器的设计包括软件设计和硬件设计两个部分。软件设计主要是设计合适的控制策略使得转子能够稳定地悬浮，并且具有一定的抗干扰能力。按照控制方法不同，电磁轴承的控制策略可以分为分散控制和集中控制。分散控制速度快，简单易行，在工业电磁轴承-刚性转子系统中，普遍采用分散控制设计控制器。在电磁轴承的控制中，最常用的是 PID 数字控制。硬件设计主要包括信号的采集、调理及数模信号的转换设计等。控制器可以分为模拟控制器和数字控制器。数字控制器精度高，转换速度快，在电磁轴承中应用最为广泛。目前在电磁轴承的应用中，数字控制器往往采用 DSP（数字信号处理）控制器。

2. 位移刚度系数和电流刚度系数

为了便于线性化控制、减小线性度误差，电磁轴承一般采用图 5-51 所示的电磁铁差动驱动模式。

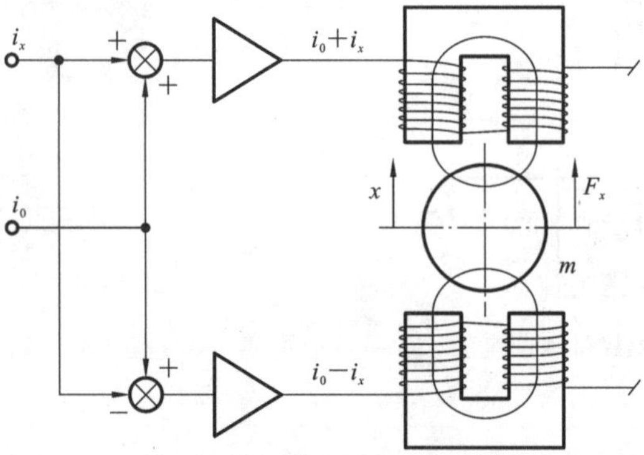

图 5-51　电磁铁差动驱动模式

当转子偏离设定的平衡参考点时，电涡流位移传感器能够获取转子偏离平衡参考点的距离，即转子的位移 x。转子位移经过控制器运算、功率放大器的放大，最后转变为控制电流 i_x，和偏置电流 i_0 一起驱动电磁铁。其中一对磁极被施加的总电流为 i_0+i_x，而另一对磁极被施加的总电流为 i_0-i_x。当转子位置发生变化时，电磁铁所产生的吸引力大小发生动态变化，最终在反馈系统的作用下，使转子能稳定悬浮在所设定的平衡位置。

假设磁场在电磁铁铁芯、气隙中是分段均匀的，铁芯磁感应强度不饱和，而且不考虑漏磁

及边缘效应的影响，则当电磁轴承中的电磁铁采用差动方式连接时，图 5-51 中的电磁铁合力可以表示为

$$F_x = f_+ - f_- = \frac{\mu_0 N^2 A_0}{4}\left[\frac{(i_0+i_x)^2}{(x_0-x)^2} - \frac{(i_0-i_x)^2}{(x_0+x)^2}\right]\cos\alpha \tag{5-34}$$

式中：μ_0 为真空中磁导率；N 为线圈匝数；A_0 为磁极投影面积；i_0 和 i_x 分别为偏置电流、控制电流；x_0 为轴承转子与定子之间的初始间隙；x 为转子位移；α 为半磁极夹角。

在电磁轴承系统中，由于转子、定子之间的间隙及控制电流只在很小的范围内变化，所以可以将式(5-34)在设定平衡位置(即静态工作点)处进行线性化。正常情况下，转子稳定位于轴承的中心，此时 $x=0$，$i_x=0$。将非线性电磁力在该工作点处进行泰勒级数展开并忽略其高阶项，可以得到电磁力的线性化表达式：

$$F_x = k_i i_x + k_x x \tag{5-35}$$

式中：

$$\begin{cases} k_i = \dfrac{\mu_0 N^2 A_0 i_0}{x_0^2}\cos\alpha \\ k_x = \dfrac{\mu_0 N^2 A_0 i_0^2}{x_0^3}\cos\alpha \end{cases} \tag{5-36}$$

类比机械振动中关于刚度的定义，可将式(5-36)中线性化电磁力中的两个线性化系数分别定义为电流刚度系数 k_i 和位移刚度系数 k_x。这两个系数分别反映了控制电流、转子位移变化对电磁力的影响程度。当转子的振动位移比较小时，非线性电磁力在工作点附近近似为线性电磁力，可直接以式(5-35)来计算非线性电磁力。

3. 电磁轴承的等效刚度和等效阻尼

在传统的机械轴承建模中经常会使用刚度系数和阻尼系数来表征轴承的支撑特性。研究电磁轴承的支撑特性，这里也沿用等效刚度系数和等效阻尼系数的概念来说明电磁轴承控制系统的支撑特性。

对于一个简单的单自由度质量-弹簧-阻尼线性系统来说，系统的运动方程为

$$m\ddot{x} + c\dot{x} + kx = f \tag{5-37}$$

式中：m 为质点质量；c、k 分别为该系统的阻尼、刚度系数；f 为该质点所承受的外部激励。

对式(5-37)进行拉氏变换，得到其传递函数为

$$\frac{X(s)}{F(s)} = \frac{1}{ms^2 + cs + k} \tag{5-38}$$

图 5-52 所示为单自由度电磁轴承控制系统。图中 k_{sen}、k_{amp} 分别为传感器的放大系数和功率放大器的增益系数。

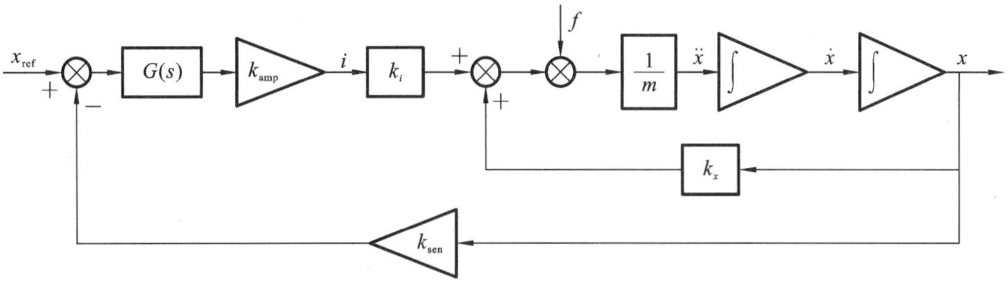

图 5-52　电磁轴承控制系统

使用电磁力来支撑单自由度质点，可以得到其动力学方程：

$$m\ddot{x}=f_{\mathrm{AMB}}+f=k_x x+k_i i+f \tag{5-39}$$

式中：k_x、k_i 分别为电磁轴承位移刚度系数和电流刚度系数。控制电流 i 和位移 x 之间的关系是由控制系统确定的，控制电流和质点位移之间的关系可以表示为传递函数的形式，即 $I(s)=-G(s)X(s)$，其中 $G(s)$ 为整个控制系统的传递函数，包含了传感器、功率放大器等环节。

对式(5-39)进行拉氏变换，得到该单自由度系统的传递函数：

$$\frac{X(s)}{F(s)}=\frac{1}{ms^2-k_x+k_iG(s)} \tag{5-40}$$

对比式(5-38)和式(5-40)，可以得到电磁轴承的等效刚度 K_{e} 和等效阻尼 C_{e}，其表达式如下：

$$\begin{cases}K_{\mathrm{e}}=k_i\mathrm{Re}\{G(s)\}-k_x\\ C_{\mathrm{e}}=\dfrac{k_i\mathrm{Im}\{G(s)\}}{\omega}\end{cases} \tag{5-41}$$

控制算法采用经典 PID 控制算法，整个控制系统的延迟时间为 T，则 $G(s)$ 的表达式如下：

$$G(s)=\frac{(K_{\mathrm{P}}+K_{\mathrm{I}}/s+K_{\mathrm{D}}s)k_{\mathrm{sen}}k_{\mathrm{amp}}}{1+Ts} \tag{5-42}$$

式中：K_{P}、K_{I}、K_{D} 分别为 PID 控制系统的比例、积分和微分系数。

将式(5-42)代入式(5-41)，可以得到控制系统参数与等效刚度、等效阻尼之间的关系：

$$\begin{cases}K_{\mathrm{e}}=\dfrac{k_i(K_{\mathrm{P}}-K_{\mathrm{I}}T+K_{\mathrm{D}}T\omega^2)k_{\mathrm{sen}}k_{\mathrm{amp}}}{1+T^2\omega^2}-k_x\\ C_{\mathrm{e}}=\dfrac{k_i(K_{\mathrm{D}}-K_{\mathrm{I}}/\omega^2-K_{\mathrm{P}}T)k_{\mathrm{sen}}k_{\mathrm{amp}}}{1+T^2\omega^2}\end{cases} \tag{5-43}$$

观察式(5-43)可以看出，主动电磁轴承的等效刚度和等效阻尼与 PID 控制系统参数、轴承结构参数有着很密切的关系。在硬件允许的范围内，可以通过调整控制系统参数改变电磁轴承支撑特性，进而达到根据实际需求改变电磁轴承-转子系统的动力学特性的目的。

4. 控制系统参数对支撑特性的影响

与机械轴承相比，电磁轴承最大的特点是支撑特性可以改变。电磁轴承控制系统的参数决定了电磁轴承的等效刚度和等效阻尼。前文已经得到了电磁轴承控制系统的参数与等效刚度和等效阻尼的关系，这里具体探讨 PID 控制系统参数对电磁轴承支撑特性的影响。

首先进行控制系统相关仿真参数设置：传感器放大系数 $k_{\mathrm{sen}}=9440\ \mathrm{V/m}$，功率放大器增益系数 $k_{\mathrm{amp}}=2\ \mathrm{A/V}$，位移刚度系数 $k_x=2.4\times10^5\ \mathrm{N/m}$，电流刚度系数 $k_i=125\ \mathrm{N/A}$，频率 f 范围为 1～600 Hz。具体分析如下。

1）控制延迟时间 T 对电磁轴承支撑特性的影响

当 $K_{\mathrm{P}}=0.2$、$K_{\mathrm{D}}=1.5$、$K_{\mathrm{I}}=0$ 时，根据式(5-43)可以得到等效刚度及等效阻尼随控制延迟时间、激励频率的变化图。如图 5-53 所示，当延迟时间为 0 时，等效刚度不随激励频率的增大而改变，当存在控制延迟时，等效刚度随激励频率的增大而变大，而且不同的控制延迟时间下，等效刚度随激励频率增大而变大的快慢不同；观察图 5-54 可以发现，等效阻尼随激励频率的增大而减小，而且控制延迟时间越长，等效阻尼随激励频率的增大而减小得越快，可见控制延迟时间对阻尼的影响比较大。在电磁轴承系统中应该尽量减小控制系统的延迟时间。

2）比例系数 K_{P} 对电磁轴承支撑特性的影响

当 $T=4\times10^{-4}\ \mathrm{s}$、$K_{\mathrm{D}}=0.5$、$K_{\mathrm{I}}=0$ 时，根据式(5-43)可以得到等效刚度和等效阻尼随比

例系数、激励频率的变化图。从图 5-55 和图 5-56 中可以明显发现：随着激励频率的增大，等效刚度急剧增大，等效阻尼明显减小；等效刚度随比例系数的增大而明显增大，而等效阻尼变化并不明显，说明比例系数 K_P 主要对电磁轴承的支撑刚度产生影响。

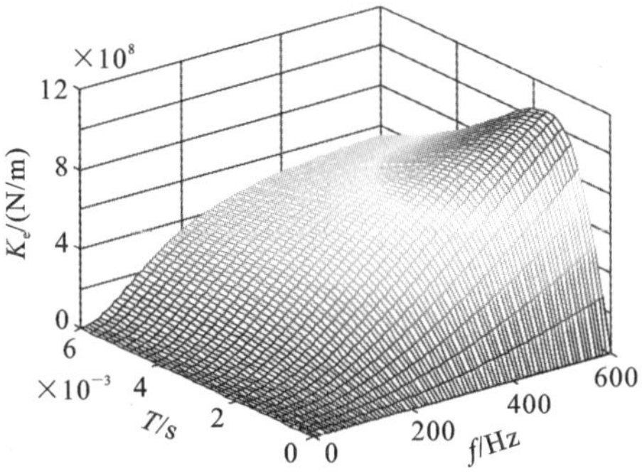

图 5-53　等效刚度随延迟时间 T 的变化图

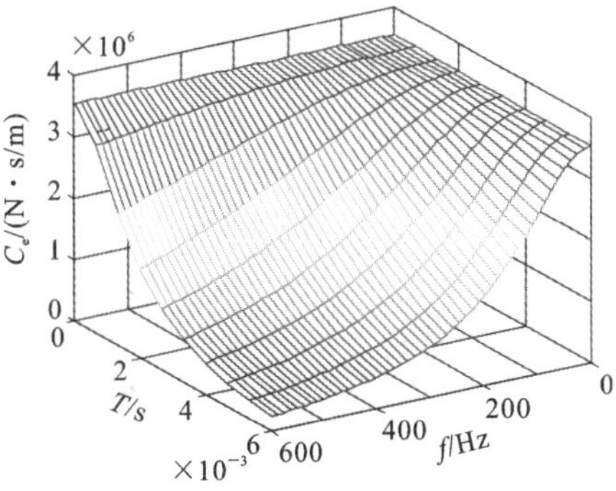

图 5-54　等效阻尼随延迟时间 T 的变化图

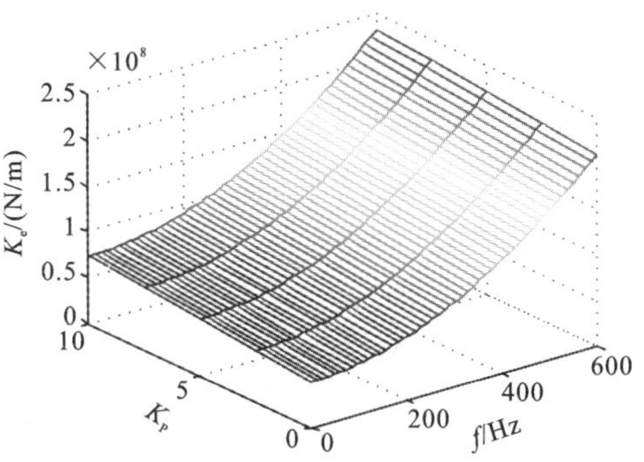

图 5-55　等效刚度随比例系数 K_P 的变化图

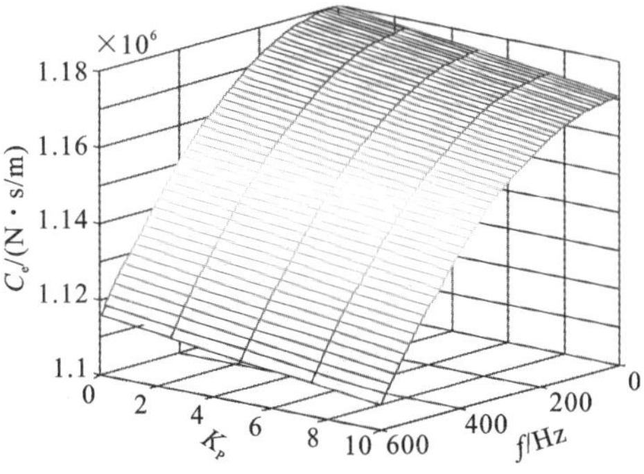

图 5-56　等效阻尼随比例系数 K_P 的变化图

3）微分系数 K_D 对电磁轴承支撑特性的影响

当设置仿真参数 $T=4\times10^{-4}$ s、$K_P=0.2$、$K_I=0$ 时，根据式(5-43)可以得到等效刚度和等效阻尼随微分系数、激励频率的变化图。如图 5-57 和图 5-58 所示：随着微分系数的增大，等效刚度有所增大，尤其是在激励频率很高的情况下，等效刚度增大比较明显；等效阻尼随微分系数的增大而增大，而且增幅比较明显。这说明微分系数对电磁轴承支撑阻尼的影响较大。

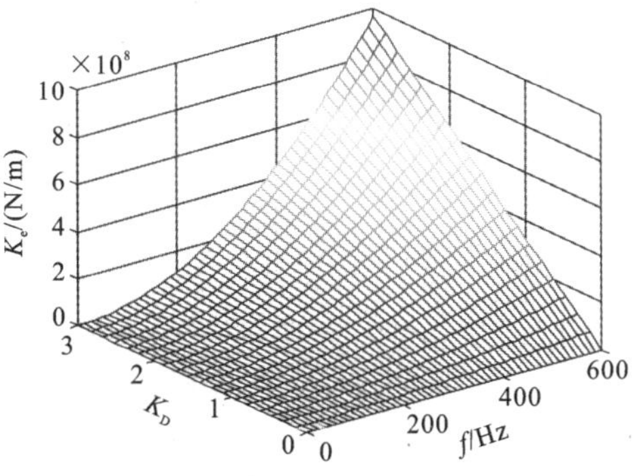

图 5-57　等效刚度随微分系数 K_D 的变化图

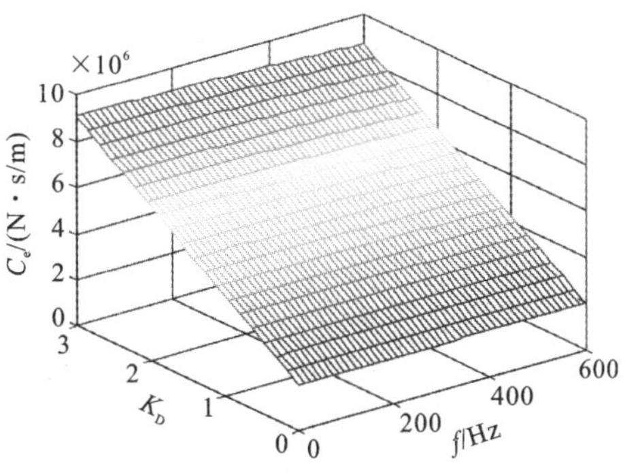

图 5-58　等效阻尼随微分系数 K_D 的变化图

4）积分系数 K_I 对电磁轴承支撑特性的影响

当设置仿真参数 $T=4\times10^{-4}$ s、$K_P=0.2$、$K_D=1.5$ 时，根据式(5-43)可以得到等效刚度和等效阻尼随积分系数、激励频率的变化图。观察图5-59和图5-60可以看出：等效刚度随激励频率的增大而增大，积分系数对等效刚度的影响较小，主要原因是控制时滞比较小；当激励频率较小时，随着积分系数的增大，等效阻尼明显减小，可见，积分系数在低频时对等效阻尼的影响较大。

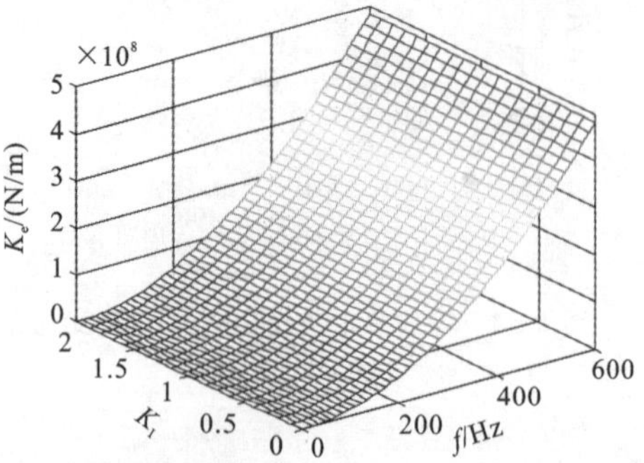

图 5-59　等效刚度随积分系数 K_I 的变化图

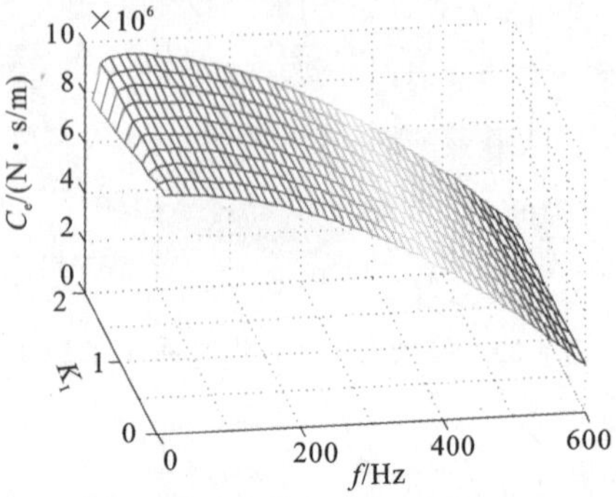

图 5-60　等效阻尼随积分系数 K_I 的变化图

5.3.2　电磁轴承-刚性转子系统的不平衡振动抑制研究

受限于转子加工误差、原材料非均匀性等因素，转子的惯性轴和几何轴通常不重合，这将会导致转子系统不平衡。虽然转子系统的不平衡可以通过动静平衡进行校正，但总会有残余不平衡存在。不平衡振动是转子系统在运行过程中重要的激励源，随着转速的增大，不平衡力急剧上升。如果转子的不平衡振动得不到有效控制，由转子不平衡产生的离心力会引发轴承反作用力，并传递到机壳，从而产生噪声。另外，电磁轴承线圈中由转子不平衡引起的同步控制电流值大约是转速的二次函数，高转速下功率放大器可能会饱和，使得电磁轴承不能产生足够大的电磁力来维持转子系统运行，导致主动电磁轴承-转子系统失稳，造成重大安全事故。因此，对电磁轴承-转子系统不平衡振动进行抑制非常重要。

关于不平衡振动的抑制，国内外学者提出了不少解决方法。从原理上来说，主要分为两种。第一种，消除同步振动电磁力，使惯性轴与旋转轴重合，以此来减小不平衡振动，即自动平衡方法。该方法适用于主动电磁轴承气隙较大、对旋转精度要求较低的场合，其优点是无振动力传到定子、基座上。第二种，在转子上施加横向电磁控制力使得旋转轴与几何轴重合，来主动抑制转子中的不平衡力，即不平衡振动补偿。不平衡振动补偿通过抵消控制力来抑制不平衡振动，并且被证明可以提供高精度定位。该方法的主要缺点是可能会引起定子和基座的振动，而且随着转子速度的增大，需要的控制功率也将增大。

本小节将考虑电磁轴承、传感器位置与转子质心位置的几何关系，建立电磁轴承-刚性转子系统的动力学方程；使用最优化方法对PID控制参数进行优化设计；在此基础上，设计控制方法消除同步电磁力，实现转子系统的自动平衡，并结合时域图、FFT频谱从振动位移和控制电流两个方面对比分析是否施加不平衡控制前后在不同转速下的控制效果。另外，自动平衡控制稳定性问题是经常遇到的问题，本小节也将对影响不平衡控制的因素进行讨论，使用分段控制实现全工作转速范围内转子系统的稳定运转。

1. 电磁轴承-刚性转子系统模型

1）径向电磁轴承模型

图 5-61 所示为一个 8 极径向电磁轴承的模型。该径向电磁轴承采用差动模式驱动，4 对电磁铁均由偏置电流 i_0 和控制电流 i_x、i_y 两部分共同驱动。8 极结构的径向电磁轴承将形成 4 个独立的磁环，这将会导致在 4 个方向产生的电磁力耦合程度很低，因此在研究过程中将不考虑电磁轴承径向电磁力的耦合。

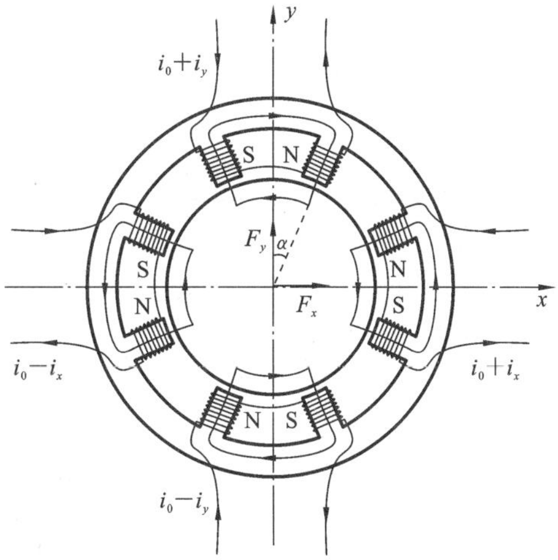

图 5-61　8 极径向电磁轴承模型

研究中使用的径向电磁轴承的结构参数如表 5-10 所示。

表 5-10　径向电磁轴承结构参数

参　　数	数　　值
磁导率(μ_0)	$4\pi\times10^{-7}$ H/m
偏置电流(i_0)	1.75 A
磁极面积(A)	405 mm^2
线圈匝数(N)	280
初始间隙(x_0)	0.5 mm
半磁极夹角（α）	22.5°
饱和磁通密度(B_{sat})	1.2 T

根据第 2 章中电磁力的线性化公式计算轴承的位移刚度系数 k_x 和电流刚度系数 k_i：

$$\begin{cases} k_x=\dfrac{\mu_0 AN^2}{x_0^3}i_0^2\cos\alpha=9.03\times10^5\ (\text{N/m}) \\ k_i=\dfrac{\mu_0 AN^2}{x_0^2}i_0\cos\alpha=258.04\ (\text{N/A}) \end{cases} \tag{5-44}$$

2）刚性转子系统模型

图 5-62 所示为电磁轴承-刚性转子系统模型。该转子由两个 8 极径向电磁轴承支撑，传感器分别布置在电磁轴承附近 a、b 处。

根据牛顿第二定律，得到电磁轴承-刚性转子系统的运动学方程：

$$\begin{cases} m\ddot{x}_I=f_{xa}+f_{xb} \\ J_y\ddot{\beta}_I-J_z\Omega\dot{\alpha}_I=f_{xa}l_{ma}-f_{xb}l_{mb} \\ m\ddot{y}_I=f_{ya}+f_{yb} \\ J_x\ddot{\alpha}_I+J_z\Omega\dot{\beta}_I=-f_{ya}l_{ma}+f_{yb}l_{mb} \end{cases}$$

式中：m 为转子质量；J_x、J_y 分别为转子在 x、y 方向上的直径转动惯量；J_z 为转子的极转动惯量；f_{xa}、f_{ya} 分别为转子在左轴承处 x、y 方向上承受的电磁力；f_{xb}、f_{yb} 分别为转子在右轴承处 x、y 方向上承受的电磁力；l_{ma}、l_{mb} 分别为左右轴承与转子质心之间的距离；l_{sa}、l_{sb} 分别为左右

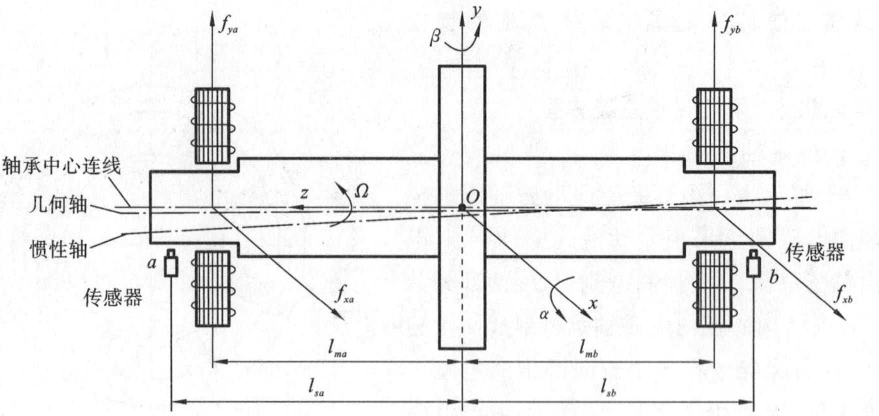

图 5-62 电磁轴承-刚性转子系统模型

传感器与转子质心之间的距离；α_I、β_I 为扭转角；y_I 为转子在 y 方向的位移。

为方便后续的计算，将其写成矩阵形式：

$$\boldsymbol{M}\ddot{\boldsymbol{q}}_I+\boldsymbol{G}\dot{\boldsymbol{q}}_I=\boldsymbol{B}\boldsymbol{f}_m \tag{5-45}$$

式中：

$$\boldsymbol{q}_I=[x_I\quad \beta_I\quad y_I\quad -\alpha_I]^{\mathrm{T}},\quad \boldsymbol{f}_m=[f_{xa}\quad f_{xb}\quad f_{ya}\quad f_{yb}]^{\mathrm{T}}$$

$$\boldsymbol{M}=\begin{bmatrix} m & 0 & 0 & 0\\ 0 & J_y & 0 & 0\\ 0 & 0 & m & 0\\ 0 & 0 & 0 & J_x\end{bmatrix},\quad \boldsymbol{G}=\begin{bmatrix} 0 & 0 & 0 & 0\\ 0 & 0 & 0 & J_z\Omega\\ 0 & 0 & 0 & 0\\ 0 & -J_z\Omega & 0 & 0\end{bmatrix},\quad \boldsymbol{B}=\begin{bmatrix} 1 & 1 & 0 & 0\\ l_{ma} & -l_{mb} & 0 & 0\\ 0 & 0 & 1 & 1\\ 0 & 0 & l_{ma} & -l_{mb}\end{bmatrix}$$

电磁轴承支撑的刚性转子系统的振动位移比较小，满足线性化条件，因此可以使用线性化的轴承力表示：

$$\boldsymbol{f}_m=\begin{bmatrix} f_{xa}\\ f_{xb}\\ f_{ya}\\ f_{yb}\end{bmatrix}=\begin{bmatrix} k_x & & & \\ & k_x & & \\ & & k_x & \\ & & & k_x\end{bmatrix}\begin{bmatrix} x_{ma}\\ x_{mb}\\ y_{ma}\\ y_{mb}\end{bmatrix}+\begin{bmatrix} k_i & & & \\ & k_i & & \\ & & k_i & \\ & & & k_i\end{bmatrix}\begin{bmatrix} i_{xa}\\ i_{xb}\\ i_{ya}\\ i_{yb}\end{bmatrix} \tag{5-46}$$

即

$$\boldsymbol{f}_m=\boldsymbol{K}_x\boldsymbol{y}_m+\boldsymbol{K}_i\boldsymbol{i}$$

根据几何关系，左右两个电磁轴承位置处的位移坐标 $\boldsymbol{y}_m$ 与转子几何中心坐标 $\boldsymbol{q}_g$ 之间的转换关系可以表示为

$$\boldsymbol{y}_m=\begin{bmatrix} x_{ma}\\ x_{mb}\\ y_{ma}\\ y_{mb}\end{bmatrix}=\begin{bmatrix} 1 & l_{ma} & 0 & 0\\ 1 & -l_{mb} & 0 & 0\\ 0 & 0 & 1 & l_{ma}\\ 0 & 0 & 1 & -l_{mb}\end{bmatrix}\begin{bmatrix} x_g\\ \beta_g\\ y_g\\ -\alpha_g\end{bmatrix}=\boldsymbol{T}_m\boldsymbol{q}_g \tag{5-47}$$

测量电磁轴承处位移时一般使用电涡流位移传感器。考虑到实际情况中电涡流位移传感器通常无法集成安装到电磁轴承中，一般选择将电涡流位移传感器放置在电磁轴承附近，电磁轴承和电涡流位移传感器沿轴向位置不重合，所以不能简单地直接使用电磁轴承处转子位移代替传感器测量到的转子位移。根据几何关系，传感器处位移 $\boldsymbol{y}_s$ 与转子几何中心坐标 $\boldsymbol{q}_g$ 之间的转换关系为

$$\boldsymbol{y}_s=\begin{bmatrix}x_{sa}\\x_{sb}\\y_{sa}\\y_{sb}\end{bmatrix}=\begin{bmatrix}1&l_{sa}&0&0\\1&-l_{sb}&0&0\\0&0&1&l_{sa}\\0&0&1&-l_{sb}\end{bmatrix}\begin{bmatrix}x_g\\\beta_g\\y_g\\-\alpha_g\end{bmatrix}=\boldsymbol{T}_s\boldsymbol{q}_g \tag{5-48}$$

转子的不平衡包括静不平衡和动不平衡。静不平衡是由于转子的惯性轴与几何轴存在间距;动不平衡是指转子的惯性轴相对于几何轴存在着偏转。转子的不平衡矢量可以表示为

$$\boldsymbol{u}_b=\boldsymbol{q}_I-\boldsymbol{q}_g=\begin{bmatrix}\varepsilon\cos(\Omega t+\theta)\\\sigma\sin(\Omega t+\varphi)\\\varepsilon\sin(\Omega t+\theta)\\-\sigma\cos(\Omega t+\varphi)\end{bmatrix} \tag{5-49}$$

式中:$\boldsymbol{q}_I$ 表示转子惯性轴的广义坐标;$\boldsymbol{q}_g$ 表示转子几何轴的广义位移;ε 和 σ 分别为静不平衡和动不平衡的幅值;θ 和 φ 分别为静不平衡和动不平衡的初始相位。联立以上各式可得

$$\boldsymbol{M}_s\ddot{\boldsymbol{y}}_s+\boldsymbol{C}_s\dot{\boldsymbol{y}}_s+\boldsymbol{K}_s\boldsymbol{y}_s=\boldsymbol{f}_u+\boldsymbol{f}_i \tag{5-50}$$

式中:

$$\boldsymbol{M}_s=\boldsymbol{M}\boldsymbol{T}_s^{-1},\boldsymbol{C}_s=\boldsymbol{G}\boldsymbol{T}_s^{-1},\boldsymbol{K}_s=\boldsymbol{B}\boldsymbol{K}_x\boldsymbol{T}_m\boldsymbol{T}_s^{-1}$$

$$\boldsymbol{f}_u=-\boldsymbol{M}\ddot{\boldsymbol{u}}_b-\boldsymbol{G}\dot{\boldsymbol{u}}_b,\boldsymbol{f}_i=\boldsymbol{B}\boldsymbol{K}_i$$

对式(5-50)进行整理,可得:

$$\begin{cases}\ddot{x}_{sa}+\dfrac{J_z l_{sa}\Omega}{J_y l_s}(\dot{y}_{sa}-\dot{y}_{sb})-\left(\dfrac{k_x}{ml_s}a+\dfrac{k_x l_{sa}}{J_y l_s}c\right)x_{sa}-\left(\dfrac{k_x}{ml_s}b+\dfrac{k_x l_{sa}}{J_y l_s}d\right)x_{sb}=\dfrac{k_i}{m}(i_{xa}+i_{xb})\\\qquad+\dfrac{k_i l_{sa}}{J_y}(l_{ma}i_{xa}-l_{mb}i_{xb})+\varepsilon\Omega^2\cos(\Omega t+\theta)+\dfrac{(J_y-J_z)l_{sa}}{J_y}\sigma\Omega^2\sin(\Omega t+\phi)\\\ddot{x}_{sb}-\dfrac{J_z l_{sb}\Omega}{J_y l_s}(\dot{y}_{sa}-\dot{y}_{sb})-\left(\dfrac{k_x}{ml_s}a-\dfrac{k_x l_{sb}}{J_y l_s}c\right)x_{sa}-\left(\dfrac{k_x}{ml_s}b-\dfrac{k_x l_{sb}}{J_y l_s}d\right)x_{svb}=\dfrac{k_i}{m}(i_{xa}+i_{xb})\\\qquad-\dfrac{k_i l_{sb}}{J_y}(l_{ma}i_{xa}-l_{mb}i_{xb})+\varepsilon\Omega^2\cos(\Omega t+\theta)-\dfrac{(J_y-J_z)l_{sb}}{J_y}\sigma\Omega^2\sin(\Omega t+\phi)\\\ddot{y}_{sa}-\dfrac{J_z l_{sa}\Omega}{J_x l_s}(\dot{x}_{sa}-\dot{x}_{sb})-\left(\dfrac{k_x}{ml_s}a+\dfrac{k_x l_{sa}}{J_y l_s}c\right)y_{sa}-\left(\dfrac{k_x}{ml_s}b+\dfrac{k_x l_{sa}}{J_y l_s}d\right)y_{sb}=\dfrac{k_i}{m}(i_{ya}+i_{yb})\\\qquad-\dfrac{k_i l_{sa}}{J_x}(l_{mb}i_{yb}-l_{ma}i_{ya})+\varepsilon\Omega^2\sin(\Omega t+\theta)-\dfrac{(J_x-J_z)l_{sa}}{J_x}\sigma\Omega^2\sin(\Omega t+\phi)\\\ddot{y}_{sb}+\dfrac{J_z l_{sb}\Omega}{J_x l_s}(\dot{x}_{sa}-\dot{x}_{sb})-\left(\dfrac{k_x}{ml_s}a-\dfrac{k_x l_{sb}}{J_y l_s}c\right)y_{sa}-\left(\dfrac{k_x}{ml_s}b-\dfrac{k_x l_{sb}}{J_y l_s}d\right)y_{sb}=\dfrac{k_i}{m}(i_{ya}+i_{yb})\\\qquad+\dfrac{k_i l_{sb}}{J_x}(l_{mb}i_{yb}-l_{ma}i_{ya})+\varepsilon\Omega^2\sin(\Omega t+\theta)+\dfrac{(J_x-J_z)l_{sb}}{J_x}\sigma\Omega^2\cos(\Omega t+\phi)\end{cases} \tag{5-51}$$

式中:

$$l_s=l_{sa}+l_{sb};a=2l_{sb}+l_{ma}-l_{mb};b=2l_{sa}-l_{ma}+l_{mb}$$

$$c=l_{ma}l_{sb}-l_{mb}l_{sb}+l_{ma}^2+l_{mb}^2;d=l_{ma}l_{sa}-l_{mb}l_{sa}-l_{ma}^2-l_{mb}^2$$

考虑到所研究转子的极转动惯量 J_z 远小于直径转动惯量 J_x、J_y,而且 $|ak_x/m+ck_xl_{sa}/J_r|\gg|bk_x/m+dk_xl_{sa}/J_r|$、$|ak_x/m-ck_xl_{sb}/J_r|\ll|bk_x/m-dk_xl_{sb}/J_r|$,其中 J_r 为转子半径转动惯量,可以完全忽略陀螺效应和两个电磁轴承的耦合,因此可将式(5-51)简化为

$$\begin{cases}\ddot{x}_{sa}-\left(\dfrac{k_x}{ml_s}a+\dfrac{k_xl_{sa}}{J_yl_s}c\right)x_{sa}=\left(\dfrac{k_i}{m}+\dfrac{k_il_{sa}}{J_y}l_{ma}\right)i_{xa}+\varepsilon\Omega^2\cos(\Omega t+\theta)+\dfrac{(J_y-J_z)l_{sa}}{J_y}\sigma\Omega^2\sin(\Omega t+\phi)\\ \ddot{x}_{sb}-\left(\dfrac{k_x}{ml_s}b-\dfrac{k_xl_{sb}}{J_yl_s}d\right)x_{sb}=\left(\dfrac{k_i}{m}+\dfrac{k_il_{sb}}{J_y}l_{mb}\right)i_{xb}+\varepsilon\Omega^2\cos(\Omega t+\theta)-\dfrac{(J_y-J_z)l_{sb}}{J_y}\sigma\Omega^2\sin(\Omega t+\phi)\\ \ddot{y}_{sa}-\left(\dfrac{k_x}{ml_s}a+\dfrac{k_xl_{sa}}{J_xl_s}c\right)y_{sa}=\left(\dfrac{k_i}{m}+\dfrac{k_il_{sa}}{J_x}l_{ma}\right)i_{ya}+\varepsilon\Omega^2\sin(\Omega t+\theta)-\dfrac{(J_x-J_z)l_{sa}}{J_x}\sigma\Omega^2\cos(\Omega t+\phi)\\ \ddot{y}_{sb}-\left(\dfrac{k_x}{ml_s}b-\dfrac{k_xl_{sb}}{J_xl_s}d\right)y_{sb}=\left(\dfrac{k_i}{m}+\dfrac{k_il_{sb}}{J_x}l_{mb}\right)i_{yb}+\varepsilon\Omega^2\sin(\Omega t+\theta)+\dfrac{(J_x-J_z)l_{sb}}{J_x}\sigma\Omega^2\cos(\Omega t+\phi)\end{cases}\tag{5-52}$$

3）PID 分散控制系统

电磁轴承的控制系统一般由传感器、控制器和功率放大器组成。电磁轴承-转子系统的单自由度控制系统框图如图 5-63 所示。其中 $G_s(s)$、$G_c(s)$、$G_a(s)$分别表示传感器、控制器和功率放大器的传递函数，$G_p(s)$为从控制电流到转子位移之间的传递函数，u_1 为等效不平衡输入。

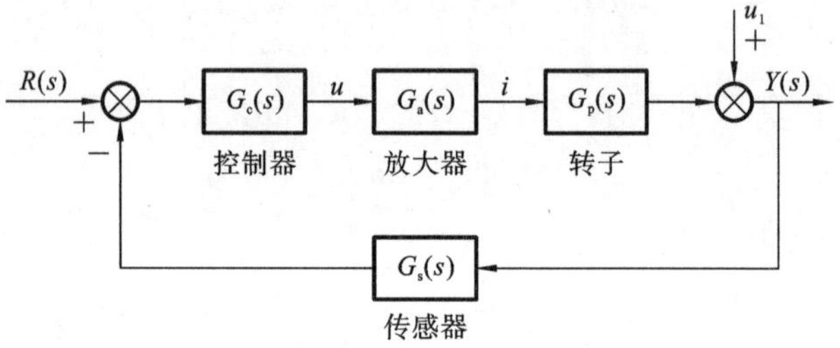

图 5-63　电磁轴承-转子系统的单自由度控制系统框图

PID 控制器由于具有运算精度高、参数调节方便及稳定性好等优点，因此在工业电磁轴承-刚性转子系统中普遍应用。不考虑电磁轴承各方向的耦合，对转子系统进行 PID 分散控制。标准 PID 控制器中微分环节对外部偏差变化比较敏感，外部高频噪声往往会引起系统的剧烈振荡。因此在实际的控制器设计中，往往使用不完全微分 PID 控制器，减小理想微分带来的系统剧烈动作，从而抑制高频噪声的干扰，改善控制系统的动态特性。不完全微分 PID 控制器的传递函数为

$$G_c(s)=K_P+\frac{K_I}{s}+\frac{K_Ds}{T_ds+1}\tag{5-53}$$

式中：K_P、K_D 和 K_I 分别为 PID 控制器的比例、微分和积分系数；T_d 为微分时间常数。

功率放大器被用来驱动电磁轴承中的电磁铁线圈，可以使用一阶惯性环节表示其传递函数：

$$G_a(s)=\frac{k_a}{T_as+1}\tag{5-54}$$

式中：k_a 为功率放大器增益系数；T_a 为功率放大器的时间常数。

目前电磁轴承处位移的测量多采用电涡流位移传感器。在控制系统中，常常使用一阶惯性环节来描述位移传感器测量环节，其传递函数为

$$G_s(s)=\frac{k_s}{T_ss+1}\tag{5-55}$$

式中：k_s 为位移传感器增益系数；T_s 为位移传感器的时间常数。

以 x 方向为例，根据式(5-52)可以得到从控制电流到转子位移之间的传递函数：

$$G_p(s)=\frac{p_1 k_i}{s^2-q_1 k_x} \tag{5-56}$$

式中：

$$q_1=(a/m+cl_{sa}/J_y)/l_s,\quad p_1=1/m+l_{sa}l_{ma}/J_y$$

刚度是轴承的基本参数之一，对电磁轴承-转子系统的动力学特性有着非常重要的影响。较大的刚度会导致较高的闭环特征频率，要求控制系统硬件具有较大的带宽。而且高比例反馈增益还容易引发电磁铁的磁通饱和，导致系统对噪声比较敏感，易受环境干扰。在刚度非常小的情况下，比例增益仅能补偿轴承负刚度，系统闭环特征值非常接近临界稳定位置，系统勉强能获得稳定。而且磁隙长度对电磁轴承负刚度影响很大。受制造误差、转子、定子间的热膨胀等因素的影响，磁隙会发生变化。磁隙的微小变化可能导致轴承负刚度显著变化。这就导致了设计电磁轴承时负刚度计算值和实际值存在着比较大的差值。如果轴承刚度设置较小或在运行期间发生变化，则可能会导致闭环系统失稳。一般选取轴承等效刚度为负刚度的 3～5 倍，此时对应的比例系数取值范围为 2.4～4.7。当 K_P 范围确定以后，可根据对阻尼比的要求设定微分系数的范围。适当增大阻尼比有助于维持转子系统的稳定，但过大的阻尼比则会使系统对噪声更加敏感。二阶振动系统在阻尼比为 0.6～0.8 时可获得较好的衰减特性。据此确定微分系数的取值范围为 0.005～0.009。积分系数 K_I 太大会使系统失稳，对轴承刚度、阻尼参数进行优化时可以将积分系数 K_I 暂设为 0。

为了减小转子系统在各转速下的不平衡振动位移和对应的同步控制电流，对 PID 控制系统的控制参数进行优化。引入相应的目标函数 W：

$$W=P\cdot\sum_{i=1}^{n}(\lg A_i+5)+Q\cdot\sum_{i=1}^{n}(\lg B_i+1) \tag{5-57}$$

式中：A_i、B_i 分别为某一转速下轴承处不平衡振动的位移幅值和对应的控制电流幅值；n 为转速的选取个数；P、Q 分别为振动位移幅值、控制电流幅值所对应的权重，分别设置为 0.4、0.6；由于 A_i、B_i 的数量级分别为 10^{-5}、10^{-1}，相差较大，所以通过相应对数运算使其处于同一数量级。

在 K_P 和 K_D 的取值范围内选取了 25 组数据进行仿真，并计算对应的目标函数 W 的数值。图 5-64(a)(b)分别为其中 3 组数据对应的振动位移幅值和相应的控制电流幅值随转速的变化曲线。最后，通过目标函数值的计算，最终确定 K_P、K_D 的值分别为 2.5、0.006。在找到合适的 K_P 和 K_D 后，可设置 K_I 的值来保证控制系统的稳定性。经过仿真分析发现，所用

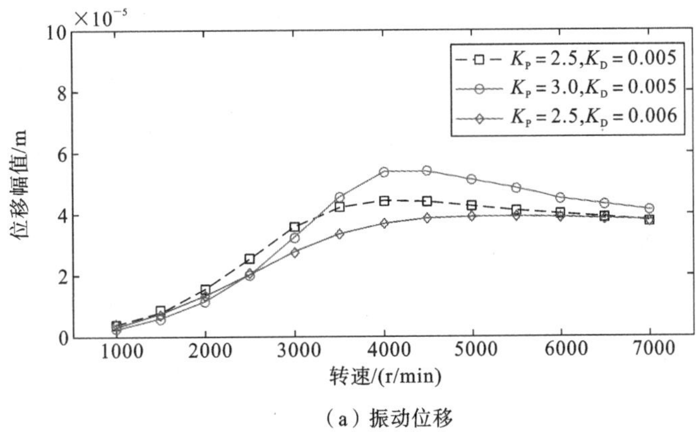

(a) 振动位移

图 5-64　不同转速下振动响应幅值

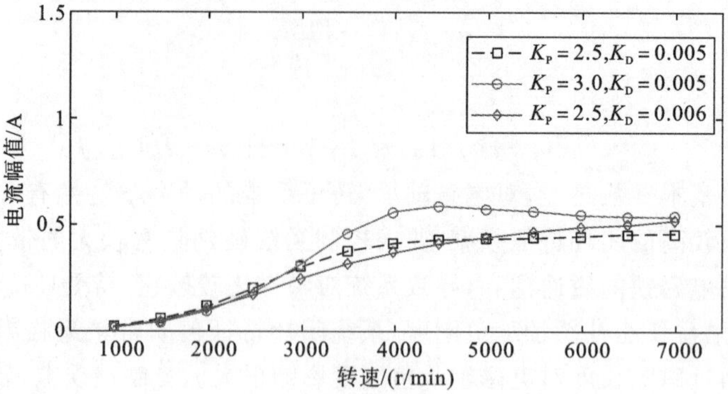

(b) 控制电流

续图 5-64

模型的振动响应对微分系数 K_I 的变化不敏感，最终选择 K_I 值为 2.5。电磁轴承-转子系统的仿真参数如表 5-11 所示。

表 5-11　电磁轴承-转子系统仿真参数

参　数	数　值	参　数	数　值
转子质量(m)	21.0 kg	功率放大器增益系数(k_a)	0.4 A/V
直径转动惯量(J_x，J_y)	0.775 kg·m^2	功率放大器时间常数(T_a)	5.8×10^{-4}
极转动惯量(J_z)	0.021 kg·m^2	位移传感器增益系数(k_s)	7500 V/m
电磁轴承(a)到质心的距离(l_{ma})	0.173 m	位移传感器时间常数(T_s)	2×10^{-4}
电磁轴承(b)到质心的距离(l_{mb})	0.142 m	PID 比例系数(K_P)	2.4～4.7
传感器(a)到质心的距离(l_{sa})	0.201 m	PID 微分系数(K_D)	0.005～0.009
传感器(b)到质心的距离(l_{sb})	0.168 m	PID 积分系数(K_I)	2.5
电流刚度(k_i)	258.04 N/A	微分时间常数(T_d)	1×10^{-4}
位移刚度(k_x)	9.03×10^5 N/m		

2. 不平衡振动的抑制原理

自动平衡方法通过消除与转速同频的电磁控制力，使转子能够绕惯性轴旋转，从而抑制转子的不平衡振动。在对工业电磁轴承-刚性转子系统进行自动平衡控制时，经常使用陷波滤波器来实现同步振动电流的消除。为了确保电磁轴承-转子系统在全工作转速范围内稳定运转，使用带有相位补偿的陷波滤波器进行同步振动电流的消除。具有相移的陷波滤波器参数较少，可以实现相位的补偿，更容易设计。电磁轴承-转子系统不平衡控制的系统框图如图 5-65 所示。陷波滤波器中的正、余弦信号可以通过内部的正余弦模块实现，转速可以通过外部光电编码器实时测量得到。

如图 5-65 所示，N_f 的输入、输出信号分别用 x_f、c_f 来表示。该反馈部分可以表示为

$$c_f(t)=\sin(\Omega t+\theta)\int\sin(\Omega t)x_f(t)\mathrm{d}t+\cos(\Omega t+\theta)\int\cos(\Omega t)x_f(t)\mathrm{d}t \tag{5-58}$$

假定转速 Ω 不随时间变化，为定值，将公式(5-58)对时间求导两次，得

$$\dot{c}_f(t)=\Omega\cos(\Omega t+\theta)\int\sin(\Omega t)x_f(t)\mathrm{d}t-\Omega\sin(\Omega t+\theta)\int\cos(\Omega t)x_f(t)\mathrm{d}t+\cos\theta x_f(t) \tag{5-59}$$

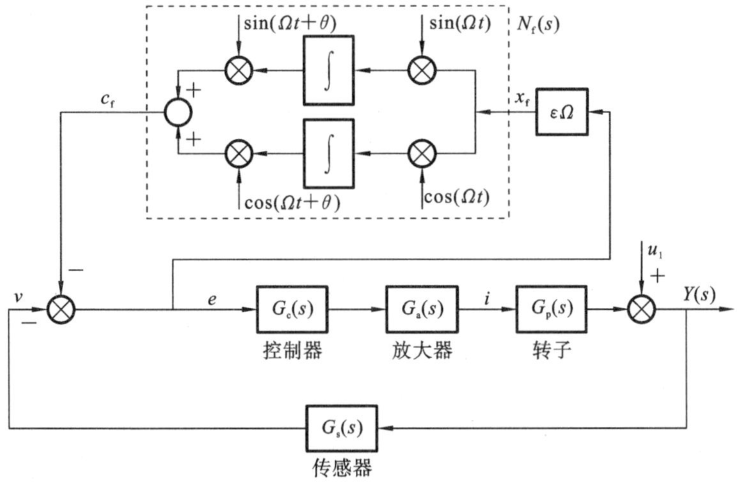

图 5-65　电磁轴承-转子系统不平衡控制的系统框图

$$\ddot{c}_f(t)-\Omega^2 c_f(t)=\cos\theta\dot{x}_f(t)-\Omega\sin\theta x_f(t) \tag{5-60}$$

方程(5-60)为线性微分方程，其拉氏变换可以写为

$$N_f(s)=\frac{c_f}{x_f}=\frac{s\cos\theta-\Omega\sin\theta}{s^2+\Omega^2} \tag{5-61}$$

从 $v(t)$ 到 $e(t)$ 的传递函数可以表示为

$$E(s)=\frac{e}{v}=\frac{1}{1+\varepsilon\Omega N_f(s)}=\frac{s^2+\Omega^2}{s^2+\varepsilon\Omega\cos\theta s+(\Omega^2-\varepsilon\Omega^2\sin\theta)} \tag{5-62}$$

从外部不平衡力 u 到控制电流 i 的传递函数为

$$G_{ui}(s)=-\frac{G_k(s)E(s)}{1+G_k(s)G_p(s)E(s)} \tag{5-63}$$

式中：$G_k(s)=G_a(s)G_s(s)G_c(s)$。

将式(5-62)代入式(5-63)可以得到

$$G_{ui}=-\frac{(s^2+\Omega^2)G_k(s)}{\varepsilon\Omega(\cos\theta\cdot s-\Omega\sin\theta)+(s^2+\Omega^2)(1+G_k(s)G_p(s))} \tag{5-64}$$

所以，最终得到

$$G_{ui}(s)\big|_{s=j\omega}=\begin{cases}0, & \omega\in(\Omega-\delta,\Omega+\delta)\\ G_{ui}, & \omega\notin(\Omega-\delta,\Omega+\delta)\end{cases} \tag{5-65}$$

由式(5-65)可知，当转子的转速在设定转速 Ω 的 δ 邻域内时，外部不平衡力到控制电流的传递函数等于 0。所以，从理论上说，由转子残余不平衡所引的控制电流可以衰减到 0。闭环系统的稳定性可以通过对闭环系统特征方程的求解来确定，闭环系统的特征方程为

$$\varepsilon\Omega(\cos\theta\cdot s-\Omega\sin\theta)+(s^2+\Omega^2)(1+G_k(s)G_p(s))=0 \tag{5-66}$$

当方程(5-66)的根全部位于复平面的左半平面时，系统是稳定的；随着转速的变化，当有根存在于复平面的右半平面时，系统就会失稳。从式(5-66)中可以看出，闭环系统的根是转速 Ω 和补偿相位 θ 的函数，在不同的转速范围内，可以通过对补偿相位 θ 的调节，使得闭环系统的特征根全部位于复平面的左半平面，以维持系统稳定。

3. 控制效果分析

1）不同转速下的控制效果对比

不平衡力与转速的平方成正比，随着转速的增大，不平衡力会急剧增大，过大的不平衡力

会使得控制电流中的同步成分过大。由于功率放大器的饱和特性可能会对转子系统的稳定性造成很大的影响，所以对不同转速下电磁轴承处转子的振动响应进行详细的研究就很有必要。陷波滤波器中的输入转速可以通过光电编码器获得，一般情况下，光电编码器最大的转速测量误差不超过 0.14%，仿真中设置转速测量误差为 0.10%。另外，考虑到现实中传感器的测量噪声，使用 MATLAB/Simulink 软件中的高斯噪声模块来模拟传感器的测量噪声。高斯噪声模块均值设置为 0，方差设置为 1×10^{-11}。陷波滤波器中的补偿相位角设置为 $-60°$。

由于电磁轴承-转子系统在 x、y 方向具有相似的特性，因此接下来仅对转子在 x 方向上的动力学响应进行分析。

图 5-66 至图 5-68 分别为转子在转速为 3000 r/min、5000 r/min、8000 r/min 时添加不平衡控制前后转子振动响应的对比。其中图 5-66(a)、图 5-67(a)和图 5-68(a)为未添加不平衡控制条件下转子位移和控制电流的时域图、FFT 图，图 5-66(b)、图 5-67(b)和图 5-68(b)为添加不平衡控制条件下转子位移和控制电流的时域图、FFT 图。

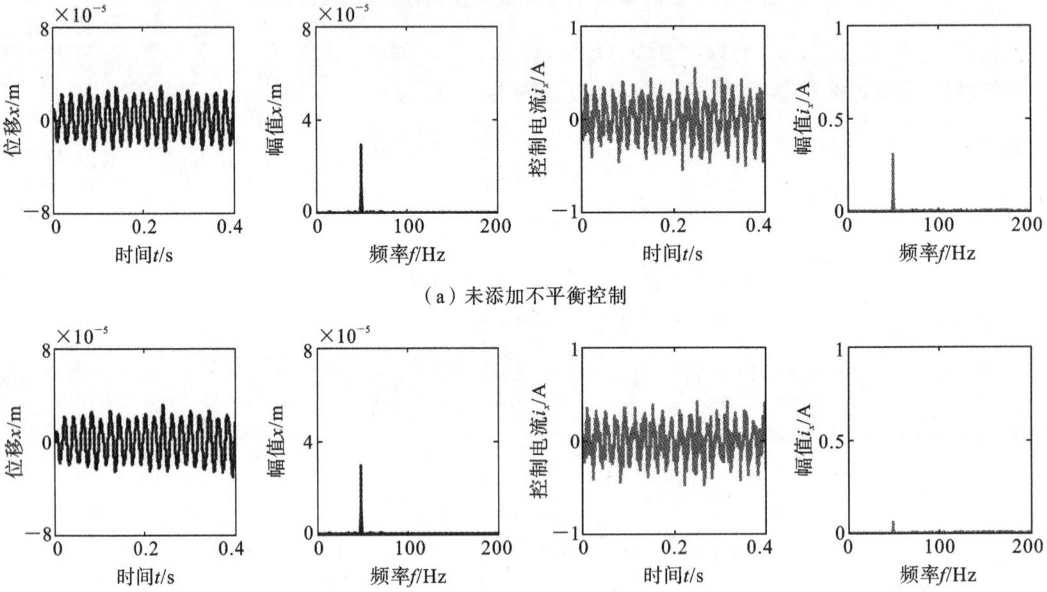

(a) 未添加不平衡控制

(b) 添加不平衡控制

图 5-66　转速为 3000 r/min 的振动响应对比

对比图 5-66(a)、图 5-67(a)和图 5-68(a)，可以发现，在不对转子的不平衡振动进行控制的条件下，随着转速的增大，转子的振动位移和相应的控制电流的同步成分迅速增大，同步振动位移幅值从 3×10^{-5} m 增大到 5.5×10^{-5} m，对应的同步控制电流从 0.3 A 迅速增大到 0.95 A，同步控制电流幅值增大更加迅速，如果转速进一步增大，可能会造成功率放大器饱和或者电磁力饱和，不利于转子系统的平稳运行。对比图 5-66(b)、图 5-67(b)和图 5-68(b)，不难发现，在对转子的不平衡振动进行控制的条件下，随着转速的增大，转子的振动位移和相应的同步控制电流并没有明显地增大，同步振动位移保持在 3×10^{-5} m 以内，而对应的同步控制电流一直小于 0.2 A，保持在一个很低的水平，这将保证功率放大器不会因为过大的同步控制电流而发生饱和，进而避免转子系统失稳。

为进一步研究转子在全工作转速范围(0～8000 r/min)内的不平衡振动控制效果，绘制转子位移幅值、控制电流幅值随转速的变化曲线。由于电磁轴承-转子系统在 x、y 方向具有相似

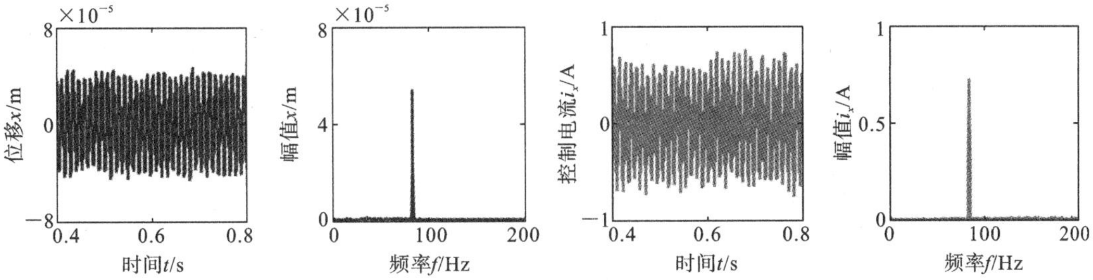

(a) 未添加不平衡控制

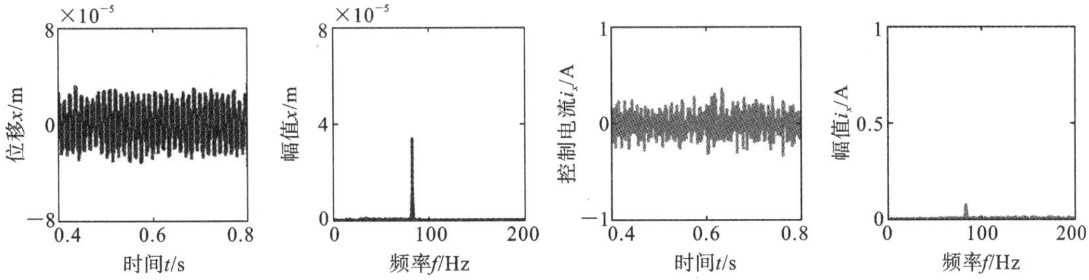

(b) 添加不平衡控制

图 5-67　转速为 5000 r/min 的振动响应对比

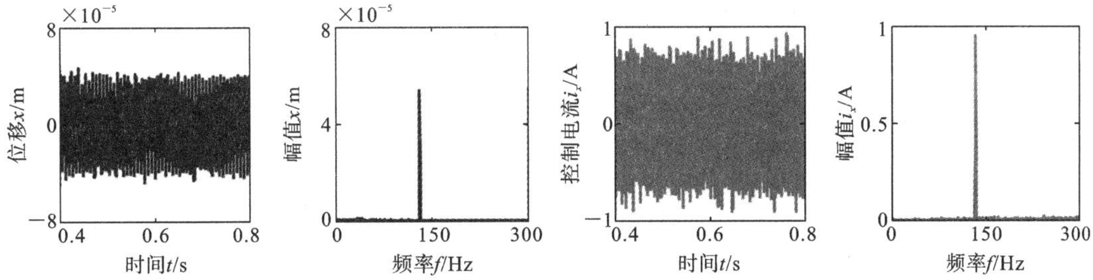

(a) 未添加不平衡控制

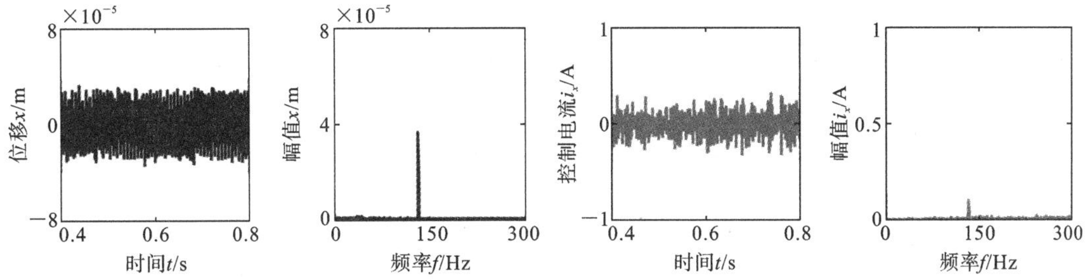

(b) 添加不平衡控制

图 5-68　转速为 8000 r/min 的振动响应对比

的特性，接下来将以转子在传感器 a 处的情况为例对其 x 方向的动力学响应进行分析。图 5-69(a)所示为转子 x 方向上振动位移幅值随转速的变化情况，图 5-69(b)所示为转子 x 方向上控制电流幅值随转速的变化情况。从图 5-69 中可以发现，当转速高于 3000 r/min 时，添加不平衡控制后，转子的振动位移幅值和对应的同步控制电流幅值都比添加不平衡控制之前有所降低，控制效果比较理想；然而当转子转速低于 3000 r/min 时，在添加不平衡控制后转子的振动位移幅值反而有所增大，而且在某些转速下，添加不平衡控制后的控制电流幅值比未添加不平衡控制时的控制电流幅值还要大，控制效果并不理想。

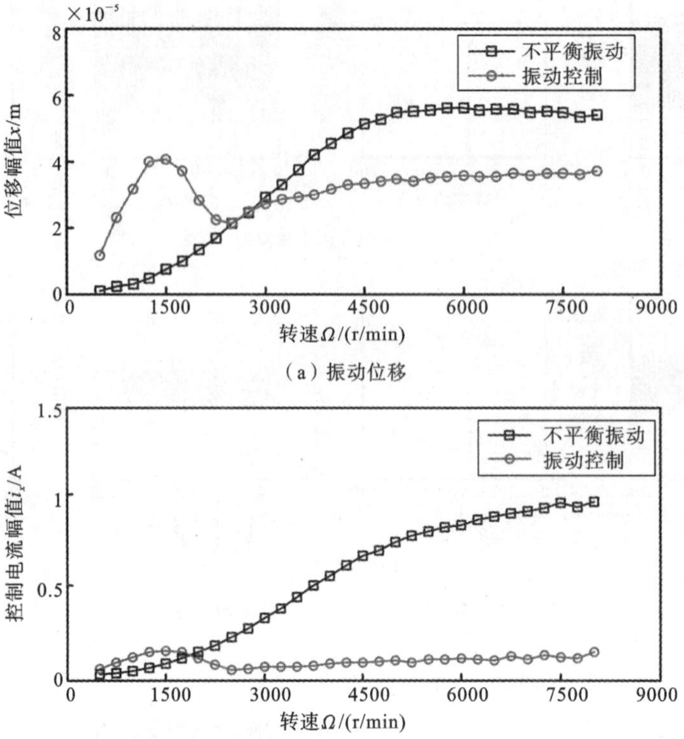

(a) 振动位移

(b) 控制电流

图 5-69　不同转速下的振动响应幅值对比

2) 陷波滤波器相位角对控制效果的影响

根据前文分析可以知道，陷波滤波器的相位补偿角影响控制系统闭环特征根在复平面上的位置，相位补偿角的变化会改变转子系统的稳定性。由图 5-69 可知，当陷波滤波器的相位补偿角设置为－60°，转速低于 3000 r/min 时，不平衡振动控制效果并不理想。尝试通过调节陷波陷波器的相位补偿角进一步提高低速区的振动控制效果。在低转速区，当将陷波滤波器中的相位补偿角设置为－140°时，振动位移幅值和控制电流幅值随转速的变化如图 5-70 所示。

从图中可以明显地发现，当转速低于 5000 r/min 时，在进行不平衡控制的条件下转子振动位移幅值有所减小，且对应的同步控制电流幅值稳定在较低的水平。在低转速区，不平衡振动的控制效果相对较好；然而当转速高于 5000 r/min 时，添加陷波滤波器后转子的振动位移幅值和控制电流幅值都急速增大。这应该是由于当陷波滤波器的相位补偿角设置为－140°时，陷波滤波器的添加导致转子系统在高转速下产生了闭环右极点，导致系统不稳定。

对比图 5-69 和图 5-70 不难发现：在低转速区，当陷波滤波器的相位补偿角设置为－140°时，不平衡振动控制效果比较理想；而在高转速区，当陷波滤波器的相位补偿角设置为－60°时，不平衡控制效果较好。为了使整个工作转速范围内转子系统的不平衡振动控制效果都比较理想，可以考虑在不同的转速范围内对陷波滤波器的相位补偿角进行分段调整。当转速低于 5000 r/min 时，可以将陷波滤波器的相位补偿角设置为－140°；而当转速高于 5000 r/min

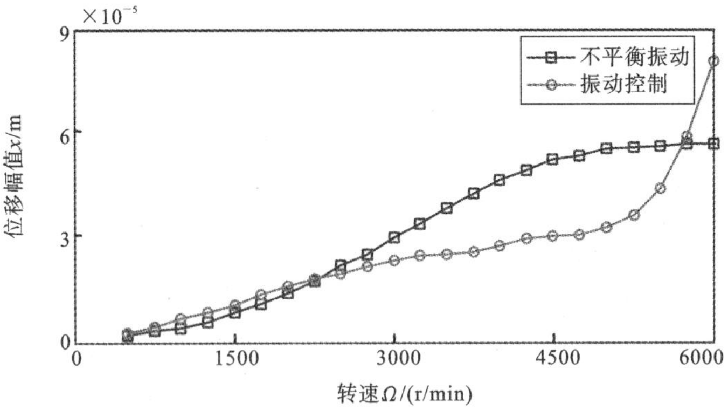

(a) 振动位移

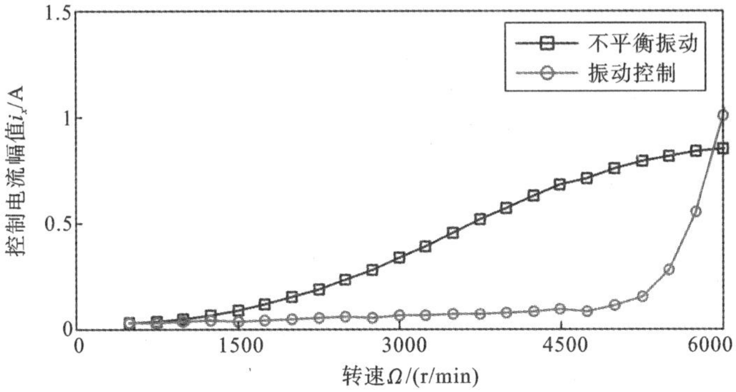

(b) 控制电流

图 5-70 不同转速下的振动响应幅值对比

时，将陷波滤波器的相位补偿角设置为－60°。此时，转子在传感器 A 处的 x 方向的振动位移和控制电流的瀑布图如图 5-71 和图 5-72 所示。

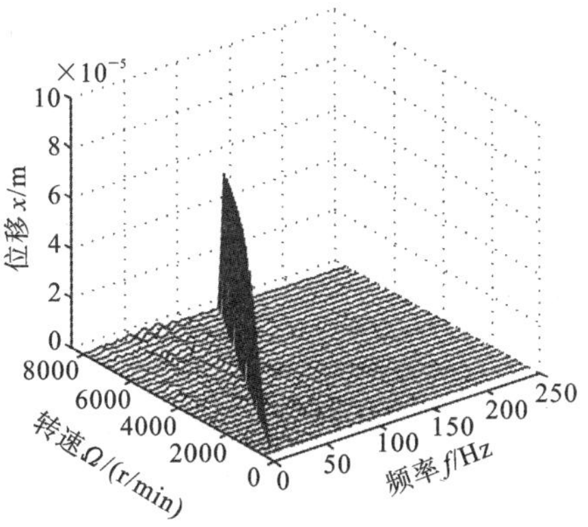

(a) 未添加不平衡控制

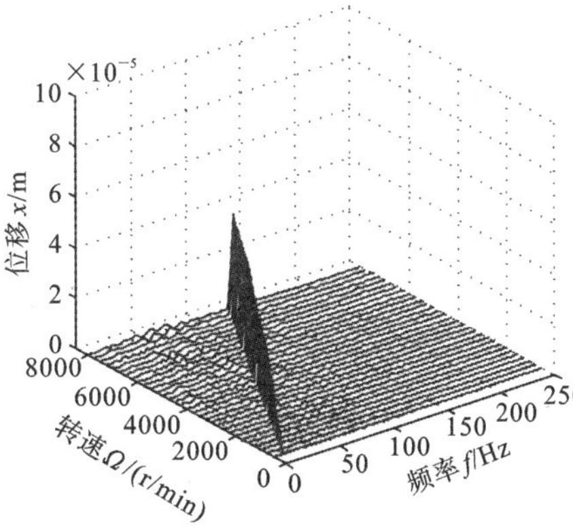

(b) 添加不平衡控制

图 5-71 位移幅值随转速变化的瀑布图

如图 5-71 和图 5-72 所示，在整个工作转速范围内，添加不平衡控制后转子的振动位移及其对应的控制电流均有所减小，转子的不平衡振动得到了有效的抑制，避免了过大的同步控制电流导致的功率放大器饱和。

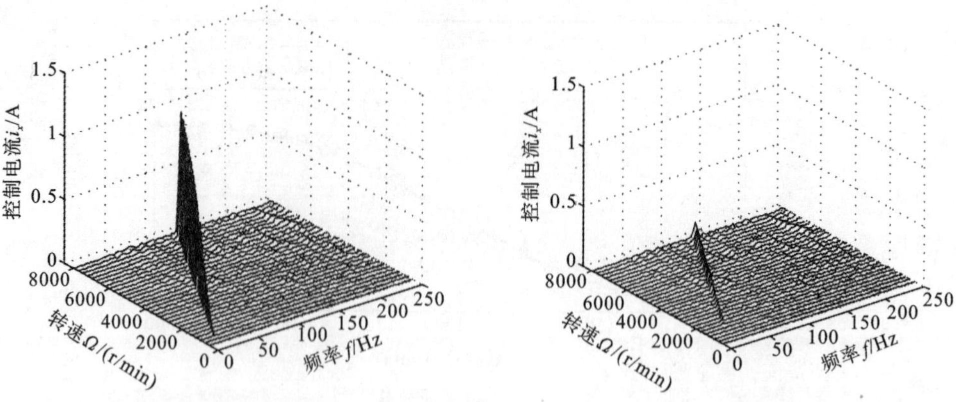

（a）未添加不平衡控制　　（b）添加不平衡控制

图 5-72　控制电流随转速变化的瀑布图

第 6 章　旋转梁动力学——半解析法

涡轮(turbine)是将流体中的能量转化为机械能的机器,其主要由旋转元件(叶片)以及旋转轴(叶盘)组成,典型应用有水电站中用以发电的水轮机、船舶中作为动力源的汽轮机、喷气式飞机的燃气轮机等。在高速旋转的涡轮中,叶片受到气动力载荷及离心力的作用,使得叶片动力学特性受到影响,即叶片的动力学特性随着转速的变化而改变。图 6-1 和图 6-2 所示分别为某型航空发动机和某型燃气轮机中的叶片,这些叶片从本质上讲均为一悬臂梁结构,在仅定性研究其动力学响应行为时,采用梁理论进行相关研究是最好的选择。

图 6-1　某型航空发动机叶片

图 6-2　某型燃气轮机中的叶片

本章将以梁结构为研究对象,以 Euler-Bernoulli(欧拉-伯努利)梁理论和 Timoshenko(铁摩辛柯)梁理论为基础,应用半解析法对经典边界条件梁和弹性支承梁进行动力学特性分析,给出旋转梁在无阻尼自由振动时固有特性的计算方法。另外,还将以简化的旋转叶片为例,说明其在外部激励作用下强迫振动微分方程的求解方法,并对叶片的振动响应情况做简要分析。

6.1　应变能与动能

对旋转梁进行动力学分析,需要应用梁理论对梁模型的动力学方程进行推导,在这一过程中,势必需要借助 Lagrange(拉格朗日)方程或 Hamilton(哈密顿)原理等明确梁的质量、刚度、阻尼矩阵的具体表达式。无论采用何种方法,都需要从能量角度出发首先对梁的动能和势能进行推导。

6.1.1　Euler-Bernoulli 梁应变能

图 6-3 所示为 Euler-Bernoulli 梁弯曲变形示意图。坐标系 $O\text{-}xy$ 原点位于梁的一端,v 是梁的横向位移,φ 是梁的截面转角。根据 Euler-Bernoulli 梁假设,在变形过程中,梁的横截面始终与梁的中轴线垂直。设梁的截面转角为 φ,由材料力学知识可知,$M=EI\varphi''$,则梁的弯曲应变能为

$$U_b = \frac{1}{2}\int_L M\mathrm{d}\varphi = \int_0^L \frac{M^2}{2EI}\mathrm{d}x = \frac{1}{2}\int_0^L EI\left(\frac{\partial^2 v}{\partial x^2}\right)^2\mathrm{d}x \tag{6-1}$$

式中：E 为杨氏模量；I 为截面惯性矩；L 为梁的长度。

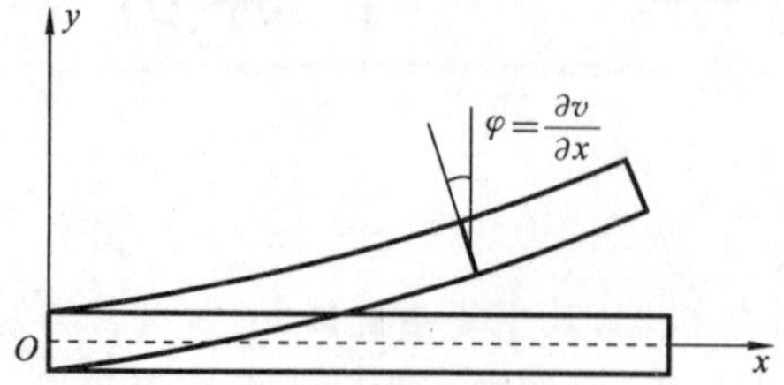

图 6-3 Euler-Bernoulli 梁弯曲变形示意图

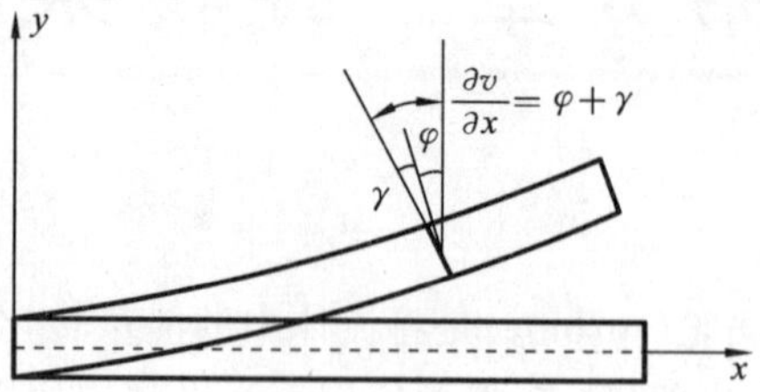

图 6-4 Timoshenko 梁弯曲变形示意图

6.1.2 Timoshenko 梁应变能

Timoshenko 梁弯曲变形示意图如图 6-4 所示。坐标系 O-xy 原点位于梁的一端，v 是梁的横向位移，φ 是梁的截面转角。与 Euler-Bernoulli 梁理论不同的是，Timoshenko 梁理论同时考虑了剪切变形和由弯曲变形引起的转动惯量的影响，因而，在发生弯曲变形后，梁的横截面不再与中性轴垂直，而是相差一角度 γ。

由变形引起的总转角为

$$\frac{\partial v}{\partial x} = \varphi + \gamma \tag{6-2}$$

式中：γ 为剪切角；φ 为由弯矩引起的截面转角。

梁截面弯矩为

$$M = EI\frac{\partial \varphi}{\partial x} \tag{6-3}$$

梁的弯曲应变能为

$$U_b = \int_0^L \frac{M^2}{2EI}\mathrm{d}x = \frac{1}{2}\int_0^L EI\left(\frac{\partial \varphi}{\partial x}\right)^2\mathrm{d}x \tag{6-4}$$

剪力为

$$Q = \kappa\tau A = \kappa GA\gamma \tag{6-5}$$

式中：κ 表示剪切校正因子，对于矩形截面梁而言，$\kappa=5/6$；G 为剪切模量，$G=E/(2(1+\nu))$，ν 为泊松比。

梁的剪切应变能

$$U_s = \frac{1}{2}\int_0^L Q\gamma\mathrm{d}x = \frac{1}{2}\int_0^L \kappa GA\left(\frac{\partial v}{\partial x} - \varphi\right)^2\mathrm{d}x \tag{6-6}$$

此外，当考虑梁的旋转时，无论采用哪种梁理论，叶片任意一点的离心力均可表示为

$$f_c = \rho A\Omega^2\int_x^L (R + x)\mathrm{d}x \tag{6-7}$$

式中：Ω 表示梁的转速；R 为梁根部到转动中心的距离。

叶片离心应变能为

$$U_c = \frac{1}{2}\int_0^L f_c\left(\frac{\partial v}{\partial x}\right)^2\mathrm{d}x \tag{6-8}$$

6.1.3　Euler-Bernoulli 梁动能

梁上任意一点的速度 $\dot{v}(x,t)=\dfrac{\partial v(x,t)}{\partial t}$，忽略梁沿 x 方向的位移，得到 Euler-Bernoulli 梁的动能：

$$T=\frac{1}{2}\int_0^L \dot{v}^2\,\mathrm{d}m=\frac{1}{2}\rho A\int_0^L\left(\frac{\partial v}{\partial t}\right)^2\mathrm{d}x \tag{6-9}$$

式中：ρ、A 分别为梁的材料密度和横截面面积。

6.1.4　Timoshenko 梁动能

由于考虑了由弯曲变形引起的转动惯量的影响，Timoshenko 梁的动能包含平动动能与转动动能两部分。梁的平动动能如式(6-9)所示，此处记为 T_t。考虑梁微元绕其截面形心主轴的转动动能：

$$T_r=\frac{1}{2}\rho I\int_0^L\dot{\varphi}^2\,\mathrm{d}x \tag{6-10}$$

Timoshenko 梁总动能为

$$T=T_t+T_r \tag{6-11}$$

综上所述，对于两端自由的 Euler-Bernoulli 梁，梁的势能包括弯曲应变能、离心应变能两部分，动能仅考虑平动动能一项即可；对于两端自由的 Timoshenko 梁而言，势能项中还包含剪切应变能，动能项中还应考虑转动动能的影响。

6.2　边界条件

以上关于两种梁动能、势能的讨论均基于梁的自由边界。对经典边界梁以及弹支边界梁进行建模，则需要引入不同的边界条件。在这里，阐述一种借鉴板、壳模型的，以 Chebyshev(切比雪夫)多项式作为位移容许函数的梁动力学建模方法。

6.2.1　经典边界条件

当 Chebyshev 多项式被用于对位移变量进行展开时，需要引入如表 6-1 所示的不同边界条件下的边界函数来对梁的不同经典边界条件进行表示。边界函数的具体用法将会在后续内容中展示。

表 6-1　不同边界条件下的边界函数

边界函数		$f_v(\eta)$	$f_\varphi(\eta)$
边界条件	F-F	1	0
	F-S	$1-\eta$	-1
	S-F	$1+\eta$	1
	S-S	$(1+\eta)(1-\eta)$	-2η

续表

边界函数		$f_v(\eta)$	$f_\varphi(\eta)$
边界条件	F-C	$(1-\eta)^2$	$-2(1-\eta)$
	C-F	$(1+\eta)^2$	$2(1+\eta)$
	S-C	$(1+\eta)(1-\eta)^2$	$3\eta^2-2\eta-1$
	C-S	$(1+\eta)^2(1-\eta)$	$-3\eta^2-2\eta+1$
	C-C	$(1+\eta)^2(1-\eta)^2$	$-4\eta(1-\eta^2)$

6.2.2　弹支边界条件

弹性支承梁的边界条件的处理方式与经典边界的不同。弹支边界条件的梁仅需在两端自由梁的基础上，在势能项中增加弹性约束刚度项。图 6-5 为弹性支承梁示意图，坐标系 $O\text{-}xy$ 原点位于梁的一端，k_1、k_2 分别为约束梁在 y 方向平动与转动的弹簧和扭簧的刚度系数。

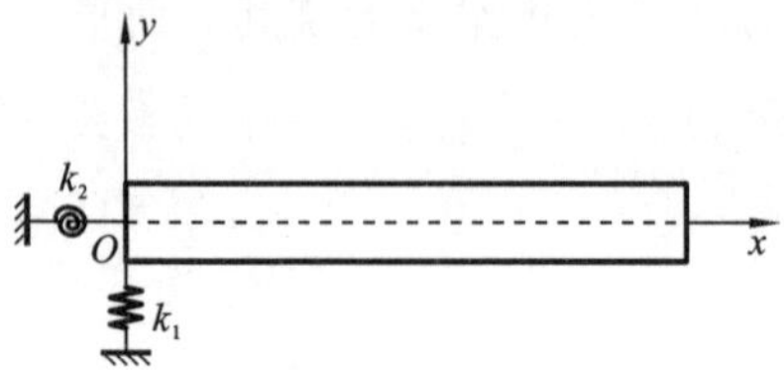

图 6-5　弹性支承梁示意图

梁根部弹性支撑，边界弹簧的弹性势能为

$$U_{spr}=\frac{1}{2}k_1\ v^2(0,t)+\frac{1}{2}k_2\ \varphi^2(0,t) \tag{6-12}$$

6.3　特征值与特征向量

无阻尼单自由度系统在某一初始激励下产生的自由振动是其以固有频率进行的振动，对于多自由度系统来说，其以固有频率进行的振动是指整个系统在振动过程中的位移形状，称为固有振型。从数学上来讲，求解固有频率与振型实际上是求解特征方程的特征值与特征向量。

6.3.1　Euler-Bernoulli 梁

不同的梁结构具有不同的边界条件，可能是简支、固支、铰支、自由边界中一种或任意几种的组合，这些边界我们一般称为经典边界。弹性支承边界主要是为了考虑约束刚度影响而提出的。在推导特征方程的过程中，经典边界梁与弹性支承边界梁既存在不同也存在共同点，这里将两者分开讨论，其中经典边界条件以常见的固支边界为例进行说明。

1. 固支边界条件的能量方程

使用 Chebyshev 多项式对振型函数进行展开，考虑到多项式的性质，令无量纲位移 $\eta=x/L$，$0\leqslant\eta\leqslant1$，则 $dx=Ld\eta$。

梁上任意一点的横向位移 v 是位移 η 与时间 t 的二元函数，即

$$v(\eta,t)=V(\eta)q_m(t) \tag{6-13}$$

式中：$V(\eta)$表示与位移 $v(\eta,t)$对应的振型。采用 Chebyshev 多项式对其进行展开：

$$V(\eta)=\sum_{m=1}^{NT}V_mT_m^*(\eta) \tag{6-14}$$

式中：V_m 为待定常系数；$T_m^*(\eta)=f_v(\eta)T_m(\eta)$。

对于一端固支一端自由的梁，$f_v(\eta)=(1+\eta)^2$。$T_m(\cdot)$表示第一类 Chebyshev 多项式，其递推表达式为

$$\begin{cases} T_1(\eta)=1 \\ T_2(\eta)=\eta \\ T_m(\eta)=2\eta T_{m-1}(\eta)-T_{m-2}(\eta) \quad 2<m\leqslant \mathrm{NT} \end{cases} \tag{6-15}$$

需要强调的是，由于 Chebyshev 多项式是定义在区间$[-1,1]$上的，而 $\eta\in[0,1]$，因此在计算时需要做如下变换：$\eta\rightarrow 2\eta-1$。

根据假设振型法，将式(6-14)代入式(6-13)中，有

$$v(\eta,t)=\sum_{m=1}^{\mathrm{NT}} V_m T_m^*(\eta)\, q_m(t)=\boldsymbol{V}(\eta)^{\mathrm{T}}\boldsymbol{q} \tag{6-16}$$

式中：$\boldsymbol{q}$ 为广义坐标向量。

根据前文的描述，固支 Euler-Bernoulli 梁的动能为

$$T=\frac{1}{2}\rho AL\int_0^1\left(\frac{\partial v}{\partial t}\right)^2\mathrm{d}\eta \tag{6-17}$$

势能为

$$U=U_{\mathrm{b}}+U_{\mathrm{c}}=\frac{1}{2L^3}\int_0^1 EI\left(\frac{\partial^2 v}{\partial \eta^2}\right)^2\mathrm{d}\eta+\frac{1}{2L}\int_0^1 f_{\mathrm{c}}\left(\frac{\partial v}{\partial \eta}\right)^2\mathrm{d}\eta \tag{6-18}$$

式中：

$$f_{\mathrm{c}}=\rho A\Omega^2\left(RL+\frac{1}{2}L^2-RL\eta-\frac{1}{2}L^2\eta^2\right)$$

将式(6-16)代入式(6-17)与式(6-18)中，得

$$\boldsymbol{T}=\frac{1}{2}\dot{\boldsymbol{q}}^{\mathrm{T}}\boldsymbol{M}\dot{\boldsymbol{q}}$$

$$\boldsymbol{U}=\frac{1}{2}\boldsymbol{q}^{\mathrm{T}}(\boldsymbol{K}_{\mathrm{b}}+\boldsymbol{K}_{\mathrm{c}})\boldsymbol{q} \tag{6-19}$$

2. 固支边界条件的特征方程

将式(6-19)代入简化的 Lagrange 方程：

$$\frac{\mathrm{d}}{\mathrm{d}t}\frac{\partial T}{\partial \dot{q}}-\frac{\partial T}{\partial q}+\frac{\partial U}{\partial q}=0 \tag{6-20}$$

得到系统的特征方程：

$$\boldsymbol{M}\ddot{\boldsymbol{q}}+(\boldsymbol{K}_{\mathrm{b}}+\boldsymbol{K}_{\mathrm{c}})\boldsymbol{q}=\boldsymbol{0} \tag{6-21}$$

式中：$\boldsymbol{M}$、$\boldsymbol{K}_{\mathrm{b}}$、$\boldsymbol{K}_{\mathrm{c}}$分别表示系统的质量矩阵、结构刚度矩阵与离心刚度矩阵。

式(6-21)可进一步改写为

$$[(\boldsymbol{K}_{\mathrm{b}}+\boldsymbol{K}_{\mathrm{c}})-\omega^2\boldsymbol{M}]\boldsymbol{u}=\boldsymbol{0} \tag{6-22}$$

式中：ω 表示梁自由振动时的固有角频率；$\boldsymbol{u}$ 表示振型向量。方程(6-22)表示的是关于矩阵 $\boldsymbol{M}$ 和 $\boldsymbol{K}$ 的特征值问题，当且仅当系数行列式等于零时方程存在非零解，即

$$|(\boldsymbol{K}_{\mathrm{b}}+\boldsymbol{K}_{\mathrm{c}})-\omega^2\boldsymbol{M}|=0 \tag{6-23}$$

该方程称为特征方程或频率方程，将其展开后可得到关于 ω^2 的 n 次代数方程式：

$$\omega^{2n}+a_1\omega^{2(n-1)}+a_2\omega^{2(n-2)}+\cdots+a_{n-1}\omega^2+a_n=0 \tag{6-24}$$

式(6-24)有 n 个根 $\omega_r^2(r=1,2,\cdots,n)$，这些根称为特征值，它们的平方根 ω_r 称为系统的固

有频率。将固有频率由小到大依次排列：

$$\omega_1 \leqslant \omega_2 \leqslant \cdots \leqslant \omega_r \leqslant \cdots \leqslant \omega_n \tag{6-25}$$

将求得的固有频率 ω_r 分别代入式(6-22)中得

$$[(\boldsymbol{K}_b + \boldsymbol{K}_c) - \omega_r^2 \boldsymbol{M}]\boldsymbol{u}^{(r)} = \boldsymbol{0} \tag{6-26}$$

求解此特征值问题，可得非零解向量 $\boldsymbol{u}^{(r)} = [u_1^{(r)} \quad u_2^{(r)} \quad \cdots \quad u_n^{(r)}]^{\mathrm{T}}(r=1,2,\cdots,n)$。称向量 $\boldsymbol{u}^{(r)}$ 为对应特征值 ω_r^2 的特征向量，也称为振型向量或模态向量，它表示了系统的固有振型。

3. 弹性支承边界条件的能量方程

在求解特征值与特征向量过程中，弹性支承边界梁(弹支梁)与一端固支一端自由的梁(固支梁)主要存在两点不同：

(1) 边界函数 $f_v(\eta)$ 不同，对于弹支梁而言，$f_v(\eta)=1$；

(2) 势能表达式不同，对于弹支梁而言，

$$\begin{aligned} U = U_b + U_c + U_{spr} &= \frac{1}{2L^3}\int_0^1 EI\left(\frac{\partial^2 v}{\partial \eta^2}\right)^2 \mathrm{d}\eta + \frac{1}{2L}\int_0^1 f_c\left(\frac{\partial v}{\partial \eta}\right)^2 \mathrm{d}\eta \\ &\quad + \frac{1}{2}k_1 v^2(0,t) + \frac{1}{2}k_2 \varphi^2(0,t) \end{aligned} \tag{6-27}$$

弹支梁能量方程的推导过程与固支梁相似，动能表达式与式(6-17)相同，利用位移 v 的矢量形式对动能、势能表达式进行重构，得

$$\begin{cases} \boldsymbol{T} = \dfrac{1}{2}\dot{\boldsymbol{q}}^{\mathrm{T}}\boldsymbol{M}\dot{\boldsymbol{q}} \\ \boldsymbol{U} = \dfrac{1}{2}\boldsymbol{q}^{\mathrm{T}}(\boldsymbol{K}_b + \boldsymbol{K}_c + \boldsymbol{K}_{spr})\boldsymbol{q} \end{cases} \tag{6-28}$$

4. 弹性支承边界条件的特征方程

将式(6-28)代入式(6-20)，得到系统的特征方程：

$$\boldsymbol{M}\ddot{\boldsymbol{q}} + (\boldsymbol{K}_b + \boldsymbol{K}_c + \boldsymbol{K}_{spr})\boldsymbol{q} = \boldsymbol{0} \tag{6-29}$$

式中：$\boldsymbol{M}$、$\boldsymbol{K}_b$、$\boldsymbol{K}_c$、$\boldsymbol{K}_{spr}$ 分别表示系统的质量矩阵、结构刚度矩阵、离心刚度矩阵与弹性约束刚度矩阵。

式(6-29)可进一步改写为

$$[(\boldsymbol{K}_b + \boldsymbol{K}_c + \boldsymbol{K}_{spr}) - \omega^2 \boldsymbol{M}]\boldsymbol{u} = \boldsymbol{0} \tag{6-30}$$

当且仅当系数行列式等于零时方程存在非零解，即

$$|(\boldsymbol{K}_b + \boldsymbol{K}_c + \boldsymbol{K}_{spr}) - \omega^2 \boldsymbol{M}| = 0 \tag{6-31}$$

求解式(6-31)即可得到弹性支承 Euler-Bernoulli 梁的特征值与特征向量。

6.3.2 Timoshenko 梁

6.3.1 小节讨论了固支边界条件与弹性支承条件下 Euler-Bernoulli 梁振动时特征值与特征向量的计算方法，本小节将就此问题对 Timoshenko 梁进行分析。

1. 固支边界条件

对于 Timoshenko 梁而言，位移 v 与转角 φ 为两个相互独立的变量，均为展向位移 η 与时间 t 的二次函数，即

$$\begin{cases} v(\eta,t) = V(\eta)q_{vm}(t) \\ \varphi(\eta,t) = \Phi(\eta)q_{\varphi m}(t) \end{cases} \tag{6-32}$$

式中：$V(\eta)$ 与 $\Phi(\eta)$ 是与位移 v、截面转角 φ 相对应的振型函数。同样采用 Chebyshev 多项式对其进行展开，则有

$$\begin{cases} v(\eta,t)=\sum_{m=1}^{NT} V_m T_m^*(\eta) q_{vm}(t)=\boldsymbol{V}(\eta)^{\mathrm{T}}\boldsymbol{q}_v \\ \varphi(\eta,t)=\sum_{m=1}^{NT} \Phi_m T_m^*(\eta) q_{\varphi m}(t)=\boldsymbol{\Phi}(\eta)^{\mathrm{T}}\boldsymbol{q}_\varphi \end{cases} \tag{6-33}$$

式中：$T_m^*(\eta)=f_\delta(\eta)T_m(\eta)$，其中 δ 取 v 与 φ 时分别对应位移 v 与截面转角 φ。

固支 Timoshenko 梁的动能为

$$T=\frac{1}{2}\rho AL\int_0^1\left(\frac{\partial v}{\partial t}\right)^2\mathrm{d}\eta+\frac{1}{2}\rho IL\int_0^1\dot{\varphi}^2\mathrm{d}\eta \tag{6-34}$$

势能为

$$U=U_{\mathrm{b}}+U_{\mathrm{s}}+U_{\mathrm{c}}=\frac{1}{2L}\int_0^1 EI\left(\frac{\partial\varphi}{\partial\eta}\right)^2\mathrm{d}\eta+\frac{1}{2}L\int_0^1\kappa GA\left(\frac{\partial v}{L\partial\eta}-\varphi\right)^2\mathrm{d}\eta+\frac{1}{2L}\int_0^1 f_{\mathrm{c}}\left(\frac{\partial v}{\partial\eta}\right)^2\mathrm{d}\eta \tag{6-35}$$

将式(6-33)代入式(6-34)与式(6-35)中，得

$$\begin{cases} \boldsymbol{T}=\frac{1}{2}\dot{\boldsymbol{q}}_v^{\mathrm{T}}\boldsymbol{M}_{11}\dot{\boldsymbol{q}}_v+\frac{1}{2}\dot{\boldsymbol{q}}_\varphi^{\mathrm{T}}\boldsymbol{M}_{22}\dot{\boldsymbol{q}}_\varphi \\ \boldsymbol{U}=\frac{1}{2}\boldsymbol{q}_v^{\mathrm{T}}\boldsymbol{K}_{11}\boldsymbol{q}_v+\frac{1}{2}\boldsymbol{q}_v^{\mathrm{T}}\boldsymbol{K}_{\mathrm{c}}^v\boldsymbol{q}_v+\frac{1}{2}\boldsymbol{q}_\varphi^{\mathrm{T}}\boldsymbol{K}_{22}\boldsymbol{q}_\varphi+\boldsymbol{q}_v^{\mathrm{T}}\boldsymbol{K}_{12}\boldsymbol{q}_\varphi \end{cases} \tag{6-36}$$

将式(6-36)代入简化的 Lagrange 方程(6-20)中，即可得到系统的特征方程，其形式与式(6-21)保持一致。令特征方程系数行列式为零，即可获得固支 Timoshenko 梁的特征值与特征向量。

2. 弹性支承边界条件

与弹性支承 Euler-Bernoulli 梁相似，对于弹支 Timoshenko 梁，边界条件仍与两端自由梁的边界函数一致，即 $f_v(\eta)=1$。

边界条件的变化不影响动能项的表达，弹支 Timoshenko 梁的动能表达式与固支 Timoshenko 梁的相同，如式(6-34)所示。势能项中增加了弹性约束刚度项，即

$$\begin{aligned} U&=U_{\mathrm{b}}+U_{\mathrm{s}}+U_{\mathrm{c}}+U_{\mathrm{spr}} \\ &=\frac{1}{2L}\int_0^1 EI\left(\frac{\partial\varphi}{\partial\eta}\right)^2\mathrm{d}\eta+\frac{1}{2}L\int_0^1\kappa GA\left(\frac{\partial v}{L\partial\eta}-\varphi\right)^2\mathrm{d}\eta \\ &\quad+\frac{1}{2L}\int_0^1 f_{\mathrm{c}}\left(\frac{\partial v}{\partial\eta}\right)^2\mathrm{d}\eta+\frac{1}{2}k_1v^2(0,t)+\frac{1}{2}k_2\varphi^2(0,t) \end{aligned} \tag{6-37}$$

将式(6-33)代入式(6-34)、式(6-37)中，得

$$\begin{cases} \boldsymbol{T}=\frac{1}{2}\dot{\boldsymbol{q}}_v^{\mathrm{T}}\boldsymbol{M}_{11}\dot{\boldsymbol{q}}_v+\frac{1}{2}\dot{\boldsymbol{q}}_\varphi^{\mathrm{T}}\boldsymbol{M}_{22}\dot{\boldsymbol{q}}_\varphi \\ \boldsymbol{U}=\frac{1}{2}\boldsymbol{q}_v^{\mathrm{T}}(\boldsymbol{K}_{11}+\boldsymbol{K}_{\mathrm{spr}}^v)\boldsymbol{q}_v+\frac{1}{2}\boldsymbol{q}_v^{\mathrm{T}}\boldsymbol{K}_{\mathrm{c}}^v\boldsymbol{q}_v+\frac{1}{2}\boldsymbol{q}_\varphi^{\mathrm{T}}(\boldsymbol{K}_{22}+\boldsymbol{K}_{\mathrm{spr}}^\varphi)\boldsymbol{q}_\varphi+\boldsymbol{q}_v^{\mathrm{T}}\boldsymbol{K}_{12}\boldsymbol{q}_\varphi \end{cases} \tag{6-38}$$

将式(6-38)代入简化的 Lagrange 方程(6-20)中，即可得到弹支 Timoshenko 梁的特征方程，其形式与式(6-29)保持一致。令特征方程系数行列式为零，即可获得弹支 Timoshenko 梁的特征值与特征向量。

6.4 整体阻尼矩阵

考虑到系统的阻尼矩阵的理论与实际的重要性，这里列出计算系统阻尼矩阵的方法。系统的整体阻尼矩阵是由系统整体质量矩阵和刚度矩阵按比例组合而成的。目前工程分析中多采用 Rayleigh（瑞利）阻尼的形式，即

$$\boldsymbol{C}=\alpha\boldsymbol{M}+\beta\boldsymbol{K} \tag{6-39}$$

$$\alpha=\frac{2\omega_i\omega_j(\omega_j\zeta_i-\omega_i\zeta_j)}{\omega_j^2-\omega_i^2},\quad \beta=\frac{2(\omega_j\zeta_j-\omega_i\zeta_i)}{\omega_j^2-\omega_i^2} \tag{6-40}$$

式中：ω_i 与 ω_j 分别为第 i 阶、第 j 阶固有角频率；ζ_i、ζ_j 分别为第 i 阶、第 j 阶振型阻尼比。当以系统的一阶弯曲振动为研究对象时，可取 $i=1, j=2$。

6.5 应用案例

在本节中，前文所述两种梁理论将被应用到旋转叶片的建模过程当中，以此来对叶片的静态、动态特性进行讨论。

6.5.1 固有频率与振型

在机械振动过程中，机械的固有频率和振型是十分值得关注的。本小节将分别以两种梁理论为基础，以图 6-6 所示的旋转态悬臂叶片为例，计算叶片固有频率并绘制振型，并与 ANSYS 软件的分析结果进行对比，以对前述理论的正确性进行验证。叶片模型的几何参数与材料参数如表 6-2 所示。

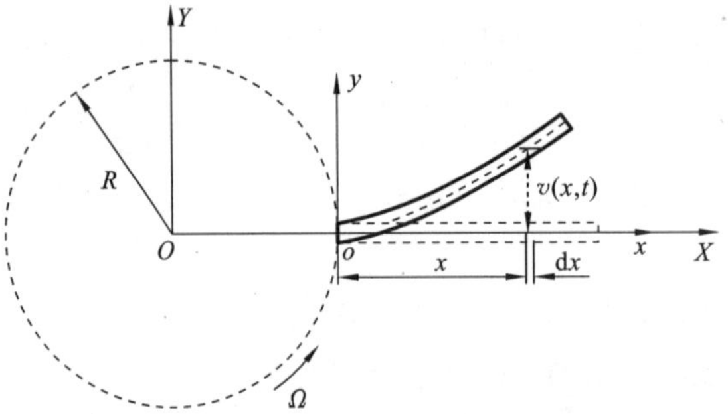

图 6-6 旋转态悬臂叶片模型简图

在图 6-6，O-XY 为系统的整体坐标系，原点 O 位于轮盘中心，叶片随轮盘以转速 Ω 绕原点 O 旋转。o-xy 为局部坐标系，原点 o 固接于叶片根部，且与整体坐标系 O-XY 平行，OX 与 ox 均与梁的中轴线重合，y 轴与横截面的中轴线垂直。$v(x,t)$ 为叶片上任意一点弯曲变形产生的横向位移。

表 6-2 几何参数与材料参数

参　数	值	参　数	值
叶片长度 L	150 mm	轮盘转动半径 R	350 mm
叶片宽度 b	60 mm	叶片材料密度 ρ	7850 kg/m^3
叶片厚度 h	7 mm	杨氏模量 E	200 GPa
剪切校正因子 κ	5/6	泊松比 ν	0.3

1. Euler-Bernoulli **梁**

首先将旋转态悬臂叶片简化为悬臂梁模型，对叶片的固有频率以及振型进行求解。悬臂

梁模型一端固支，一端自由，根据 6.3.1 小节的内容可计算出悬臂 Euler-Bernoulli 梁的前三阶静频率，求解结果如表 6-3 所示。

表 6-3　悬臂 Euler-Bernoulli 梁的前三阶静频率　（单位：Hz）

多项式项数 NT	1 阶	2 阶	3 阶
4	253.67	1598.65	4570.34
6	253.67	1589.77	4552.72
8	253.67	1589.75	4451.34
10	253.67	1589.75	4451.34
12	253.67	1589.75	4451.34

由表 6-3 可知，随着多项式项数 NT 的增加，前三阶静频率的值逐渐收敛且接近 ANSYS 软件的计算结果，当 NT≥8 时，计算结果趋于稳定，频率相对误差最大为 0.70%。综合考虑计算结果的准确性与计算效率，取 NT=8，频率计算结果在误差允许范围之内。

悬臂 Euler-Bernoulli 梁的前三阶振型如图 6-7 所示。

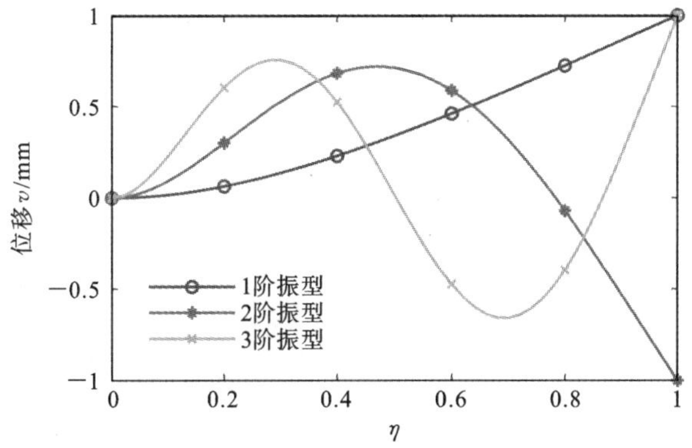

图 6-7　悬臂 Euler-Bernoulli 梁的前三阶振型

2. Timoshenko 梁

根据 6.3.2 小节的内容计算悬臂 Timoshenko 梁的前三阶静频率，结果如表 6-4 所示。

表 6-4　悬臂 Timoshenko 梁的前三阶静频率　（单位：Hz）

多项式项数 NT	1 阶	2 阶	3 阶
4	253.26	1580.92	4447.96
6	253.25	1571.68	4335.94
8	253.24	1571.34	4332.32
10	253.24	1571.18	4331.15
12	253.24	1571.08	4330.47
14	253.24	1571.02	4330.05

由表 6-4 可知，随着多项式项数 NT 的增加，频率计算结果变化逐渐减小，当 NT=14 时，频率相对误差最大为−0.68%，在误差允许范围之内。在这里，取多项式项数 NT=14。

悬臂 Timoshenko 梁的前三阶振型如图 6-8 所示。

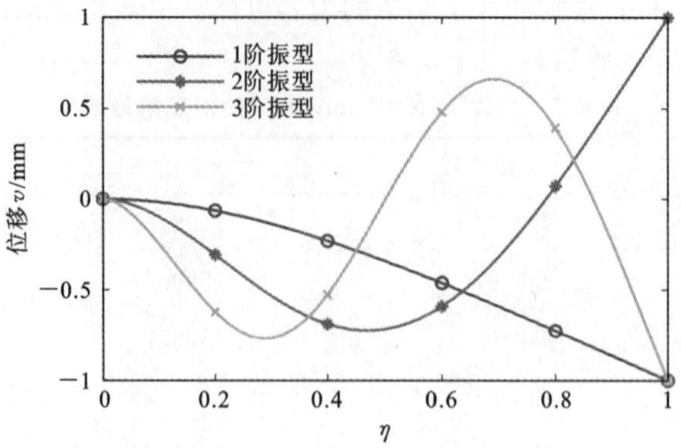

图 6-8　悬臂 Timoshenko 梁的前三阶振型

6.5.2　ANSYS 结果

为了验证 6.5.1 小节中频率与振型计算结果的正确性，本小节采用 ANSYS 软件建立悬臂叶片的 ANSYS 简化模型，将叶片划分为 30 个单元，如图 6-9 所示。

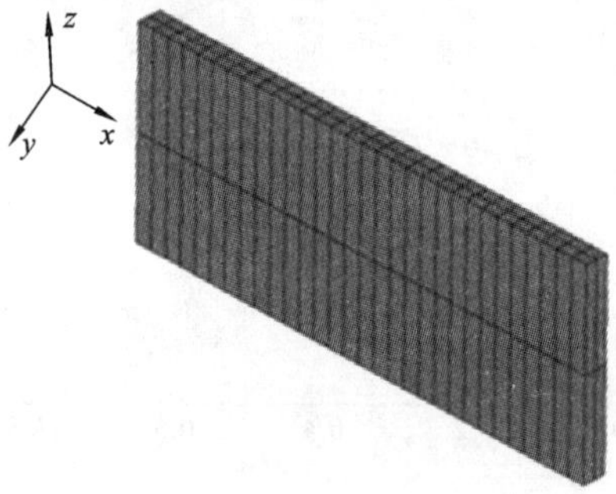

图 6-9　悬臂叶片的 ANSYS 简化模型

分别采用软件中的 Beam4 和 Beam188 单元来对叶片进行模态分析，所得频率与连续梁模型的对比结果如表 6-5 所示，可见 ANSYS 软件得到的结果与理论结果具有很好的一致性。

表 6-5　悬臂叶片前三阶静频率对比　（单位：Hz）

叶片模型	1 阶	2 阶	3 阶
Beam4	253.57	1585.09	4420.50
Euler-Bernoulli 梁	253.67	1589.75	4451.34
Beam188	253.26	1574.77	4359.58
Timoshenko 梁	253.24	1571.02	4330.05

图 6-10、图 6-11 所示分别为用 Beam4 单元与 Beam188 单元计算的叶片前三阶振型结果。

图 6-10　用 Beam4 单元计算的前三阶振型

图 6-11　用 Beam188 单元计算的前三阶振型

6.6　转速对叶片固有频率的影响

转速的变化会引起离心刚度的变化，进而影响叶片的固有频率。为了探讨转速对叶片固有特性的影响，本节继续以悬臂梁模型为例，计算出转速分别为 200 rad/s、400 rad/s、600 rad/s 时 Euler-Bernoulli 梁和 Timoshenko 梁的前三阶固有频率，并与静频率进行比较，如表 6-6 和表 6-7 所示。

表 6-6　转速对悬臂 Euler-Bernoulli 梁固有频率的影响　（单位：Hz）

频率	1 阶	2 阶	3 阶
Ω=0 rad/s	253.67	1589.75	4451.34
Ω=200 rad/s	263.19	1598.22	4459.99
Ω=400 rad/s	289.85	1623.36	4485.82
Ω=600 rad/s	329.42	1664.37	4528.50

表 6-7　转速对悬臂 Timoshenko 梁固有频率的影响　（单位：Hz）

频率	1 阶	2 阶	3 阶
Ω=0 rad/s	253.24	1571.02	4330.05
Ω=200 rad/s	262.76	1579.53	4338.81
Ω=400 rad/s	289.41	1604.75	4364.97
Ω=600 rad/s	328.96	1645.90	4408.16

可见，随着转速的增大，叶片的固有频率也在增大。

6.7　强迫振动响应分析

振动研究的内容之一就是求解振动系统对外部激励的响应。本节以 Timoshenko 梁理论为基础，推导固支边界条件叶片与弹支边界条件叶片的强迫振动微分方程，并绘出叶尖位置的时域波形图与频谱图。

6.7.1　固支梁强迫振动响应分析

在求解响应之前，首先需要给出系统的振动微分方程。根据 6.3.1 小节的内容，虚位移为

$$\delta v(\eta,t) = \sum_{m=1}^{NT} T_m^*(\eta)\delta q_m(t) \tag{6-41}$$

式中：$T_m^*(\eta)$满足固支-自由边界条件。

若叶片上作用有沿周向的分布载荷 $f(x,t)$，则分布载荷在虚位移上所做的虚功为

$$\begin{aligned}\delta \boldsymbol{W} &= \int_0^L f(x,t)\Big[\sum_{m=1}^{NT} T_m^*(\eta)\delta q_m(t)\Big]\mathrm{d}x = \sum_{m=1}^{NT}\int_0^L f(x,t)T_m^*(\eta)\mathrm{d}x\delta q_m(t)\\ &= \sum_{m=1}^{NT}\int_0^1 Lf(\eta,t)T_m^*(\eta)\mathrm{d}\eta\delta q_m(t) = \sum_{m=1}^{NT}Q_m\delta q_m(t) = \boldsymbol{Q}^{\mathrm{T}}\delta\boldsymbol{q}\end{aligned} \tag{6-42}$$

式中:$\boldsymbol{Q}$ 表示广义分布力向量。

若叶片上一点 x_p 处作用有集中载荷 f_p,则集中载荷所做的虚功为

$$\delta \boldsymbol{W} = f_p\delta v(\eta,t) = \sum_{m=1}^{NT} f_pT_m^*(\eta)\delta q_m(t) = \sum_{m=1}^{NT}Q_m\delta q_m(t) = \boldsymbol{Q}^{\mathrm{T}}\delta\boldsymbol{q} \tag{6-43}$$

式中:$\boldsymbol{Q}$ 表示广义集中力向量。

当推导出叶片的质量矩阵与刚度矩阵后,根据 Rayleigh 阻尼计算公式计算出系统阻尼矩阵,进一步可以得到系统的振动微分方程:

$$\boldsymbol{M}\ddot{\boldsymbol{q}}+\boldsymbol{C}\dot{\boldsymbol{q}}+(\boldsymbol{K}_{\mathrm{b}}+\boldsymbol{K}_{\mathrm{c}})\boldsymbol{q}=\boldsymbol{Q} \tag{6-44}$$

在这里,我们假设,在叶片中部垂直于叶片表面施加一简谐激励 $Q(t)=P_{\mathrm{a}}\cos(\omega t+\delta)$,其中,激励幅值 $P_{\mathrm{a}}=500$ N,激励角频率 $\omega=1600$ rad/s,δ 为激励的初始相位,取 $\delta=0$。转速取为 200 rad/s。

采用 Newmark-β 方法对固支-自由叶片振动微分方程进行求解,得到叶尖的时域波形图与频谱图,如图 6-12 所示。

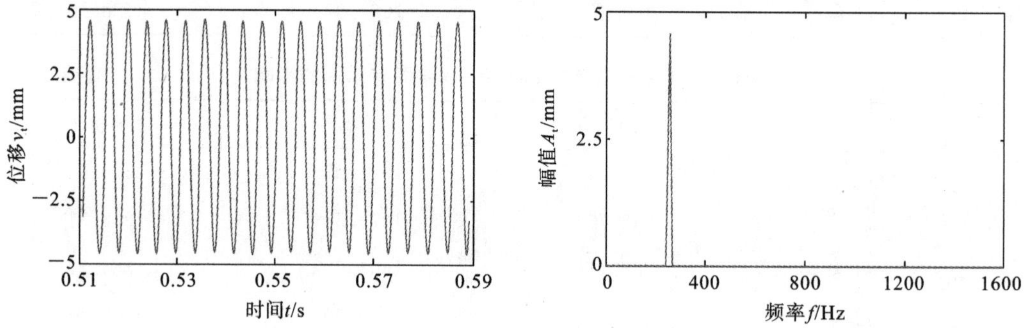

(a) 时域波形图　　(b) 频谱图

图 6-12　固支-自由叶片叶尖的时域波形图与频谱图

6.7.2　弹支梁强迫振动响应分析

虚位移为

$$\begin{cases}\delta v(\eta,t) = \sum_{m=1}^{NT} T_m^*(\eta)\delta q_{v,m}(t)\\ \delta\varphi(\eta,t) = \sum_{m=1}^{NT} T_m^*(\eta)\delta q_{\varphi,m}(t)\end{cases} \tag{6-45}$$

式中:$T_m^*(\eta)$满足自由边界条件。

作用在梁上的沿周向的分布载荷 $f(x,t)$所做的虚功为

$$\begin{aligned}\delta \boldsymbol{W} &= \int_0^L f(x,t)\Big[\sum_{m=1}^{NT} T_m^*(\eta)\delta q_m(t)\Big]\mathrm{d}x = \sum_{m=1}^{NT}\int_0^1 Lf(\eta,t)T_m^*(\eta)\mathrm{d}\eta\delta q_m(t)\\ &= \sum_{m=1}^{NT}Q_m\delta q_m(t) = \boldsymbol{Q}_v^{\mathrm{T}}\delta\boldsymbol{q}_v\end{aligned} \tag{6-46}$$

式中：$\boldsymbol{Q}_v$表示广义分布力在周向的分量。

作用在梁上一点 x_{p}处的集中载荷 f_{p}所做的虚功

$$\delta \boldsymbol{W} = f_p \delta v(\eta,t) = \sum_{m=1}^{\mathrm{NT}} f_p T_m^*(\eta)\delta q_m(t) = \sum_{m=1}^{\mathrm{NT}} Q_m \delta q_m(t) = \boldsymbol{Q}_v^{\mathrm{T}} \delta \boldsymbol{q}_v \tag{6-47}$$

式中：$\boldsymbol{Q}_v$表示广义集中力在周向的分量。

Timoshenko 梁在其他方向所受的外载荷为零。当推导出叶片的质量矩阵与刚度矩阵后，根据 Rayleigh 阻尼计算公式计算出系统阻尼矩阵，进一步可以得到系统的振动微分方程：

$$\boldsymbol{M}\ddot{\boldsymbol{q}} + \boldsymbol{C}\dot{\boldsymbol{q}} + (\boldsymbol{K}_{\mathrm{b}} + \boldsymbol{K}_{\mathrm{c}} + \boldsymbol{K}_{\mathrm{spr}})\boldsymbol{q} = \boldsymbol{Q} \tag{6-48}$$

式中：

$$\boldsymbol{Q} = [\boldsymbol{Q}_v \quad \boldsymbol{0}]^{\mathrm{T}}$$

取叶片根部弹性约束刚度 $k_1 = k_2 = 1 \times 10^8$，其余参数与固支叶片的相同。采用 Newmark-β 方法对弹性支承叶片振动微分方程进行求解，得到叶尖的时域波形图与频谱图，如图 6-13 所示。

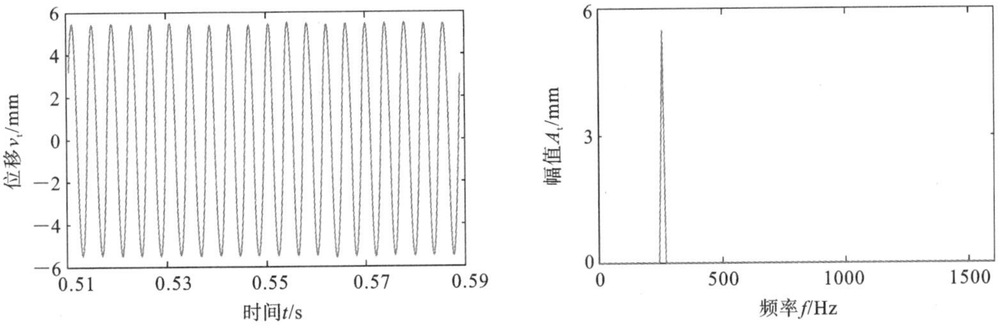

(a) 时域波形图　　(b) 频谱图

图 6-13　弹支叶片叶尖的时域波形图与频谱图

第 7 章　旋转梁动力学——有限元法

在第 6 章中，已经给出了解析梁理论的推导过程及应用。本章推导 Euler-Bernoulli 梁、改进的 Euler-Bernoulli 梁及 Timoshenko 梁单元的刚度矩阵、质量矩阵及由旋转引起的旋转刚化矩阵，并对组集方法及边界条件施加过程进行说明，分析旋转叶片的静态特性和动态特性。在本章中，函数对 x 求导用“ $'$ ”表示，对时间求导用“ $\cdot$ ”表示。

7.1　应变能与动能

在求解三种梁单元矩阵前，首先推导单元应变能及动能。本节将对 Euler-Bernoulli 梁单元应变能、改进 Euler-Bernoulli 梁单元应变能、Timoshenko 梁单元应变能，以及三种梁单元的动能进行推导。

7.1.1　Euler-Bernoulli 梁单元应变能

假设不考虑梁的剪切变形，可以采用 Euler-Bernoulli 梁的假设，即变形前垂直于梁中心线的截面在变形后仍垂直于梁的中心线，如图 7-1 所示，坐标系 O-xy 原点位于梁的一端，w 为梁的横向位移，θ 为梁的截面转角，梁段长度为 l。

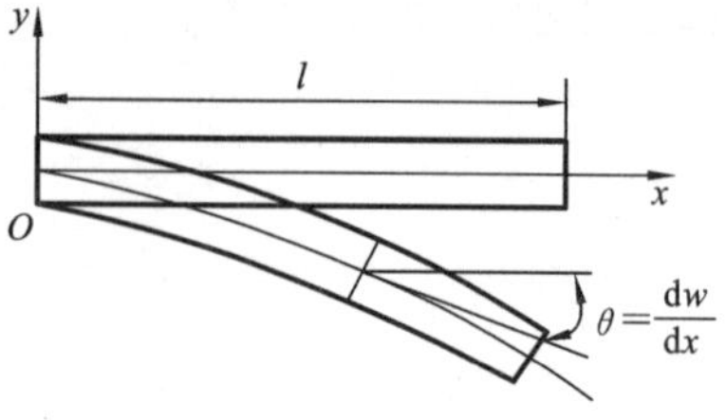

图 7-1　Euler-Bernoulli 梁

为了后续推导 Euler-Bernoulli 梁单元刚度矩阵，首先推导出其单元应变能。

最小势能原理可描述为：在给定的外力作用下，在满足位移边界条件的所有可能的位移中，能满足平衡条件的位移应使总势能为极小值，即

$$L=W-U=0 \tag{7-1}$$

式中：W 为外力对梁所做的功；U 为梁的应变能。

直接采用瑞利-里茨法，并根据材料力学中所学到的知识，导出平面梁单元的弯曲应变能为

$$U=W=\frac{1}{2}\int_l M\mathrm{d}\theta=\frac{1}{2}\int_l \frac{M^2}{EI}\mathrm{d}x=\frac{1}{2}\int_l EI\left(\frac{\mathrm{d}^2 w}{\mathrm{d}x^2}\right)^2\mathrm{d}x \tag{7-2}$$

式中：E 为杨氏模量；I 为惯性矩；$\mathrm{d}\theta=\frac{M}{EI}\left[1+\left(\frac{\mathrm{d}w}{\mathrm{d}x}\right)\right]^2\approx\frac{M}{EI}\mathrm{d}x$，同时$\frac{\mathrm{d}w}{\mathrm{d}x}$一般很小，这里可忽略不计。

7.1.2　改进 Euler-Bernoulli 梁单元应变能

在 Euler-Bernoulli 梁的假设中忽略了剪切变形的作用，而计入剪切变形的一种方法是对

Euler-Bernoulli 梁进行修正，引入剪切变形的影响。对于改进的 Euler-Bernoulli 梁，原来垂直于梁中心线的截面变形后不再和梁中心线垂直，而是相差一角度 γ，如图 7-2 所示。坐标系 O-xy 原点位于梁的一端，w 为梁的横向位移，θ 为梁的截面转角，梁段长度为 l。

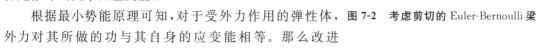

截面的转角变为

$$\theta=\frac{\mathrm{d}w}{\mathrm{d}x}-\gamma \tag{7-3}$$

为了后续推导改进 Euler-Bernoulli 梁单元刚度矩阵，首先推导出其单元应变能。

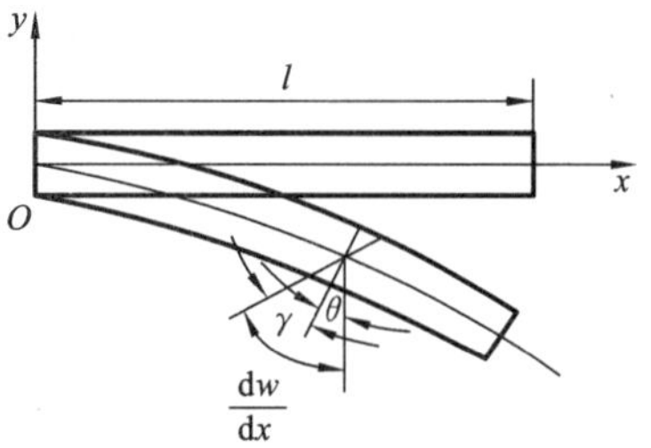

图 7-2　考虑剪切的 Euler-Bernoulli 梁

根据最小势能原理可知，对于受外力作用的弹性体，外力对其所做的功与其自身的应变能相等。那么改进 Euler-Bernoulli 梁单元的应变能 U 可表示为

$$U=\frac{1}{2}\int_0^l EIw''^2(x)\mathrm{d}x+\frac{1}{2}\int_0^l \frac{kV^2(x)}{GA}\mathrm{d}x \tag{7-4}$$

式中：等号右端第一项为弯曲应变能，第二项为剪切应变能。由 $M=-EI\theta'$ 及弯矩与剪力 $V(x)$ 的关系可得 $EIw'''(x)=-M'(x)=-V(x)$。则有

$$V^2(x)=(EI)^2w'''^2(x) \tag{7-5}$$

将式(7-5)代入式(7-4)中，单元应变能可表示为

$$U=\frac{1}{2}EI\int_0^l w''^2(x)\mathrm{d}x+\frac{1}{2}\frac{k(EI)^2}{GA}\int_0^l w'''^2(x)\mathrm{d}x \tag{7-6}$$

7.1.3　Timoshenko 梁单元应变能

在 Euler-Bernoulli 梁单元中没有考虑梁的剪切变形，而在工程实际应用中，常常会遇到需要考虑剪切变形影响的情况，考虑梁的剪切变形时可以采用 Timoshenko 梁理论。对于 Timoshenko 梁，原来垂直于梁中心线的截面变形后不再和梁中心线垂直。

截面的转角变为

$$\theta=\frac{\mathrm{d}w}{\mathrm{d}x}-\gamma \tag{7-7}$$

为了后续推导 Timoshenko 梁单元刚度矩阵，首先推导出其单元应变能。

根据最小势能原理可知，对于受外力作用的弹性体，外力对其所做的功与其自身的应变能相等。那么 Timoshenko 梁单元的应变能 U 可表示为

$$U=\frac{1}{2}\int_0^l EIw''^2(x)\mathrm{d}x+\frac{1}{2}\int_0^l \frac{kV^2(x)}{GA}\mathrm{d}x \tag{7-8}$$

式中：等号右端第一项为弯曲应变能，第二项为剪切应变能。由 $M=-EI\theta'$ 及弯矩与剪力 $V(x)$ 的关系可得到 $EIw'''(x)=-M'(x)=-V(x)$。则有

$$V^2(x)=(EI)^2w'''^2(x) \tag{7-9}$$

将式(7-9)代入式(7-8)中，单元应变能可表示为

$$U=\frac{1}{2}EI\int_0^l w''^2(x)\mathrm{d}x+\frac{1}{2}\frac{k(EI)^2}{GA}\int_0^l w'''^2(x)\mathrm{d}x \tag{7-10}$$

上述三种梁单元应变能的异同：由于改进的 Euler-Bernoulli 梁单元与 Timoshenko 梁单

元都是考虑剪切的梁单元，分析可得它们的单元应变能相同；与 Euler-Bernoulli 梁单元相比较，改进的 Euler-Bernoulli 梁与 Timoshenko 梁单元应变能都引入了剪切应变能。

7.1.4 单元动能

在推导完单元应变能后，接下来推导三种梁的单元动能，以方便后续单元质量矩阵的推导。

从能量的角度来推导梁的单元动能，其表达式为

$$T=\frac{1}{2}\int_0^l \rho A\ (\dot{w}(x))^2\mathrm{d}x \tag{7-11}$$

式中：ρ 表示梁材料的密度。

7.2 梁单元形函数

在推导出梁单元应变能及动能后，还需要对梁单元形函数进行求解，而后才能计算单元矩阵。本节将对 Euler-Bernoulli 梁单元、改进 Euler-Bernoulli 梁单元及 Timoshenko 梁单元的形函数进行推导。

7.2.1 Euler-Bernoulli 梁单元

下面以 Euler-Bernoulli 梁单元为例进行相关方程推导，主要包括以下几个步骤。

(1) 建立坐标系，进行单元离散。

所建立的坐标系应包括结构的整体坐标系 O-$xy\theta$ 和单元局部坐标系 O-$uv\theta$。

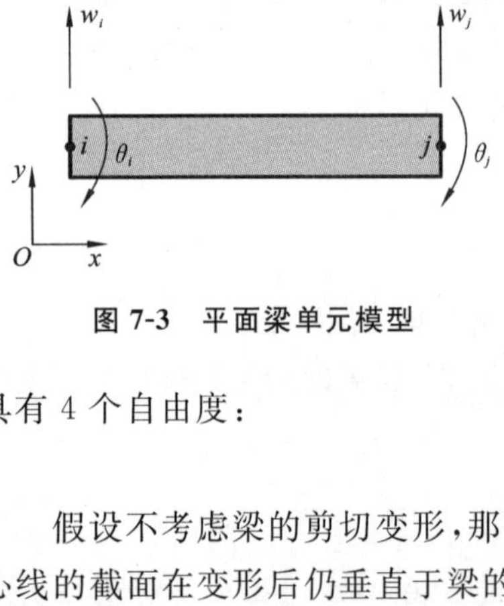

图 7-3 平面梁单元模型

(2) 建立平面梁单元的位移模式。

平面梁单元具有两个节点，分别为 i 和 j，如图 7-3 所示，图中 w 为梁的横向位移，θ 为梁的截面转角。在局部坐标系内，平面梁单元共有 6 个自由度，其节点的位移矢量可表示为

$$\boldsymbol{\delta}^{\mathrm{e}}=[w_i\quad u_i\quad \theta_i\quad w_j\quad u_j\quad \theta_j]^{\mathrm{T}} \tag{7-12}$$

在平面梁单元中，忽略其轴向位移 u，则平面梁单元具有 4 个自由度：

$$\boldsymbol{\delta}^{\mathrm{e}}=[w_i\quad \theta_i\quad w_j\quad \theta_j]^{\mathrm{T}} \tag{7-13}$$

假设不考虑梁的剪切变形，那么可以采用 Euler-Bernoulli 梁的假设：变形前垂直于梁中心线的截面在变形后仍垂直于梁的中心线，并且有转角 $\theta=\mathrm{d}w/\mathrm{d}x$。

平面梁单元的弯曲变形的位移场 $w(x)$ 可以用如下位移插值函数来表示：

$$w(x)=a_0+a_1x+a_2x^2+a_3x^3 \tag{7-14}$$

则转角可表示为

$$\theta(x)=\frac{\mathrm{d}w}{\mathrm{d}x}=a_1+2a_2x+3a_3x^2 \tag{7-15}$$

因此，平面梁单元的位移模式可表示为

$$\begin{bmatrix} w(x) \\ \theta(x) \end{bmatrix} = \begin{bmatrix} 1 & x & x^2 & x^3 \\ 0 & 1 & 2x & 3x^2 \end{bmatrix} \begin{bmatrix} a_0 \\ a_1 \\ a_2 \\ a_3 \end{bmatrix} \tag{7-16}$$

(3) 推导形函数矩阵。

将梁单元的两个节点的位移与节点坐标(0,0)和(l,0)代入式(7-15)中,有

$$w(0)=w_i,\quad \theta(0)=\theta_i,\quad w(l)=w_j,\quad \theta(l)=\theta_j$$

$$\begin{bmatrix} w_i \\ \theta_i \\ w_j \\ \theta_j \end{bmatrix} = \begin{bmatrix} 1 & x_1 & x_1^2 & x_1^3 \\ 0 & 1 & 2x_1 & 3x_1^2 \\ 1 & x_2 & x_2^2 & x_2^3 \\ 0 & 1 & 2x_2 & 3x_2^2 \end{bmatrix} \begin{bmatrix} a_0 \\ a_1 \\ a_2 \\ a_3 \end{bmatrix} = \begin{bmatrix} 1 & 0 & 0 & 0 \\ 0 & 1 & 0 & 0 \\ 1 & l & l^2 & l^3 \\ 0 & 1 & 2l & 3l^2 \end{bmatrix} \begin{bmatrix} a_0 \\ a_1 \\ a_2 \\ a_3 \end{bmatrix} \tag{7-17}$$

式中:x_1 和 x_2 分别表示两个节点的横坐标的值,$x_1=0$,$x_2=l$,求得

$$\begin{bmatrix} a_0 \\ a_1 \\ a_2 \\ a_3 \end{bmatrix} = \begin{bmatrix} 1 & 0 & 0 & 0 \\ 0 & 1 & 0 & 0 \\ 1 & l & l^2 & l^3 \\ 0 & 1 & 2l & 3l^2 \end{bmatrix}^{-1} \begin{bmatrix} w_i \\ \theta_i \\ w_j \\ \theta_j \end{bmatrix} = \begin{bmatrix} v_1 \\ \theta_1 \\ -\frac{3}{l^2}v_1-\frac{2}{l}\theta_1+\frac{3}{l^2}v_2-\frac{1}{l}\theta_2 \\ \frac{2}{l^3}v_1+\frac{1}{l^2}\theta_1-\frac{2}{l^3}v_2+\frac{1}{l^2}\theta_2 \end{bmatrix} \tag{7-18}$$

将式(7-18)代入式(7-14)中,得到梁单元内任一点位移的表达式:

$$\begin{aligned} w(x)=&\left[1-3\left(\frac{x}{l}\right)^2+2\left(\frac{x}{l}\right)^3\right]v_1+\left(x-2\frac{x^2}{l}+\frac{x^3}{l^2}\right)\theta_2 \\ &+\left[3\left(\frac{x}{l}\right)^2-2\left(\frac{x}{l}\right)^3\right]v_2+\left(-\frac{x^2}{l}+\frac{x^3}{l^2}\right)\theta_2 \end{aligned} \tag{7-19}$$

将式(7-19)用矩阵形式表示为

$$\boldsymbol{w}(x)=\begin{bmatrix} N_1 & N_2 & N_3 & N_4 \end{bmatrix} \begin{bmatrix} v_i \\ \theta_i \\ v_j \\ \theta_j \end{bmatrix} = \boldsymbol{N}(x)\boldsymbol{\delta}^{\mathrm{e}} \tag{7-20}$$

式中:$\boldsymbol{N}(x)$为平面梁单元的形函数;$\boldsymbol{\delta}^{\mathrm{e}}$ 为单元节点位移矢量。其中有

$$\begin{cases} N_1=1-3\left(\frac{x}{l}\right)^2+2\left(\frac{x}{l}\right)^3 \\ N_2=x-2\frac{x^2}{l}+\frac{x^3}{l^2} \\ N_3=3\left(\frac{x}{l}\right)^2-2\left(\frac{x}{l}\right)^3 \\ N_4=-\frac{x^2}{l}+\frac{x^3}{l^2} \end{cases} \tag{7-21}$$

7.2.2　改进 Euler-Bernoulli 梁单元

下面以考虑剪切变形影响的改进 Euler-Bernoulli 梁单元为例进行相关方程推导,主要包括以下几个步骤。

(1) 建立坐标系,进行单元离散。

所建立的坐标系应包括结构的整体坐标系 $O\text{-}xy\theta$ 和单元局部坐标系 $O\text{-}uv\theta$。

(2) 建立平面梁单元的位移模式。

$\theta(x)=w'(x)-\gamma(x)$ 为梁任意位置的截面转角，$\gamma(x)=\dfrac{\kappa V(x)}{GA}$ 为截面和中面相交处的剪切应变，$w(x)$ 为任意位置的横向变形，A 为梁单元的横截面积，G 为剪切模量，$V(x)$ 为剪力，κ 为考虑实际剪切应变与剪切应力不均匀分布而引入的校正因子。

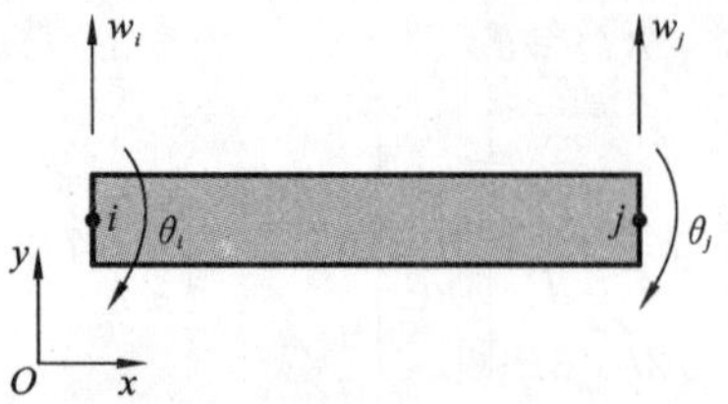

图 7-4　梁单元节点位移

平面梁单元具有 i 和 j 两个节点，如图 7-4 所示，且在单元局部坐标系下，每个节点均存在一个平移自由度 w 和一个扭转自由度 θ。

该单元的节点位移列阵可表示为

$$\boldsymbol{\delta}^e=[w_i \quad \theta_i \quad w_j \quad \theta_j]^T \tag{7-22}$$

根据基本梁理论可知，在梁单元发生变形时，作用在梁单元上的弯矩 M 为

$$M=-EI\theta' \tag{7-23}$$

由于弯矩 M 是关于梁段长度 x 的函数，假设作用在梁段上的弯矩为

$$M=a_1x+a_2 \tag{7-24}$$

弯矩 M 的导数则为作用在梁段上该处的剪力，那么 $V(x)=M'=a_1$。将式(7-24)代入式(7-21)中，得

$$\theta'=-\frac{1}{EI}(a_1x+a_2) \tag{7-25}$$

对式(7-25)进行积分得到梁段截面旋转角 $\theta(x)$ 的表达式：

$$\theta(x)=-\frac{1}{EI}\left(\frac{a_1}{2}x^2+a_2x-a_3\right) \tag{7-26}$$

那么，根据式(7-26)与梁截面旋转角的计算公式，便可得到梁总变形量 $w(x)$ 的表达式：

$$w(x)=\left(\frac{x}{GA}-\frac{x^3}{6EI}\right)a_1-\frac{x^2}{2EI}a_2+\frac{x}{EI}a_3+a_4 \tag{7-27}$$

写为矩阵形式：

$$\boldsymbol{w}(x)=\boldsymbol{Ra}$$

式中：

$$\boldsymbol{R}=\begin{bmatrix}\dfrac{\kappa x}{GA}-\dfrac{x^3}{6EI} & -\dfrac{x^2}{2EI} & \dfrac{x}{EI} & 1\end{bmatrix},\quad \boldsymbol{a}=[a_1 \quad a_2 \quad a_3 \quad a_4]^T$$

因此，平面梁单元的位移模式可表示为

$$\begin{bmatrix}w(x)\\ \theta(x)\end{bmatrix}=\begin{bmatrix}\dfrac{x}{GA}-\dfrac{x^3}{6EI} & -\dfrac{x^2}{2EI} & \dfrac{x}{EI} & 1\\ -\dfrac{x^2}{2EI} & -\dfrac{x}{EI} & \dfrac{1}{EI} & 0\end{bmatrix}\begin{bmatrix}a_0\\ a_1\\ a_2\\ a_3\end{bmatrix} \tag{7-28}$$

(3) 推导形函数矩阵。

令梁单元的长度为 l，那么该梁单元的边界条件为

$$w(0)=w_i,\quad \theta(0)=\theta_i,\quad w(l)=w_j,\quad \theta(l)=\theta_j \tag{7-29}$$

根据梁单元的边界条件，将式(7-29)代入式(7-26)与式(7-27)中，整理得

$$\begin{cases} w_i = a_4 \\ \theta_i = \dfrac{1}{EI}a_3 \\ w_j = \left(\dfrac{\kappa l}{GA} - \dfrac{l^3}{6EI}\right)a_1 - \dfrac{l^2}{2EI}a_2 + \dfrac{l}{EI}a_3 + a_4 \\ \theta_j = -\dfrac{l^2}{2EI}a_1 - \dfrac{l}{EI}a_2 + \dfrac{1}{EI}a_3 \end{cases} \tag{7-30}$$

将式(7-30)写成矩阵形式

$$\boldsymbol{\delta}^{e} = \boldsymbol{Ha} \tag{7-31}$$

式中：

$$\boldsymbol{H} = \begin{bmatrix} 0 & 0 & 0 & 1 \\ 0 & 0 & \dfrac{1}{EI} & 0 \\ \dfrac{\kappa l}{GA} - \dfrac{l^3}{6EI} & -\dfrac{l^2}{2EI} & \dfrac{l}{EI} & 1 \\ -\dfrac{l^2}{2EI} & -\dfrac{l}{EI} & \dfrac{1}{EI} & 0 \end{bmatrix}$$

那么，由式(7-30)便可得到待定系数 $\boldsymbol{a}$ 的表达式，即 $\boldsymbol{a} = \boldsymbol{H}^{-1}\boldsymbol{\delta}^{e}$。将其代入式(7-31)中，得到梁段总变形量 $\boldsymbol{w}(x)$ 的矩阵表达形式：

$$\boldsymbol{w}(x) = \boldsymbol{Ra} = \boldsymbol{RH}^{-1}\boldsymbol{\delta}^{e} \tag{7-32}$$

令

$$\boldsymbol{N} = \boldsymbol{RH}^{-1} = [N_1 \quad N_2 \quad N_3 \quad N_4] \tag{7-33}$$

这里，将 $\boldsymbol{N}$ 称作梁段总变形量 $\boldsymbol{w}(x)$ 的形函数。已知 $\boldsymbol{R}$ 与矩阵 $\boldsymbol{H}$ 的表达式，那么可计算得到 $\boldsymbol{N}$ 中各元素的表达式：

$$\begin{cases} N_1 = 1 - \dfrac{12EI}{(1+b)l^3}\left(\dfrac{\kappa x}{GA} - \dfrac{x^3}{6EI}\right) - \dfrac{3x^2}{(1+b)l^2} \\ N_2 = x - \dfrac{6EI}{(1+b)l^2}\left(\dfrac{\kappa x}{GA} - \dfrac{x^3}{6EI}\right) - \dfrac{(4+b)x^2}{2l(1+b)} \\ N_3 = \dfrac{12EI}{(1+b)l^3}\left(\dfrac{\kappa x}{GA} - \dfrac{x^3}{6EI}\right) + \dfrac{3x^2}{(1+b)l^2} \\ N_4 = -\dfrac{6EI}{(1+b)l^2}\left(\dfrac{\kappa x}{GA} - \dfrac{x^3}{6EI}\right) - \dfrac{(2-b)x^2}{2l(1+b)} \end{cases} \tag{7-34}$$

式中：$b = \dfrac{12\kappa EI}{GA\,l^2}$。

7.2.3 Timoshenko 梁单元

下面主要推导考虑剪切变形影响的 Timoshenko 梁单元形函数，主要推导步骤如下。

(1) 建立坐标系，进行单元离散。

所建立的坐标系应包括结构的整体坐标系 $O\text{-}xy\theta$ 和单元局部坐标系 $O\text{-}uv\theta$。

(2) 建立平面梁单元的位移模式。

平面梁单元具有两个节点，分别为 i 和 j，如图 7-5 所示，w 为梁的横向位移，θ 为梁的截

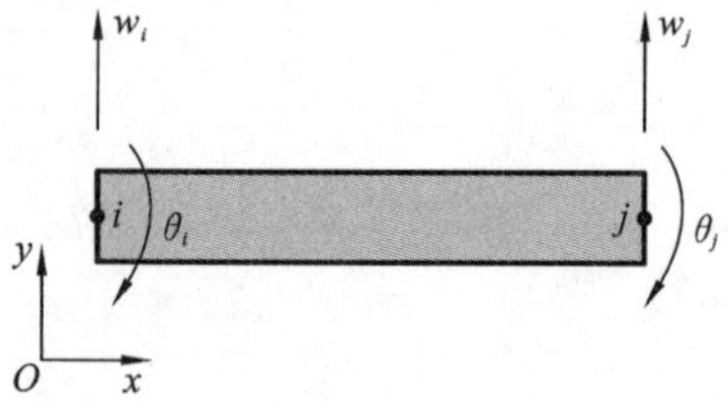

图 7-5　平面梁单元模型

面转角。在局部坐标系内，平面梁单元共有 6 个自由度，其节点的位移矢量可表示为

$$\boldsymbol{\delta}^{e}=\begin{bmatrix}w_i & u_i & \theta_i & w_j & u_j & \theta_j\end{bmatrix}^{T} \tag{7-35}$$

在平面梁单元中，忽略其轴向位移 u，则平面梁单元具有 4 个自由度，可表示为

$$\boldsymbol{\delta}^{e}=\begin{bmatrix}w_i & \theta_i & w_j & \theta_j\end{bmatrix}^{T} \tag{7-36}$$

假设考虑梁的剪切变形，那么可以采用 Timoshenko 梁的假设：变形前垂直于梁中心线的截面变形后不再和梁中心线垂直。截面的转角变为

$$\theta=\frac{\mathrm{d}w}{\mathrm{d}x}-\gamma \tag{7-37}$$

式中：γ 是截面和梁中面相交处的剪切应变。

Timoshenko 梁单元中，横向位移 w 和转角 θ 是独立的，可各自独立插值。在这里使用 Timoshenko 梁弯曲问题的基本解进行插值逼近，取 2×2 个基本解，分别对应刚体平移、刚体旋转、纯弯曲、常剪力弯曲，它们分别是

$$\begin{bmatrix}w\\\theta\end{bmatrix}=\begin{bmatrix}1\\0\end{bmatrix},\begin{bmatrix}x\\1\end{bmatrix},\begin{bmatrix}\dfrac{x^2}{2}-\dfrac{EI}{2\kappa GA}\\x\end{bmatrix},\begin{bmatrix}\dfrac{x^3}{6}-\dfrac{EIx}{2\kappa GA}\\\dfrac{x^2}{2}+\dfrac{EI}{2\kappa GA}\end{bmatrix} \tag{7-38}$$

横向位移 w 可用以下插值公式来表示：

$$w(x)=a_1+a_2x+a_3\left(\frac{x^2}{2}-\frac{EI}{2\kappa GA}\right)+a_4\left(\frac{x^3}{6}-\frac{EIx}{2\kappa GA}\right) \tag{7-39}$$

将式(7-39)用矩阵的方式表达为

$$\boldsymbol{w}(x)=\begin{bmatrix}1 & x & \dfrac{x^2}{2}-\dfrac{EI}{2\kappa GA} & \dfrac{x^3}{6}-\dfrac{EIx}{2\kappa GA}\end{bmatrix}\begin{bmatrix}a_1\\a_2\\a_3\\a_4\end{bmatrix}=\boldsymbol{Ra} \tag{7-40}$$

转角 θ 可用以下逼近公式表示：

$$\theta(x)=a_2+a_3x+a_4\left(\frac{x^2}{2}+\frac{EI}{2\kappa GA}\right) \tag{7-41}$$

(3) 推导形函数矩阵。

将梁单元的两个节点位移和节点坐标代入式(7-39)、式(7-41)中，有

$$w(0)=w_i,\quad \theta(0)=\theta_i,\quad w(l)=w_j,\quad \theta(l)=\theta_j$$

式中：l 为梁单元的长度。得到

$$\begin{bmatrix}w_i\\\theta_i\\w_j\\\theta_j\end{bmatrix}=\begin{bmatrix}1 & 0 & -\dfrac{EI}{2\kappa GA} & 0\\0 & 1 & 0 & \dfrac{EI}{2\kappa GA}\\1 & l & \dfrac{l^2}{2}-\dfrac{EI}{2\kappa GA} & \dfrac{l^3}{6}-\dfrac{EIl}{2\kappa GA}\\0 & 1 & l & \dfrac{l^2}{2}+\dfrac{EI}{2\kappa GA}\end{bmatrix}\begin{bmatrix}a_1\\a_2\\a_3\\a_4\end{bmatrix} \tag{7-42}$$

通过式(7-42)，求解出待定系数 a_1、a_2、a_3、a_4 的表达式：

$$\begin{bmatrix} a_1 \\ a_2 \\ a_3 \\ a_4 \end{bmatrix} = \begin{bmatrix} 1 & 0 & -\dfrac{EI}{2\kappa GA} & 0 \\ 0 & 1 & 0 & \dfrac{EI}{2\kappa GA} \\ 1 & l & \dfrac{l^2}{2}-\dfrac{EI}{2\kappa GA} & \dfrac{l^3}{6}-\dfrac{EIl}{2\kappa GA} \\ 0 & 1 & l & \dfrac{l^2}{2}+\dfrac{EI}{2\kappa GA} \end{bmatrix}^{-1} \begin{bmatrix} w_i \\ \theta_i \\ w_j \\ \theta_j \end{bmatrix} = \boldsymbol{H}^{-1}\boldsymbol{\delta}^{\mathrm{e}} \tag{7-43}$$

将式(7-43)代入式(7-40)中可得

$$\boldsymbol{w}(x) = \boldsymbol{Ra} = \boldsymbol{RH}^{-1}\boldsymbol{\delta}^{\mathrm{e}} \tag{7-44}$$

令

$$\boldsymbol{N} = \boldsymbol{RH}^{-1} = [N_1 \quad N_2 \quad N_3 \quad N_4] \tag{7-45}$$

这里，将 $\boldsymbol{N}$ 称作梁段总变形量 $\boldsymbol{w}(x)$ 的形函数。已知 $\boldsymbol{R}$ 与矩阵 $\boldsymbol{H}$ 的表达式，那么可计算得到 $\boldsymbol{N}$ 中各元素的表达式：

$$N_1 = \frac{AG\kappa l^2+9EI}{AG\kappa l^2+12EI} - \frac{6EIx}{AG\kappa l^3+12EIl} + \frac{12AG\kappa\left(\dfrac{x^3}{6}-\dfrac{EIx}{2AG\kappa}\right)}{AG\kappa l^3+12EIl} - \frac{6AG\kappa(\dfrac{x^2}{2}-\dfrac{EI}{2AG\kappa})}{AG\kappa l^2+12EI}$$

$$N_2 = \frac{x(AG\kappa l^2+9EI)}{AG\kappa l^2+12EI} - \frac{2(3E^2I^2+AG\kappa EIl^2)}{A^2G^2\kappa^2 l^3+12EIAG\kappa l} - \frac{4(AG\kappa l^2+3EI)\left(\dfrac{x^2}{2}-\dfrac{EI}{2AG\kappa}\right)}{AG\kappa l^3+12EIl} + \frac{6AG\kappa\left(\dfrac{x^3}{6}-\dfrac{EIx}{2AG\kappa}\right)}{AG\kappa l^2+12EI}$$

$$N_3 = \frac{3EI}{AG\kappa l^2+12EI} + \frac{6EIx}{AG\kappa l^3+12EIl} - \frac{12AG\kappa\left(\dfrac{x^3}{6}-\dfrac{EIx}{2AGk}\right)}{AG\kappa l^3+12EIl} + \frac{6AG\kappa\left(\dfrac{x^2}{2}-\dfrac{EI}{2AG\kappa}\right)}{AG\kappa l^2+12EI}$$

$$N_4 = \frac{6E^2l^2-AG\kappa EIl^2}{A^2G^2\kappa^2 l^3+12EIAG\kappa l} + \frac{2(-AG\kappa l^2+6EI)\left(\dfrac{x^2}{2}-\dfrac{EI}{2AG\kappa}\right)}{AG\kappa l^3+12EIl} - \frac{3EIx}{AG\kappa l^2+12EI} + \frac{6AG\kappa\left(\dfrac{x^3}{6}-\dfrac{EIx}{2AG\kappa}\right)}{AG\kappa l^2+12EI}$$

7.3　单元矩阵

在 7.2 节中，我们已经求解出三种梁单元的形函数表达式，下面利用已求得的形函数推导单元矩阵。

7.3.1　Euler-Bernoulli 梁单元刚度矩阵

式(7-20)已经给出了用形函数表示的位移表达式，那么关于位移的二次导数可表示为

$$\frac{\mathrm{d}^2\boldsymbol{w}}{\mathrm{d}x^2}=\begin{bmatrix}\frac{\mathrm{d}^2N_1}{\mathrm{d}x^2} & \frac{\mathrm{d}^2N_2}{\mathrm{d}x^2} & \frac{\mathrm{d}^2N_3}{\mathrm{d}x^2} & \frac{\mathrm{d}^2N_4}{\mathrm{d}x^2}\end{bmatrix}\begin{bmatrix}v_i\\ \theta_i\\ v_j\\ \theta_j\end{bmatrix}$$

$$=\begin{bmatrix}B_1 & B_2 & B_3 & B_4\end{bmatrix}\begin{bmatrix}v_i\\ \theta_i\\ v_j\\ \theta_j\end{bmatrix}=\boldsymbol{B\delta}^{\mathrm{e}} \tag{7-46}$$

式中：$\boldsymbol{B}$ 就是应变矩阵，$\boldsymbol{B}=[B_1 \quad B_2 \quad B_3 \quad B_4]$，且

$$\begin{cases}B_1=-\dfrac{6}{l^2}+12\dfrac{x}{l^3}\\ B_2=-\dfrac{4}{l}+6\dfrac{x}{l^2}\\ B_3=\dfrac{6}{l^2}-12\dfrac{x}{l^3}\\ B_4=-\dfrac{2}{l}+6\dfrac{x}{l^2}\end{cases} \tag{7-47}$$

将式(7-46)代入式(7-2)，得到单元应变能：

$$\boldsymbol{U}=\frac{1}{2}EI\int_l\boldsymbol{\delta}^{\mathrm{eT}}\boldsymbol{B}^{\mathrm{T}}\boldsymbol{B\delta}^{\mathrm{e}}\mathrm{d}x=\frac{1}{2}\boldsymbol{\delta}^{\mathrm{eT}}\left(EI\int_l\boldsymbol{B}^{\mathrm{T}}\boldsymbol{B}\mathrm{d}x\right)\boldsymbol{\delta}^{\mathrm{e}} \tag{7-48}$$

考虑到单元应变能的一般形式可以表达成

$$\boldsymbol{U}=\frac{1}{2}\boldsymbol{\delta}^{\mathrm{eT}}\boldsymbol{k}^{\mathrm{e}}\boldsymbol{\delta}^{e} \tag{7-49}$$

这样，式中的 $\boldsymbol{k}^{\mathrm{e}}$ 即为 Euler-Bernoulli 梁单元的单元刚度矩阵，其表达式为

$$\boldsymbol{k}^{e}=EI\int_l\boldsymbol{B}^{\mathrm{T}}\boldsymbol{B}\mathrm{d}x \tag{7-50}$$

应变矩阵 $\boldsymbol{B}$ 是关于 x 的函数，对式(7-50)积分后，便得到局部坐标系下平面梁单元的单元刚度矩阵的具体表达式：

$$\boldsymbol{k}^{\mathrm{e}}=\frac{EI}{l^3}\begin{bmatrix}12 & 6l & -12 & 6l\\ 6l & 4l^2 & -6l & 2l^2\\ -12 & -6l & 12 & -6l\\ 6l & 2l^2 & -6l & 4l^2\end{bmatrix} \tag{7-51}$$

可以看出，$\boldsymbol{k}^{e}$ 是一个 4×4 的对称矩阵，它对应的平面梁单元节点位移矢量是 $\boldsymbol{\delta}^{\mathrm{e}}=[v_i \quad \theta_i \quad v_j \quad \theta_j]^{\mathrm{T}}$。

7.3.2 Euler-Bernoulli 梁单元质量矩阵

将式(7-20)中的形函数代入到式(7-11)中，则 Euler-Bernoulli 梁单元的动能可表示为

$$\boldsymbol{T}=\frac{1}{2}\int_0^l\dot{\boldsymbol{\delta}}^{\mathrm{eT}}\boldsymbol{N}^{\mathrm{T}}\rho A\boldsymbol{N}\dot{\boldsymbol{\delta}}^{e}\mathrm{d}x \tag{7-52}$$

考虑到单元动能的一般形式可以表示成

$$\boldsymbol{T}=\frac{1}{2}\dot{\boldsymbol{\delta}}^{\mathrm{eT}}\boldsymbol{m}^{\mathrm{e}}\dot{\boldsymbol{\delta}}^{\mathrm{e}} \tag{7-53}$$

那么,式(7-53)中的 $\boldsymbol{m}^{\mathrm{e}}$ 即为 Euler-Bernoulli 梁单元质量矩阵,结合式(7-52),其表达式为

$$\boldsymbol{m}^{\mathrm{e}}=\int_0^l \boldsymbol{N}^{\mathrm{T}}\rho A\boldsymbol{N}\mathrm{d}x \tag{7-54}$$

对式(7-20)求导,然后代入式(7-54)中,得

$$\boldsymbol{m}^{\mathrm{e}}=\frac{\rho Al}{420}\begin{bmatrix}156 & 22l & 54 & -13l\\ 22l & 4l^2 & 13l & -3l^2\\ 54 & 13l & 156 & -22l\\ -13l & -3l^2 & -22l & 4l^2\end{bmatrix} \tag{7-55}$$

7.3.3 改进 Euler-Bernoulli 梁单元刚度矩阵

将式(7-32)、式(7-33)代入式(7-6)中,单元应变能可写成

$$\boldsymbol{U}=\frac{1}{2}EI\int_0^l \boldsymbol{\delta}^{\mathrm{eT}}\boldsymbol{N}''^{\mathrm{T}}\boldsymbol{N}''\boldsymbol{\delta}^{\mathrm{e}}\mathrm{d}x+\frac{1}{2}\frac{\kappa(EI)^2}{GA}\int_0^l \boldsymbol{\delta}^{\mathrm{eT}}\boldsymbol{N}'''^{\mathrm{T}}\boldsymbol{N}'''\boldsymbol{\delta}^{\mathrm{e}}\mathrm{d}x \tag{7-56}$$

考虑到单元应变能的一般形式可以表达成

$$\boldsymbol{U}=\frac{1}{2}\boldsymbol{\delta}^{\mathrm{eT}}\boldsymbol{k}^{\mathrm{e}}\boldsymbol{\delta}^{\mathrm{e}} \tag{7-57}$$

这样,式(7-57)中的 $\boldsymbol{k}^{\mathrm{e}}$ 即为改进 Euler-Bernoulli 梁单元刚度矩阵,结合式(7-56),其表达式为

$$\boldsymbol{k}^{\mathrm{e}}=EI\int_0^l \boldsymbol{N}''^{\mathrm{T}}\boldsymbol{N}''\mathrm{d}x+\frac{\kappa(EI)^2}{GA}\int_0^l \boldsymbol{N}'''^{\mathrm{T}}\boldsymbol{N}'''\mathrm{d}x \tag{7-58}$$

对式(7-33)求导,然后代入式(7-58)中,得

$$\boldsymbol{k}^{\mathrm{e}}=\frac{EI}{(1+b)l^3}\begin{bmatrix}12 & 6l & -12 & 6l\\ & (4+b)l^2 & -6l & (2-b)l^2\\ & & 12 & -6l\\ \mathrm{sym} & & & (4+b)l^2\end{bmatrix} \tag{7-59}$$

7.3.4 改进 Euler-Bernoulli 梁单元质量矩阵

将式(7-32)、式(7-33)代入式(7-11)中,单元的动能可表示为

$$\boldsymbol{T}=\frac{1}{2}\int_0^l \dot{\boldsymbol{\delta}}^{\mathrm{eT}}\boldsymbol{N}^{\mathrm{T}}\rho A\boldsymbol{N}\dot{\boldsymbol{\delta}}^{\mathrm{e}}\mathrm{d}x \tag{7-60}$$

考虑到单元动能的一般形式可以表示成

$$\boldsymbol{T}=\frac{1}{2}\dot{\boldsymbol{\delta}}^{\mathrm{eT}}\boldsymbol{m}^{\mathrm{e}}\dot{\boldsymbol{\delta}}^{\mathrm{e}} \tag{7-61}$$

那么,式(7-61)中的 $\boldsymbol{m}^{\mathrm{e}}$ 即为改进 Euler-Bernoulli 梁单元质量矩阵,结合式(7-60),其表达式为

$$\boldsymbol{m}^{\mathrm{e}}=\int_0^l \boldsymbol{N}^{\mathrm{T}}\rho A\boldsymbol{N}\mathrm{d}x \tag{7-62}$$

对式(7-32)求导，然后代入式(7-62)中，得

$$m^e=\frac{\rho Al}{420\,(1+b)^2}\begin{bmatrix}140b^2+294b+156 & \frac{35}{2}b^2l+\frac{77}{2}bl+22l & 70b^2+126b+54 & -\frac{35}{2}b^2l-\frac{63}{2}bl-13l \\ & \frac{7}{2}b^2l^2+7bl^2+4l^2 & \frac{35}{2}b^2l+\frac{63}{2}bl+13l & -\frac{7}{2}b^2l^2-7bl^2-3l^2 \\ & & 140b^2+294b+156 & -\frac{35}{2}b^2l-\frac{77}{2}bl-22l \\ \text{sym} & & & \frac{7}{2}b^2l^2+7bl^2+4l^2\end{bmatrix} \tag{7-63}$$

7.3.5　Timoshenko 梁单元刚度矩阵

将式(7-44)、式(7-45)代入式(7-10)中，单元应变能可写成

$$\boldsymbol{U}=\frac{1}{2}EI\int_0^l \boldsymbol{\delta}^{eT}\boldsymbol{N}''^{T}\boldsymbol{N}''\boldsymbol{\delta}^e\,dx+\frac{1}{2}\frac{\kappa\,(EI)^2}{GA}\int_0^l \boldsymbol{\delta}^{eT}\boldsymbol{N}'''^{T}\boldsymbol{N}'''\boldsymbol{\delta}^e\,dx \tag{7-64}$$

考虑到单元应变能的一般形式可以表达成

$$\boldsymbol{U}=\frac{1}{2}\boldsymbol{\delta}^{eT}\boldsymbol{k}^e\boldsymbol{\delta}^e \tag{7-65}$$

这样，式(7-65)中的 $\boldsymbol{k}^e$ 即为 Timoshenko 梁单元刚度矩阵，结合式(7-64)，其表达式为

$$\boldsymbol{k}^e=EI\int_0^l \boldsymbol{N}''^{T}\boldsymbol{N}''\,dx+\frac{\kappa\,(EI)^2}{GA}\int_0^l \boldsymbol{N}'''^{T}\boldsymbol{N}'''\,dx \tag{7-66}$$

对式(7-45)求导，然后代入式(7-66)中，得

$$\boldsymbol{k}^e=\begin{bmatrix}12c+144d & 6lc+72ld & -12c-144d & 6lc+72ld \\ & \frac{EI}{l}+3l^3c+72l^2d & -6l^2c-72ld & -\frac{EI}{l}+3l^2c+36l^2d \\ & & 12c+144d^2 & -6lc-72ld \\ \text{sym} & & & \frac{EI}{l}+3l^2c+36l^2d\end{bmatrix} \tag{7-67}$$

式中：

$$c=\frac{A^2EG^2I\kappa^2l}{(12EI+AG\kappa l^2)},\quad d=\frac{AE^2GI^2\kappa^3}{l(12EI+AG\kappa l^2)}$$

7.3.6　Timoshenko 梁单元质量矩阵

将式(7-44)、式(7-45)代入式(7-11)中，单元的动能可表示为

$$\boldsymbol{T}=\frac{1}{2}\int_0^l \dot{\boldsymbol{\delta}}^{eT}\boldsymbol{N}^{T}\rho A\boldsymbol{N}\dot{\boldsymbol{\delta}}^e\,dx \tag{7-68}$$

考虑到单元动能的一般形式可以表示成

$$\boldsymbol{T}=\frac{1}{2}\dot{\boldsymbol{\delta}}^{eT}\boldsymbol{m}^e\dot{\boldsymbol{\delta}}^e \tag{7-69}$$

那么，式(7-69)中的 $\boldsymbol{m}^e$ 即为 Timoshenko 梁单元质量矩阵，结合式(7-68)，其表达式为

$$\boldsymbol{m}^e=\int_0^l \boldsymbol{N}^{T}\rho A\boldsymbol{N}\,dx \tag{7-70}$$

对式(7-45)求导,然后代入式(7-70)中,得

$$
\boldsymbol{m}^{\mathrm{e}}=\begin{bmatrix}\dfrac{13e}{35}-f & \dfrac{11l}{210}e-h & f+\dfrac{9}{70}e & -\dfrac{13l}{420}e-h\\ & \dfrac{Al^2}{120}e+g & \dfrac{13l}{420}e+h & -\dfrac{l^2}{120}e+g\\ & & \dfrac{13}{35}e-f & -\dfrac{11l}{210}e+h\\ \text{sym} & & & \dfrac{l^2}{120}e+g\end{bmatrix} \tag{7-71}
$$

式中：

$$e=Al\rho$$

$$f=\frac{18G\kappa\rho A^2EIl^3+192\rho AE^2I^2l}{35(12EI+AG\kappa l^2)^2}$$

$$g=\frac{A^3G^2\kappa^2l^7\rho}{840(12EI+AG\kappa l^2)^2}$$

$$h=\frac{(11G\kappa\rho A^2EIl^4)/70+(54\rho AE^2I^2l^2)/35}{(12EI+AG\kappa l^2)^2}$$

7.4　坐标变换与单元矩阵组集

得到梁单元的单元矩阵后,并不能直接进行求解,还需要对单元矩阵进行相应的坐标变换和组集,然后才能得到整体的质量矩阵和刚度矩阵。

7.4.1　空间平面梁单元的坐标变换

前文推导出的平面梁单元的刚度矩阵与质量矩阵均是局部坐标系下的表达式,其坐标方向是由单元方向确定的。在局部坐标系下,各个不同方向的梁单元都具有统一形式的单元刚度矩阵。但在组集整体刚度矩阵与质量矩阵时,不能把局部坐标系下的单元刚度矩阵或单元质量矩阵进行简单的直接叠加,必须再建立一个整体坐标系,将单元刚度矩阵和单元质量矩阵都进行坐标转换,变成在整体坐标系下的表达式之后,再进行叠加,转换成整体刚度矩阵和质量矩阵。坐标关系图如图 7-6 所示,O-xy 为局部坐标系,$\bar{O}$-$\bar{x}\bar{y}$ 为整体坐标系,α 为局部坐标系下的 x 轴与整体坐标系下的 $\bar{x}$ 轴的夹角。

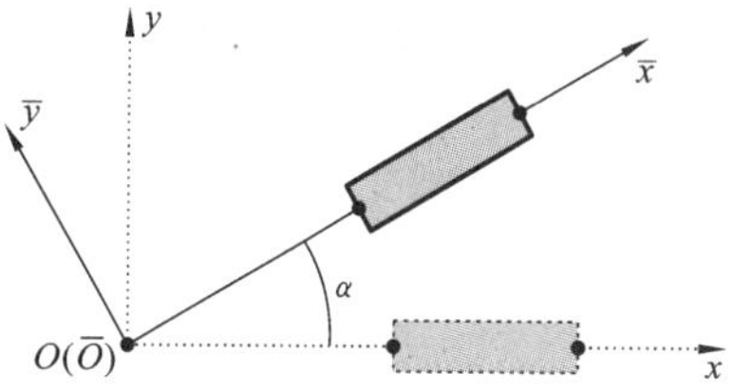

图 7-6　坐标关系图

已知的单元刚度矩阵 $\boldsymbol{k}^{\mathrm{e}}$ 和单元质量矩阵 $\boldsymbol{m}^{\mathrm{e}}$ 均表示为局部坐标系 O-xy 下的单元矩阵。假设 $\bar{\boldsymbol{k}}^{\mathrm{e}}$ 和 $\bar{\boldsymbol{m}}^{\mathrm{e}}$ 为整体坐标系 $\bar{O}$-$\bar{x}\bar{y}$ 下的单元矩阵,$\boldsymbol{T}$ 为这两种坐标系之间的转化矩阵,那么单元矩阵有如下关系：

$$
\begin{cases}\bar{\boldsymbol{k}}^{\mathrm{e}}=\boldsymbol{T}^{-1}\boldsymbol{k}^{\mathrm{e}}\boldsymbol{T}\\ \bar{\boldsymbol{m}}^{\mathrm{e}}=\boldsymbol{T}^{-1}\boldsymbol{m}^{\mathrm{e}}\boldsymbol{T}\end{cases} \tag{7-72}
$$

坐标转换矩阵 $\boldsymbol{T}$ 的表达式为

$$\boldsymbol{T}=\begin{bmatrix} \cos\alpha & \sin\alpha & 0 & 0 \\ -\sin\alpha & \cos\alpha & 0 & 0 \\ 0 & 0 & \cos\alpha & \sin\alpha \\ 0 & 0 & -\sin\alpha & \cos\alpha \end{bmatrix} \tag{7-73}$$

式中:α 为局部坐标系下的 x 轴与整体坐标系下的 $\bar{x}$ 轴的夹角。

在得到整体坐标系下的各单元质量、刚度矩阵后,即可组集获得整体刚度矩阵,下面介绍两种组集方法。

7.4.2 直接组集法

平面梁单元问题中,每个单元具有两个节点,且每个节点都有横向挠度 w 和转角 θ 两个自由度,故单元刚度矩阵是一个 2×2 的矩阵。令叶片离散后有 n 个节点,则离散后的整体系统具有 $2n$ 个自由度,因此组集后的整体刚度矩阵是一个 $2n\times2n$ 的矩阵。

在开始进行整体刚度矩阵的组集时,首先将每一个平面梁单元的单元刚度矩阵进行拓展,使之成为一个 $2n\times2n$ 的方阵 $\bar{\boldsymbol{k}}^{e}_{\text{ext}}$。而平面梁单元的两个节点分别对应的整体节点编号为 i 和 j,即单元刚度矩阵 $\bar{\boldsymbol{k}}^{e}$ 中的 2×2 阶子矩阵 $\bar{\boldsymbol{k}}^{e}_{ij}$ 处于拓展矩阵 $\bar{\boldsymbol{k}}^{e}_{\text{ext}}$ 的第 i 双行和第 j 双列的位置上。单元刚度矩阵经过拓展后,在拓展矩阵中,除了对应的第 i 和 j 双行双列上的元素为被拓展单元矩阵的元素外,其余元素均为零。拓展后的单元刚度矩阵可以表示为

$$\bar{\boldsymbol{k}}^{e}_{\text{ext}}=\begin{matrix} & \begin{matrix} 1 & & i & & j & & n \end{matrix} & \\ & \begin{bmatrix} \cdots & \cdots & \cdots & \cdots & \cdots & \cdots & \cdots \\ \vdots & & \vdots & & \vdots & & \vdots \\ \cdots & \cdots & \bar{k}_{ii} & \cdots & \bar{k}_{ij} & \cdots & \cdots \\ \vdots & & \vdots & & \vdots & & \vdots \\ \cdots & \cdots & \bar{k}_{ji} & \cdots & \bar{k}_{jj} & \cdots & \cdots \\ \vdots & & \vdots & & \vdots & & \vdots \\ \cdots & \cdots & \cdots & \cdots & \cdots & \cdots & \cdots \end{bmatrix} & \begin{matrix} 1 \\ \\ i \\ \\ j \\ \\ n_{(2n\times2n)} \end{matrix} \end{matrix} \tag{7-74}$$

每个平面梁单元刚度矩阵经过拓展后都会形成如式(7-74)所示的矩阵类型。只是每个平面梁单元的两个节点在整体节点编号中的 i 和 j 不同。P 个单元刚度矩阵拓展后求和叠加,便得到整体刚度矩阵 $\boldsymbol{K}$,记为

$$\boldsymbol{K}=\sum_{p=1}^{P}(\bar{\boldsymbol{k}}^{e}_{\text{ext}})_{p} \tag{7-75}$$

该方法的优点是便于理解,缺点是编程比较麻烦。

7.4.3 转换矩阵组集法

采用转换矩阵进行整体刚度矩阵组集的关键是获取每个单元的转换矩阵 $\boldsymbol{G}$。单元转换矩阵的行数为每个单元的自由度数,转换矩阵的列数为离散后系统的自由度数。每个平面梁单元有两个节点,且每个节点有两个自由度,那么平面梁单元的自由度数为 4,所以转换矩阵的行数为 4。而对于整个系统来说,其有 n 个节点,那么系统的自由度数为 $2n$,所以转换矩阵的列数为 $2n$。所以,对于平面梁单元来说,其单元转换矩阵是一个 4 行、$2n$ 列的矩阵。

同样,单元的两个节点在整体节点中的编号为 i 和 j。那么在转换矩阵中,单元的两个节

点对应的整体编号位置上的双列所在的子块设为 2 阶单位矩阵，而其他元素均为零。对于这里的平面梁单元，转换矩阵 $\boldsymbol{G}$ 的具体形式为

$$\boldsymbol{G}^{e}_{4\times 2n}=\begin{array}{c}1,\ 2,\cdots,(2i-1),2i,\cdots,(2j-1),2j,\cdots,(2n-1),2n\\ \begin{bmatrix}0&0&\cdots&1&0&\cdots&0&0&\cdots&0&0\\0&0&\cdots&0&1&\cdots&0&0&\cdots&0&0\\0&0&\cdots&0&0&\cdots&1&0&\cdots&0&0\\0&0&\cdots&0&0&\cdots&0&1&\cdots&0&0\end{bmatrix}\end{array} \tag{7-76}$$

利用转换矩阵 $\boldsymbol{G}$ 可以直接求和得到系统的整体刚度矩阵：

$$\boldsymbol{K}=\sum_{p=1}^{P}(\boldsymbol{G}^{eT}\bar{\boldsymbol{k}}^{e}\boldsymbol{G}^{e})_{p} \tag{7-77}$$

该转换矩阵组集法适用于编程求解。

7.5　边界条件的处理

组成整体矩阵的组集并得到有限元方程后，尚不能直接用于求解，这是由分析对象的物理条件和整体矩阵的性质决定的。若要求解，则必须引入边界条件。只有在消除了整体刚度矩阵的奇异性之后，才能联立力平衡方程组并求解出节点位移。一般情况下，所要求解的问题往往具有一定的位移约束条件，本身已排除了刚体运动的可能性。本节分别以简支梁和弹性支撑梁有限元模型为例，来介绍边界条件的施加和求解过程。

7.5.1　简支梁有限元模型

在简支梁有限元模型中，其边界条件只是约束了相应节点的横向位移的自由度，而不提供转角自由度的约束，且在此模型中忽略梁的轴向位移。因此，在这里也将简支约束归为固定边界约束的一种。固定边界约束模型不仅使得边界约束条件的处理变得简单，更为重要的是，施加固定边界约束条件，本质是减少系统的自由度，使特征矩阵降阶，提高计算效率。

假设在某多自由度系统的前 m 个自由度上施加固定边界约束条件，那么所得到的降阶刚度矩阵为未施加边界约束条件时的刚度矩阵 $\boldsymbol{K}$ 消去前 m 行和前 m 列后所得到的矩阵；降阶后的载荷列阵为未施加边界约束条件时的载荷列阵 $\boldsymbol{R}$ 消去前 m 行所得到的载荷列阵。

图 7-7 所示为简支梁有限元模型，在这里为了便于说明，将其划分为 4 个平面梁单元、5 个节点的离散模型，在节点 1 和节点 5 的位置有简支约束。

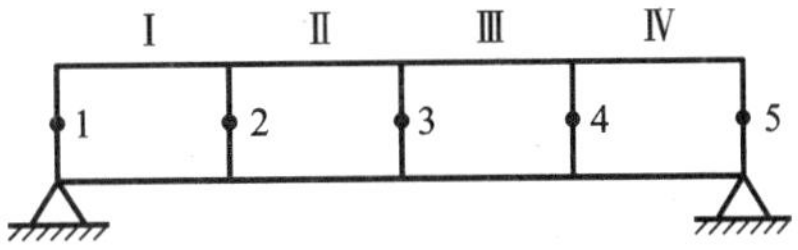

图 7-7　简支梁有限元模型

该有限元模型经过组集后形成的整体刚度矩阵 $\boldsymbol{K}$ 是一个 10×10 的方阵，载荷列阵 $\boldsymbol{R}$ 为一个 10 维的列向量，引入边界条件前有限元方程可表示为

$$\begin{bmatrix}k_{1,1}&k_{1,2}&\cdots&k_{1,9}&k_{1,10}\\k_{2,1}&k_{2,2}&\cdots&k_{2,9}&k_{2,10}\\\vdots&\vdots&&\vdots&\vdots\\k_{9,1}&k_{9,2}&\cdots&k_{9,9}&k_{9,10}\\k_{10,1}&k_{10,2}&\cdots&k_{10,9}&k_{10,10}\end{bmatrix}\begin{bmatrix}v_1\\\theta_1\\\vdots\\v_5\\\theta_5\end{bmatrix}=\begin{bmatrix}R_{1y}\\R_{1\theta}\\\vdots\\R_{5y}\\R_{5\theta}\end{bmatrix} \tag{7-78}$$

对边界条件进行分析，由于节点 1 和节点 5 处有简支约束，其横向位移自由度被约束，因

此边界条件为$v_1=0$，$v_5=0$。然后在整体刚度矩阵、整体位移列阵和整体载荷列阵中消去对应边界条件为0的行和列，最终得到的有限元方程为

$$\begin{bmatrix} k_{2,2} & k_{2,3} & \cdots & k_{2,8} & k_{2,10} \\ k_{3,2} & k_{3,3} & \cdots & k_{3,8} & k_{3,10} \\ \vdots & \vdots & & \vdots & \vdots \\ k_{8,2} & k_{8,3} & \cdots & k_{8,8} & k_{8,10} \\ k_{10,2} & k_{10,3} & \cdots & k_{10,8} & k_{10,10} \end{bmatrix} \begin{bmatrix} \theta_1 \\ v_2 \\ \vdots \\ \theta_4 \\ \theta_5 \end{bmatrix} = \begin{bmatrix} R_{1\theta} \\ R_{2y} \\ \vdots \\ R_{4\theta} \\ R_{5\theta} \end{bmatrix} \tag{7-79}$$

该方程已消除整体刚度矩阵的奇异性，可直接求解。

7.5.2 弹性支撑梁有限元模型

施加弹性支撑边界约束条件时，本质是改变相关自由度上的刚度，从而改变整个系统的刚度矩阵，使原来的半正定刚度矩阵正定化。假如在某一多自由度系统的前m个自由度上施加弹性支撑边界约束条件，那么在对应节点上施加的弹性支撑的刚度矩阵$\boldsymbol{K}''$和施加边界条件后整个系统的刚度矩阵$\boldsymbol{K}''+\boldsymbol{K}$的形式如下：

$$\boldsymbol{K}''=\begin{bmatrix} k_1 & & & & 0 \\ & \ddots & & & \\ & & k_m & & \\ & & & 0 & \\ & & & & \ddots \\ 0 & & & & 0 \end{bmatrix} \tag{7-80}$$

$$\boldsymbol{K}''+\boldsymbol{K}=\begin{bmatrix} k_{1.1}+k_1 & \cdots & k_{1.m} & k_{1.m+1} & \cdots & k_{1.n} \\ \vdots & & \vdots & \vdots & & \vdots \\ k_{m.1} & \cdots & k_{m.m}+k_m & k_{m.m+1} & \cdots & k_{m.n} \\ k_{m+1.1} & \cdots & k_{m+1.m} & k_{m+1.m+1} & \cdots & k_{m+1.n} \\ \vdots & & \vdots & \vdots & & \vdots \\ k_{n.1} & \cdots & k_{n.m} & k_{n.m+1} & \cdots & k_{n.n} \end{bmatrix} \tag{7-81}$$

图7-8所示为弹性支撑梁有限元模型，为了便于说明，同简支梁有限元模型一样，将其划分为4个单元、5个节点的离散模型。

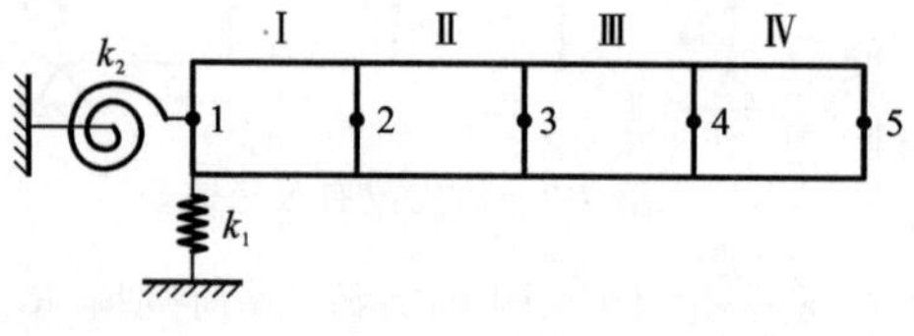

图7-8　弹性支撑梁有限元模型

由图7-8可知，该模型在节点1处施加了支撑弹簧k_1和扭簧k_2的弹性支撑约束。由式(7-80)和式(7-81)可知，该模型在节点1附加的刚度矩阵$\boldsymbol{K}''$和施加边界条件后系统的刚度矩阵$\boldsymbol{K}''+\boldsymbol{K}$为

$$\boldsymbol{K}''=\begin{bmatrix} k_1 & & & 0 \\ & k_2 & & \\ & & 0 & \\ & & & \ddots \\ 0 & & & 0 \end{bmatrix} \tag{7-82}$$

$$K''+K=\begin{bmatrix} k_{1.1}+k_1 & k_{1.2} & \cdots & k_{1.9} & k_{1.10} \\ k_{2.1} & k_{2.2}+k_2 & \cdots & k_{2.9} & k_{2.10} \\ \vdots & \vdots & & \vdots & \vdots \\ k_{9.1} & k_{9.2} & \cdots & k_{9.9} & k_{9.10} \\ k_{10.1} & k_{10.2} & \cdots & k_{10.9} & k_{10.10} \end{bmatrix} \tag{7-83}$$

该模型中，施加边界条件时，整体位移列阵和载荷列阵保持不变。将式(7-83)得到的刚度矩阵代入整体的有限元方程中，可直接进行求解。

7.6　阻尼矩阵

考虑到系统阻尼矩阵的理论与实际重要性，这里列出计算系统阻尼矩阵的方法。系统的整体阻尼矩阵是由系统整体质量矩阵和刚度矩阵按比例组合而成的。目前工程分析中多采用Rayleigh阻尼的形式，即

$$\boldsymbol{C}=\alpha\boldsymbol{M}+\beta\boldsymbol{K} \tag{7-84}$$

$$\alpha=2(\zeta_2/\omega_2-\zeta_1/\omega_1)/(1/\omega_2^2-1/\omega_1^2) \tag{7-85}$$

$$\beta=2(\zeta_2\omega_2-\zeta_1\omega_1)/(\omega_2^2-\omega_1^2) \tag{7-86}$$

式中：α 是与整体质量矩阵成比例的系数，β 是与整体刚度矩阵成比例的系数；ω_1 和 ω_2 分别为系统的第1阶、第2阶固有角频率；ζ_1 和 ζ_2 分别为对应前两阶固有频率的阻尼系数；$\boldsymbol{M}$ 和 $\boldsymbol{K}$ 分别是系统的整体质量矩阵的整体刚度矩阵。

7.7　应用案例

本节首先推导离心载荷作用下的单元刚度矩阵，随后对带转速的叶片案例进行模态分析，并与ANSYS软件的仿真结果进行对比验证。

7.7.1　单元离心应变能

首先从悬臂梁单元的角度建立旋转叶片有限元模型，如图7-9所示。O-XYZ 为系统的整体坐标系，原点 O 为叶盘的中心，叶盘系统绕 Z 轴以 Ω 的转速旋转。o-xyz 为局部坐标系，原点 o 设在叶片根部，且与整体坐标系 O-XYZ 平行，整体坐标系原点 O 与局部坐标系原点 o 之间的距离为 R，即为叶盘的半径。X 轴、x 轴与叶片的中轴线重合，Z 轴、z 轴与横截面的中轴线重合。

叶片的几何参数和物理参数主要有：叶片的横截面积 $A=bh$，其中 b 为叶片的宽度，h 为叶片的高度；抗弯刚度 EI，其中 E 为弹性模量，I 为绕 Z 轴的惯性矩，$I=bh^3/12$；叶片的密度 ρ；叶片的长度 L，单元叶片的长度 l，叶片单元个数 n，第 i 个单元中任意一点到单元前端的距离 x_i。

由于叶盘系统以角速度 Ω 绕 Z 轴旋转，在此过程当中，叶片会产生一定的离心力。同时，由于叶片受力在横向上产生微小的挠度和转角，那么此时离心力也会相对于原来的方向有一定的偏角，离心力的横向分量会对叶片做功，以能量的形式储存在叶片内，这就是叶片的离心应变能。

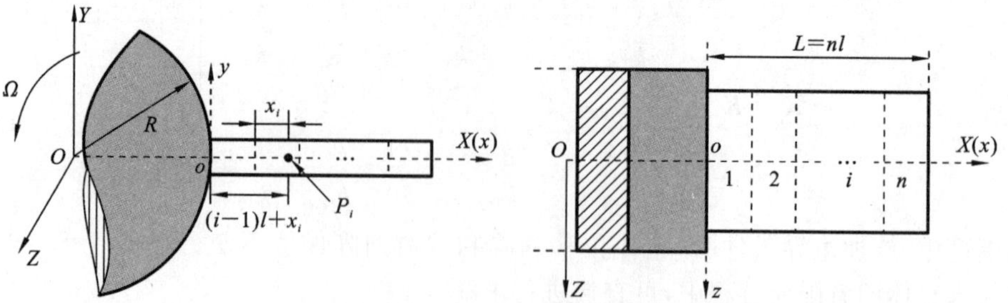

图 7-9　旋转叶片有限元模型

如图 7-9 所示，将叶片划分为 n 个单元。P_i 为第 i 个单元内任意一点，x_i 为第 i 个单元内 P_i 点到本单元第一节点的距离，则单元内微元体的离心力可表示为

$$\mathrm{d}F_P(x)=\rho A\Omega^2(R+Z+x)\,\mathrm{d}x \tag{7-87}$$

式中：Z 为该单元至叶根的距离。

取叶片中的任一单元，假定该单元中任意一点到该单元前端的距离为 x，通过对式(7-87)从 P 点到叶片的自由端积分，可得离心力的表达式为

$$F_P(x)=\int_{Z+x}^{L}\rho A\Omega^2(R+Z+x)\mathrm{d}x=\rho A\Omega^2(\alpha_2x^2+\alpha_1x+\alpha_0) \tag{7-88}$$

式中：

$$\alpha_0=RL+ZL+\frac{L^2}{2}-RZ-\frac{3Z^2}{2} \tag{7-89}$$

$$\alpha_1=-R-2Z \tag{7-90}$$

$$\alpha_2=-\frac{1}{2} \tag{7-91}$$

经分析，离心应变能主要是由离心力的横向分量产生的，因此关键是要求出离心力的横向分量，如图 7-10 所示，图中 h 为梁的厚度，M 为弯矩，w 为梁的横向位移，θ 为梁的截面转角。

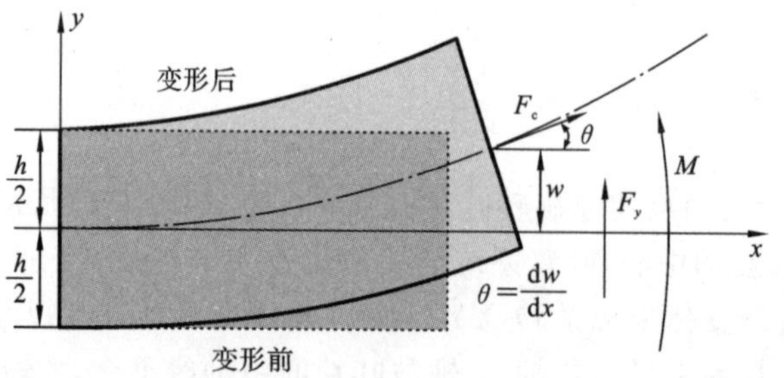

图 7-10　离心力分解图

假设点 a 处的离心力为 F_c，那么可知该离心力的横向分量为

$$F_y=F_c\sin\theta \tag{7-92}$$

因为叶片产生的挠度为微小变形，所以

$$\sin\theta\approx\tan\theta\approx\theta=\frac{\mathrm{d}w}{\mathrm{d}x} \tag{7-93}$$

将式(7-93)代入(7-92)中得

$$F_y=F_c\frac{\mathrm{d}w}{\mathrm{d}x} \tag{7-94}$$

应用到叶片单元中，某一单元离心力的横向分量为

$$F_P(x)_{横} = F_P(x)\frac{\partial w}{\partial x} \tag{7-95}$$

任意单元的横向位移为$\frac{\partial w}{\partial x}\mathrm{d}x$，那么可以得到任一单元的离心应变能为

$$U_c = \frac{1}{2}\int_0^l F_P(x)\left(\frac{\partial w}{\partial x}\right)^2 \mathrm{d}x \tag{7-96}$$

7.7.2　Euler-Bernoulli 梁单元离心刚度矩阵

将任意单元的横向位移为$\frac{\partial \boldsymbol{w}}{\partial x}\mathrm{d}x$ 代入式(7-96)中，可以得到任意 Euler-Bernoulli 梁单元的离心应变能为

$$\begin{cases} \boldsymbol{U}_c = \dfrac{1}{2}\displaystyle\int_0^l F_P(x)\left(\frac{\partial \boldsymbol{w}}{\partial x}\right)^2 \mathrm{d}x = \dfrac{1}{2}\displaystyle\int_0^l F_P(x)\boldsymbol{\delta}^{eT}\boldsymbol{N}'^{T}\boldsymbol{N}'\boldsymbol{\delta}^e \mathrm{d}x \\ \quad = \dfrac{1}{2}\boldsymbol{\delta}^{eT}\left(\displaystyle\int_0^l F_P(x)\boldsymbol{N}'^{T}\boldsymbol{N}'\mathrm{d}x\right)\boldsymbol{\delta}^e \\ \boldsymbol{U}_c = \dfrac{1}{2}\boldsymbol{\delta}^{eT}\boldsymbol{k}_c^e\boldsymbol{\delta}^e \\ \boldsymbol{k}_c^e = \displaystyle\int_0^l F_P(x)\boldsymbol{N}'^{T}\boldsymbol{N}'\mathrm{d}x \end{cases} \tag{7-97}$$

将式(7-20)代入式(7-97)中得到叶片的离心应变能的具体表达式，从而得到 Euler-Bernoulli 梁单元的离心刚度矩阵 $\boldsymbol{k}_c^e$：

$$\boldsymbol{k}_c^e = \rho A\Omega^2 \begin{bmatrix} k_{11} & k_{12} & k_{13} & k_{14} \\ & k_{22} & k_{23} & k_{24} \\ & & k_{33} & k_{34} \\ \text{sym} & & & k_{44} \end{bmatrix} \tag{7-98}$$

式中：

$$k_{11} = \frac{6\alpha_0}{5l} + \frac{3\alpha_1}{5} + \frac{12l\alpha_2}{35},\quad k_{12} = \frac{\alpha_0}{10} + \frac{l\alpha_1}{10} + \frac{l^2\alpha_2}{14}$$

$$k_{13} = -\frac{6\alpha_0}{5l} - \frac{3\alpha_1}{5} - \frac{12l\alpha_2}{35},\quad k_{14} = \frac{\alpha_0}{10} - \frac{l^2\alpha_2}{35}$$

$$k_{22} = \frac{l(28\alpha_0 + 7l\alpha_1 + 4l^2\alpha_2)}{210},\quad k_{23} = -k_{12}$$

$$k_{24} = -\frac{l(14\alpha_0 + 7l\alpha_1 + 6l^2\alpha_2)}{420},\quad k_{33} = \frac{6\alpha_0}{5l} + \frac{12l\alpha_2}{35} + \frac{3\alpha_1}{5}$$

$$k_{34} = -k_{14},\quad k_{44} = \frac{l(28\alpha_0 + 21l\alpha_1 + 18l^2\alpha_2)}{210}$$

7.7.3　改进的 Euler-Bernoulli 梁单元离心刚度矩阵

将式(7-32)、式(7-33)代入式(7-96)中，得

$$
\begin{cases}
\boldsymbol{U}_{\mathrm{c}} = \dfrac{1}{2}\displaystyle\int_0^l F_P(x)\left(\dfrac{\partial \boldsymbol{w}}{\partial x}\right)^2 \mathrm{d}x = \dfrac{1}{2}\displaystyle\int_0^l F_P(x)\boldsymbol{\delta}^{\mathrm{eT}}\boldsymbol{N}'^{\mathrm{T}}\boldsymbol{N}'\boldsymbol{\delta}^{\mathrm{e}}\mathrm{d}x \\
\quad = \dfrac{1}{2}\boldsymbol{\delta}^{\mathrm{eT}}\left(\displaystyle\int_0^l F_P(x)\boldsymbol{N}'^{\mathrm{T}}\boldsymbol{N}'\mathrm{d}x\right)\boldsymbol{\delta}^{\mathrm{e}} \\
\boldsymbol{U}_{\mathrm{c}} = \dfrac{1}{2}\boldsymbol{\delta}^{\mathrm{eT}}\boldsymbol{k}_{\mathrm{c}}^{\mathrm{e}}\boldsymbol{\delta}^{\mathrm{e}} \\
\boldsymbol{k}_{\mathrm{c}}^{\mathrm{e}} = \displaystyle\int_0^l F_P(x)\boldsymbol{N}'^{\mathrm{T}}\boldsymbol{N}'\mathrm{d}x
\end{cases}
\tag{7-99}
$$

将式(7-32)代入式(7-99)中得到叶片的离心应变能的具体表达式，从而得到改进 Euler-Bernoulli 梁单元的离心刚度矩阵 $\boldsymbol{k}_{\mathrm{c}}^{\mathrm{e}}$：

$$
\boldsymbol{k}_{\mathrm{c}}^{\mathrm{e}} = \rho A\Omega^2\begin{bmatrix} k_{11} & k_{12} & k_{13} & k_{14} \\ & k_{22} & k_{23} & k_{24} \\ & & k_{33} & k_{34} \\ \mathrm{sym} & & & k_{44} \end{bmatrix}
\tag{7-100}
$$

式中：

$$k_{11} = \int_0^l (\alpha_2 x^2 + \alpha_1 x + \alpha_0) N'_1 \cdot N'_1 \mathrm{d}x,\quad k_{12} = \int_0^l (\alpha_2 x^2 + \alpha_1 x + \alpha_0) N'_1 \cdot N'_2 \mathrm{d}x$$

$$k_{13} = -k_{11} = \int_0^l (\alpha_2 x^2 + \alpha_1 x + \alpha_0) N'_1 \cdot N'_3 \mathrm{d}x,\quad k_{14} = \int_0^l (\alpha_2 x^2 + \alpha_1 x + \alpha_0) N'_1 \cdot N'_4 \mathrm{d}x$$

$$k_{22} = \int_0^l (\alpha_2 x^2 + \alpha_1 x + \alpha_0) N'_2 \cdot N'_2 \mathrm{d}x,\quad k_{23} = -k_{12} = \int_0^l (\alpha_2 x^2 + \alpha_1 x + \alpha_0) N'_2 \cdot N'_3 \mathrm{d}x$$

$$k_{24} = \int_0^l (\alpha_2 x^2 + \alpha_1 x + \alpha_0) N'_2 \cdot N'_4 \mathrm{d}x,\quad k_{33} = k_{11} = \int_0^l (\alpha_2 x^2 + \alpha_1 x + \alpha_0) N'_3 \cdot N'_3 \mathrm{d}x$$

$$k_{34} = -k_{1,4} = \int_0^l (\alpha_2 x^2 + \alpha_1 x + \alpha_0) N'_3 \cdot N'_4 \mathrm{d}x,\quad k_{44} = \int_0^l (\alpha_2 x^2 + \alpha_1 x + \alpha_0) N'_4 \cdot N'_4 \mathrm{d}x$$

7.7.4 Timoshenko 梁单元离心刚度矩阵

将式(7-44)、式(7-45)代入式(7-96)中，得

$$
\begin{cases}
\boldsymbol{U}_{\mathrm{c}} = \dfrac{1}{2}\displaystyle\int_0^l F_P(x)\left(\dfrac{\partial \boldsymbol{w}}{\partial x}\right)^2 \mathrm{d}x = \dfrac{1}{2}\displaystyle\int_0^l F_P(x)\boldsymbol{\delta}^{\mathrm{eT}}\boldsymbol{N}'^{\mathrm{T}}\boldsymbol{N}'\boldsymbol{\delta}^{\mathrm{e}}\mathrm{d}x \\
\quad = \dfrac{1}{2}\boldsymbol{\delta}^{\mathrm{eT}}\left(\displaystyle\int_0^l F_P(x)\boldsymbol{N}'^{\mathrm{T}}\boldsymbol{N}'\mathrm{d}x\right)\boldsymbol{\delta}^{\mathrm{e}} \\
\boldsymbol{U}_{\mathrm{c}} = \dfrac{1}{2}\boldsymbol{\delta}^{\mathrm{eT}}\boldsymbol{k}_{\mathrm{c}}^{\mathrm{e}}\boldsymbol{\delta}^{\mathrm{e}} \\
\boldsymbol{k}_{\mathrm{c}}^{\mathrm{e}} = \displaystyle\int_0^l F_P(x)\boldsymbol{N}'^{\mathrm{T}}\boldsymbol{N}'\mathrm{d}x
\end{cases}
\tag{7-101}
$$

从而得到 Timoshenko 梁单元的离心刚度矩阵 $\boldsymbol{k}_{\mathrm{c}}^{\mathrm{e}}$：

$$
\boldsymbol{k}_{\mathrm{c}}^{\mathrm{e}} = \rho A\Omega^2\begin{bmatrix} k_{11} & k_{12} & k_{13} & k_{14} \\ & k_{22} & k_{23} & k_{24} \\ & & k_{33} & k_{34} \\ \mathrm{sym} & & & k_{44} \end{bmatrix}
\tag{7-102}
$$

式中：

$$k_{11}=\int_0^l(\alpha_2x^2+\alpha_1x+\alpha_0)N'_1\cdot N'_1\mathrm{d}x,\quad k_{12}=\int_0^l(\alpha_2x^2+\alpha_1x+\alpha_0)N'_1\cdot N'_2\mathrm{d}x$$

$$k_{13}=-k_{11}=\int_0^l(\alpha_2x^2+\alpha_1x+\alpha_0)N'_1\cdot N'_3\mathrm{d}x,\quad k_{14}=\int_0^l(\alpha_2x^2+\alpha_1x+\alpha_0)N'_1\cdot N'_4\mathrm{d}x$$

$$k_{22}=\int_0^l(\alpha_2x^2+\alpha_1x+\alpha_0)N'_2\cdot N'_2\mathrm{d}x,\quad k_{23}=-k_{12}=\int_0^l(\alpha_2x^2+\alpha_1x+\alpha_0)N'_2\cdot N'_3\mathrm{d}x$$

$$k_{24}=\int_0^l(\alpha_2x^2+\alpha_1x+\alpha_0)N'_2\cdot N'_4\mathrm{d}x,\quad k_{33}=k_{11}=\int_0^l(\alpha_2x^2+\alpha_1x+\alpha_0)N'_3\cdot N'_3\mathrm{d}x$$

$$k_{34}=-k_{14}=\int_0^l(\alpha_2x^2+\alpha_1x+\alpha_0)N'_3\cdot N'_4\mathrm{d}x,\quad k_{44}=\int_0^l(\alpha_2x^2+\alpha_1x+\alpha_0)N'_4\cdot N'_4\mathrm{d}x$$

7.7.5 特征值与特征向量求解

多自由度线性振动系统微分方程的一般表达式为

$$\boldsymbol{M}\ddot{\boldsymbol{X}}+\boldsymbol{C}\dot{\boldsymbol{X}}+\boldsymbol{K}\boldsymbol{X}=\boldsymbol{F}(t)\tag{7-103}$$

式中：$\boldsymbol{M}$、$\boldsymbol{C}$ 和 $\boldsymbol{K}$ 分别为系统的质量、阻尼和刚度矩阵；$\boldsymbol{X}$、$\dot{\boldsymbol{X}}$、$\ddot{\boldsymbol{X}}$ 和 $\boldsymbol{F}(t)$ 分别广义坐标、广义速度、广义加速度和广义力向量。

对于无阻尼的自由振动，方程(7-103)可以表示为

$$\boldsymbol{M}\ddot{\boldsymbol{X}}+\boldsymbol{K}\boldsymbol{X}=\boldsymbol{0}\tag{7-104}$$

同时方程(7-104)可以表示为

$$(\boldsymbol{K}-\omega^2\boldsymbol{M})\boldsymbol{u}=\boldsymbol{0}\tag{7-105}$$

方程(7-105)是关于矩阵 $\boldsymbol{M}$ 和 $\boldsymbol{K}$ 的特征值的问题。该方程存在非零解的条件是当且仅当系数行列式等于零，即

$$\Delta(\omega^2)=\det(\boldsymbol{K}-\omega^2\boldsymbol{M})=0\tag{7-106}$$

式中：$\Delta(\omega^2)$ 称为特征行列式。而方程(7-106)称为特征方程或频率方程，将其展开后可得关于到 ω^2 的 n 次代数方程：

$$\omega^{2n}+a_1\omega^{2(n-1)}+a_2\omega^{2(n-2)}+\cdots+a_{n-1}\omega^2+a_n=0\tag{7-107}$$

式(7-107)有 n 个根 $\omega_r^2(r=1,2,\cdots,n)$，这些根称为特征值，它们的平方根 $\omega_r(r=1,2,\cdots,n)$ 称为系统的固有频率。将固有频率由小到大依次排列，即

$$\omega_1\leqslant\omega_2\leqslant\cdots\leqslant\omega_r\leqslant\cdots\leqslant\omega_n$$

最小的固有频率 ω_1 为基频。

将求得的固有频率 $\omega_r(r=1,2,\cdots,n)$ 分别代入方程(7-105)中得到

$$(\boldsymbol{K}-\omega_r^2\boldsymbol{M})\boldsymbol{u}^{(r)}=0,\quad r=1,2,\cdots,n\tag{7-108}$$

求解此特征值问题，可得非零解向量 $\boldsymbol{u}^{(r)}=[u_1^{(r)}\quad u_2^{(r)}\quad\cdots\quad u_n^{(r)}]^{\mathrm{T}}(r=1,2,\cdots,n)$。称向量 $\boldsymbol{u}^{(r)}$ 为对应特征值 ω_r^2 的特征向量，也称为振型向量或模态向量，它表示了系统的固有振型。

7.7.6 ANSYS 结果对比

下面将对固支叶片(简化为悬臂梁模型)的固有频率及振型进行求解，图7-11所示为固支叶片简图。图中 R 为轮盘半径，Ω 为轮盘转速，L 为叶片的长度，$w(x)$ 为叶片上任意一点弯曲变形产生的横向位移；在推导叶片的能量积分时其中微元体的受力如图7-11(b)所示，M 为弯矩，V 为剪力。叶片-轮盘系统参数如表7-1所示。

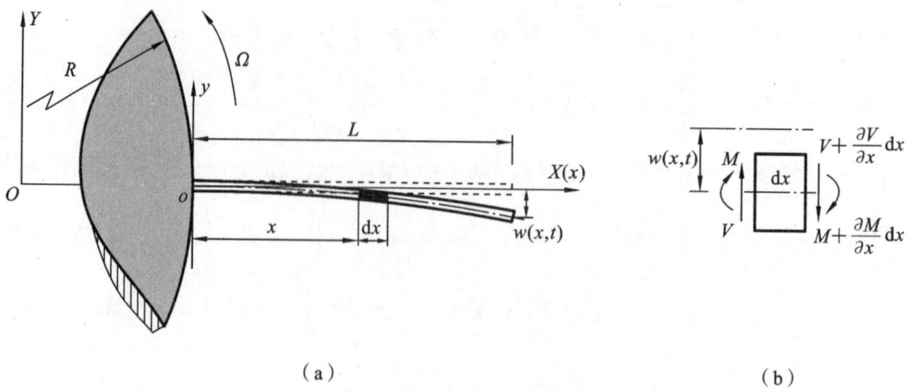

图 7-11　固支叶片简图

表 7-1　叶片-轮盘系统参数

参数	轮毂半径 R	叶片长度 L	叶片宽度 b	叶片厚度 h	密度 ρ	单元数 n	杨氏模量 E	泊松比 ν	校正因子 κ
值	350 mm	150 mm	60 mm	7 mm	7850 kg/m^3	30	200 GPa	0.3	6/5

使用 MATLAB 将推导出来的 Euler-Bernoulli 梁、改进的 Euler-Bernoulli 梁、Timoshenko 梁的刚度矩阵及质量矩阵进行坐标变换与组集，最终得到整体刚度矩阵和整体质量矩阵，再施加边界条件，求出固有频率和振型。

Euler-Bernoulli 梁、改进的 Euler-Bernoulli 梁、Timoshenko 梁的固有频率对比结果如表 7-2 所示。

表 7-2　叶片前三阶弯曲固有频率　　（单位：Hz）

叶片模型	一阶	二阶	三阶
Euler-Bernoulli 梁	253.67	1589.75	4451.35
改进的 Euler-Bernoulli 梁	253.34	1575.37	4357.44
Timoshenko 梁	253.52	1582.96	4406.55

振型对比如下。

Euler-Bernoulli 梁振型如图 7-12 所示。

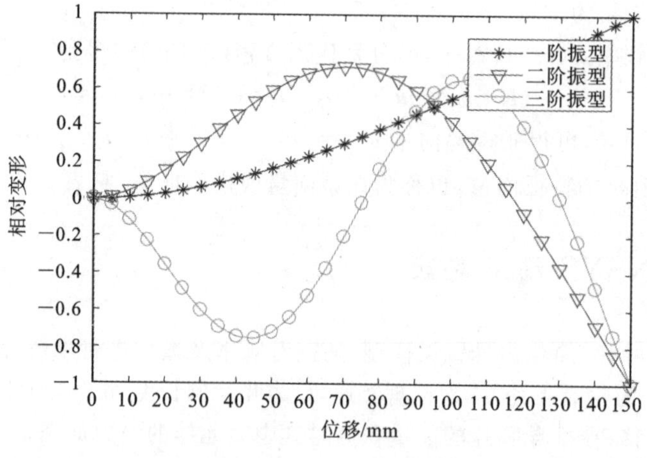

图 7-12　Euler-Bernoulli 梁振型

改进的 Euler-Bernoulli 梁振型如图 7-13 所示。

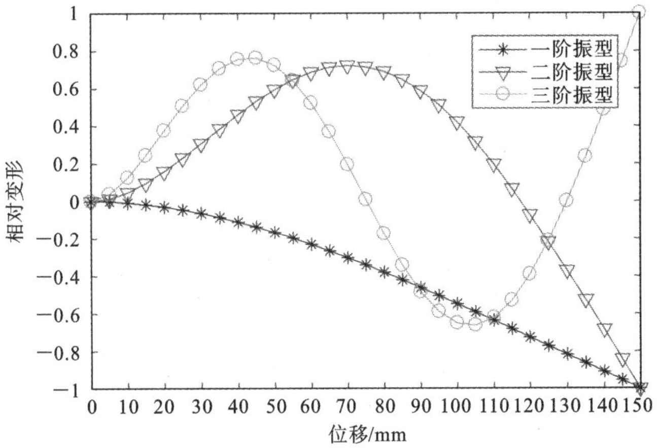

图 7-13　改进的 Euler-Bernoulli **梁振型**

Timoshenko 梁振型如图 7-14 所示。

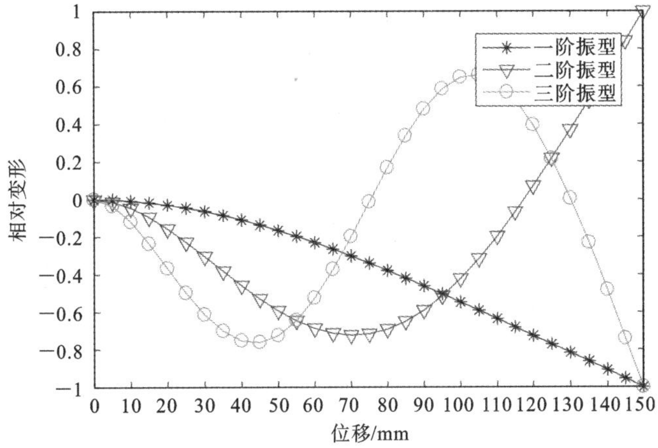

图 7-14　Timoshenko **梁振型**

为了验证梁理论的正确性，分别采用 ANSYS 软件中的 Beam4 单元和 Beam188 单元来对叶片进行模态分析，同样将叶片划分为 30 个单元，如图 7-15 所示。

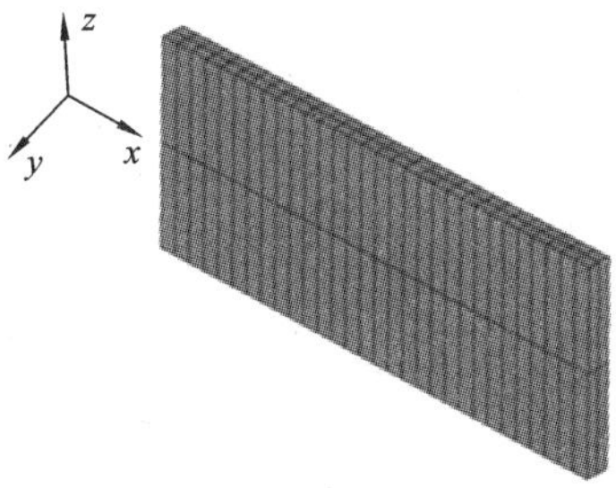

图 7-15　ANSYS **模型**

ANSYS 软件中 Beam4 单元振型和 Beam188 单元振型分别如图 7-16 和图 7-17 所示。

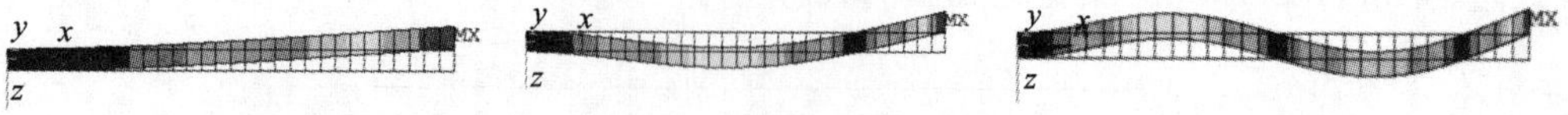

(a) 一阶振型 (b) 二阶振型 (c) 三阶振型

图 7-16 Beam4 **单元振型**

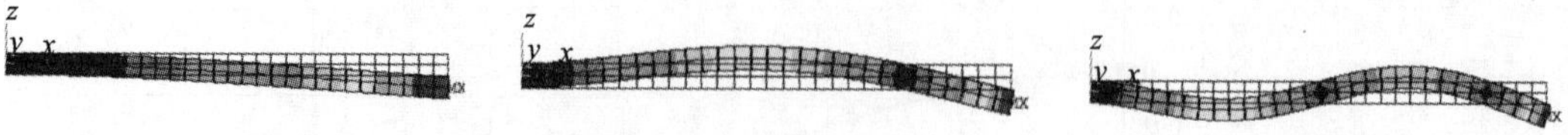

(a) 一阶振型 (b) 二阶振型 (c) 三阶振型

图 7-17 Beam188 **单元振型**

ANSYS 软件中 Beam4 单元和 Beam188 单元的固有频率与三种梁单元固有频率对比如表 7-3 所示。

表 7-3 叶片前三阶弯曲固有频率与 ANSYS 结果对比 (单位:Hz)

叶片模型	一阶	二阶	三阶
Euler-Bernoulli 梁	253.67	1589.75	4451.35
改进的 Euler-Bernoulli 梁	253.34	1575.37	4357.44
Timoshenko 梁	253.52	1582.96	4406.55
ANSYS(Beam4 单元)	253.57	1585.09	4420.46
ANSYS(Beam188 单元)	253.26	1574.77	4359.58

7.7.7 转速对固有频率的影响

当叶片绕叶盘以 Ω 的转速旋转时,叶片将产生离心力,从而产生离心刚度矩阵,此时式(7-104)将变成

$$\boldsymbol{M}\ddot{\boldsymbol{X}}+(\boldsymbol{K}_{\mathrm{e}}+\boldsymbol{K}_{\mathrm{c}})\boldsymbol{X}=\boldsymbol{0} \tag{7-109}$$

式中:$\boldsymbol{K}_{\mathrm{e}}$ 为整体刚度矩阵;$\boldsymbol{K}_{\mathrm{c}}$ 为整体离心刚度矩阵。求解固有频率的方法与 7.7.5 节一致。

为了探讨转速对叶片固有特性的影响,计算出 200 rad/s、400 rad/s、600 rad/s 转速下三种梁单元的固有频率及振型,结果分别如表 7-4、表 7-5 和表 7-6 所示。

表 7-4 叶片(Euler-Bernoulli 梁)前三阶弯曲固有频率 (单位:Hz)

转速/(rad/s)	一阶	二阶	三阶
0	253.67	1589.75	4451.35
200	264.71	1599.54	4461.18
400	295.27	1628.55	4490.51
600	339.96	1675.78	4538.91

表 7-5　叶片(改进 Euler-Bernoulli 梁)前三阶弯曲固有频率　(单位：Hz)

转速/(rad/s)	一阶	二阶	三阶
0	253.34	1575.37	4357.44
200	264.38	1585.22	4367.46
400	294.94	1614.41	4397.31
600	339.62	1661.90	4446.58

表 7-6　叶片(Timoshenko 梁)前三阶弯曲固有频率　(单位：Hz)

转速/(rad/s)	一阶	二阶	三阶
0	253.52	1582.96	4406.55
200	264.55	1592.76	4416.46
400	295.11	1621.87	4446.02
600	339.80	1669.22	4494.84

可以看出，随着转速的增大，叶片的固有频率也增大。

7.8　强迫振动响应分析

在 7.7 节中，我们分析了旋转梁的固有特性。在本节中，我们借助 Newmark 数值积分法，以 Timoshenko 梁单元为例，分析旋转梁的动力学特性。

7.8.1　固支梁强迫振动响应分析

完成悬臂叶片的模态分析后，接下来对叶片的响应情况进行分析。在叶片中部垂直叶片表面处施加一简谐激励，模拟作用在叶片上的激励，即 $Q(t)=P_a\cos(\omega t+\varphi)$。其中激励幅值为 $P_a=500$ N，取激励角频率为 $\omega=1600$ rad/s，φ 为激励的初始相位。转速设为 200 rad/s。

已知叶片的整体刚度矩阵和质量矩阵后，根据 Rayleigh 阻尼计算出叶片的阻尼矩阵，那么便可得到叶片系统的运动微分方程：

$$\boldsymbol{M}\ddot{\boldsymbol{X}}+\boldsymbol{C}\dot{\boldsymbol{X}}+\boldsymbol{K}\boldsymbol{X}=\boldsymbol{Q}(t) \tag{7-110}$$

已知运动微分方程，采用 Newmark 数值积分法来对叶片响应进行求解，求得固支梁强迫振动响应，分别作出叶尖的时域波形图与频谱图，如图 7-18 所示。

7.8.2　弹支梁强迫振动响应分析

在完成固支梁响应情况分析后，对弹支梁同样做响应情况分析。在叶片中部垂直叶片表面处施加一简谐激励，模拟作用在叶片上的激励，即 $Q(t)=P_a\cos(\omega t+\varphi)$。其中激励幅值为 $P_a=500$ N，取激励角频率为 $\omega=1600$ rad/s，φ 为激励的初始相位。此时边界条件由固支边界变成了弹性边界，取叶片根部位移刚度为 10^8 N/m，转动刚度为 10^8 N · m/rad，转速为 200 rad/s。

已知叶片的整体刚度矩阵和质量矩阵后，根据 Rayleigh 阻尼计算出叶片的阻尼矩阵，那

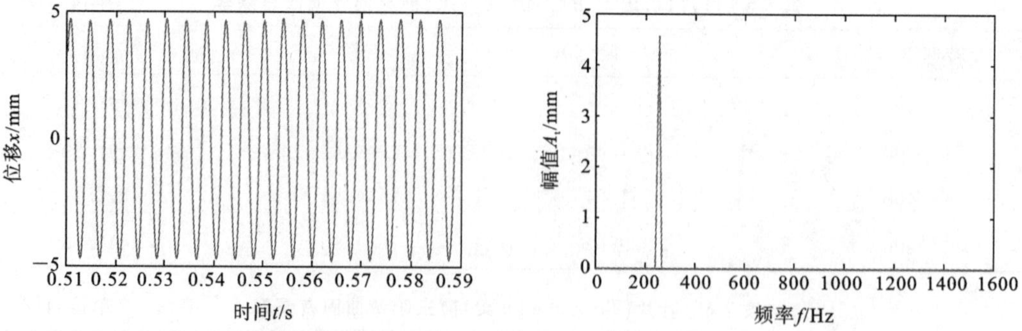

（a）叶尖时域波形图　　（b）频谱图

图 7-18　固支梁强迫振动响应

么便可得到叶片系统的运动微分方程：

$$\boldsymbol{M}\ddot{\boldsymbol{X}}+\boldsymbol{C}\dot{\boldsymbol{X}}+\boldsymbol{K}\boldsymbol{X}=\boldsymbol{Q}(t) \tag{7-111}$$

已知运动微分方程，采用 Newmark 数值积分法来对叶片响应进行求解，分别作出叶尖的时域波形图与频谱图，并与固支梁的响应情况进行对比，如图 7-19、图 7-20 所示。

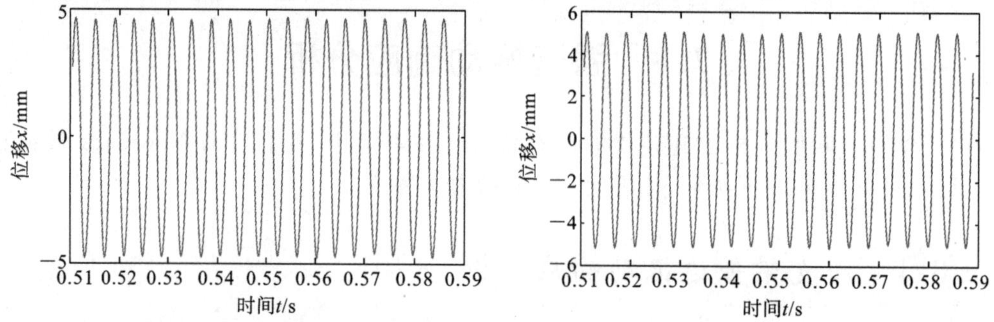

（a）固支梁叶尖时域波形图　　（b）弹支梁叶尖时域波形图

图 7-19　固支梁与弹支梁叶尖时域波形图比较

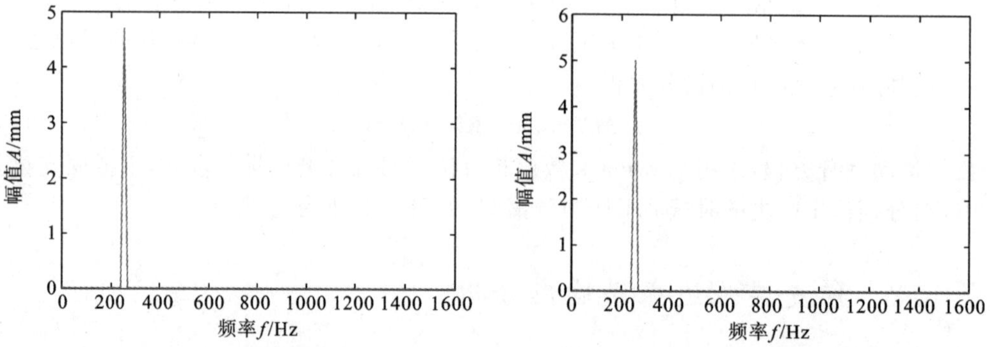

（a）固支梁频谱图　　（b）弹支梁频谱图

图 7-20　固支梁与弹支梁频谱图比较

参 考 文 献

[1] 闻邦椿,刘树英,陈照波,等. 机械振动理论及应用[M]. 北京:高等教育出版社,2009.
[2] 闻邦椿,李以农,张义民,等. 振动利用工程[M]. 北京:科学出版社,2005.
[3] 闻邦椿,刘树英,张纯宇. 机械振动学[M]. 北京:冶金工业出版社,2011.
[4] 鲍文博,白泉,陆海燕. 振动力学基础与 MATLAB 应用[M]. 北京:清华大学出版社,2015.
[5] 杨义勇,金德闻. 机械系统动力学[M]. 北京:清华大学出版社,2009.
[6] 石端伟. 机械动力学[M]. 北京:中国电力出版社,2007.
[7] 袁惠群.转子动力学基础[M].北京:冶金工业出版社,2013.
[8] 陈果.带碰摩耦合故障的转子-滚动轴承-机匣耦合动力学模型[J].振动工程学报,2007,20(4):361-368.
[9] 虞烈.可控磁悬浮转子系统[M].北京:科学出版社,2003.
[10] 胡业发,周祖德,江征风.磁力轴承的基础理论与应用[M].北京:机械工业出版社,2006.